材料科学与工程高新科技译丛

天然纤维增强乙烯基酯和乙烯基聚合物复合材料

开发、表征及应用

［马来］S. M. 萨普安（S. M. Sapuan）

［马来］H. 伊斯梅尔（H. Ismail）　编著

［马来］E. S. 扎伊努丁（E. S. Zainudin）

王晓宁　贾清秀　冯绍森　译

中国纺织出版社有限公司

内 容 提 要

本书主要内容是天然纤维增强乙烯基酯和乙烯基聚合物复合材料的发展、性能表征和应用的最新进展。讨论了各种类型的乙烯基酯和乙烯基聚合物，如聚氯乙烯、低密度及高密度聚乙烯、聚丙烯、聚乙烯醇和聚醋酸乙烯等；着重介绍不同的复合制造工艺，如压缩成型、手工铺层和拉挤工艺；评价了纤维处理和偶联剂对复合材料的机械和物理性能的影响；还介绍了天然纤维增强乙烯基酯和乙烯基聚合物复合材料的热性能、降解性能、溶胀性能和形态性能的最新研究。本书内容丰富、全面，为天然纤维的应用研究提供了参考，可作为材料及纺织类专业师生的参考书，也适合相关专业研究人员参考阅读。

本书中文简体版经 Elsevier Ltd. 授权，由中国纺织出版社有限公司独家出版发行。本书内容未经出版者书面许可，不得以任何方式或任何手段复制、转载或刊登。

著作权合同登记号：图字：01-2021-1637

图书在版编目(CIP)数据

天然纤维增强乙烯基酯和乙烯基聚合物复合材料：开发、表征及应用/(马来)S. M. 萨普安，(马来)H. 伊斯梅尔，(马来)E. S. 扎伊努丁编著；王晓宁，贾清秀，冯绍森译. --北京：中国纺织出版社有限公司，2023.3
(材料科学与工程高新科技译丛)
书名原文：Natural Fiber Reinforced Vinyl Ester and Vinyl Polymer Composites：Development，Characterization and Applications
ISBN 978-7-5180-9123-2

Ⅰ. ①天… Ⅱ.①S… ②H… ③E… ④王… ⑤贾… ⑥冯… Ⅲ.①天然纤维-纤维增强复合材料-乙烯基-酯-研究②乙烯基化合物-复合材料-研究 Ⅳ. ①O621. 12②O623. 121

中国版本图书馆 CIP 数据核字(2021)第 225585 号

责任编辑：朱利锋 责任校对：江思飞 责任印制：何 建

中国纺织出版社有限公司出版发行
地址：北京市朝阳区百子湾东里 A407 号楼 邮政编码：100124
销售电话：010—67004422 传真：010—87155801
http://www. c-textilep. com
中国纺织出版社天猫旗舰店
官方微博 http://weibo. com/2119887771
三河市宏盛印务有限公司印刷 各地新华书店经销
2023 年 3 月第 1 版第 1 次印刷
开本：710×1000 1/16 印张：25
字数：450 千字 定价：188.00 元

原书名:Natural Fiber Reinforced Vinyl Ester and Vinyl Polymer Composites:Development,Characterization and Applications

原作者:S. M. Sapuan,H. Ismail,E. S. Zainudin

原 ISBN:978-0-08-102160-6

天然纤维增强乙烯基酯和乙烯基聚合物复合材料:开发、表征及应用(王晓宁,贾清秀,冯绍森 译)

ISBN:978-7-5180-9123-2

注意

本书涉及领域的知识和实践标准在不断变化。新的研究和经验拓展我们的理解,因此须对研究方法、专业实践或医疗方法做出调整。从业者和研究人员必须始终依靠自身经验和知识来评估和使用本书中提到的所有信息、方法、化合物或本书中描述的实验。在使用这些信息或方法时,他们应注意自身和他人的安全,包括注意他们负有专业责任的当事人的安全。在法律允许的最大范围内,爱思唯尔、译文的原文作者、原文编辑及原文内容提供者均不对因产品责任、疏忽或其他人身或财产伤害及/或损失承担责任,也不对由于使用或操作文中提到的方法、产品、说明或思想而导致的人身或财产伤害及/或损失承担责任。

译者序

2021 年 2 月，国务院印发了《关于加快建立健全绿色低碳循环发展经济体系的指导意见》，提出构建绿色低碳循环发展经济体系、提升能源利用效率、提高非化石能源消费比重、降低二氧化碳排放水平、提升生态系统碳汇能力的发展目标。在此背景下，笔者联合中国纺织出版社有限公司引进一系列绿色环保材料应用方面的外版书籍。

众说周知，高分子材料在航空航天、交通运输、电子电器、建筑工程等工业领域和人们的日常生活中占有重要地位。但据不完全统计，高分子材料大部分来源于石油化工，它在满足工业快速发展的同时，也给我们赖以生存的自然环境带来了严重的影响。如何实现高分子材料的可持续发展，降低二氧化碳排放水平，是当今高分子材料科学界和工业生产领域面临的挑战之一，因此天然纤维的利用成为高分子材料领域的研究热点。

本书主要介绍天然纤维增强乙烯基酯和乙烯基聚合物复合材料的开发、表征和应用的最新研究进展及发展趋势。乙烯基聚合物复合材料具有许多优点，如良好的物理性能和力学特性、可用性和易加工性、可控电阻（通过特殊掺杂）、隔热、重量轻、适应复杂设计的灵活性、耐久性和可以循环利用等。而天然纤维在自然界中含量丰富，价格低廉，可生物降解，可在一定程度上解决资源短缺、环境污染的问题，符合绿色低碳循环经济发展的要求。

本书主要介绍了以下几种天然纤维增强聚合物复合材料：红麻纤维复合材料，槟榔壳增强乙烯基酯复合材料，甘蔗渣填充聚氯乙烯复合材料，玫瑰茄/糖棕榈纤维增强乙烯基酯复合材料，露兜树叶纤维增强低密度聚乙烯复合材料，稻壳填充聚氯乙烯复合材料，糖棕榈纤维增强乙烯基酯复合材料，芋头粉填充聚合物复合材料，基于热带水果废料的生物可降解聚合物薄膜复合材料等，并讨论了天然纤维—乙烯基聚合物复合材料的电学和高速冲击行为及应用。全书内容涉及广泛，资料全面系统，相信天然纤维增强乙烯基酯和乙烯基聚合物复合材料的开发能为我国经济和社会可持续发展做出实质性贡献。该书的出版可为材料领域科研工作者提

1

供有益的借鉴。

真诚感谢翻译过程中冯绍森、贾清秀的积极参与,感谢孙志敏等老师提出的意见和建议,是他们的辛勤工作使本书顺利出版。

由于译者水平有限,经验不足,翻译过程中难免存在疏漏、缺失和不准确之处,欢迎广大读者批评指正。

译者

2022 年 7 月 10 日

目 录

1. 绪论

S. A. N. Mohamed[1], E. S. Zainudin[1], S. M. Sapuan[1],
M. D. Azaman[2], A. M. T. Arifin[3]

[1] 博特拉大学,马来西亚沙登
[2] 马来西亚玻璃市大学,马来西亚阿劳
[3] 敦胡先翁大学,马来西亚巴株巴辖

1.1 复合材料的定义及分类

复合材料是由不同材料混合而成,其中各组分保留各自的特性。这些组分协同作用,改善材料的基本力学性能。复合材料由两种或多种不同的相(基体相和分散相)组成,其本体性质与任何一种组分材料都显著不同(Gupta et al.,2012)。基体相通常更具韧性,是具有固定特征的主要相,它可以容纳次要相即分散相,并使载荷均匀分布(Ku et al.,2012)。分散相以不连续的形式嵌入基体。此外,分散相通常比基体强度大,因此也被称为增强相。根据基体相的不同,复合材料可分为金属基复合材料(MMCs)、陶瓷基复合材料(CMCs)和聚合物基复合材料(PMCs)。也可根据增强材料的类型,将复合材料分为颗粒复合材料(由颗粒组成)、纤维复合材料(由纤维组成)和层压复合材料(由层状复合材料组成)(Smith et al.,2009)。

纤维是一种发丝状的连续长丝材料,起着传递相的作用,它们可以直接作为复合材料的组成部分。除此之外,纤维还可以被编织成薄片,制成纸和毛毡等产品。纤维分为不同的类型,如天然纤维(动物和植物纤维)和化学纤维(合成纤维和再生纤维)(Debnath et al.,2013)。人类所使用的纤维是由当地可获得的纤维类型决定的。例如,在古埃及,稻草和黏土是用来建造墙壁的主要材料(Ashori et al.,2010)。在中国,天然麻纤维用于制造船帆。其他天然纤维也以类似的方式应用于许多领域。此外,由于天然纤维在热固性和热塑性基体中具有可生物降解和可再生特性,用作增强织物时表现出令人满意的性能。

在过去几十年里,聚合物已经在许多应用中取代了各种传统材料。这是由于聚合物比传统材料更具优势。聚合物的显著优势在于:加工方便、生产率高和成本低(Saheb et al.,1999)。在大多数应用中,聚合物的性能随填料和/或纤维的使用而改变,能满足高强度或高模量的要求(Omrani et al.,2016)。纤维增强聚合物(FRP)是一种复合材料,即通过在聚合物基体中嵌入高强度纤维(如玻璃纤维、芳纶和碳纤维)而制成。除此之外,乙烯基聚合物是由乙烯基单体制备而成,乙烯基单体是含有碳碳双键的小分子(Mallakpour et al.,2013)。它们构成了最大的聚合物家族。一般来说,乙烯基聚合物可分为热塑性、热固性(乙烯基酯)和弹性体(Saba et al.,2014)。

目前,热塑性材料作为生物纤维的基体材料已占据主导地位。常用的热塑性塑料有聚丙烯(PP)、聚乙烯(PE)和聚氯乙烯(PVC)。同时,酚醛树脂、环氧树脂和聚酯树脂也经常被用作热固性基体(Puglia et al.,2005)。与传统材料相比,纤维增强聚合物在某些性能上更具优势,因此被越来越多地用于不同商业领域。由纤维构成的各类增强材料被集成到聚合物中,以提高其物理和力学性能。玻璃钢基复合材料因其轻质、可生物降解、高强度、高硬度、良好的耐蚀性和低摩擦系数等性能而受到广泛关注。这些材料所具有的良好机械和摩擦特性,对航天器来说尤为重要。目前,这类材料几乎被应用于日常生活的各个领域。

1.2 天然纤维

1.2.1 天然纤维的类型

不可再生资源正变得越来越稀缺,因此,人们对可再生资源和商品有了普遍的认识,可用作增强纤维的天然纤维或植物种类不断涌现。天然纤维有三种用途:用于纺织品、纸张;用于生物燃料;用作复合材料的增强材料(Habibi et al.,2008)。作为增强材料,天然纤维最终可以在某些应用中取代玻璃纤维,例如为汽车、建筑和包装工业提供复合材料部件。

天然纤维可根据其来源分类,即植物、动物和矿物。植物纤维主要由纤维素、半纤维素、木质素和果胶组成(Väaisänen et al. ,2016)。纤维的许多性能可以通过其组分的相对含量来衡量。非木材木质素纤维还可分为种子纤维、叶纤维、韧皮纤维、果实纤维和茎纤维。大多数工业纤维都来自包裹茎部的韧皮(如亚麻、大麻、洋麻和黄麻),因为这些韧皮纤维,刚度较高,稳定性很好。另外,叶纤维(如剑麻)也是常见的原材料,但一般刚性较低。图1.1列举了一些常见的天然纤维。

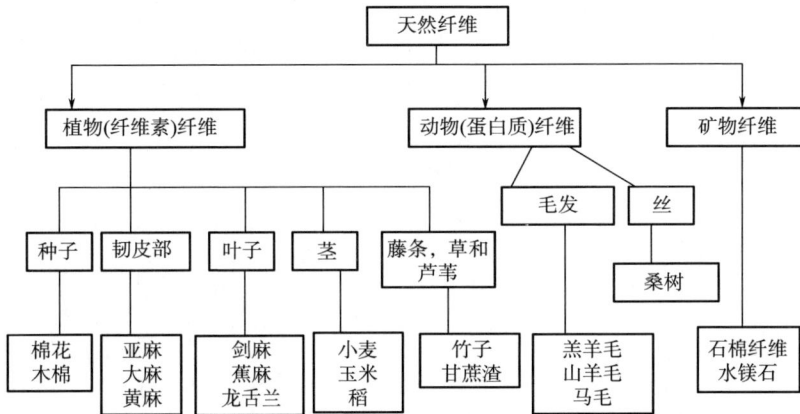

图 1.1　天然纤维分类(Jusoh et al. ,2016)

1.2.2　天然纤维的微观结构

天然纤维结构复杂,通常不可弯曲,具有结晶纤维素微纤维增强的无定形木质素和/或半纤维素基质。此外,天然纤维(棉除外)通常由纤维素、半纤维素、木质素、蜡质和一些水溶性化合物组成,其中纤维素、半纤维素和木质素是主要成分。这些化合物的典型微观结构如图1.2所示。天然纤维通常由60%~80%的纤维素、5%~20%的木质素和20%的水分组成。随着加工温度的升高,天然纤维的细胞壁表面会发生热解。热解是有机物在高温缺氧条件下进行的化学分解过程。该过程包括化学组成变化和物理相变。此外,热解会产生炭化层,有助于木质纤维素隔热,避免发生类似热降解。

纤维素是一种线性葡萄糖聚合物,由β-1,4-苷键连接的葡萄糖单元组成,具有一定的强度、刚度和结构稳定性。数千个葡萄糖单元与分子内氢键形成晶体,产生稳定的疏水聚合物,具有很高的拉伸强度。植物细胞壁上的微纤维使化学键结构更加牢固。此外,纤维素的结构也导致了酶降解的复杂性。一般来说,降解纤维素需要三种纤维素酶，即外切纤维素酶(外切纤维素二糖水解酶)、内切纤维素酶和纤维素二糖酶。

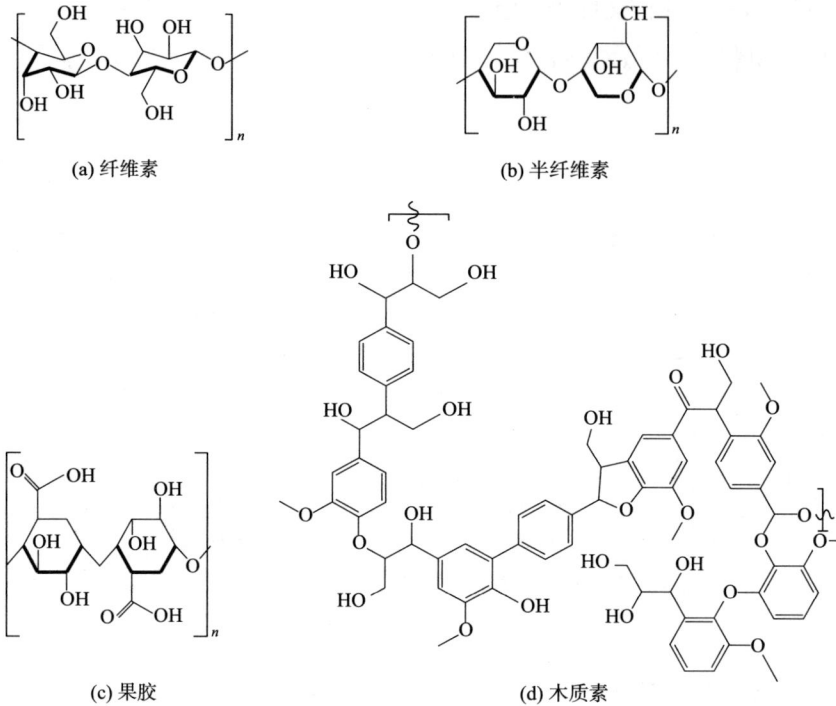

(a) 纤维素   (b) 半纤维素

(c) 果胶   (d) 木质素

图 1.2　天然纤维各组分的结构示意图 (Westman et al. ,2010)

　　半纤维素是一种支链聚合物，含有不同化学结构的五碳和六碳糖。木质素是一种无定形的交联聚合物网络，由不规则排列的羟基和甲氧基取代的苯基丙烷单元组成。此外，木质素的极性比纤维素低，在纤维内部和纤维之间起化学黏合剂的作用。果胶是一种复杂的多糖，其主链由一种修饰过的葡萄糖醛酸聚合物和鼠李糖残基组成。它们的侧链富含鼠李糖、半乳糖和阿拉伯糖。此外，这些链通常与钙离子交联，从而改善了富含果胶区域的结构完整性。木质素、半纤维素和果胶共同起着基质和黏合剂的作用，使天然纤维复合材料的纤维素框架结构连接在一起。

1.2.3　天然纤维的性质

　　天然纤维素纤维来源于植物的不同部位。纤维通常分为种子纤维(如棉花和木棉)、茎或韧皮部纤维(如亚麻、黄麻、大麻、洋麻和甘蔗)和叶子纤维(如菠萝和香蕉)(Namvar et al.,2014)。这些纤维中,如棉花、亚麻、大麻和洋麻等,主要为了得到纤维而种植;而椰子、甘蔗、香蕉和菠萝,纤维则是次要产品。有些纤维由于可获得性受限、提取困难、性能较差、开发地区受限等原因,尚未得到广泛应用。此外,有些植物产生的纤维不止一种。例如,黄麻、亚麻、大麻和洋麻都具有韧皮纤维和芯纤维。另外,龙舌兰、椰子和油棕有果实纤维和茎纤维,而谷类有茎纤维和壳纤维。来自双子叶植物的树皮内层或韧皮部的韧皮纤维有助于提高植物茎的结构强度和刚度。这些纤维位于薄树皮下,沿茎平行排列,这些纤维就会成为纤维束或纤维股。一般说来,韧皮部纤维束的长度各不相同,但通常可达100cm,宽度约1mm。

1.2.3.1 大麻

20世纪初,大麻被广泛种植。其韧皮纤维被推广为纺织原料,可用于纤维商品、服装、帆、绳、纸、医药用品等。然而,大麻纤维在古代仅用于制造绳索。20世纪90年代以来,随着世界范围内环境污染的加剧,人们将目光转向了一种可以循环利用的无污染、无杀菌剂的绿色资源,被称为绿色资源,大麻重新进入人们的视野。此外,由于织物技术的不断发展,大麻纤维的优良性能不断提高,其舒适性也得到改善。大麻纤维和由其制成的纺织品也表现出了良好的性能。

大麻是大麻属植物的总称。除此之外,大麻被认为是人类最早栽培的纤维植物。植株在140天内可长到4.5m高,茎的直径达到4~20mm。从专业角度来讲,大麻是两种天然纤维的来源:韧皮纤维(主要用于造纸和纺织业)和木质纤维。大麻茎含有20%~40%(质量分数,下同)的韧皮纤维和60%~80%的木质芯纤维。木质纤维成分为40%~48%纤维素,18%~24%半纤维素和21%~24%木质素(Shahzad,2012)。此外,与木质芯纤维相比,韧皮纤维中的多糖含量较高(57%~77%),而半纤维素(9%~14%)和木质素(5%~9%)的含量较低。

此外,大麻茎的横截面揭示了其复杂的结构,该结构由茎中固定的几层组成(图1.3)。茎的外表面被皮层覆盖,称为表皮层。大麻茎中有韧皮纤维和木质纤维。韧皮纤维由一个主要由果胶组成的中间片层连接,并在茎的外侧形成环状组织。此外,每个纤维束都由单股纤维组成。纤维有两种形式:初生韧皮纤维(555mm)和次生韧皮纤维(2mm)。与优质的韧皮纤维不同,麻秆(粗麻)是植物中价值最低的部分,化学成分与木材相近。

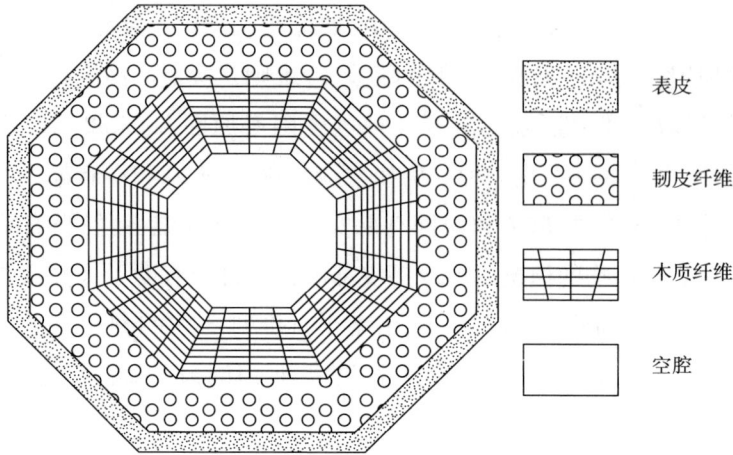

	表皮
	韧皮纤维
	木质纤维
	空腔

图 1.3　大麻茎的横截面(Stevulova et al. ,2014)

由多种因素引起的化学成分变化将导致大麻纤维的力学性能不同。纤维的抗拉强度约为 690MPa,模量在 30～60GPa,伸长率约为 1.6%。拉伸试验得到的应力—应变曲线与黄麻纤维有相似的变化趋势。参考植物龄期和试验参数,研究了大麻纤维的拉伸性能。完全成熟的植物比部分成熟的植物具有更高的抗拉强度。此外,还发现测试参数和测量长度对大麻纤维的抗拉强度有影响。

1.2.3.2　苎麻

苎麻(*Boehmeria nivea*)是一种产于东亚的开花植物,属于荨麻科荨麻类。苎麻属约有 100 种,其中以苎麻最为重要。它是一种耐候性极强的植物,在炎热潮湿的气候条件下,生长至成熟一般需要 44～55 天。苎麻纤维存在于茎的皮层,特别是在薄皮层的下面。这种纤维由 73%～74% 的纤维素、13%～15% 的半纤维素、0.6%～1.5% 的木质素和 1.0%～5.5% 的果胶组成(Nandi et al. ,2015)。由于皮层果胶的胶状性质,纤维无法与树皮完全分离。分离脱胶步骤包括刮、捣、加热、洗涤和化学作用。日本开发出一种新型脱皮设备,用于去除和刮出苎麻茎秆(Das et al. ,2010)。纤维也可以通过氢氧化钠浆液来分离。此外,苎麻纤维与黄麻、亚麻等韧皮纤维性质相近,但苎麻纤维在干燥状态下更细、更坚韧,在潮湿状态下甚至更坚韧。

苎麻耐虫蛀、耐光、耐腐烂、耐碱、耐霉菌和细菌。不仅如此,它还具有很强的吸水性,尤其是在温暖的天气里,穿着非常舒适。和亚麻一样,苎麻也具有天然的抗污能力。事实上,苎麻的抗污能力甚至比棉更好。弱酸对苎麻没有伤害,也很容易染色。在洗涤过程中,苎麻有良好的耐湿处理牢度,但反复洗涤后,颜色较深的苎麻可能会失去光泽。此外,苎麻在潮湿时比干燥时更硬挺,苎麻耐高温洗涤,洗涤后平整光泽,且外观也有改善(Pandey,2007)。

1.2.3.3 亚麻

亚麻属亚麻科,是人类使用的最古老纤维之一。亚麻植物在潮湿和凉爽的条件下生长,可以从亚麻植物中提取纤维。亚麻植株可长到170mm高,直径可达1.5cm。亚麻是为了生产纤维而种植的,大约100天后或当植株的基部变成淡黄色时就可以收割。亚麻种子除了可以用于种植亚麻外,还可以生产亚麻籽油。亚麻植物的茎由几层紧密结合在一起的纤维组成,这些纤维很难分离。韧皮纤维通过浸解(脱胶)从皮层分离出来。

亚麻纤维的主要成分是纤维素、半纤维素、蜡质、木质素和果胶,含量不定。亚麻纤维富含纤维素,约占总量的70%,因此亚麻可以作为复合材料中的增强材料。亚麻中半纤维素20%,果胶和木质素10%(Yan et al.,2014)。亚麻具有较高的抗拉强度和模量以及较低的伸长率,其数值介于玻璃纤维和芳纶之间。伸长率较高的亚麻纤维可用于纱线、机织物、缝纫线、土工布等。传统上,家用纺织品和服装等是用亚麻纤维生产的。目前,短亚麻纤维在非纺织品市场上有新的应用,如包装材料、塑料和混凝土增强材料、石棉替代品、面板、汽车工业衬里材料、玻璃纤维替代品和绝缘材料(Maity et al.,2014)。亚麻在营养保健品、生物制药、纤维、动物饲料和人类食品等众多领域的应用范围也在不断扩大。与其他天然纤维相比,亚麻在种植方面有很多优势,因为它不需要特殊的土壤条件和杀虫剂,而且需要的水分较少。

1.2.3.4 洋麻

洋麻,俗称木槿,是一种具有生态和环境效益的纤维素来源。它是一年生纤维植物,与棉花和黄麻类似,喜温暖气候。茎由外皮、韧皮束和巨大的中心纤维组成。洋麻的横截面与大麻茎类似。洋麻的韧皮束可以通过浸解而从茎的薄皮上剥离出来。洋麻的力学性能非常好,生长周期仅150天,生长速度很快。按质量计算,该植物含有35%~40%的韧皮纤维和60%~65%的芯纤维。同时,洋麻纤维含有约65.7%的纤维素和21.6%的木质素和果胶。该植物可以在多种气候下生长,高度可达3m以上,根部直径达35cm。洋麻植物的茎由两部分组成,即外部纤维状表皮和木质内芯。目前，洋麻在造纸、建材、吸附剂、动物饲料等方面的应用越来越广泛。此外，韧皮纤维束的用途也得到了进一步的发展。这种纤维可用于汽车仪表板、地毯衬垫、作为玻璃纤维和其他合成纤维的替代品、纺织品，以及用作注塑和挤出塑料的纤维（Raman Bharath et al.，2015）。此外，洋麻韧皮纤维束在商业上还作为环境友好型产品，例如浸有草籽的纤维草坪垫、高速公路上的道路标识以及为防止水土流失而喷洒在建筑工地上的土壤覆盖物。

1.2.3.5 黄麻

黄麻是一种韧皮纤维，采自椴科的荚果，该植物需要近 3 个月的时间才能长成。黄麻植物被切段并浸入水中，一年四季都可以进行脱胶。内部和外部茎是隔离的，因此外部茎可以被分离开，成为单纤维。来自孟加拉国的黄麻纤维是优质纤维，黄麻是当地和印度东部重要的纤维来源。黄麻是一种木质纤维素纤维，具有一些非常特殊的性能。具体来说，加工过程需要外力很小、重量厚度比低和力学性能优异，这些纤维除了在处理过程中有较小的损伤外，疵点很少。

除此之外，黄麻是一种多用途纤维。近年来，黄麻纱在麻布生产中逐渐取代了亚麻和大麻纤维，目前，粗麻布仍然是黄麻的主要产品。黄麻的一个基本特点是可以独立使用或与其他纤维和材料混合使用。尽管黄麻在许多应用中已被合成材料所取代，但黄麻的可生物降解性是合成材料所不具备的。这类用途的例子包括用于种植幼树的容器、用于土壤和防腐蚀的土工布，其中的黄麻纤维在一段时间后就会分解，而不需要去除。除此之外，黄麻的优点还包括优良的隔绝性和抗静电性能，以及低导热率和适度的保湿性（Gupta et al.，2015）。

1.2.4　天然纤维提取工艺

脱胶是通过果胶、树胶和黏性物质的脱落、分解和变质，将纤维从非纤维组织和木质茎中分离和提取。纤维的特性主要由脱胶工艺控制的。在脱胶过程中，最重要的工艺是果胶的脱胶和纤维的分离。纤维的质量取决于提取条件、脱胶时间等。通常情况下，与植物的上部相比，植物的主体又厚又硬，这会使脱胶时间更长。

在脱胶加工的末期，仍残留有尖锐的、有刺的、粗糙的、柔韧性较差的纤维，这些纤维质量低劣，实用性较差，占整个纤维的 30% ~ 40%，不适合纺纱。此外，纤维通过机械手段剥离胶结材料，或通过物理化学和微生物技术使其分解和降解，使纤维束从附着的组织中分离出来，并通过水洗的方式把胶质排出。纤维的分离和提取工艺对纤维的产量和质量有很大的影响,它影响着纤维的结构、化学组成和特性。

1.2.4.1 生物脱胶

生物脱胶分为天然脱胶和人工脱胶。天然脱胶包括露水脱胶、田间脱胶和冷水脱胶。露水或田间脱胶需要在有适宜的湿度和温度的地方进行。麻收割后,将其保留在田间,直到微生物从皮质和木质部剥离出纤维为止(Paridah et al.,2011)。脱胶时,必须在恰当的时间停止脱胶过程,以避免过度脱胶。同时,脱胶时间不足也会导致纤维分离困难。因此,优化脱胶工艺对确保纤维质量非常重要。

冷水脱胶(Tanushree and Chanana,2016)是利用厌氧微生物分解浸泡在巨大的水箱、湖泊、小河、小溪和大桶中的植物果胶。这个过程需要 7 ~ 14 天,并依赖于水的类型、脱胶水温和细菌接种物。尽管该工艺能够提供优质的纤维,但由于自然老化和废水中天然污染物较多,冷水脱胶并不令人满意。通过脱胶的水温和使用的水类型的模拟实验,发现可在 35 天内产生均质洁净的优质纤维。首先,植物包被浸渍在温水槽中,在充分脱胶后,韧皮纤维从木质部中分离出来。接下来,通过断裂或撕裂过程,将纤维束或粗亚麻从原麻中松软并剥离出来。

1.2.4.2 机械脱胶

机械脱胶是从植物秸秆中分离韧皮纤维的一种简易而实用的方法。这种方法的原始材料是田间干燥的植物秸秆或稍有腐烂的植物秸秆。可以通过机械方法将韧皮纤维从植物的木质部分中剥离出。该技术不会因天气变化而引起纤维品质的下降。机器收割绿色植物后,将植物上多余的叶以及顶部去除,将外皮打成带状,将带状纤维捆扎,然后将捆扎好的纤维捆绑在一起。"打麻"过程可将外皮从芯材上撕下来,称为去皮。类似的过程是剥皮,也就是将芯材从外皮中分离出来。碎茎打麻机/剥皮机的首要目标是获取外皮中的大量韧皮纤维,并处理掉不需要的芯材。然而,碎茎打麻机和剥皮机有很大的不同。在碎茎打麻机的去皮过程中,芯材被开槽的辊子粉碎并分离,而剥皮机是剥离外皮,同时保持芯材完整。

近年来,有专门适用于洋麻生产或为其他纤维工业(大麻和黄麻)生产而开发的新型碎茎打麻机/剥皮机(Webber et al.,2002)。其目的不仅是收集外皮的纤维,而且要收集不同用途的芯材。这些新型的碎茎打麻机/剥皮机的优势是皮和芯材之间分离得更干净,独立干燥更迅速,在决定纤维束的切割长度方面也有更突出的适应性。通过改变机械加工参数,可以设定独立的外皮清洗或中途对外皮进行清洁的工艺,而不影响韧皮纤维的柔韧性。在大多数情况下,机械方法被用来生产价值较低的洋麻纤维。

1.2.4.3 物理脱胶

物理脱胶包括超声波脱胶和蒸汽脱胶。超声脱胶时,要把收割后的茎秆进行切割和清洗。然后将被压扁的茎秆浸泡在含有碱和表面活性剂的热水中,再进行超声处理。蒸汽脱胶是传统田间脱胶方法的另一个合理选择。在压力和汽化温度下,蒸汽和添加剂进入韧皮纤维束的纤维间隙,随后通过蒸汽强烈的松弛作用,韧皮纤维得到有效分离,而且可以分解为细纤维。

1.2.4.4 蛋白质脱胶/酶脱胶

另一种生产高品质纤维且能预测纤维质量的方法是蛋白质脱胶。该脱胶体系是利用对果胶有腐蚀性的物质脱去果胶,将纤维从木质组织中分离出来(Aisyah and Tajuddin,2014)。利用酶的作用,对果胶类物质进行特定生物降解。酶的作用随着温度的升高而增加,达到一定温度后,酶的化学性质开始发生变化。

1.2.4.5 化学和表面活性剂脱胶

化学和表面活性剂脱胶法是指将秸秆浸泡在含有腐蚀性硫酸、漂白粉、氢氧化钠或氢氧化钾、纯碱的温水槽中,在高温和重压下分解果胶的过程。在脱胶时利用表面反应动力学,通过分散和乳化作用基本可以将黏附在纤维上的非纤维素部分去除。此外,可通入一定量的氧气提高纤维的可染性和光泽。阳离子柔软剂可按纤维质量的 0.2%使用。此外,在化学脱胶过程中可以使用作用效果相近的草酸铵和硫酸钠,使纤维在一定条件下得到分离。尽管化学脱胶可以生产高质量的纤维,但由于化学药剂和能源消耗大,最终产品的成本也会增加。

1.2.4.6 物理化学脱胶

即物理与化学方法相结合的脱胶方法。通过物理化学方法(Moghaddam et al.,2016)脱胶生产的纤维,表面略微粗糙,纤维细度不均匀,而且粗大。烘干后,需要用手搓揉纤维束使其软化。

1.3 天然纤维的表面改性

复合材料中纤维和聚合物基体之间的结合强度决定了其优异的性能。用易腐材料替代普通塑料的挑战在于保证整个储存和使用期间内材料的结构和功能的稳定性。易腐材料在废弃后容易受到微生物和环境影响而发生降解,且降解过程对环境无害。提高天然纤维/聚合物的界面强度是一个巨大的挑战。很多天然纤维富含羟基(Kumar et al.,2011)和其他极性基团,生物复合材料吸湿性较高,导致纤维与聚合物基体之间的表面结合较弱。因此,为了开发具有良好力学性能的复合材料,需要对纤维进行化学改性,以降低纤维的亲水性(Han and Choi,2010)和吸湿性。

由于极性纤维与非离子聚合物不相容,天然纤维复合材料的力学性能也较差。可以通过接枝新的官能团、除杂质、增加纤维表面粗糙度,或者是上述几种方法并用来对此类纤维进行表面改性,以增加纤维表面反应位点。表面改性可以提高纤维与基体之间的结合程度,从而使复合材料具有更好的力学性能。人类最早采用的纤维改性方法之一是采用物理法将天然纤维束分离成松散的细丝。

为了生产混纺纱线,对天然纤维进行拉伸、轧光、热处理或施加导电来使其发生物理变化。这种处理工艺可以改善纤维的结构和表面性能,从而改善与聚合物的机械黏合性(Mohammed et al.,2015)。物理处理的主要目的是将纤维束分离成单个纤维,并对纤维进行改性以制备复合材料。如果需要分离纤维束,可以采用蒸汽喷射和热机械法等技术。对纤维表面进行改性则可以采用诸如等离子体(热)处理、介质阻挡放电技术(DBT)或电晕(非热)处理的方法。电晕处理(Adekunle,2015)可提高纤维的表面化学反应活性,从而改善亲水性纤维与疏水性基体之间的界面作用力。在等离子体处理中,根据所用气体的类型和性质不同,可对纤维进行一系列的表面修饰。

纤维表面的等离子体改性(Anwer et al.,2012)具有多种作用方式,可在不同程度上改善复合材料界面作用力。通过等离子体技术可以蚀刻和粗糙化纤维表面,使其附着力得以提高。等离子体改性也可以引入自由基来修饰纤维表面的化学结构。结果表明,与未处理的对照组相比,含有预处理纤维的样品的界面强度可提高70%。但是,随着处理时间的增长,样品强度会降低。这是因为样品中的微粒经常冲击纤维,使纤维发生降解。总之,等离子体预处理通过增加纤维与基质之间的黏合力来提高复合材料的表面强度。

天然纤维易于改性,是因为纤维素和木质素化合物中含有许多羟基。化学改性可以活化这些基团,或引入可能与基体发生相互作用的新官能团。例如,纤维的化学漂白会使纤维表面粗糙度大幅增加。纤维表面的不规则性对纤维界面的黏附性起着至关重要的作用。有时,纤维表面改性的效果由其对复合材料的机械和热性能的影响来定义。对纤维素纤维的各种化学处理方法(Li et al.,2007)包括硅烷化、碱处理、丙烯酰化、苯甲酰化、马来酸偶联剂、高锰酸盐、丙烯腈和乙酰化接枝、硬脂酸、过氧化物、异氰酸酯、三嗪类、脂肪酸衍生物、氯化钠和真菌等。

天然纤维表面处理的主要目的是提高纤维/基体的界面结合和复合材料的应力传递性。碱处理可以使部分聚合物发生解聚反应,引起纤维表面的某些化合物减少,如铀酸(半纤维素)、芳香族化合物(萃取物)和非极性分子(Kabiret al.,2011)。碱处理更适用于非木纤维材料。在软木纤维中,提高非木纤维的结晶度,只会使化合物间的作用力略有增加。因此,碱处理除了改善其润湿性外,还可以显著改善纤维间的相互作用。通过观察发现,每一种处理对纤维表面都有瞬时效应。

碱处理有几种类型。例如,用 6% NaOH 进行碱性处理,可去除无定形化合物,提高纤维束的结晶指数(Carvalho et al.,2010)。用乙二胺四乙酸(EDTA)进行处理会导致纤维和与果胶相关的钙离子分离。而用聚乙烯亚胺(PEI)处理,材料所有的性能与其他碱处理相比均相似。用石灰水处理,会在纤维表面出现钙离子。纤维表面有一定碱浓度会使合成的复合材料的力学性能更好(Hassan et al.,2016)。然而,碱浓度超过某个值会引起纤维表面损伤,导致力学性能下降。此外,通过化学处理,可提高扭矩值,增加交联度。与未处理的复合材料相比,碱处理的复合材料的拉伸强度有所提高。

1.4 天然纤维复合材料

复合材料是由两种或两种以上不同化学性质的填料或增强纤维和可连续承压的基体构成的非均相材料。复合材料由于其优越的性能,如高强度重量比、高机械强度和很小的热膨胀,而成为传统材料的替代材料。新型复合材料的生产和使用正处于不断上升阶段。天然玻璃钢复合材料(FRP)因其高比强度、轻质、可生物降解性和环境友好等优点而越来越受到人们的青睐。此外,天然纤维与合成纤维并用增强的聚合物复合材料也具有广泛的应用前景。

天然纤维聚合物复合材料的性能受多种因素影响,如纤维的微纤角、缺陷、结构、物理性能、细胞尺寸、力学性能、纤维与聚合物基体的结合等。因此,要了解天然纤维增强复合材料的性能,就必须要了解天然纤维的力学性能、物理性能和化学组成。此外,设计天然纤维增强复合材料时需要注意:纤维的表面附着特性;纤维的热稳定性;纤维在热塑性复合材料中的分散性。

树脂是复合材料的另一个必要成分。对于天然纤维复合材料来说,树脂分为热塑性树脂、热固性树脂和生物树脂。常见的热塑性树脂有 PE、PP 和聚酰胺,常见的热固性树脂有环氧树脂、乙烯基酯和酚醛树脂。通常情况下,聚合物基体是热固性的,目前公认的具有高性能晶格的热固性材料是环氧树脂。一旦在高分子链之间形成固体共价交联,热固性树脂就不能溶解,这限制了它们的可回收性。此外,热固性树脂价格昂贵,对健康有危害(固化前),且需要较长的处理时间。可使用热塑性基体来代替热固性树脂来解决上述问题。热塑性材料通常更便宜,更环保,处理时间也更短。而在任何情况下,热固性材料在晶格作用和增强方面占主导地位,一般来说,热固性塑料比热塑性塑料能承受更高的温度。

1.4.1 热固性复合材料

天然纤维可以与不饱和聚酯、酚醛树脂、新型酚醛树脂和环氧树脂等热固性材料混合形成复合材料。在热固性基体复合材料中,纤维被热固性树脂浸渍,然后在室温或高温下固化。在热固性基体复合材料开发时,可以使用手糊成型、改性层压/模压成型、拉挤成型、真空浸渍法、树脂传递模塑(RTM)等方法来获得高性能的复合材料。尽管已经使用环氧树脂来获得高质量的产品,但不饱和聚酯因具有良好的易用性和灵活性,而在复合结构材料中应用更广泛。此外,与未经处理的纤维相比,加入经过处理的天然纤维可以提高复合材料的强度。在热固性复合材料中,酚醛树脂基体复合材料的强度和模量高于环氧树脂复合材料,其次是聚酯复合材料。除此之外,与富含纤维素的纤维(如剑麻和香蕉)增强的复合材料相比,富含木质素的纤维(如椰棕)增强的复合材料表现出更好的耐候性。木质素对水分的亲和力较低,是纤维素微纤维吸收水分的防御屏障。

1.4.2 热塑性复合材料

天然纤维具有广阔的应用前景,适合作为热塑性塑料的增强材料。由于天然纤维的磨蚀性较低,而塑料生产可使用传统的热塑性系统的加工设备,且设备维护费用低,因此在复合材料中常使用塑料作为基体材料。由于超过一定温度纤维将会开始降解,复合材料加工时不能使用较高的加工温度。这就限制了热塑性基体,如 PE、PP 和聚苯乙烯(PS),与木质纤维素纤维一起使用。复合材料的性能受增强材料的力学性能和几何特性的影响较大,如纤维与基质的相互作用、纤维与纤维的相互作用、纤维的分散和取向以及流变性能。天然纤维的非均相成核作用可加速聚合物基体的结晶动力学。纤维表面的横向结晶可以增强纤维/基体的界面性能。通常,由于天然纤维和热塑性塑料的极性差异,使二者结合性较差。因此,通过使用偶联剂和增容剂对纤维、基体或两者同时进行预处理来改善应力传递,从而提高天然纤维增强热塑性塑料的性能。

1.4.3 可生物降解的聚合物基复合材料

常见的可生物降解塑料包括聚乳酸、纤维素、酯类、淀粉基塑料、聚己内酯和脂肪族聚酯/共聚酯。在许多应用中,这些聚合物已成为典型塑料的可能替代品。一旦将天然纤维掺入这种可生物降解的塑料中,就会形成可完全生物降解的生物复合材料。可生物降解的聚合物基天然纤维增强复合材料可用于制造管子、车门、内饰板和夹心板等。在类似基质中如果加入化学处理的黄麻纤维为增强材料,复合物的力学性质也会提高。表面改性天然纤维和工业生物降解塑料复合材料是先挤出再压缩成型的生产工艺。

可生物降解聚合物的主要缺点是亲水性、持久降解性和在潮湿环境中的低力学性能。在可生物降解的聚酯中,聚乳酸(聚乳酸类)一直受到人们的关注。这是因为它们是由淀粉等可再生资源制成的,可生物降解、可堆肥,而且具有非常低或无毒性和优良的力学性能。然而,聚乳酸很昂贵。此外,将脂肪族聚酯与亲水性天然高分子混合在一起可以开发出一系列新型的可生物降解高分子材料。脂肪族聚酯和亲水性天然高分子在热力学上不互容,导致两种组分之间的黏附力较弱。因此,需要使用各种相容剂和添加剂改善它们之间的界面性能。

最初用于包装材料的热塑性生物聚合物不能满足纤维复合材料基体体系的基本性能要求。具体来说,高断裂伸长率和高加工黏度是不利因素。与热塑性塑料相比,天然热固性塑料的生产似乎更容易,因为马来酸甘油三酯、环氧化植物油、多元醇和胺化脂肪可以提供合适的原料。然而,仍然需要化学试剂交联这些单体,以合成和保持单元排列。在这些物质中,异氰酸酯、胺、多元醇和多羧酸是首选。已有研究公开了一种来自生物源的异氰酸酯,即环氧化植物油丙烯酸酯和环氧化植物油。

1.5 乙烯基酯和乙烯基聚合物

乙烯基聚合物是聚合物家族中最大的一种。乙烯基聚合物的来源是乙烯单体,乙烯单体是由碳—碳双键组成的小分子。乙烯基聚合是将不饱和化合物(单体)连接在一起以形成链式聚合物,如下所示(Hibi et al.,2016)。

$$n[\,CH_2=CHX\,] \longrightarrow \!-\!\!+\!CH_2-CHX\!\!\;\!\!\;\!\!\,\!\!\,\!\!\;]_n$$

乙烯基化合物由于可回收而具有非常好的通用性,这是零污染的日常生活的必需品。乙烯基产品在使用了几十年后仍可多次回收,具有非常显著的优势。聚合物制造商和加工者对回收利用乙烯废弃物做出了巨大贡献。由于工业回收,大多数人造乙烯化合物都变成了新产品。处理乙烯基瓶回收项目的增加有利于促进消费后乙烯基聚合物的回收。乙烯基聚合物研究所通过支持几家公司的塑料自动分离技术和乙烯基聚合物回收系统的发展,在塑料回收中发挥了关键作用。研究发现,有氯存在时,乙烯基聚合物更容易分离。

天然或植物纤维增强乙烯基聚合物复合材料可以用最常见和最便宜的方法,即手工铺层和喷涂来生产。这个过程是通过给模具上蜡并喷上凝胶涂层,然后将模具置于烘箱中固化来完成的。手工铺层法是将连续的纤维毡和织物手工放入模具中,并在每一层上喷涂催化树脂。然后施加一定的压力来得到坚实而紧密的层压板。在喷涂法中,首先将催化的树脂喷涂到模具中,然后喷涂短切纤维。后者将层压板彼此黏合在一起,形成复合材料。

树脂传递模型(RTM)(Ho et al.,2012)是一种在复合材料的两侧表面形成高质量精加工表面的方法。该方法释放的能量低,使复合材料形状性良好。先在模具的两半部分进行凝胶涂层,然后将连续纤维或短切纤维铺设在模具上。在模具合模后,使用注射法和真空加压法结合或两者中的任何一种方法将树脂沉积到模具中。该过程的固化温度取决于树脂体系。压制成型是一种成本低廉、周期短的成型方法。成型过程也可以用片状模塑料(SMC)来完成,纤维被该片材夹在树脂浆料的中间形成"三明治"结构,即将纤维或织物放在两片带有树脂浆的片材之间,制成这种复合材料。在 SMC 的成型过程中,先是合模,然后夹紧模具,在模具上施加 500~1200psi 的压力。片材在开模之前经历固化过程。然后手动或通过注射系统从模具中取出片材。

热固性材料在住房材料、汽车和电气部件以及电机部件市场上的应用日益增多。这种上升趋势的出现,是由于众所周知的热固性块状模塑料(BMC)的自动化注塑成型工艺。BMC 是由热固性树脂与 15%~20% 的短切纤维混合而成,这种混合物还具有几乎零收缩的特性,因此非常适合注塑成型工艺。注塑成型是一种低压力的封闭式工艺,可实现大批量快速生产。这种技术可以在 15s 的注射速度下生产出 2000 个小零件,而且只需极少的精加工时间。该技术的初始步骤是通过柱塞或螺旋式柱塞将材料从加热后的料筒中射出并注入加热的模具中。为了减少固化时间,制造者还可以完全控制所产生的热量。除注塑成型外,另一种高分子材料的大批量制造方法是缠绕成型。该工艺主要用于制造管体、轴承、管道、压力容器等圆柱形产品。这种技术是通过在芯轴周围缠绕通过树脂溶的干纤维来实现的。如用纤维缠绕法制造圆柱形产品,那么可以用拉挤成型技术制造具有恒定截面的部件。拉挤成型用于制造槽、梁、杆、棒、条、板等形状的产品。

1.6 乙烯基聚合物的应用

植物基纤维/聚合物复合材料由于其自身的成本效益,在大多数工程领域得到了广泛的应用。植物基纤维增强聚合物复合材料的应用包括(但不限于)汽车内饰、包装、隔板等。植物纤维的使用可以解决不可降解复合材料的昂贵、浪费、环境污染等问题。

木质纤维素纤维是高分子复合材料中常用的增强材料之一。其他植物纤维有黄麻、洋麻、黄麻等。植物基纤维由于其成本效益高、可用性强、无磨损、密度低、力学性能好、可分解性强等因素,使其具有较高的效益。尽管这些纤维的强度不如其他合成纤维(例如碳纤维),但由于这些纤维的刚性甚至超过了 E-玻璃纤维,因此它们具有良好的力学性能。纤维的抗磨损性可降低复合材料本身的损坏,而其中空结构则有助于降低纤维本身的密度。植物纤维可以增强热塑性和热固性聚合物。

常用的植物基纤维增强的热塑性聚合物有 PE、尼龙和 PVC,而环氧树脂、聚酯和聚氨酯是植物基纤维增强的热固性聚合物。PP 和 PVC 是众所周知的植物基纤维复合材料的基体,填充材料是木粉(来自锯木厂的废料)或木纤维(来自木制品的废料)。这些木质材料填充的聚合物复合材料或木塑复合材料(WPCs)的木质材料含量为 30%~70%。WPCs 由于具有较高的加工能力和适用性,具有很高的效益。WPCs 的应用包括家具、窗户和户外地板等。除 PP 和 PVC 外,聚二苯基甲烷二异氰酸酯(MDI 或 PMDI)也可用于植物纤维增强的基体。这些天然或植物纤维增强的复合材料的大量使用,会引发环境问题。

虽然纤维是环保型的,但前述复合材料中使用的基体是不可降解的高分子材料,不能或至少需要很长时间才能分解。因此,研究人员致力于通过生物降解纤维和生物降解树脂的结合来开发生物降解复合材料。目前,可生物降解树脂有天然树脂和合成树脂两种。然而,这些树脂在成本、受潮和细菌侵袭等方面都有缺点。尽管如此,在加工工艺和高纤维含量的帮助下,这些树脂组成的复合材料仍然可以用于非关键应用,如在房屋和运输中的二级结构。

1.6.1 在交通工具中的应用

除了生物降解性外,植物纤维还可以作为良好的隔热材料,在热或声应用领域发挥作用(Al-Oqla et al.,2014)。由于其绝缘性能,植物纤维增强复合材料广泛应用于汽车的许多内部部件,如坐垫、门板和驾驶室内衬。这些内部部件的绝缘材料大多来自纺织工业的回收棉纤维。除棉纤维外,绝缘材料还可使用椰子纤维制成。与天然乳胶黏合的椰子纤维主要用于制造软垫座椅,这些座椅的舒适性跟植物纤维吸湿能力有关。在面板的制作方面,主要使用的植物性纤维是嵌入环氧树脂的亚麻纤维垫。这些纤维的使用除了改善力学性能外,还使产品的重量减少了 20%。另一个例子是将棉或与热固性多酚树脂黏合的其他类似纤维用于制造内饰件。虽然热固性树脂与热塑性塑料相比具有较高的热稳定性,但由于工业上回收利用时,对热固性塑料分解的要求,导致制造商对热塑性塑料的需求越来越高。

除了提供舒适的坐垫,植物性纤维的吸湿能力使其比合成纤维更能防止起雾。大麻纤维作为植物性纤维,可以防止因固化过程中的水分释放而产生的孔隙。在力学性能方面,大麻纤维增强酚醛树脂复合材料证明,植物纤维可以提高材料的弯曲强度、韧性和抗冲击性。除了上述优点外,植物纤维易于生长,能够大批量生产,也更健康安全。植物纤维的加工温度要求相对较低,低于230℃,低的加工温度对制造商控制生产成本非常有利。与合成纤维相比,植物纤维的重量更轻,这在汽车工业中很有优势。

然而,植物纤维也有一些缺点,制造商可能会觉得不利,这些缺点主要由于收获时间、生长条件和纤维提取方式的不同导致的。除了这些差异外,由于不同国家或地区的种植条件和不同的农业政策,纤维的价格和纤维特性也各不相同。植物纤维的亲水性,也造成了与多为疏水性聚合物基体的黏合问题。此外,这些纤维很容易降解,会释放出难闻的气味,进而引起膨胀。

1.6.2 在建筑行业中的应用

植物纤维的优越性能,如轻质、良好的隔热和隔音以及刚度,在建筑业中也同样有用。因此,植物纤维除了在住宅领域中作为有用的模压材料外,还常用于建筑材料的制造,如门框、隔断、假天花板、表面镶板等。例如,将天然纤维引入夹层复合材料板中,从而使质量更轻,保温隔音效果更好。此外,在同样由硅藻土和聚酯组成的混合复合材料中使用剑麻(一种植物纤维),可提高整个复合材料的延展性和隔音效果。这种复合材料作为模塑料,可用于生产房屋部分设备,如屋顶瓦和格子楼板等。植物纤维在建筑业中应用的另一个例子是黄麻纤维。黄麻纤维毡增强酚醛树脂复合材料具有良好的电绝缘性能和耐腐蚀性能,没有翘曲、变色、膨胀等变形现象。此外,与该行业使用的木材相比,黄麻和椰子纤维复合材料更便宜。由于椰子纤维中含有46%的木质素,在潮湿条件下,椰子纤维可以提供良好的抗拉强度,而且与只有39%木质素含量的柚木相比,具有更强的抗腐蚀性。此外,椰子纤维增强水泥复合板在屋面板应用中可以替代石棉板。

1.6.3 其他应用

植物纤维的存在不仅为汽车和建筑等大工业提供了机遇,也为旅游业、时尚业、农业以及农村地区发展起来的小企业提供了机遇。包装、吊篮和鱼篓等产品通常在农村地区生产。对于旅游业来说,这种纤维通常用于水疗产品和工艺品。在时尚界,植物纤维也被用来制作腰带和拖鞋。此外,竹纤维通常被制成各种服装,也被用来制造豪华床单、毛巾和高质量的手工纸。在农业中,植物纤维通常用于土工布。土工布是一种织物,具有保护土壤免受侵蚀和杂草的作用。许多环保土工布是由黄麻纤维制成的,因为这些纤维是可生物降解的,能够施肥和冷却土壤。黄麻纤维在植物纤维中非常受欢迎,它广泛用于制造各种各样的产品,如纱线、廉价的飞镖板、地毯、纸张、油漆、化妆品等。

1.7 天然纤维增强乙烯基酯和乙烯基聚合物复合材料研究

天然纤维作为纤维增强型高分子复合材料的替代材料,改善了因使用合成纤维而产生的各种问题,因此,天然纤维的各种应用吸引了研究人员、企业和科学家们的关注。导致玻璃纤维、芳纶、碳纤维等传统纤维被天然纤维取代的主要因素有成本、力学性能、材料强度、特性平衡、环境友好性和生物降解性等。天然纤维与基体聚合物的结合使纤维增强聚合物复合材料表现出优异的性能,已经在铁路、航空航天、军工、包装、建筑等工程领域得到了广泛的应用。

近年来的研究强调纤维与基体之间的结合所能起到的重要作用。生物复合材料的功能是通过其力学性能来评估的,即在纤维和基体之间有效地传递应力的能力。天然纤维中含有纤维素、半纤维素、木质素、果胶等主要成分,因此具有亲水性。聚合物材料则表现出显著的疏水性。由于羟基的存在,这两种材料的结合会导致弱界面结合,这极大地限制了其在工业中的应用。因此,在保证天然纤维和聚合物基体的界面结合相容性和强度的同时,人们已经采用了多种技术来消除这些缺陷。

天然纤维和聚合物基体之间的界面强度可以通过化学或物理处理的纤维,或通过添加各种添加剂来提高。通常采用 NaOH、乙醇和苯萃取来进行化学处理,在此过程中,聚合物基质在二次反应中产生自由基,进而在复合材料各部分之间生成更稳定的交联键。此外,反应性单体,如酸酐、硬脂酸、马来酸酐、甲基丙烯酸缩水甘油酯、硅烷、异氰酸酯、甲基丙烯酸甲酯等,也是提高热稳定性和力学性能的化学改性方法。Pracella 等(2010)分析了功能化和化学处理对众多聚合物如 PP、PS、聚(乙烯—醋酸乙烯—醋酸乙烯酯)(poly—EVA)等复合材料的形态、热、流变和力学性能的影响,并以纤维素纤维、麻或燕麦为天然填料。他们发现,经过化学处理后,复合材料的相行为和热稳定性发生了变化。这些变化是由于 PP 的结晶和麻/燕麦纤维成核,使得麻/燕麦纤维的分散性和界面黏合增加导致的。此外,还发现力学性能也有所改善。

拉伸性能是决定材料强度的主要因素，它完全取决于植物纤维的结构，受以下几个因素的影响：结晶度、层状孔隙度、成分和微纤维角。人们进行大量试验研究其拉伸性能及其在工业中的适用性。例如，对洋麻纤维进行热处理。洋麻纤维以其高度可萃取的性能和良好的力学性能而闻名。热处理 1h，加热温度分别为：140℃、160℃、180℃和 200℃（Carada et al.，2016）。这种处理通常是为了提高纤维的抗拉强度。然而，这种纤维吸收水分是不可避免的。研究结果表明，在 140℃时，纤维的强度提高最多，而在 160℃时，洋麻纤维部分受损，导致抗拉强度下降。在 200℃时，洋麻纤维受到了严重的损伤，拉伸强度没有任何变化。有研究人员在 140℃下对洋麻韧皮纤维分别热处理 2.5h、5h、7.5h、10h 和 12.5h（Ariawan et al.，2015）。将经过预处理的洋麻纤维与不饱和聚酯纤维复合，经 RTM 工艺制成洋麻编织毡，结果表明，该复合材料能够去除洋麻纤维表面的部分杂质和非晶态成分，使得纤维素中的分子得以重组，增加了纤维与基体之间的黏附力，从而提高了洋麻纤维的抗拉强度和模量。

还研究了玫瑰茄纤维作为乙烯基酯聚合物复合材料增强体对复合材料化学、物理、热、力学和形态特性的影响。该研究中使用了两种主要的处理方法，即使用手工铺网法通过碱和硅烷偶联剂对纤维进行处理。两种处理效果不同，但不影响其热性能。在碱处理中，纤维结构中的木质素和半纤维素被去除，直到结构仅为纤维素（Nadlene et al.，2016），可在一定程度上提高玫瑰茄纤维的热稳定性。采用硅烷偶联剂处理后，玫瑰茄纤维增强乙烯基酯类复合材料的力学性能得到了改善。与未经处理的玫瑰茄纤维相比，其抗拉强度呈正增长趋势。

对棕榈纤维进行了研究，确定 PVA 和环氧树脂复合材料的力学性能（Osita et al.，2016）。考察了棕榈纤维含量对聚合物复合材料性能的影响。从纤维含量为 4%～12% 的研究结果来看，纤维含量为 10% 的样品拉伸性能最好。随着纤维含量的增加，复合材料的杨氏模量和硬度均有所提高。而棕榈纤维含量高达 12% 时，其杨氏模量和硬度均有所降低。这证明了材料的力学性能在很大程度上取决于复合材料中纤维的含量。此外，扫描电镜结果表明，纤维、环氧树脂和 PVA 均匀黏合。

大量的研究仍在继续，以获得天然纤维增强乙烯基酯类复合材料在各种工程领域应用的真实特征。由于乙烯基酯类复合材料具有良好的力学性能和特征，能够替代金属材料，因此成为当今所有行业研究领域的热点之一，并被广泛接受。此外,研究人员还继续努力开发出更多更环保、可回收和可生物降解的替代材料。

参考文献

[1]Adekunle K. F. ,2015. Surface treatments of natural fibres-a review：part 1. Open J. Polym. Chem. 5(03),41-46.

[2]Aisyah G. S. ,Tajuddin R. M. ,2014. Trends in natural fibre production and its future.

[3]Al-Oqla F. M. ,Sapuan S. M. ,2014. Natural fiber reinforced polymer composites in industrial applications：feasibility of date palm fibers for. J. Cleaner Production 66, 347-354.

[4]Anwer M. M. ,Bhuiyan A. H. ,2012. Influence of low temperature plasma treatment on the surface. Opt. DC Electr. Propert. Jute. 1,16-22.

[5]Ariawan D. ,Mohd Ishak Z. A. ,Mat Taib R. ,Ahmad Thirmizir,M. Z. ,Phua,Y. J. , 2015. Effect of heat treatment on properties of kenaf fiber mat/unsaturated polyester composite produced by resin transfer molding. Appl. Mech. Mater. 699,118-123.

[6]Ashori A. ,Nourbakhsh A. ,2010. Bio-based composites from waste agricultural residues. Waste Manage. 30(4),680-684.

[7]Carada P. T. D. ,Fujii T. ,Okubo K. ,2016. Effects of heat treatment on the mechanical properties of kenaf fiber. AIP Conference Proceedings,1736,pp. 020029.

[8]Carvalho K. C. C. , Mulinari D. R. , Voorwald H. J. C. , Cioffi, M. O. H. , 2010. Chemical modification effect on the mechanical properties of HIPS/coconut fiber composites. BioResources 5(2),1143-1155.

[9]Das P. K. , Nag D. , Debnath S. , Nayak L. K. ,2010. Machinery for extraction and traditional spinning of plant fibres. Indian J. Tradit. Knowl. 9(2),386-393.

[10]Debnath S. , Nguong C. W. , Lee S. N. B. ,2013. A review on natural fibre reinforced polymer composites. World Acad. Sci. Eng. Technol. 73,1123-1130.

[11]Gupta A. , Kumar A. ,2012. Chemical properties of natural fiber composites and mechanisms of chemical modifications. Asian J. Chem. 24(4),1831.

[12]Gupta M. K. ,Srivastava R. K. ,Bisaria H. ,2015. Potential of jute fibre reinforced

polymer composites: a review. Int. J. Fiber Textile Res. 5,30-38.

[13] Habibi Y. , El-Zawawy W. K. , Ibrahim, M. M. , Dufresne, A. , 2008. Processing and characterization of reinforced polyethylene composites made with lignocellulosic fibers from Egyptian agro - industrial residues. Compos. Sci. Technol. 68 (7),1877-1885.

[14] Han S. O. , Choi H. Y. , 2010. Morphology and surface properties of natural fiber treated with electron beam. Microscopy Sci. Technol. Applicat. Educat. 3, 1880-1887.

[15] Hassan M. M. , Wagner M. H. , 2016. Surface modification of natural fibers for reinforced polymer composites: acritical review. Rev. Adhesion Adhesives 4 (1), 1-46.

[16] Hibi Y. , Ouchi M. , Sawamoto M. , 2016. A strategy for sequence control in vinyl polymers via iterative controlled radical cyclization. Nat. Commun. 7,11064.

[17] Ho M. P. , Wang H. , Lee J. H. , Ho C. K. , Lau K. T. , Leng J. , et al. , 2012. Critical factors on manufacturing processes of natural fibre composites. Compos. Part B Eng. 43(8),3549-3562.

[18] Jusoh A. F. , Rejab M. R. M. , Siregar J. P. , Bachtiar D. , 2016. Natural fiber reinforcedcomposites: a review on potential for corrugated core of sandwich structures. In MATEC Web of Conferences,74,pp. 00033.

[19] Kabir M. M. , Wang H. , Aravinthan T. , Cardona F. , Lau K. T. , 2011. Effects of natural fibre surface on composite properties: a review. In Proceedings of the 1st international postgraduate conference on engineering,designing and developing the built environment for sustainable wellbeing,pp. 94-99.

[20] Ku H. , Prajapati M. , Trada M. , 2012. Fracture toughness of vinyl ester composites reinforced with sawdust and postcured in microwaves. Int. J. Microwave Sci. Technol. 1-8.

[21] Kumar R. , Obrai S. , Sharma A. , 2011. Chemical modifications of natural fiber for composite material. Der Chemica Sinica 2(4),219-228.

[22] Li X. , Tabil L. G. , Panigrahi S. , 2007. Chemical treatments of natural fiber for use in natural fiber - reinforced composites: a review. J. Polym. Environ. 15 (1),

25-33.

[23] Maity S. ,Gon D. P. ,Paul P. ,2014. A review of flax nonwovens: manufacturing, properties,and applications. J. Nat. Fibers 11(4),365-390.

[24] Mallakpour S. ,Zadehnazari A. ,2013. Thermoplastic vinyl polymers: from macro to nanostructure. Polym. Plast. Technol. Eng. 52(14),1423-1466.

[25] Moghaddam M. K. ,Mortazavi S. M. ,2016. Physical and chemical properties of natural fibers extracted from Typha Australis Leaves. J. Nat. Fibers 13 (3), 353-361.

[26] Mohammed L. ,Ansari M. N. ,Pua G. ,Jawaid M. ,Islam M. S. ,2015. A review on natural fiber reinforced polymer composite and its applications. Int. J. Polym. Sci. 2015,1-15.

[27] Nadlene R. ,Sapuan S. M. ,Jawaid M. ,Ishak M. R. ,Yusriah L. ,2016. The effects of chemical treatment on the structural and thermal,physical,and mechanical and morphological properties of roselle fiber - reinforced vinyl ester composites. Polym. Compos. 13,1-14.

[28] Namvar F. ,Jawaid M. ,Tanir P. M. ,Mohamad R. ,Azizi S. ,Khodavandi, A. ,et al. ,2014. Potential use of plant fibres and their composites for biomedical applications. BioResources 9(3),5688-5706.

[29] Nandi A. K. ,Banerjee U. ,Biswas D. ,2015. Improvement in physical and aesthetic properties of jute fabrics by blending ramie fibre in suitable proportions. Int. J. Textile Sci. 4(4),73-77.

[30] Omrani E. ,Menezes P. L. ,Rohatgi P. K. ,2016. State of the art on tribological behavior of polymer matrix composites reinforced with natural fibers in the green materials world. Eng. Sci. Technol. Int. J. 19(2),717-736.

[31] Osita O. ,Ignatius O. ,Henry U. ,2016. Study on the mechanical properties of palm kernel fibre reinforced epoxy and poly - vinyl alcohol (PVA) composite material. Int. J. Eng. Technol. 7,68-77.

[32] Pandey S. N. ,2007. Ramie fibre: part I. Chemical composition and chemical properties. A critical review of recent developments. Textile Progress 39(1),1-66.

[33] Paridah M. T. ,Basher A. B. ,SaifulAzry S. ,Ahmed,Z. ,2011. Retting process of

some bast plant fibres and its effect on fibre quality: a review. BioResources 6 (4),5260-5281.

[34]Pracella M.,Haque M. M. U.,Alvarez V.,2010. Functionalization,compatibilization and properties of polyolefin composites with natural fibers. Polymers 2(4), 554-574.

[35]Puglia D.,Biagiotti J.,Kenny J. M.,2005. A review on natural fibre-based composites-Part Ⅱ: application of natural reinforcements in composite materials for automotive industry. J. Nat. Fibers 1(3),23-65.

[36]Raman Bharath V. R.,Vijaya Ramnath B.,Manoharan N.,2015. Kenaf fibre reinforced composites: a review. ARPN J. Eng. Appl. Sci. 10(13),5483-5485.

[37]Saba N.,Tahir P. M.,Jawaid M.,2014. A review on potentiality of nano filler/natural fiber filled polymer hybrid composites. Polymers 6(8),2247-2273.

[38]Saheb D. N.,Jog J. P.,1999. Natural fiber polymer composites: a review. Adv. Polym. Technol. 18(4),351-363.

[39]Shahzad A.,2012. Hemp fiber and its composites-a review. J. Compos. Mater. 46 (8),973-986.

[40]Smith P. A.,Yeomans J. A.,2009. Benefits of fiber and particulate reinforcement. Mater. Sci. Eng. 2,133-154.

[41]Stevulova N.,Cigasova J.,Estokova A.,Terpakova E.,Geffert A.,Kacik F.,et al.,2014. Properties characterization of chemically modified hemp hurds. Materials 7(12),8131-8150.

[42]Tanushree,Chanana B.,2016. Characterization and Mechanical Properties of Bast Fibre. Int. J. Home Sci. 2(2),291-295.

[43]Väisänen T.,Haapala A.,Lappalainen R.,Tomppo L.,2016. Utilization of agricultural and forest industry waste and residues in natural fiber-polymer composites: a review. Waste Manage. 54,62-73.

[44]Webber Ⅲ C. L.,Bledsoe V. K.,Bledsoe,R. E.,2002. Kenaf harvesting and processing. Trends New Crops New Uses 9,340-347.

[45]Westman M. P.,Fifield L. S.,Simmons K. L.,Laddha S.,Kafentzis T. A., 2010. Natural Fiber Composites: A Review(No. PNNL-19220). Pacific Northwest

National Laboratory(PNNL), Richland, WA.

[46]Yan L., Chouw N., Jayaraman K., 2014. Flax fibre and its composites – a review. Compos. Part B Eng. 56,296-317.

拓展阅读

Chen H., 2014. Chemical composition and structure of natural lignocellulose. Biotechnol. Lignocell. 2014,25-71.

2. 天然纤维增强乙烯基聚合物复合材料

L. C. Hao[1], *S. M. Sapuan*[1], *M. R. Hassan*[1] *and R. M. Sheltami*[1,2]

[1] *博特拉大学, 马来西亚沙登*

[2] *班加西大学, 利比亚班加西*

2.1 引言

由于环保意识的日益增强, 使用天然纤维增强聚合物(FRP)复合材料已成为许多工业部门的首要任务。在过去的几十年里, 生物复合材料得到了迅猛的发展。生物复合材料的研究逐年递增, 从 1997 年的 32 篇论文到激增到 2015 年的期刊论文网站(Science Direct)的 716 篇。图 2.1 显示了期刊数据库 1997~2015 年关于生物复合材料相关主题论文的统计数据。每年都在增加的趋势意味着, 由于环境问题使生物复合材料的研究变得更广为人知。每一位研究者都热衷于寻找替代具有危害的传统材料的解决方案。

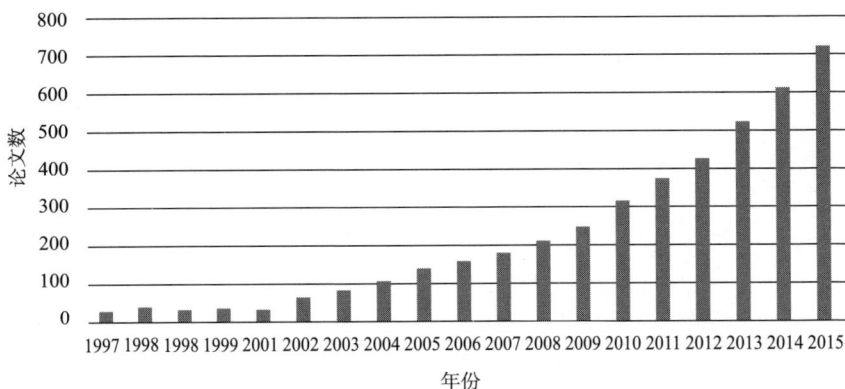

图 2.1　期刊数据库 1997~2015 年生物复合材料相关主题论文的统计数据

生物复合材料具有良好的柔韧性、高刚度,且成本低,是用户的首选材料。同时由于有限的石油供应,使生物复合材料更受欢迎。因此,人们进行了大量深入的研究,以开发出能与传统产品兼容的生物复合材料。(Summerscales et al.,2010;Satyanarayana et al.,2009;Venkateshwaran et al.,2010;John et al.,2008;Shinoj et al.,2011;Mohanty et al.,2005,2000;Hassan et al.,2010;Bledzki et al.,2002;Pickering,2008;Thomas et al.,2009)。本章主要讨论天然纤维和天然纤维增强乙烯基聚合物复合材料。

2.2 天然纤维

汽车、建筑、航空和其他行业都热衷于用生物复合材料替代那些沉重、不坚固或昂贵的材料(Pothan et al.,2003)。天然纤维是一种可再生资源,未来将取代所有传统材料。天然纤维的优点可以在大多数研究期刊上看到(Elfehri Borchani et al.,2015;Anuar and Zuraida,2011;Ku et al.,2011)。表2.1列出了一些天然纤维和合成纤维的性能。除了性能的优点外,材料的成本也是考虑的主要因素之一。菠萝叶和香蕉叶纤维是天然的废弃物(Jawaid and Abdul Khalil,2011),这些弃废物之前是被直接扔掉的。因此,与合成纤维相比,天然纤维的价格非常低(Hoe al.,2012b)。

表2.1 天然纤维和合成纤维的性能(Ku et al.,2011)

纤维	密度/(g/cm³)	伸长率/%	拉伸强度/MPa	弹性模量/GPa
棉纤维	1.5	7	400	12.6
黄麻纤维	1.3	1.8	773	26.5
亚麻纤维	1.5	3.2	1500	27.6
大麻纤维	1.47	4	690	70
洋麻纤维	1.45	1.6	930	53
剑麻纤维	1.5	2.5	635	22
苎麻纤维	—	3.8	938	128
椰壳纤维	1.2	30	593	6
软木纤维	1.5	4.4	1000	40

续表

纤维	密度/(g/cm³)	伸长率/%	拉伸强度/MPa	弹性模量/GPa
E-玻璃纤维	2.5	0.5	3500	70
S-玻璃纤维	2.5	2.8	4570	86
芳纶	1.4	3.7	3150	67
碳纤维	1.4	1.8	4000	240

来源:Ku,H.,Wang,H.,Pattarachaiyakoop,N.,Trada,M.,2011. A review on the tensile properties of natural fiber reinforced polymer composites. Compos. Part B Eng. 42,856 873. This table is reprinted with permission from Elsevier.

如图 2.2 所示,天然纤维源自植物、动物和矿物。由于人们对优质材料的要求越来越高,表面改性方法也被用来提高天然纤维的性能,从而使改性后的天然纤维增强生物聚合物复合材料在先进领域有更好的性能。近 5 年来,纤维素纤维的研究最为深入。图 2.3 显示了 2011~2015 年期刊数据库中与天然纤维增强生物聚合物复合材料相关的研究。用于生物复合材料研究的全部天然纤维中,约有 1/4 是纤维素纤维,纤维素纤维由纯的纤维素构成,具有优异的强度特性。

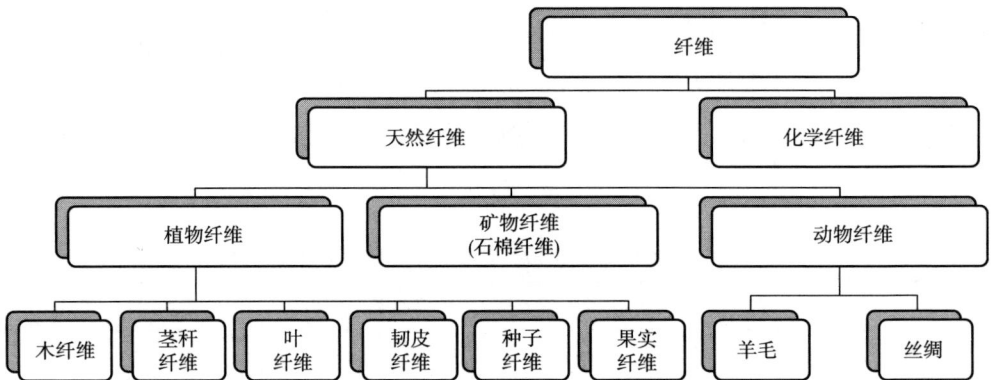

图 2.2 纤维的分类

在环境问题上,使用生物可降解的天然纤维可以减少固体废弃物的产生和废弃物处理的压力(Ho et al.,2012b)。除了垃圾填埋外,能源消耗也是一个值得关注的环境问题。与合成纤维相比,生产同样数量的天然纤维需要的能量更低。生产红麻纤维需要能量 15MJ/kg,而生产玻璃纤维需要的能量为 54MJ/kg(Akil et al.,2011)。天然纤维的密度为 1.2~1.6g/cm³,低于玻璃纤维的密度(2.4g/cm³)

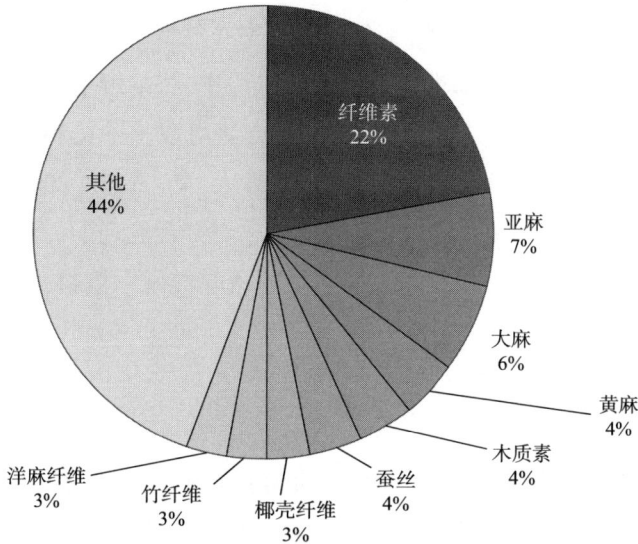

图 2.3　在期刊数据库中 2011~2015 年发表的与天然纤维用于增强生物复合材料相关的论文

（Huda et al.，2006）。天然纤维的密度越低，在同等重量下纤维的体积或数量就越多。这样，生产天然纤维能耗更少，但产量更高。此外，天然纤维不磨损设备，这有助于延长机床的使用寿命，降低维护成本（Akil et al.，2011）。与能引起胸痛、呼吸困难、喉咙痛和咳嗽的玻璃纤维相比，天然纤维的环保生产工艺能为工人提供了良好的工作环境，降低产生呼吸道问题的风险（Jawaid and Abdul Khalil，2011；Newball and Brahim，1976）。在载荷作用下，天然纤维表现出良好的损伤容限和更大的伸长率（Jawaid and Abdul Khalil，2011）。蜘蛛丝是一种动物源天然纤维，是蜘蛛在织网过程中产生的（Ho et al.，2012b）。蜘蛛丝的伸长率可以超过其原长的 200%以上，其断裂强力是凯夫拉纤维断裂强力的 3 倍（Bonino，2003）。本章讨论重点是植物源天然纤维。

　　然而，天然纤维与聚合物之间的界面结合力较弱，降低了复合材料的性能和作用。复合材料中的孔隙会变成应力集中点和裂纹扩展的起点（Milanese et al.，2011）。为改善纤维与基体之间的界面结合能力，可以用偶联剂、预浸渍、接枝共聚等方法对天然纤维表面进行改性（Herrera-Franco and Valadez-González，2004）。

　　天然纤维在本质上是亲水的，与疏水性聚合物不相容（Akil et al.，2011；Alvarez et al.，2004；Baiardo et al.，2004）。天然纤维的吸水行为导致纤维—基体界面处膨胀(Mehta et al.,2004),这可能会导致复合材料的力学性能下降(Ku et al.,2011)。高吸水性是天然纤维增强复合材料的主要危害。

将含有染料化合物的废水排放到清洁的水源中,将溶解水中的氧气,并阻止阳光在水中的透射(Sajab et al.,2011)。有多种方法可以去除染料化合物,如吸附法(Rafatullah et al.,2010)、膜过滤法、电催化降解法(Ma et al.,2009)。传统的方法虽然有效,但却产生了另一种形式的固体废物。研究者发现了一种更经济、更有潜力的天然纤维吸收剂。天然纤维的高吸水性是去除废水中染料化合物的一个有利特性(Hassan,2015)。

2.2.1 天然纤维的化学成分

木质纤维素纤维是天然纤维的学名,因为所有植物纤维都是由少数几种成分构成的(纤维素、半纤维素和木质素)。如表2.2所示,大多数植物纤维含有50%~70%的纤维素。

表2.2 天然纤维化学成分(%)(Salit,2009)

纤维	纤维素	半纤维素	木质素	提取物	灰分含量	水溶性
棉纤维	82.7	5.7	—	6.3	—	1.0
黄麻纤维	64.4	12.0	11.8	0.7	—	1.1
亚麻纤维	64.1	16.7	2.0	1.5~3.3	—	3.9
苎麻纤维	68.6	13.1	0.6	1.9~2.2	—	5.5
剑麻纤维	65.8	120	9.9	0.8~0.11	—	1.2
油棕壳纤维	65.0	—	19.0	—	2.0	—
油棕叶纤维	56.0	27.5	20.48	4.4	2.4	—
蕉麻纤维	56~63	20~25	7~9	3.0	—	1.4
大麻纤维	74.4	17.9	3.7	0.9~1.7	—	—
洋麻纤维	53.4	33.9	21.2	—	4.0	—
椰子壳纤维	32~43	0.15~0.25	40~45	—	—	—
香蕉叶纤维	60~65	19	5~10	4.6	—	—
桎麻纤维	41~48	8.3~13	22.7	—	—	—
竹子纤维	73.83	12.49	10.15	3.16	—	—
硬木纤维	31~64	25~40	14~34	0.1~7.7	<1	—
软木纤维	30~60	20~30	21~37	0.2~8.5	<1	—

构成植物细胞壁的纤维素分子结构如图 2.4 所示,天然纤维由数以百万计的巨原纤维组成,而巨原纤维由纤维素、半纤维素和木质素组成的微纤维构成(Ho et al.,2012b)。每一个巨原纤维由一个初生细胞壁外层和三层次生细胞壁的内层组成。内腔是位于巨原纤维中心的空腔,它可以降低天然纤维的体积密度起到隔音和隔热作用。次生细胞壁中的微纤维由结晶纤维素或结晶半纤维素和无定形木质素组成,交替排列,宽度为 5~30nm(Baillie,2004)。每一层微纤维都有固定的角度,从各个方向支撑着纤维。

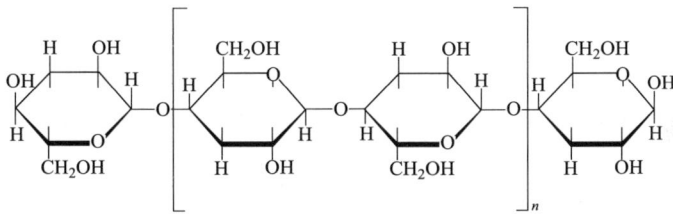

图 2.4　植物细胞壁的化学结构(Akil et al.,2011)

纤维素是所有植物纤维的主要成分(Chawla,1998)。它由 C、H 和 O 元素组成,其分子式为 $C_6H_{10}O_5$(图 2.5)。纤维素影响植物纤维的主要特性。植物纤维具有高度的亲水性,这是由于纤维素链中含有羟基(OH)(Baillie,2004)。

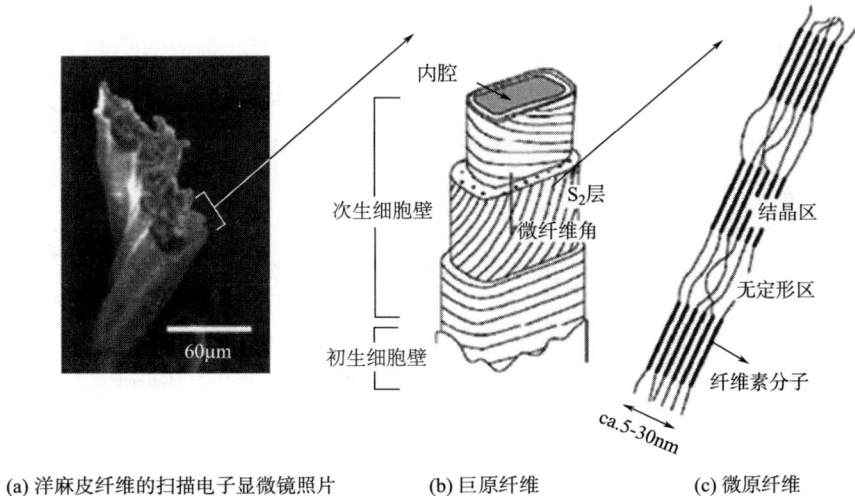

(a) 洋麻皮纤维的扫描电子显微镜照片　　(b) 巨原纤维　　(c) 微原纤维

图 2.5　天然纤维的演变

半纤维素是仅次于纤维素的最丰富的物质之一。半纤维素含有一个高度分枝的链,由葡萄糖、葡萄糖醛酸、甘露糖、阿拉伯糖和木糖等几种糖类组成(Summerscales et al.,2010)。木质素具有高度复杂的无定形结构,它作为一种黏合剂,填充了纤维素和半纤维素之间的空间(Mohanty et al.,2002;Salit,2009)。纤维素、半纤维素和木质素通过共价键连接在一起。天然纤维化学成分的作用见表2.3。

表 2.3 天然植物纤维的化学成分及其功能(Salit,2009)

化学含量	聚集态	分子衍生物	功能
纤维素	结晶、高取向大分子	葡萄糖	纤维
半纤维素	无定形,小分子	多糖、半乳糖、甘露糖、木糖	基体
木质素	无定形、三维大分子	苯基丙烷、芳香胺	基体
提取物	有些是聚合物,有些是非聚合物	脂肪、脂肪酸、苯酚、萜烯、蜡	其他功能

2.2.2　纤维素纤维

纤维素是世界上含量最丰富的成分。每一种生物质的主要成分都是纤维素。纤维素是植物纤维具有高性能的主要原因,结晶纤维素的杨氏模量高于凯夫拉纤维(Kelvar),强度比钢还高(Lin and Dufresne,2014)。不论纤维素的来源如何不同,纤维素都是由 β-D-吡喃葡萄糖基以 β-1,4-苷键组成的线状多糖大分子组成。有许多生产纳米纤维素晶体(NC)的方法,如酸性水解(Neto et al.,2013)和微生物水解(Satyamurthy and Vigneshwaran,2013)。纤维素纳米纤维(CNF)可以通过机械研磨、高剪切均质化、机械作用与化学或者酶水解相结合来制备。酶促水解制备CNF时间短,能避免纤维素进一步降解(Zhu et al.,2011)。纤维素增强材料的来源、形式以及生产方法见表2.4。

表 2.4 纤维素增强材料的来源、形式以及生产方法

来源	纤维形态	方法	参考文献
凯夫拉纤维	CNF/纤维素纳米纤维	机械研磨	Babaee et al.(2015)
油菜秸秆	CNF	机械研磨	Yousefi et al.(2013)
软木材	CNF	高剪切均质	Zhao et al.(2013)
商用漂白桉木牛皮纸浆	CNF	机械作用与化学或者酶水解的结合	Qing et al.(2013)

续表

来源	纤维形态	方法	参考文献
棉	NC/纳米纤维素晶体	生物水解	Nadanathangam and Satyamurthy (2011)
竹纤维	NC	生物水解(里氏木霉)	Zhang et al. (2012)
甘蔗渣	NC	酸性水解	Kumar et al. (2014)
黄麻纤维	NC	酸性水解	Rahman et al. (2014)
甘蔗渣	NC	酸性水解	Zhu et al. (2011)
微晶纤维素(MCC)	NC	酸性水解	Bleached softwood pulp
微晶纤维素	NC	酸性水解	Voronova et al. (2015)
玉米壳	NC	酸性水解	de Carvalho Mendes et al. (2015)
微晶纤维素	NC	酸性水解	Atef et al. (2014)
绿藻,石莼莴苣	NC	酸性水解	Rathod et al. (2015)
磨碎的纤维素 KimWipes®	NC	酸性水解	Lalia et al. (2014)
微晶纤维素	NC	酸性水解	Voronova et al. (2013)
亚麻和大麻纤维	NC	生物水解(米曲霉)	Xu et al. (2013c)
漂白白杨牛皮纸浆	NC	酸性水解	Xu et al. (2013a)
棉纤维素	NC	酸性水解	Pirani and Hashaikeh (2013)
香蕉皮	CNF	化学和酶水解	Tibolla et al. (2014)
棉纤维	NC	生物水解(里氏木霉)	Satyamurthy et al. (2011)
香蕉茎干	CNF	化学水解	Cordeiro et al. (2012)
漂白硫酸盐桉木浆	CNF	化学水解	Tonoli et al. (2012)
漂白硫酸盐桉木浆	CNF	高剪切均质	Syverud et al. (2011)
菠萝叶纤维	CNF	化学水解	Cherian et al. (2011)

纳米纤维素晶体(NC)是众多应用中使用最多的增强成分,其分散状态、质量比和相态特征是影响其性能的重要因素。NC 是针状的纤维素颗粒,尺寸小于100nm(Neto et al.,2013)。NC 在文献中有几个术语:NC(Zhang et al.,2012;Maddahy et al.,2012;Cha et al.,2014)、纤维素纳米晶须(cellulose nanowhiskers)、纤维素晶须(cellulose whiskers)、结晶纤维素(crystalline cellulose)(Rahman et al.,2014)、纤维素晶体(cellulose crystals)和纤维素纳米晶体(cellulose nanocrystals)

（Mtibe et al.，2015；Kumar et al.，2014）。

从木质纤维素生物质中提取纤维素有两种方法，一种是化学纸浆处理法使木质素和半纤维素溶解，然后用氧化剂漂白，如图 2.6 所示。碱性处理是最有效的处理方法（de Carvalho Mendes et al.，2015；Rathod et al.，2015）。另一种提取处理方法是蒸汽爆破法，该方法比酶解效果更好。碾磨的生物质在短时间内承受高压，然后通入蒸汽，使纤维暴露在常压下。由于压力突然下降，纤维发生爆炸，木质素和半纤维素被分解。水溶性的半纤维素可以很容易地通过水萃取法去除，而木质素的去除则需要用其他化学处理方法。纸浆处理或者蒸汽爆破处理后，通过控制硫酸水解来分离 NC。木质素非晶区的酸水解比晶区的酸水解快。然后用水反复稀释洗涤，去除游离酸，使水解反应终止，洗涤产品需要使用大量的水。可以用机械分散法和超声法来分散团聚的纳米颗粒。最后，对产品进行烘干，获得可销售 NC。遗憾的是，由于 NC 的生产时间过长，限制了其商业化应用，而且在生产洗涤过程中产生的污水也带来了环境问题。纤维表面残留的硫酸盐基团可能会使纤维继续水解，性能出现意想不到的下降。这使得硫酸水解 NC 不安全，不适用于医疗保健。研究发现，磷钨酸水解 NC 的热稳定性高，并用乙醚萃取得到了可重复使用的酸，大幅减少了酸性废弃物对环境的污染（Liu et al.，2014）。

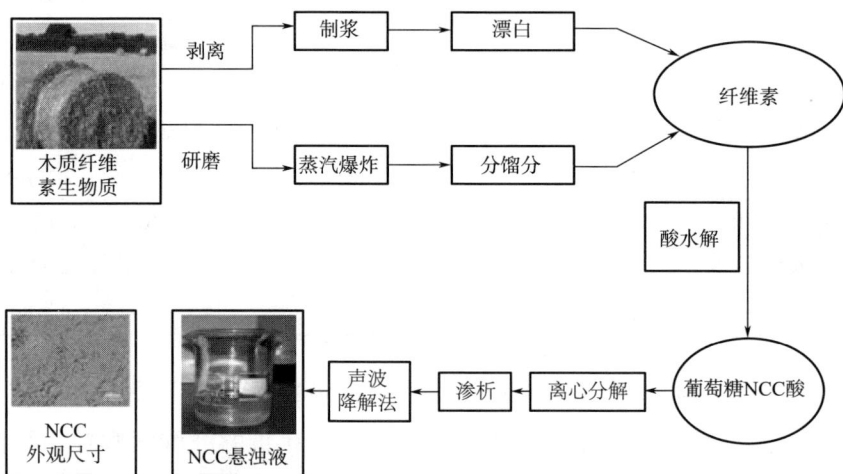

图 2.6　NC 生产步骤（Brinchi et al.，2013）

因此，提出了在可控厌氧培养基中利用微生物水解制备 NC 的方法。微晶纤维素（MCC）的唯一碳源来自生物质,将其置于厌氧气体（10%氢气、10%二氧化碳和80%氮气）的盐培养基中震荡。厌氧微生物培养基可加速酶的产生,产生更多可使用的NC。然而长期的NC生产将导致微生物水解的降低。为了避免光合作用,水解过程需要在完全黑暗中进行几天。研究发现,由于需要裂解的非晶态区域较少,所以微生物水解NC尺寸较大（Peng et al.,2011）。里氏木霉（Trichoderma reesei）是微生物水解中最有效的酶之一。

纤维素增强材料的优良性能已经得到了深入的研究。几乎所有的纤维素增强物都是生物医学材料,因为没有在CNF上发现对DNA有损伤的细菌,所以适合在细胞系统中使用（Hannukainen et al.,2012;Norppa,2012;Väänänen et al.,2012）。具有良好的强度支撑是医用植入物对原材料的基本要求,而且生物降解会产生新的问题。据报道,菠萝叶纳米纤维素—聚氨酯血液瓣膜在6个月内具有生物稳定性、抗疲劳性和抗血液动力性。菠萝叶水解纳米纤维素复合材料具有良好的弹性和适宜的强度（Cherianet al.,2011）。

CNF水性悬浮液可以形成水凝胶,通过控制CNF含量可提供一个合适细胞生长的环境。CNF水凝胶有助于人体肝细胞（HepG2和heparg）的分化,促进细胞的球状结构形成。在高剪切应力条件下,水性CNF的黏度小,可以支持注射成型,而在低剪切应力情况下,材料会转化为弹性凝胶。这些发现使得这种人工CNF水凝胶的药物和化学测试成为可能（Bhattacharya et al.,2012）。

利用纳米纤维素生物复合材料进行骨再生治疗已被证实是一种行之有效的治疗方法。然而,只有少数出版物报道了动物实验。微生物水解纳米纤维素生物复合材料是骨再生研究中最著名的材料之一（Tazi et al.,2012;Saska et al.,2011;Fan et al.,2013）。在医疗领域,由细菌含量高而引起的伤口感染是非常危险的。纳米纤维素可以为生物复合材料提供多孔的网络结构,加速抗生素或药物进入伤口（Andresen et al.,2007）,这大大降低了伤口感染的机会。银（Ag）作为抗菌剂,与纳米纤维素生物复合材料的协同作用已被广泛研究（Rai et al.,2009）,银的抗菌效果取决于银颗粒大小和形状,树枝状银的性能优于球状银（Xiong et al.,2013）。

2.2.3 亚麻纤维

亚麻是韧皮纤维的一种,也是最早的纺织材料之一。亚麻纺织品的应用可追溯到公元前5000年的埃及（Dewilde,1983）。1994年以来,加拿大是亚麻的主要生产国,90%以上的亚麻出口到欧洲、美国和日本。亚麻生长速度快,每年的3月到7月生长,3个月左右就可以收获(Baiardo et al.,2004)。细而长的亚麻纤维适用于高品质纺织品,短的亚麻纤维则适用于帆布、毛巾等。

试验考察了不同纤维方向和叠加顺序(0,90,±45,0/90)对亚麻复合材料强度的影响(Liang et al.,2015)。玻璃纤维复合材料的抗压强度提高了76%,主要是因为亚麻纤维的拉出导致了复合材料的损伤。

马来酸酐接枝共聚物是一种非常有效的天然纤维复合材料添加剂(Karmaker and Youngquist,1996;Sanadi et al.,1995;Felix and Gatenholm,1991;Chuai et al.,2001;Olsen,1991)。马来酸酐聚合物有助于减少纤维上的氢键,避免纤维缔合,因为氢键容易将纤维吸附在一起(Kazayawoko et al.,1997)。此外,纤维素的羟基与酸酐之间的共价键,形成了更好的界面性能和荷载传递,也是提高强度的原因之一(Felix and Gatenholm,1991;Matias et al.,2000;Cantero et al.,2003)。Arbelaiz 等研究了几种类型的马来酸酐—聚丙烯共聚物(MAPP)对短亚麻纤维增强聚丙烯(PP)复合材料性能的影响(Arbelaiz et al.,2005),研究结果表明,5%的 E43 或者10%的 G3003 MAPP 处理的复合材料具有很好的力学性能。两种共聚物的分子量差异导致了不同程度的缠结。此外,再生后的 MAPP 处理的亚麻纤维增强 PP 复合材料的性能发生了轻微的变化,说明亚麻纤维是一种可循环使用的环保材料。

已有研究提出亚麻纤维增强复合材料在骨科的应用,普通碳纤维和亚麻纤维增强的混杂环氧聚合物复合材料有可能作为骨科的骨折板(Bagheri et al.,2015)。亚麻/环氧聚合物复合材料的高吸水性能可能导致细胞死亡。与医用级不锈钢相比,这种混杂型复合材料没有表现出负面影响。此外,同样的混杂碳纤维/亚麻/环氧聚合物复合材料已作为骨折板使用(Bagheri et al.,2013)。然而,这种骨折板是由"三明治"结构组成,即薄碳纤维增强环氧树脂片被黏结到亚麻纤维增强环氧树脂芯的外表面,而不是均匀混合而成。与骨科金属板相比,这种新型复合材料更接近人的骨密质。

人们还研究了亚麻/水泥混合料在建筑领域的流变性能。纤维处理的四种方法是防水剂处理(Rheomac Deco Oleo)、水热处理、基体预涂法(Sawsen et al.,2015)和碱处理(Sawsen et al.,2014)。第一种处理方法是采用商用防水剂处理以降低亚麻纤维的吸水率。第二种方法是用沸水清洗,使纤维中的萃取物析出。采用基体预涂法降低纤维内部的含水率,增强纤维与基体的界面性能。对亚麻纤维进行碱处理的目的是去除纤维中的非纤维素类多糖化合物,增加活性反应位点,改善与基体的界面性能。因此,商业防水产品和预涂基体有助于降低纤维上的水饱和率。同时,其抗折、抗压强度也有所提高。水热处理法对亚麻纤维的水饱和率和强度均无影响。10%(质量分数)的亚麻纤维增强水泥由于气泡和轻质亚麻纤维的存在而大大降低了水泥的密度(Aamr-Daya et al.,2008)。气泡和亚麻纤维可以起到隔音作用,这可能会降低复合材料的强度,但仍高于建筑材料的基本要求。

亚麻纤维增强环氧树脂复合材料也被应用于汽车吸声和减震中(Prabhakaran et al.,2014)。它可以在不失去质轻优点的前提下创造出卓越的吸声和减震性能。亚麻纤维增强复合材料的吸声性能提高了20%,减震性能提高了51%。天然纤维的内腔是其具有优异隔音特性的主要原因。

2.2.4 大麻纤维

大麻是最著名的一年生作物之一,因其长而结实的韧皮部纤维和种子而被种植,已有12000多年的历史。大麻生长的气候范围非常广泛,从西方到亚洲都有大麻种植。在西方国家,由于合成纤维的竞争和高昂的人工成本,大麻的种植已经中断了几十年。2011年,全球大麻种植面积为61318公顷(Salentijn et al.,2015)。大麻纤维可分为韧皮部和芯部。初生韧皮纤维长度为20~50 mm,次生韧皮纤维长度仅为2mm。大麻韧皮纤维由纤维素(55%~77%)、半纤维素(2%~22%)、果胶(0.8%~18%)和木质素(2.9%~13%)等厚而木质化的细胞壁组成(Bismarck et al.,2006;Baltazar-y-Jimenez and Bismarck,2007;Garcia-Jaldon et al.,1998;Jarman,1998;Wang et al.,2007;Kostic et al.,2008;Gassan and Bledzki,1996;Bolton,1995;Mougin,2006;Kozlowski and Wladyka-Przybylak,2004)。大麻纤维是一种廉价、丰富、可再生的资源,具有优异的抗拉强度,适用于复合材料的增强(Lu and Oza,2013;Rouison et al.,2006;Shubhra et al.,2010;Etaati et al.,2014,2013;Niu et al.,2011,Song et al.,2012;Aabdul Khalil et al.,2012a;Shahzad,2012)。

马来酸酐接枝共聚物是一种非常有效的天然纤维增强复合材料添加剂。纤维素的羟基与酸酐形成共价键使纤维素具有更好的界面性能和载荷传递,是提高强度的原因之一。将高密度聚乙烯(HDPE)与大麻短纤维和马来酸酐偶联剂接枝聚乙烯(MAPE)共混(Wang et al.,2014c),实验结果表明,加入2%(质量分数)的MAPE时,不仅提高了材料的强度,而且增强了阻燃性能。通过观察发现,MPEA

可以改善了纤维—基体之间的黏合力，减少复合材料表面的裂纹。另一个发现是短麻纤维增强聚丙烯复合材料的静态和动态力学性能得到了很好的提升，偶联剂（马来酸酐接枝聚丙烯和硅烷偶联剂）使其强度和刚度倍增（Panaitescu et al.，2015）。大麻增强复合材料性能的提高促使其取代合成的玻璃纤维的使用。

可生物降解的天然纤维不会引起回收利用问题。但是天然纤维增强的传统合成聚合物复合材料的完全降解也引起了人们极大的关注。可回收的 PP/大麻纤维复合材料由于纤维长径比稳定而保持了其性能（Bourmaud et al.，2011）。由于黏度较低，因此，可循环再利用的复合材料破坏时冲击能会增加，且易于制造，深受汽车行业的喜爱。

以大麻—石灰复合材料为原料制备混凝土砌块，并对其性能进行了研究（Arnaud et al.，2012）。大麻纤维含量为 80%（质量分数）的样品具有较高的孔隙率和良好的热学和声学性能。然而，由于大麻纤维具有亲水性，会吸收大量的水，使其无法在传统的混合方式中使用，而且也会导致凝固和干燥时间过长。另外，混凝土复合材料的性能取决于其密度。增加密度能使各种性能（硬度、抗弯强度、抗压强度、杨氏模量、导热系数）得到提升（Elfordy et al.，2008），因此，用户必须从应用类型出发在力学性能和隔热性能之间找到一个平衡点。如果需要预制结构，可以使用低导热系数材料。为了保证建筑结构的完整性，应使用密度较大的砌块。

Scarponi 和 Messano 开展了一项旨在用麻纤维增强环氧树脂复合材料替代钢制欧洲直升机 AS 350 E'cureuil 旋翼机内饰的研究（Scarponi and Messano，2015）。预期绿色材料重量轻，污染小，油耗会较低。结果显示，替代部分的重量减少了55%以上，而成本并未显著增加。但是，在将其应用于直升机之前，还需要对其耐久性和防火性能进行更多的研究。

2.2.5　黄麻纤维

在印度的家庭农场中种植黄麻已有很长的历史，它常被捻成麻线和绳索。黄麻纤维因其长度和呈金黄色被称为金色纤维。它广泛用于制作麻袋和麻绳。黄麻植物有一点肥料就能长得很好，它可以长到大约 3.5m 高，茎粗 20mm。黄麻是一种光合速率很快的一年生作物，这有助于将二氧化碳转化为氧气。1 公顷的黄麻植物可以吸收大约 15t 二氧化碳，产生 11t 氧气。此外，黄麻植物还可以作为轮种作物,使土壤保持肥力。人们已经对黄麻纤维用于增强复合材料进行了大量研究(Gopinath et al. ,2014;Pantamanatsopa et al. ,2014;Yallew et al. ,2014;Dong et al. ,2014;Kikuchi et al. ,2014;Arao et al. ,2015)。

黄麻纤维增强复合材料作为一种隔音材料或防火材料已被广泛使用(Fatima and Mohanty,2011)。含量为5%(质量分数)的黄麻纤维增强乳胶复合材料的烟气排放量减少了一半以上,并显示出最佳的极限氧指数(30.2)。添加1%(质量分数)磷酸钠阻燃剂后,黄麻/乳胶复合材料的高火焰传播性能会降低。总之,添加阻燃填料的黄麻纤维增强乳胶复合材料在高温工作环境中具有替代传统材料的潜力。

Alves 等(2010)讨论了制造越野车前引擎盖需要考虑的环境因素,研究项目包括材料的可用性(黄麻纤维和玻璃纤维)、人类安全以及几个阶段(生产、使用和处理阶段)的生态系统平衡等。研究表明,黄麻纤维具有重量轻的特点,是提高整车环境、降低燃油消耗的最佳选择。并讨论了黄麻纤维增强复合材料生产中工人的人身安全以及延长工具使用寿命的影响。黄麻纤维增强复合材料由于其可生物降解的特性,还能够防止处置车辆时引起的潜在环境污染。

2.2.6 木质素基碳纤维

近年来,以石油基聚丙烯腈(PAN)为原料,采用溶液纺丝法生产碳纤维(Baker et al. ,2012)。但全球石油原材料的短缺、环境污染以及碳纤维生产成本高制约了碳纤维的进一步发展。图2.7列出了碳纤维的生产成本,超过50%的成本用于生产前驱体PAN。因此,引进了生产成本极低的替代前驱体木质素。木质素之所以是最合适的选择,是因为它有很高的碳含量,并且它在大多数植物中的含量为植物干重的15%~40%(Ragauskas et al. ,2014;Zhou et al. ,2014)。木质素是造纸厂的废料,因此价格便宜,而且可以大量获取(Mainka et al. , 2015)。

木质素可分为三种类型:硬木木质素、软木木质素和草木质素。硬木木质素是首选的碳纤维前驱体。在木质素基碳纤维的生产中增加了两个额外的制造步骤,即洗涤和干燥木质素粉末,然后造粒。木质素的亲水性不适合纺丝,水分使其流动性差。木质素造粒可以降低水分含量,但木质素进行熔融纺丝 (Mainka et al. ,2015)。

酚醛树脂是除聚丙烯腈(PAN)以外最常用的碳前驱体之一。碳纤维的高微孔性和高碳收率是酚醛树脂前驱体的特征。可以使用竹木质素—酚醛树脂(LPF)作

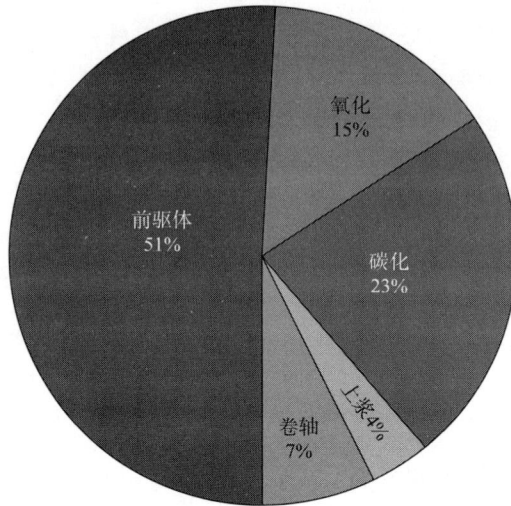

图2.7　碳纤维的生产成本(Mainka et al.,2013)

为碳纤维前驱体(Guo et al.,2015)。LPF衍生的碳纤维具有均匀的直径分布和较长的纤维形态,该纤维具有良好的尺寸稳定性和热稳定性。

有研究将PAN和纤维素纳米纤维分别添加在木质素基碳纤维中,以提高其电可纺性,并产生多孔芯(Xu et al.,2013b)。图2.8是木质素—纤维素纳米纤维—PAN核壳纤维的SEM显微图。在相同直径下,多孔芯纤维比固体纤维具有更大的比表面积和孔隙率。纤维的比表面积越大,纤维与周围环境的相互作用越好,因此性能也更好。

碳的物理性质随着同素异形体的不同而有很大变化。人们研究了木质素衍生碳在锂离子电池等电化学储能领域的应用。木质素衍生碳由于具有独特的层状多孔结构,表现出良好的锂储能效率和理想的速率(Zhang et al.,2015d)。在电流密度为200mA/g和500mA/g时进行了恒流充放电试验,两种密度都显示木质素衍生碳具有稳定的循环性能。经过5000次充放电循环后,木质素衍生碳的电容保持率仍超过96%,证明了木质素衍生碳在电化学储能领域的潜力(Hu et al.,2014)。

多孔的木质素衍生碳纤维具有良好的相互作用、较高的储能效率、较好的热稳定性和较低的成本。木质素碳纤维与聚乳酸(PLA)共混后,随着PLA含量的增加,纤维强度下降(Wang et al.,2015d)。有研究表明,由于PLA的挥发性,纤

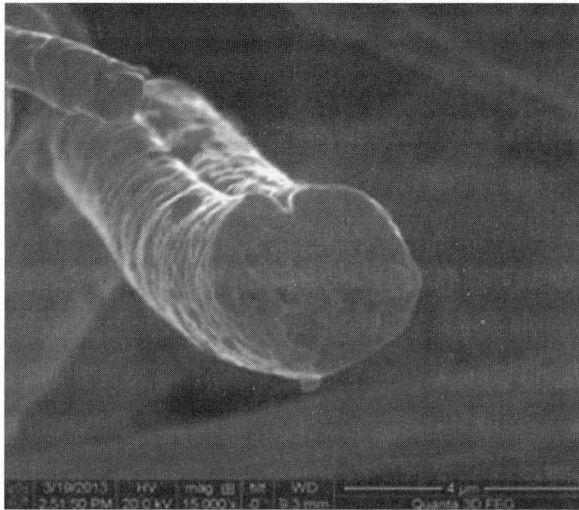

图 2.8　木质素-纤维素纳米纤维-PAN 核壳纤维的 SEM 显微图（Xu et al. ,2013b）

维表面出现了微孔。空隙成为应力集中点,在施加最大载荷之前纤维就会被破坏。

2.2.7　丝纤维

丝纤维是一种天然蛋白质纤维。它可能来自蛾子或蜘蛛。大多数商用丝纤维是由家蚕蚕丝制成的。桑蚕丝纤维以其高强度而闻名于世。桑蚕丝纤维是从蚕茧中提取的,蚕茧主要由丝素和丝胶组成。丝素是一种半晶体结构的天然丝素蛋白,提供纤维硬度和强度。丝胶是一种黏合剂,可以保持纤维的结构。近年来,蚕丝纤维已被广泛应用于生物高聚物增强材料,特别是在组织工程和医疗领域（Eshkoor et al. ,2013a,b；Ataollahi et al. ,2012；Ude et al. ,2013a,b；Chen et al. ,2012a,b）。

蜘蛛丝纤维是由蜘蛛产生的。一只蜘蛛可以产生 6 种不同的丝纤维:大壶状腺丝、小壶状腺丝、鞭状腺丝（结网的中心线）、葡萄状腺丝、管状丝（外卵囊）和梨状丝（Lewis,2006）。图 2.9 展示了蜘蛛的腺体、丝的种类及其用途。

羊毛和丝纤维在很多方面存在差异。羊毛纤维是由角蛋白形成的,是从绵羊或山羊的外层皮肤生长而成的;丝纤维是一种来自昆虫丝腺的蛋白质纤维。

一只雌蚕蛾一次可以产 300~400 个卵,雌蛾在产卵后立即死亡,而雄蛾在产

41

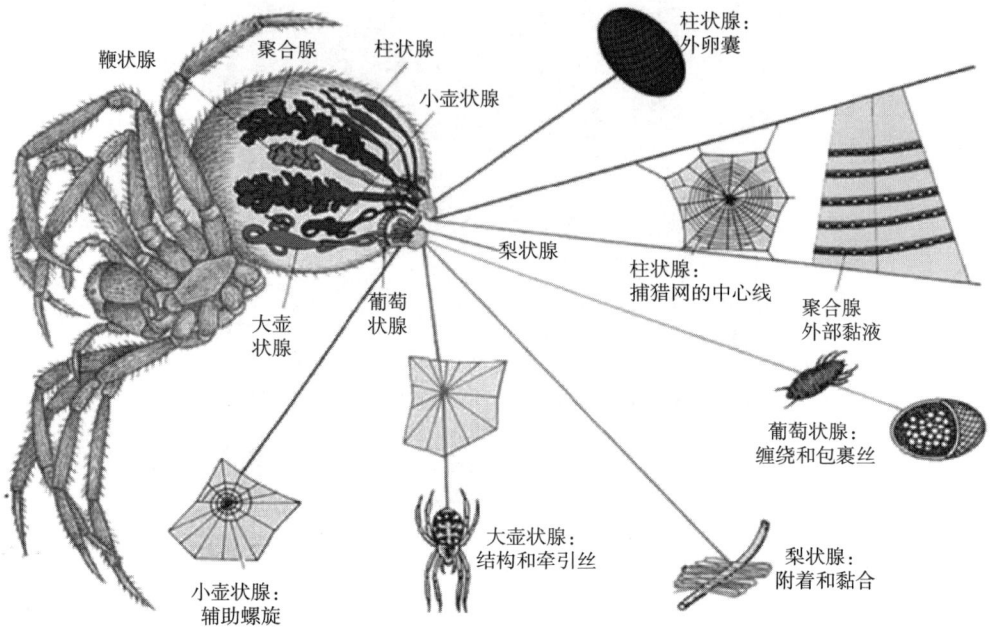

图 2.9　蜘蛛的丝腺、丝的种类及用途(Tokareva et al. ,2014)

卵后不久死亡。这些卵大约需要 10 天才能变成幼虫,幼虫大量食用桑叶,直至在适宜的温度和足够多的食物下生长成熟。摄食期约为 6 周。蚕开始收缩身体,并从口中挤出由丝素蛋白组成被胶状丝胶蛋白包裹的蚕丝。首先,蚕吐丝形成蚕茧支架来支撑蚕茧的结构。然后,蚕继续吐丝将自己完全覆盖。一根连续长 700 ~ 1500m 的丝可以织成几克的茧。幼虫现在通过发育形成硬皮而转变成蛹,最后长成成虫。理想的蚕丝生长点可以是一个角落、一个盒子或一束树枝。图 2.10 为蚕的生命周期。

脱胶处理是去除蚕茧外层的丝胶,然后将几根蚕丝卷成一根线(Ho et al. ,2012a;Wang et al. ,2015b),之后再进行干法纺丝(Yue et al. ,2014)、湿法纺丝(Kim and Um,2014;Zhang et al. ,2015c)或静电纺 (Yoon et al. ,2013;Solanas et al. ,2014;Ko et al. ,2013),提取纤维。

由于蚕丝具有突出的性能优势,人们对其进行了深入的研究。饲养方式影响蚕丝的最终性能。一个令人欣喜的研究是,用含有纳米磁粉的桑叶喂养蚕,并考察培育的桑蚕丝的性能。这种喂养得到的蚕丝具有天然的磁性,优异的强度和热性

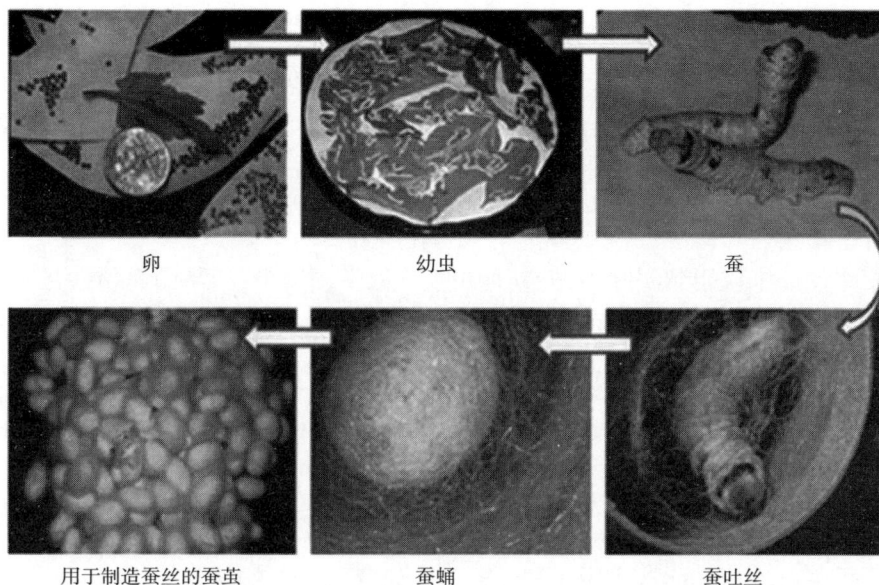

图 2.10　桑蚕的生命周期(Ude et al. ,2014)

能。这一成功的结果表明,人们可以通过喂特定的组分来改变丝纤维,从而获得所需的性能(Wang et al. ,2014b)。据报道,蚕丝的强度高得惊人,但纤维直径对断裂伸长率无影响(Tsukada et al. ,1996)。经丙烯酰胺处理后,纤维的弹性模量增大,断裂伸长率降低(Kawahara et al. ,1996)。甚至有研究表明,蚕丝比玻璃纤维具有更好的强度(Pérez-Rigueiro et al. ,1998)。

近年来,几乎所有的蚕丝研究都是生物医学材料领域。具有良好强度的丝纤维与人体组织有良好的生物相容性,所以在药物释放(Wenk et al. ,2011;Pritchard and Kaplan,2011;Mwangi et al. ,2015;Mottaghitalab et al. ,2015)、组织支架(Melke et al. ,2016;Teimouri et al. ,2015;Zhang et al. ,2015a)和创伤愈合(Patil et al. ,2015)中得到广泛应用。

为了获得金属化的真丝生物医学材料,将三(2-羧乙基)膦(TCEP)应用于丝纤维。纤维表面沉积了一层光滑的金属层,使纤维具有良好的导电性和抗菌性(Yu et al. ,2015)。据报道,其抗菌能力与丝纤维表面银金属层的数量有关(Meng et al. ,2016;Calamak et al. ,2015)。可使用银金属颗粒来增强丝纤维对革兰氏阴性菌和革兰氏阳性菌的抗菌活性(Amato et al. ,2011)。

在开发药物释放产品时，需要根据不同的药物释放曲线考虑原料的性质和大小。研磨后的蚕丝颗粒具有较高的比表面积，能在短时间（10min）内达到平衡负荷，而用丝纤维给药时，需要3天才能达到平衡。这说明丝纤维释放药物的速度比丝颗粒快，而丝颗粒越小，释放的药物量就越少（Kazemimostaghim et al.，2015）。Bhardwaj等（2015）研究将几种类型的非桑蚕丝纤维研磨成一定颗粒，用于长期的药物释放体系。

要将丝纤维应用到实际中，尤其是在生物医学领域中，产品的完整性是不容忽视的。在生物相容性方面，丝纤维是生物聚合物的最佳选择。通过控制丝纤维和3-羟基丁酸酯与3-羟基戊酸酯的共聚物（PHBV）的比例，可以调整复合材料的降解速度。丝纤维含量越高，降解速度越快，而基质含量越高，维持时间越长（Miroiu et al.，2015）。

聚吡咯（PPy）因其良好的导电性而被广泛地应用于组织支架上。然而，其脆性和不可降解性使其无法应用于神经再生。研究制备了蜘蛛丝纤维增强聚吡咯和L-聚乳酸聚合物混杂复合材料，该材料具有良好生物相容性、细胞黏附性和导电稳定性 Zhang et al.，2015b）。丝纤维增强聚合物混杂复合材料的降解速度和可纺性得到了控制。

除医疗行业外，丝纤维因其优异的抗冲击性而被广泛应用于汽车领域（Oshk-ovr et al.，2012，2013；Ataollahi et al.，2012）。采用准静态压缩试验方法对丝纤维增强环氧树脂复合材料进行了12层、24层和30层的层压试验；研究了碰撞载荷和能量吸收。复合材料的能量吸收能力随纤维长度和复合材料叠层的变化而变化。吸收的能量越大，在发生碰撞时乘客越安全。

海水中含有成千上万种生物。研究了用蚕丝代替玻璃纤维制备耐腐蚀防污的船舶涂料。经表面处理后的丝纤维具有更好的相容性，在海洋防污方面具有广阔的应用前景（Buga et al.，2015）。

2.2.8 椰壳纤维

椰壳纤维是从椰子壳中提取的天然纤维。椰壳纤维是所有商用天然纤维中最厚和最耐腐蚀的纤维。低分解率是制造耐用产品的关键优势。人们发现了早期用椰壳纤维制作的绳索，几百年来，椰子纤维的高强度一直是用其生产绳索的主要原因。椰壳纤维一般分两种类型：成熟椰子的棕色纤维和未成熟的绿椰子在浸泡10

个月后产生的较细的白色纤维。椰壳纤维是最富含木质素的天然纤维之一（Gu，2009）。

生产椰壳纤维时，会产生成吨的椰壳残渣。椰壳可以作为燃料、柴油机替代燃料或化肥使用（Wever et al.，2012；Tiryaki et al.，2014）。近年来，对椰子壳作为聚合物基质增强材料的研究取得了可喜的成果（Essabir et al.，2014）。因此，椰壳可作为复合材料领域的另一种增强材料。

在泰国，椰壳纤维增强水泥砂浆已被制成屋顶板，用于减少传热，达到节能效果。在该研究中，研究人员指出，天然纤维基复合建筑材料更适合像泰国这样炎热潮湿气候地区。人们认为，天然纤维的亲水性在高湿度的环境中持续时间较短。

将用2%碱处理的椰壳纤维用于聚酯复合材料增强，试验结果表明，复合材料的拉伸强度得到提高，但氢氧化钠（NaOH）浓度超过2%时，复合材料的强度反而降低（Rout et al.，2001）。力学性能提高的原因是去除了半纤维素和木质素成分，改善了碱处理椰壳纤维与聚酯的润湿性（Arrakhiz et al.，2012）。然而，与普通椰壳纤维相比，棕色椰壳纤维的碱性预处理效果更差（Gu，2009）。碱处理时，随着NaOH浓度的增加，复合材料的拉伸强度降低。碱处理对提高纤维与基体的黏接能力有一定作用，但会损伤纤维的强度。除了对纤维强度性能进行研究外，Rahmanand 和 Khan 还对纤维的收缩现象进行了研究（2007）。结果表明，20%的碱处理椰壳纤维具有最大的收缩率和重量损失。这是因为高浓度的氢氧化钠会在晶体结构中吸收大量的水分，从而使纤维膨胀。水消除后，出现结构收缩和重量损失。

还研究了木质素含量对复合材料性能的影响。使用次氯酸钠去除椰壳纤维中一半的木质素（Muensri et al.，2011），去除木质素对力学性能没有明显影响，但会稍微降低样品的吸水率。研究人员认为，剩余木质素含量仍足以覆盖纤维表面，说明过量的木质素含量对复合材料性能没有影响。

椰壳纤维（FRP）基复合材料的力学性能得到了广泛研究。椰壳纤维的强度随聚酯基体中纤维含量的增加而呈下降趋势，这说明椰壳纤维在基体中的随机排列并不能提高复合材料的强度（Monteiro et al.，2008）。椰壳纤维与基体的界面强度差是导致纤维强度降低的主要原因（Harish et al.，2009）。复合材料的不良黏结结构促进了裂纹扩展和孔隙的形成。

天然纤维是一种很好的低成本吸附剂,椰壳纤维就是其中之一。试验证明椰壳纤维对亚甲蓝具有良好的吸附性能(Etim et al.,2016)。对纤维进行化学改性以去除 Ni(Ⅱ)、Zn(Ⅱ)和 Fe(Ⅱ)等重金属离子(Shukla et al.,2006)。氧化椰壳纤维对金属离子有较好的吸附性能,并可在碱性条件下再生,以最高效率重复使用,至少可使用三次。

2.2.9 竹纤维

竹子属于草本植物的竹亚科(*Bambusoideae*),因竹子光合作用能力强、生长速度快、密度低和成本低,使其从其他植物纤维中脱颖而出(Ray et al.,2004;Osorio et al.,2011;Thwe and Liao,2003;Rianõ et al.,2002)。竹子的种类有 1000 多种。亚洲和南美洲是竹子的主要生长地(Aabdul Khalil et al.,2012b;Gratani et al.,2008)。竹纤维的每部分都有不同的特性。不同种类的竹纤维因其长度、直径、组成成分和管腔大小的不同而具有不同的性能。图 2.11 显示了不同种类的竹纤维的纤维长度、纤维直径和管腔直径。竹纤维的化学组成为 73.83% 的纤维素,12.49% 的半纤维素,10.15% 的木质素,0.37% 的果胶,3.16% 的水提取物(表 2.2)。竹纤维中每一组分的作用与一般天然纤维相同。尼日利亚已经在建筑领域将竹子材料用于加固(Atanda,2015)。竹复合材料的高性能可与建筑用低碳钢媲美(Alade et al.,2004)。据报告,用竹子搭建的脚手架、泥房和屋顶具有较高的强度/重量比(Oyejobi and Jimoh,2009)。

竹纤维由许多可为竹类植物提供强度的微管束组成。微管束如图 2.12 所示。微管束中的木质部和韧皮部的作用是将水分、营养物质和糖分输送到整个竹子植株中(Ray et al.,2004)。吸水率高是天然纤维的一个普遍缺点,也是竹纤维的缺点。竹纤维的亲水性使疏水性聚合物和纤维之间的界面结合较差。竹纤维在水中浸泡 6 天后,其拉伸强度和模量分别降低了 37% 和 48%(Godbole and Lakkad,1986)。据报道,碱处理和蒸汽爆破处理可以使竹纤维具有更好的界面黏合性,同时降低吸水率(Phong et al.,2011)。Saikiaet 等(2015)研究了另一种生化处理方法,以提高纤维的拉伸强度,防止样品降解。这种处理方式在保护生态系统和环境的同时,还可以改善竹纤维的性能。

竹纤维增强材料在聚合物复合材料中得到了广泛的应用(Wahyuni et al.,2014)。竹纤维增强材料具有较好的强度性能。在竹纤维表面发现了一种负电荷,

种类	纤维和管腔直径/μm	纤维长度/μm	单纤维TEM照片
G.brang	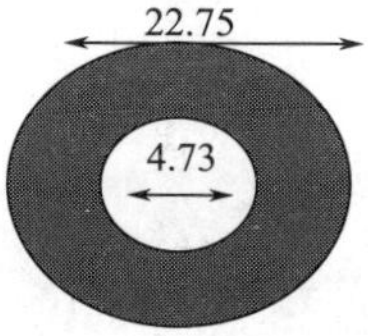 22.75 / 4.73	1910	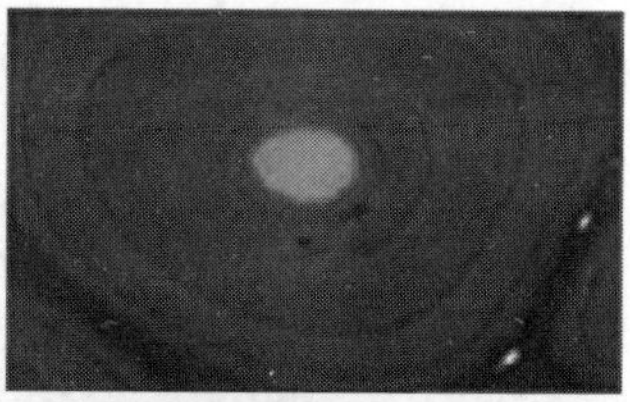
G.levis	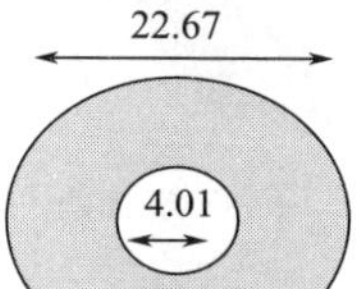 22.67 / 4.01	2040	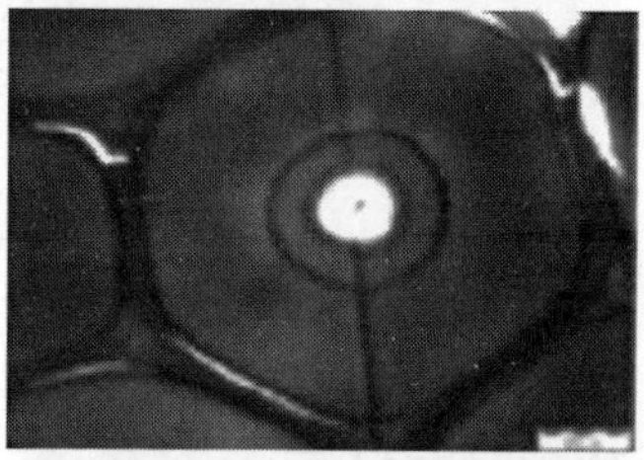
G.scortechinii	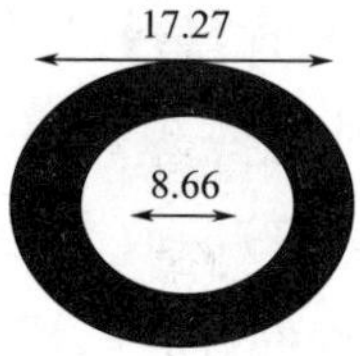 17.27 / 8.66	1745	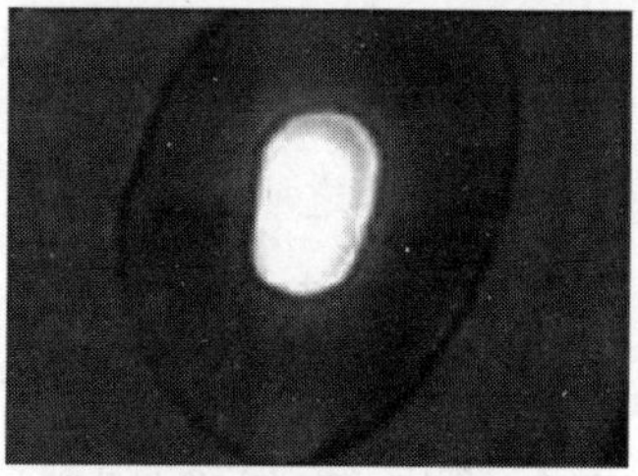
G.wrayi	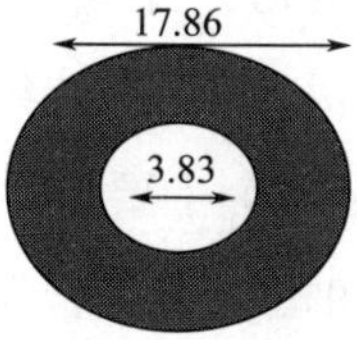 17.86 / 3.83	1799	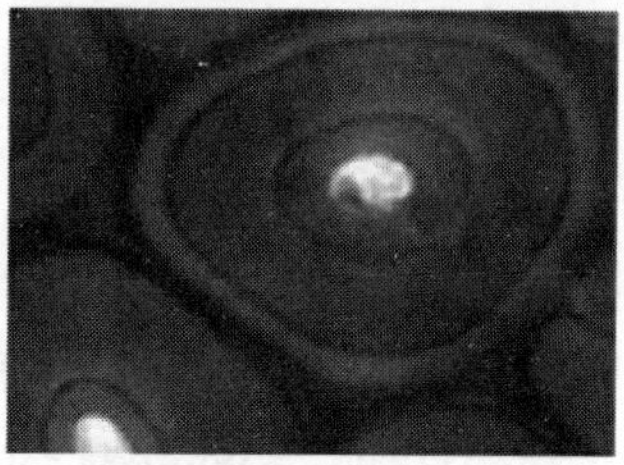

图 2.11　竹纤维长度、纤维直径、管腔直径及 TEM 照片(Tamizi,2010)

可用于阳离子涂层,以消除静电排斥,从而获得更好的性能(Ott et al.,2002)。Liu
等研究了竹子表面均匀分布的纳米颗粒层(Liu et al.,2015)。由于竹纤维具有强
烈的静电吸引力,在开始 50min 内吸收率很高。研究表明,通过阳离子涂层改性竹
纤维,可以提高竹纤维的各项性能,并在先进领域得到应用。然而,天然纤维的热
稳定性有限,限制了竹纤维增强材料的应用(Mohanty and Nayak,2010)。

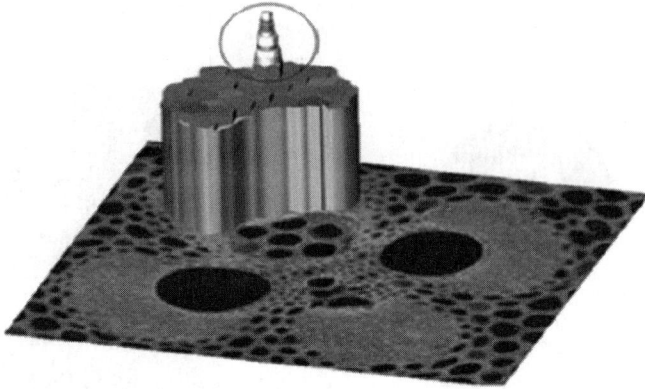

图 2.12　竹类植物的微管束(Fuentes et al.,2011)

2.2.10　红麻纤维

红麻(*Hibiscus cannabinus L.*)纤维是聚合物基复合材料(PMC)中使用最广泛的天然增强纤维之一。红麻是木槿属锦葵科一年生草本植物,在各种气候条件下均可生长,3 个月内生长超过 3m(Nishino et al.,2003)。最大生长速率可以达到10cm/d。但是,不同的生长参数如生长季长、植株种群、品种、植期、光敏性和植株成熟度会影响红麻纤维的特性。红麻的茎是直的,不沿着茎分枝,由皮和木芯组成,因此,很容易通过化学或酶脱胶将茎分离。茎皮占茎干重的 30%~40%,剩余的重量是木芯。长韧皮纤维用于制造复合板、纺织品、纸浆和造纸。

Rouison 等(2004)揭示了红麻纤维最吸引人的两个主要原因。一是红麻植物可以吸收土壤中的氮和磷。这些矿物质有助于增加植株的累积总重量、作物高度、茎粗和纤维产量。Kuchinda 等(2001)提出按 90kg 氮/公顷施氮肥对红麻植物的生长有利。另一个吸引人的原因是红麻的高光合作用能力(Nishino et al.,2003)。在1000μm·mol /(cm^2·s)条件下,红麻的光合作用速率[23.4mg CO$_2$/(dm^2·h)]是普通树[8.7mg CO$_2$/(dm^2·h)]的 3 倍,有助于产生氧气同时减少二氧化碳排放(Lam and Liyama,2000)。

红麻芯纤维轻质多孔,富含半纤维素和木质素(Alireza and Mohd,2003)。由于木质素在纤维中起黏合剂作用,因此其黏接性能优于韧皮纤维(Paridah et al.,2009)。Kamal 等(2009)将红麻芯纤维和聚丙烯(PP)复合制成了一种新型刨花板,其性能令人满意,但由于红麻纤维和石化聚合物产品的特性,使刨花板非常易燃。因此,为了解决这个问题,在制备刨花板时做了一些调整。在样品中加入邻苯二甲酸二烯丙酯(DAP)、磷酸二氢铵(MAP)和硼(BP)几种阻燃剂,阻燃效果较好。未处理的刨花板点燃时间仅为50s,而BPs可以将其点火时间延长至2min。燃烧面积只有8.52%,重量损失为0.69%。硼能延缓传热而起到保护作用(Horrocks and Price,2001)。此外,还选择了其他阻燃填料进行相同的研究,以期待获得更好的阻燃效果(Aisyah et al.,2013)。

红麻韧皮纤维比芯纤维具有更好的强度性能,因此,它更适合高强度的应用。有研究使用红麻韧皮纤维增强混凝土复合材料,比较其与普通混凝土的性能差异(Elsaid et al.,2011)。结果表明,该复合材料的力学性能可与普通混凝土试样相媲美。此外,混凝土复合材料开裂分布均匀,具有较高的韧性。因此,该混凝土复合材料被认为是很有潜力的建筑材料。

近十几年来,汽车行业一直将天然纤维增强复合材料应用于设计中,以达到降低油耗、降低成本和更加环保的目的。但由于可再生材料的力学性能较差,限制了天然纤维的应用。Davoodi等(2010)着重研究了红麻纤维和玻璃纤维结合使用,以改善汽车保险杠的性能。这种混杂复合材料具有良好的力学性能,显示了天然纤维在汽车领域的应用潜力。另外,Mansor等(2014)提出了红麻纤维聚合物复合材料用于汽车停车制动杆的五种概念设计。其中一个概念设计被选择进一步开发。在保持强度和性能的前提下,研究人员进行了几个过程选择和计算机分析,以替代现有的较重钢制驻车制动杆。

2.3 天然纤维增强乙烯基聚合物复合材料

2.3.1 乙烯基聚合物

乙烯基聚合物具有良好的物理化学性能,是塑料工业的重要组成部分。这种聚合物的应用领域很广,如包装、黏合剂(用于纺织、造纸和木材)、玩具和体育用品、医疗领域、电气应用、建筑和汽车工业。乙烯基聚合物是由乙烯(乙烯基)单体制成的聚合物(分子含有碳碳双键,一个氢原子被其他基团取代,见图2.13)。乙烯基单体可以通过双键形成聚合物,称为乙烯基聚合物。这类单体的聚合是将双键转变为单键的加成聚合。因此,生成的聚合物中不含乙烯基。根据乙烯基单体的取代基,将乙烯基聚合物分为不同的种类。如果取代基为氢、烯烃、烷基、芳基或卤素,则聚合物类别为聚烯烃。如果取代基是氰化物、羧基、酯基或酰胺,则为丙烯酸类聚合物(Brydson,1999;Chanda and Roy,2006)。图 2.13 列举了一些乙烯基聚合物的化学结构。

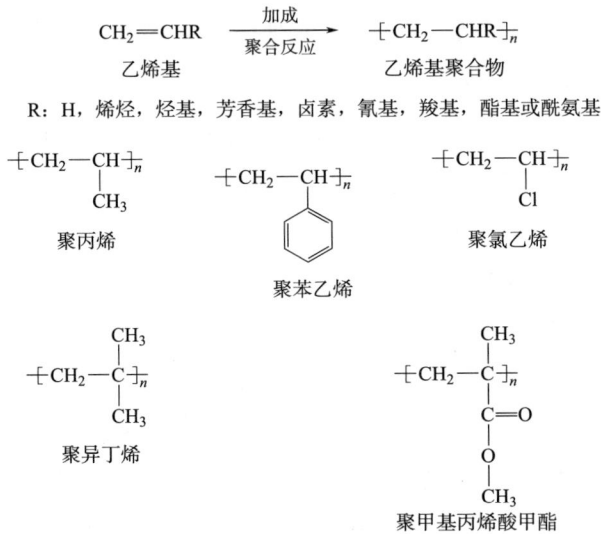

图 2.13　一些乙烯基聚合物的化学结构

乙烯基聚合物分三种类型:热塑性塑料、热固性塑料和橡胶。热塑性塑料被定义为一种能在加热后软化而不改变其性能的聚合物,如聚苯乙烯和聚氯乙烯。热塑性塑料有无定形和半结晶两种类型的分子排列。热塑性塑料加工成本低,制造能耗少,密度低。热固性聚合物是一种树脂,乙烯基酯类是乙烯基热固性聚合物的主要类型。热固性聚合物是指在加热过程中增强,且在初始加热后不能再加热的聚合物。热固性聚合物的优点是热稳定性高、抗蠕变、抗变形、高硬度、高刚性、低密度。橡胶聚合物是一种分子对称性差、T_g 极低(40~80℃)的弹性体聚合物,具有一定的优势和工业用途,如聚异丁烯(Mishra and Yagci,2009)。

2.3.2　纤维增强乙烯基聚合物

乙烯基聚合物具有成本低、易加工、耐化学腐蚀等优点。但它们的强度和模量较低。纤维状材料比块状材料强度高、刚度大,因此纤维是有效的增强材料。天然纤维增强乙烯基聚合物复合材料具有可生物降解性、环保性、高强度、高刚度、高抗冲击性、低导电性、优良的耐腐蚀性、低密度和低成本等特点,被广泛应用于不同领域。天然纤维的缺点之一是表面亲水性高,因此易吸水。为了增强纤维与聚合物之间的黏附力,可采用碱法、硅烷法、乙酰化法、苯甲酰化法、丙烯基化、丙烯腈接枝和马来酸偶联等化学方法处理。与原始聚合物相比,经化学处理后的天然纤维提高了复合材料的力学强度。天然纤维增强聚合物(FRP)复合材料的整体力学性能与纤维的形态、长宽比、亲水性和尺寸稳定性密切相关(Kabir et al.,2012;Bledzki and Gassan,1999)。在2.2节讨论了天然纤维及其在不同领域应用的实例。本节将讨论选定天然纤维增强乙烯基聚合物复合材料。

2.3.2.1 短纤维增强

Nair 等(1996)研究了短剑麻纤维和苯甲酰化剑麻纤维增强聚苯乙烯复合材料的拉伸性能。研究了纤维长度、纤维含量、纤维取向及纤维表面处理对复合材料拉伸性能的影响。研究人员发现,对剑麻纤维进行苯甲酰化处理,可提高纤维与多烯基体之间的黏附力。纤维经苯甲酰化处理后,复合材料的拉伸性能得到了提高(图2.14)。这表明苯甲酰化纤维与聚苯乙烯之间具有较好的相容性。复合材料的拉伸性能随着纤维含量的增加而逐渐提高,而与纤维长度无关,但在纤维长度为10mm 时,其极限拉伸强度略有提高(表2.5)。

表 2.5 未经处理的剑麻纤维增强聚苯乙烯复合材料的抗拉强度与纤维长度的关系(Nair et al.,1996)

纤维长度/mm	断裂伸长率/%	抗拉强度/MPa	杨氏模量/MPa
2	6	21.12	666
6	9	21.3	629.6
10	9	25.06	657.1

2.3.2.2 长丝增强

Bledzki 等研究了聚丙烯与亚麻、大麻纤维的单向复合材料,采用丝光(NaOH)和马来酸酐-聚丙烯(MAH-PP)偶联剂对纤维进行改性,以改善复合材料的性能。测试结果表明,通过化学处理优化纤维结构和表面,可以在很大范围内控制和均匀化纤维性能。图2.15显示了 MAH-PP 含量与单向亚麻-PP 复合材料标准弯曲强度的关系,复合材料经丝光处理和未经丝光处理。此外,复合材料的制备工艺参数也直接影响复合材料的最终性能(Angelov et al.,2007)。

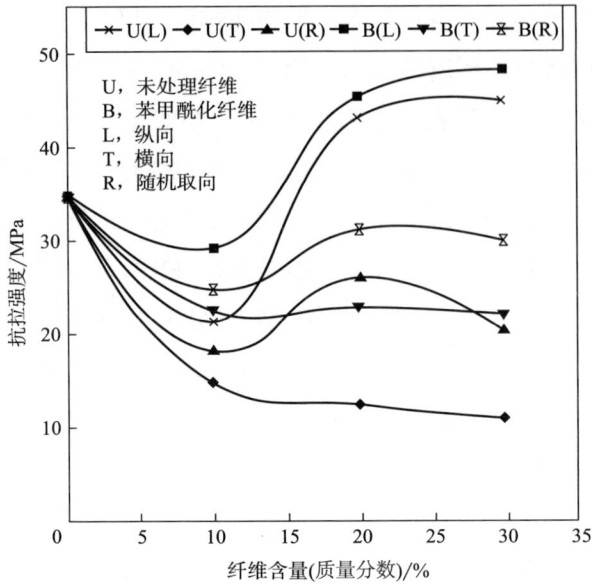

图 2.14　未经处理和经苯甲酰化的剑麻纤维复合材料的拉伸强度
随纤维含量的变化(Nair et al. ,1996)

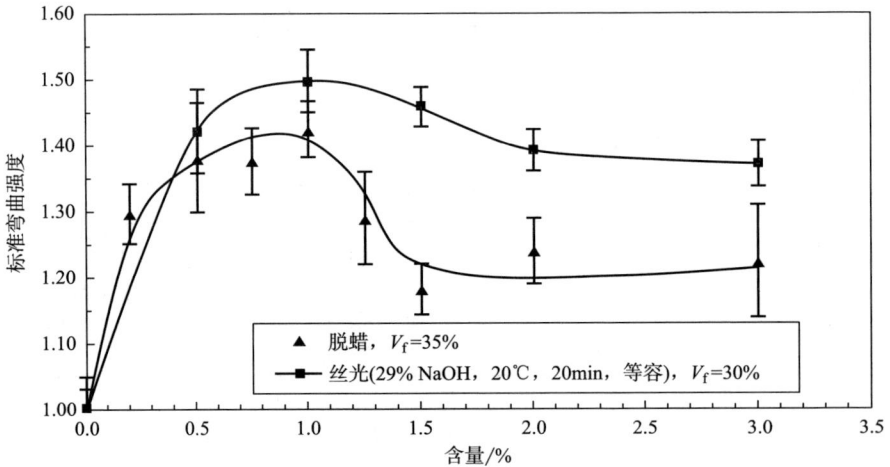

图 2.15　(有无丝光处理的)单向亚麻—PP 复合材料中 MAH-PP 含量与
标准弯曲强度的关系(V_f 是纤维体积含量)(Bledzki et al. ,2004)

2.3.2.3　混杂复合材料

将两种或两种以上的纤维掺入一种材料中,或反之亦然,由此形成的复合材料
称为混杂复合材料。混杂复合材料的性能取决于组成材料和添加剂(Bunsell and

Harris, 1974；Summerscales and Short, 1978；Mishra and Yagci, 2009）。Herzoget 等（2005）研究了 FRP-木材混杂复合材料的耐久性。研究人员使用加压混合树脂灌注系统直接在木材表面制备 E-玻璃/乙烯基酯 FRP 材料，得到了一种混杂复合材料。他们在加速老化试验中研究了剪切应力、木材在剪切过程中破损的百分比以及玻璃纤维增强复合材料-木材界面的分层。研究人发现，压力混合树脂灌注系统制备的混杂材料的剪切强度等于或大于制备的对照试样 FRP-胶合板。在他们的研究中，给出的建议是，为避免试验失败，要选用足够厚的 FRP，推荐后固化工艺（Herzog et al. , 2005；Mishra and Yagci, 2009）。

Abdul Khalil 等（2009）研究了油棕榈空果串纤维（EFB）增强乙烯基酯与玻璃纤维混杂复合材料在不同层排列时的力学性能和物理性能。研究人员发现，混杂复合材料的力学性能、吸水率和密度均高于对照复合材料。

2.3.2.4 纳米复合材料

Gong 等（2011）制备并研究了聚醋酸乙烯酯（PVAc）纳米复合材料。研究结果表明，纤维素纳米纤维（CNF）用作增强材料，随着 CNF 含量的增加，材料的储存模量、拉伸模量和拉伸强度都有所增加（图 2.16）。CNF 的加入降低了 PVAc 蠕变应变，提高了由 Burgers 模型计算的蠕变弹性和黏度。Ching 等（2015）制备并研究了混杂纳米复合材料。研究人员使用纳米纤维素和纳米硅作为聚乙烯醇（PVA）的增

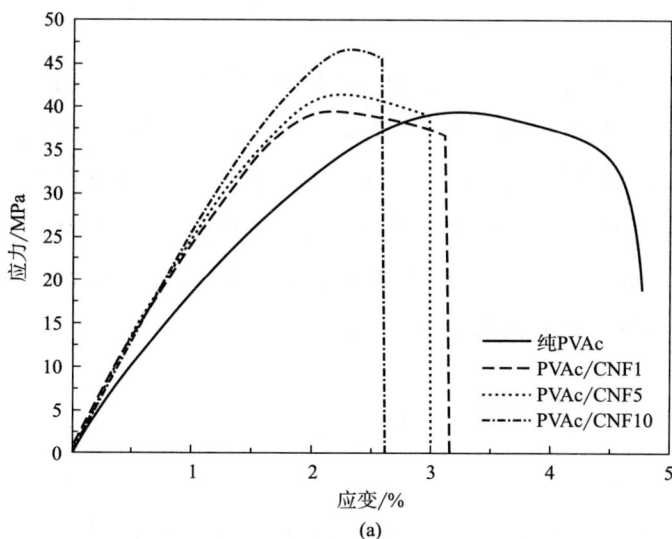

图 2.16

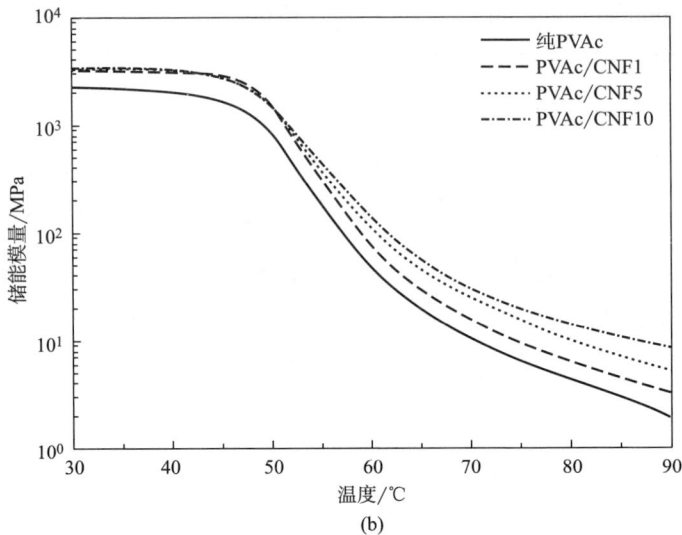

图 2.16 纯 PVAc 和 PVAc/CNF 纳米复合材料的力学性能(a)加载速率为
5mm/min 时的拉伸应力—应变曲线，以及(b)储能模量(Gong et al. ,2011)

强材料,研究表明,少量纳米材料的加入成功地改善了材料的力学性能。

2.4 结论

天然纤维增强聚合物因相比于其他纤维增强聚合物具有优势而得到发展。天然纤维复合材料具有密度小、成本低、力学性能高和可生物降解等优点。本章对天然纤维和天然纤维增强乙烯基聚合物进行了综述和讨论。因纤维增强乙烯基复合材料在加工过程中存在一些常见的缺陷,所以需要考虑其对最终产品的影响。这些缺陷包括树脂固化、纤维尺寸和体积分数、空隙率、纤维分布、纤维排列不整齐或断裂以及纤维—聚合物基体的黏附力。

参考文献

[1]Aabdul khalil H. ,Kang C. ,Khairul A. ,Ridzuan R. ,Adawi T. ,2009. The effect of
different laminations on mechanical and physical properties of hybrid composites.

J. Reinfor. Plast. Compos. 28,1123-1137.

[2]Aabdul khalil H. ,Bhat A. ,Yusra A. I. ,2012a. Green composites from sustainable cellulose nanofibrils: a review. Carbohyd. Polym. 87,963-979.

[3] Aabdul khalil H. , Bhat I. , Jawaid M. , Zaidon A. , Hermawan D. , Hadi Y. , 2012b. Bamboo fibre reinforced biocomposites: a review. Mater. Design 42, 353-368.

[4]Aamr-Daya E. ,Langlet T. ,Benazzouk A. ,Quéneudec M. ,2008. Feasibility study of lightweight cement composite containing flax by-product particles: physico-mechanical properties. Cement Concr. Compos. 30,957-963.

[5]Aisyah H. ,Paridah M. ,Sahri M. ,Anwar U. ,Astimar A. ,2013. Properties of medium density fibreboard(MDF)from kenaf(*Hibiscus cannabinus* L.)core as function of refining conditions. Compos. Part B: Eng. 44,592-596.

[6]Akil H. M. , Omar M. F. , Mazuki A. A. M. , Safiee S. , Ishak Z. A. M. , Abu bakar A. , 2011. Kenaf fiber reinforced composites: a review. Mater. Design 32, 4107-4121.

[7] Alade G. , Olutoge F. , Alade A. , 2004. The durability and mechanical strenght properties of bamboo in reinforced concrete. J. Appl. Sci. Eng. Technol. 4,35-40.

[8]Alireza J. H. ,Mohd N. M. Y. ,2003. Pulping and papermaking properties of Malaysian cultivated kenaf(Hibiscus cannabinus). Proceeding of the second technical review meeting on the national project kenaf research project,2003 Serdang,pp. 108-115.

[9]Alvarez V. A. , Fraga A. N. , Vázquez A. , 2004. Effects of the moisture and fiber content on the mechanical properties of biodegradable polymer-sisal fiber biocomposites. J. Appl. Polym. Sci. 91,4007-4016.

[10]Alves C. ,Silva A. ,Reis L. ,Freitas M. ,Rodrigues L. ,Alves D. ,2010. Ecodesign of automotive components making use of natural jute fiber composites. J. Cleaner Production 18,313-327.

[11]Amato E. ,Diaz-Fernandez Y. A. ,Taglietti A. ,Pallavicini P. ,Pasotti L. ,Cucca L. ,et al. ,2011. Synthesis,characterization and antibacterial activity against gram positive and gram negative bacteria of biomimetically coated silver nanoparti-

cles. Langmuir 27,9165-9173.

[12] Amini M. , Arami M. , Mahmoodi N. M. , Akbari A. , 2011. Dye removal from colored textile wastewater using acrylic grafted nanomembrane. Desalination 267,107-113.

[13] Andresen M. , Stenstad P. , MØRETRØ T. , Langsrud S. , Syverud K. , Johansson L. -S. , et al. ,2007. Nonleaching antimicrobial films prepared from surface-modified microfibrillated cellulose. Biomacromolecules 8,2149-2155.

[14] Angelov I. , Wiedmer S. , Evstatiev M. , Friedrich K. , Mennig G. , 2007. Pultrusion of a flax/polypropylene yarn. Compos. Part A：Appl. Sci. Manufact. 38, 1431 - 1438.

[15] Anuar H. , Zuraida A. , 2011. Improvement in mechanical properties of reinforced thermoplastic elastomer composite with kenaf bast fibre. Composit. Part B：Eng. 42,462-465.

[16] Arao Y. , Fujiura T. , Itani S. , Tanaka T. , 2015. Strength improvement in injection-molded jute - fiber - reinforced polylactide green - composites. Composit. Part B：Eng. 68,200-206.

[17] Arbelaiz A. , Fernandez B. , Ramos J. , Retegi A. , Llano-Ponte R. , Mondragon I. , 2005. Mechanical properties of short flax fibre bundle/polypropylene composites：influence of matrix/fibre modification, fibre content, water uptake and recycling. Composit. Sci. Technol. 65,1582-1592.

[18] Arnaud L. , Gourlay E. , 2012. Experimental study of parameters influencing mechanical properties of hemp concretes. Construct. Build. Mater. 28,50-56.

[19] Arrakhiz F. , El achaby M. , Kakou A. , Vaudreuil S. , Benmoussa K. , Bouhfid R. , et al. , 2012. Mechanical properties of high density polyethylene reinforced with chemically modified coir fibers：impact of chemical treatments. Mater. Design 37,379-383.

[20] Atanda J. , 2015. Environmental impacts of bamboo as a substitute constructional material in Nigeria. Case Stud. Construct. Mater. 3,33-39.

[21] Ataollahi S. , Taher S. T. , Eshkoor R. A. , Ariffin A. K. , Azhari C. H. , 2012. Energy absorption and failure response of silk/epoxy composite square tubes：experi-

mental. Composit. Part B: Eng. 43,542-548.

[22] Atef M., Rezaei M., Behrooz R., 2014. Preparation and characterization agar-based nanocomposite film reinforced by nanocrystalline cellulose. Int. J. Biol. Macromol. 70,537-544.

[23] Babaee M., Jonoobi M., Hamzeh Y., Ashori A., 2015. Biodegradability and mechanical properties of reinforced starch nanocomposites using cellulose nanofibers. Carbohyd. Polym. 132,1-8.

[24] Bagheri Z. S., El sawi I., Schemitsch E. H., Zdero R., Bougherara H., 2013. Biomechanical properties of an advanced new carbon/flax/epoxy composite material for bone plate applications. J. Mech. Behav. Biomed. Mater. 20,398-406.

[25] Bagheri Z. S., Giles E., El sawi I., Amleh A., Schemitsch E. H., Zdero R., et al., 2015. Osteogenesis and cytotoxicity of a new Carbon Fiber/Flax/Epoxy composite material for bone fracture plate applications. Mater. Sci. Eng. C 46, 435-442.

[26] Baiardo M., Zini E., Scandola M., 2004. Flax fibre-polyester composites. Composit. Part A: Appl. Sci. Manufact. 35,703-710.

[27] Baillie C., 2004. Green Composites: Polymer Composites and the Environment. Woodhead Publishing Ltd, Boca Raton.

[28] Baker D. A., Gallego N. C., Baker F. S., 2012. On the characterization and spinning of an organic-purified lignin toward the manufacture of low-cost carbon fiber. J. Appl. Polym. Sci. 124,227-234.

[29] Baltazar-Y-Jimenez A., Bismarck A., 2007. Wetting behaviour, moisture up-take and electrokinetic properties of lignocellulosic fibres. Cellulose 14,115-127.

[30] Bhardwaj N., Rajkhowa R., Wang X., Devi D., 2015. Milled non-mulberry silk fibroin microparticles as biomaterial for biomedical applications. Int. J. Biol. Macromol. 81,31-40.

[31] Bhattacharjee P., Naskar D., Kim H.-W., Maiti T. K., Bhattacharya D., Kundu S. C., 2015. Non-mulberry silk fibroin grafted PCL nanofibrous scaffold: promising ECM for bone tissue engineering. Eur. Polym. J. 71,490-509.

[32] Bhattacharya M., Malinen M. M., Lauren P., Lou Y.-R., Kuisma S. W., Kannin-

en L. , et al. , 2012. Nanofibrillar cellulose hydrogel promotes three – dimensional liver cell culture. J. Controlled Release 164,291–298.

[33] Bismarck A. , Baltazar – Y – Jimenez A. , Sarikakis K. , 2006. Green composites as panacea? Socio – economic aspects of green materials. Environ. Dev. Sustainab. 8, 445–463.

[34] Bledzki A. , Gassan J. , 1999. Composites reinforced with cellulose based fibres. Progress Polym. Sci. 24,221–274.

[35] Bledzki A. , Fink H. P. , Specht K. , 2004. Unidirectional hemp and flax EP – and PP – composites: influence of defined fiber treatments. J. Appl. Polym. Sci. 93, 2150–2156.

[36] Bledzki A. K. , Sperber V. , Faruk O. , 2002. Natural and wood fibre reinforcement in polymers, iSmithers Rapra Publishing.

[37] Bolton J. , 1995. The potential of plant fibres as crops for industrial use. Outlook Agri. 24,85–89.

[38] Bonino M. J. , 2003. Material Properties of Spider Silk. University of Rochester, Rochester.

[39] Bourmaud A. , Le duigou A. , Baley C. , 2011. What is the technical and environmental interest in reusing a recycled polypropylene – hemp fibre composite? Polym. Degrad. Stab. 96,1732–1739.

[40] Brinchi L. , Cotana F. , Fortunati E. , Kenny J. M. , 2013. Production of nanocrystalline cellulose from lignocellulosic biomass: technology and applications. Carbohyd. Polym. 94,154–169.

[41] Brydson J. A. , 1999. Plastics Materials. Butterworth–Heinemann, Oxford.

[42] Buga M. – R. , Zaharia C. , BĂ Lan M. , Bressy C. , Ziarelli F. , Margaillan A. , 2015. Surface modification of silk fibroin fibers with poly(methyl methacrylate) and poly(tributylsilyl methacrylate) via RAFT polymerization for marine antifouling applications. Mater. Sci. Eng. C 51,233–241.

[43] Bunsell A. , Harris B. , 1974. Hybrid carbon and glass fibre composites. Composites 5,157–164.

[44] Calamak S. , Aksoy E. A. , Ertas N. , Erdogdu C. , SAGıRoglu M. , Ulubayram K. ,

2015. Ag/silk fibroin nanofibers: effect of fibroin morphology on Ag+ release and antibacterial activity. Europ. Polym. J. 67,99-112.

[45] Cantero G. , Arbelaiz A. , Llano-Ponte R. , Mondragon I. , 2003. Effects of fibre treatment on wettability and mechanical behaviour of flax/polypropylene composites. Composit. Sci. Technol. 63,1247-1254.

[46] Cha R. , Wang C. , Cheng S. , He Z. , Jiang X. , 2014. Using carboxylated nanocrystalline cellulose as an additive in cellulosic paper and poly(vinyl alcohol)fiber paper. Carbohyd. Polym. 110,298-301.

[47] Chanda M. , Roy S. K. , 2006. Plastics Technology Handbook. CRC Press,Boca Raton, FL. Chawla, K. , 1998. Fibrous Materials. Cambridge University Press, United Kingdom.

[48] Chen F. , Porter D. , Vollrath F. , 2012a. Morphology and structure of silkworm cocoons. Mater. Sci. Eng. C 32,772-778.

[49] Chen F. , Porter D. , Vollrath F. , 2012b. Silk cocoon(*Bombyx mori*): multi-layer structure and mechanical properties. Acta Biomater. 8,2620-2627.

[50] Cherian B. M. , Leão A. L. , De souza S. F. , Costa L. M. M. , De olyveira G. M. , Kottaisamy M. , et al. , 2011. Cellulose nanocomposites with nanofibres isolated from pineapple leaf fibers for medical applications. Carbohyd. Polym. 86, 1790-1798.

[51] Ching Y. C. , Rahman A. , Ching K. Y. , Sukiman N. L. , Cheng H. C. , 2015. Preparation and characterization of polyvinyl alcohol-based composite reinforced with nanocellulose and nanosilica. BioResources 10,3364-3377.

[52] Chuai C. , Almdal K. , Poulsen L. , Plackett D. , 2001. Conifer fibers as reinforcing materials for polypropylene-based composites. J. Appl. Polym. Sci. 80,2833-2841.

[53] Cordeiro N. , Mendonça C. , Pothan L. , Varma A. , 2012. Monitoring surface properties evolution of thermochemically modified cellulose nanofibres from banana pseudo-stem. Carbohyd. Polym. 88,125-131.

[54] Cordero A. I. , Amalvy J. I. , Fortunati E. , Kenny J. M. , Chiacchiarelli, L. M. , 2015. The role of nanocrystalline cellulose on the microstructure of foamed castor-oil polyurethane nanocomposites. Carbohyd. Polym. 134,110-118.

[55] Davoodi M. , Sapuan S. , Ahmad D. , Ali A. , Khalina A. , Jonoobi M. , 2010. Mechanical properties of hybrid kenaf/glass reinforced epoxy composite for passenger car bumper beam. Mater. Design 31,4927-4932.

[56] De Carvalho Mendes C. A. , Ferreira N. M. S. , Furtado C. R. G. , De sousa A. M. F. , 2015. Isolation and characterization of nanocrystalline cellulose from corn husk. Mater. Letters 148,26-29.

[57] Dewilde B. , 1983. 20 eeuwen vlas in Vlaanderen, Tielt, Bussum, Lannoo.

[58] Dong A. , Yu Y. , Yuan J. , Wang Q. , Fan X. , 2014. Hydrophobic modification of jute fiber used for composite reinforcement via laccase - mediated grafting. Appl. Surface Sci. 301,418-427.

[59] Du S. , Li J. , Zhang J. , Wang X. , 2015. Microstructure and mechanical properties of silk from different components of the *Antheraea pernyi* cocoon. Mater. Design (1980-2015)65,766-771.

[60] Elfehri borchani K. , Carrot C. , Jaziri M. , 2015. Biocomposites of Alfa fibers dispersed in the Mater-Bi ⓡ type bioplastic: morphology, mechanical and thermal properties. Compos. Part A: Appl. Sci. Manufact. 78,371-379.

[61] Elfordy S. , Lucas F. , Tancret F. , Scudeller Y. , Goudet L. , 2008. Mechanical and thermal properties of lime and hemp concrete("hempcrete") manufactured by a projection process. Construct. Build. Mater. 22,2116-2123.

[62] Elsaid A. , Dawood M. , Seracino R. , Bobko C. , 2011. Mechanical properties of kenaf fiber reinforced concrete. Construct. Build. Mater. 25,1991-2001.

[63] Eshkoor R. , Oshkovr S. , Sulong A. B. , Zulkifli R. , Ariffin A. , Azhari C. , 2013a. Effect of trigger configuration on the crashworthiness characteristics of natural silk epoxy composite tubes. Composit. Part B: Eng. 55,5-10.

[64] Eshkoor R. A. , Oshkovr S. A. , Sulong A. B. , Zulkifli R. , Ariffin A. K. , Azhari C. H. , 2013b. Comparative research on the crashworthiness characteristics of woven natural silk/epoxy composite tubes. Mater. Design 47,248-257.

[65] Essabir H. , Bensalah M. , Bouhfid R. , Qaiss A. , 2014. Fabrication and characterization of apricot shells particles reinforced high density polyethylene based bio-composites: mechanical and thermal properties. J. Biobased Mater. Bioenergy 8,

344-351.

[66] Etaati A. , Wang H. , Pather S. , Yan Z. , Mehdizadeh S. A. , 2013. 3D X-ray microtomography study on fibre breakage in noil hemp fibre reinforced polypropylene composites. Composit. Part B: Eng. 50,239-246.

[67] Etaati A. , Pather S. , Fang Z. , Wang H. , 2014. The study of fibre/matrix bond strength in short hemp polypropylene composites from dynamic mechanical analysis. Composit. Part B: Eng. 62,19-28.

[68] Etim U. , Umoren S. , Eduok U. , 2016. Coconut coir dust as a low cost adsorbent for the removal of cationic dye from aqueous solution. J. Saudi Chem. Soc. 20,S67-S76.

[69] Fan X. , Zhang T. , Zhao Z. , Ren H. , Zhang Q. , Yan Y. , et al. , 2013. Preparation and characterization of bacterial cellulose microfiber/goat bone apatite composites for bone repair. J. Appl. Polym. Sci. 129,595-603.

[70] Fatima S. , Mohanty A. , 2011. Acoustical and fire-retardant properties of jute composite materials. Appl. Acoustics 72,108-114.

[71] Felix J. M. , Gatenholm P. , 1991. The nature of adhesion in composites of modified cellulose fibers and polypropylene. J. Appl. Polym. Sci. 42,609-620.

[72] Fuentes C. , Tran L. Q. N. , Dupont-Gillain C. , Vanderlinden W. , De feyter S. , Van vuure A. , et al. , 2011. Wetting behaviour and surface properties of technical bamboo fibres. Colloids Surfaces A: Physicochem. Eng. Aspects 380,89-99.

[73] Garcia-Jaldon C. , Dupeyre D. , Vignon M. , 1998. Fibres from semi-retted hemp bundles by steam explosion treatment. Biomass Bioenergy 14,251-260.

[74] Gassan J. , Bledzki A. K. , 1996. Composition of different natural fibers. Die Angewandte Makromolekulare Chemie 236,129-138.

[75] Godbole V. , Lakkad S. , 1986. Effect of water absorption on the mechanical properties of bamboo. J. Mater. Sci. Letters 5,303-304.

[76] Gong G. , Pyo J. , Mathew A. P. , Oksman K. , 2011. Tensile behavior,morphology and viscoelastic analysis of cellulose nanofiber-reinforced(CNF)polyvinyl acetate (PVAc). Composit. Part A: Appl. Sci. Manufact. 42,1275-1282.

[77] Gopinath A. , Kumar M. S. , Elayaperumal A. , 2014. Experimental investigations on

mechanical properties of jute fiber reinforced composites with polyester and epoxy resin matrices. Proc. Eng. 97,2052-2063.

[78] Gratani L. ,Crescente M. F. ,Varone L. ,Fabrini G. ,Digiulio E. ,2008. Growth pattern and photosynthetic activity of different bamboo species growing in the Botanical Garden of Rome. Flora-Morphol. Distribut. Funct. Ecol. Plants 203,77-84.

[79] Gu H. ,2009. Tensile behaviours of the coir fibre and related composites after NaOH treatment. Mater. Design 30,3931-3934.

[80] Guo Z. ,Liu Z. ,Ye L. ,Ge K. ,Zhao T. ,2015. The production of lignin-phenolformaldehyde resin derived carbon fibers stabilized by BN preceramic polymer. Mater. Letters 142,49-51.

[81] Hannukainen K. -S. ,Suhonen S. ,Savolainen K. ,Norppa H. ,2012. Genotoxicity of nanofibrillated cellulose in vitro as measured by enzyme comet assay. Toxicol. Letters 211,S71.

[82] Harish S. ,Michael D. P. ,Bensely A. ,Lal D. M. ,Rajadurai A. ,2009. Mechanical property evaluation of natural fiber coir composite. Mater. Character. 60,44-49.

[83] Hassan A. ,Salema A. A. ,Ani F. N. ,Bakar A. A. ,2010. A review on oil palm empty fruit bunch fiber-reinforced polymer composite materials. Polym. Composit. 31,2079-2101.

[84] Hassan M. S. ,2015. Removal of reactive dyes from textile wastewater by immobilized chitosan upon grafted Jute fibers with acrylic acid by gamma irradiation. Radiat. Phys. Chem. 115,55-61.

[85] Herrera-Franco P. J. ,Valadez-González A. ,2004. Mechanical properties of continuous natural fibre – reinforced polymer composites. Composit. Part A：Appl. Sci. Manufact. 35,339-345.

[86] Herzog B. ,Goodell B. ,Lopez – Anido R. ,Gardner D. J. ,2005. Durability of fiber-reinforced polymer(FRP) composite-wood hybrid products fabricated using the composites pressure resin infusion system (ComPRIS) . Forest Products J. 55,54.

[87] Ho M. -P. ,Wang H. ,Lau K. -T. ,2012a. Effect of degumming time on silkworm silk fibre for biodegradable polymer composites. Appl. Surface Sci. 258, 3948 –

3955.

［88］Ho M. −P. , Wang H. , Lee J. −H. , Ho C. −K. , Lau K. −T. , Leng J. , et al. , 2012b. Critical factors on manufacturing processes of natural fibre composites. Composit. Part B: Eng. 43,3549−3562.

［89］Horrocks A. R. , Price D. , 2001. Fire Retardant Materials. woodhead Publishing, Cambridge,England.

［90］Hu S. ,Zhang S. ,Pan N. , Hsieh Y. −L. ,2014. High energy density supercapacitors from lignin derived submicron activated carbon fibers in aqueous electrolytes. J. Power Sources 270,106−112.

［91］Huda M. S. , Drzal L. T. , Mohanty A. K. , Misra M. ,2006. Chopped glass and recycled newspaper as reinforcement fibers in injection molded poly (lactic acid) (PLA)composites: a comparative study. Composit. Sci. Technol. 66,1813−1824.

［92］Jarman C. , 1998. Plant Fibre Processing: A Handbook. Intermediate Technology Publications,London.

［93］Jawaid M. ,Abdul khalil H. P. S. ,2011. Cellulosic/synthetic fibre reinforced polymer hybrid composites: a review. Carbohyd. Polym. 86,1−18.

［94］John M. J. , Thomas S. , 2008. Biofibres and biocomposites. Carbohyd. Polym. 71, 343−364.

［95］Kabir M. ,Wang H. ,Lau K. ,Cardona F. ,2012. Chemical treatments on plant− based natural fibre reinforced polymer composites: an overview. Composit. Part B: Eng. 43,2883−2892.

［96］Kamal I. , Malek A. R. A. , Yusof M. N. M. , Masseat K. , Ashaari Z. , Abood F. , 2009. Physical and mechanical properties of flame retardant−treated Hibiscus cannabinus particleboard. Modern Appl. Sci. 3,2.

［97］Karmaker A. , Youngquist J. , 1996. Injection molding of polypropylene reinforced with short jute fibers. J. Appl. Polym. Sci. 62,1147−1151.

［98］Kawahara Y. , Shioya M. , Takaku A. , 1996. Mechanical properties of silk fibers treated with methacrylamide. J. Appl. Polym. Sci. 61,1359−1364.

［99］Kazayawoko M. ,Balatinecz J. ,Woodhams R. ,Law S. ,1997. Effect of ester linkages on the mechanical properties of wood fiber − polypropylene composites. J. Reinforced Plastics Composites 16,1383-1406.

[100] Kazemimostaghim M. , Rajkhowa R. , Wang X. ,2015. Drug loading and release studies for milled silk particles of different sizes. Powder Technol. 283,321-327.

[101] Kikuchi T. ,Tani Y. ,Takai Y. ,Goto A. ,Hamada H. ,2014. Mechanical Properties of Jute Composite by Spray up Fabrication Method. Energy Procedia 56,289-297.

[102] Kim H. J. ,Um I. C. ,2014. Effect of degumming ratio on wet spinning and post drawing performance of regenerated silk. Int. J. Biol. Macromol. 67,387-393.

[103] Ko J. S. , Yoon K. , Ki C. S. , Kim H. J. , Bae D. G. , Lee K. H. , et al. , 2013. Effect of degumming condition on the solution properties and electrospinnablity of regenerated silk solution. Int. J. Biol. Macromol. 55,161-168.

[104] Kostic M. ,Pejic B. ,Skundric P. ,2008. Quality of chemically modified hemp fibers. Bioresour. Technol. 99,94-99.

[105] Kozlowski R. , Wladyka-Przybylak M. , 2004. Uses of natural fiber reinforced plastics. Natural Fibers,Plastics and Composites. Springer.

[106] Ku H. ,Wang H. ,Pattarachaiyakoop N. ,Trada M. ,2011. A review on the tensile properties of natural fiber reinforced polymer composites. Composit. Part B: Eng. 42,856-873.

[107] Kuchinda N. , Ndahi W. , Lagoke S. , Ahmed M. , 2001. The effects of nitrogen and period of weed interference on the fibre yield of kenaf(Hisbiscus cannabinus L.)in the northern Guinea Savanna of Nigeria. Crop Protection 20,229-235.

[108] Kumar A. ,Negi Y. S. ,Choudhary V. ,Bhardwaj N. K. ,2014. Characterization of cellulose nanocrystals produced by acid-hydrolysis from sugarcane bagasse as agro-waste. J. Mater. Phys. Chem. 2,1-8.

[109] Lalia B. S. ,Guillen E. ,Arafat H. A. ,Hashaikeh R. ,2014. Nanocrystalline cellulose reinforced PVDF-HFP membranes for membrane distillation application. Desalination 332,134-141.

[110] Lam T. , Liyama K. , 2000. Structural details of kenaf cell walls and fixation of carbon dioxide. Proceedings of the Abstract of the 2000/International Kenaf Symposium.

［111］Lewis R. V. , 2006. Spider silk：ancient ideas for new biomaterials. Chem. Rev. 106,3762.

［112］Liang S. , Gning P. -B. , Guillaumat L. ,2015. Quasi-static behaviour and damage assessment of flax/epoxy composites. Mater. Design 67,344-353.

［113］Lin N. , Dufresne A. ,2014. Nanocellulose in biomedicine：current status and future prospect. Eur. Polym. J. 59,302-325.

［114］Liu X. -M. , He D. -Q. , Fang K. -J. , 2015. Adsorption of cationic copolymer nanoparticles onto bamboo fiber surfaces measured by conductometric titration. Chinese Chem. Letters 26,1174-1178.

［115］Liu Y. ,Wang H. ,Yu G. ,Yu Q. ,Li B. ,Mu X. ,2014. A novel approach for the preparation of nanocrystalline cellulose by using phosphotungstic acid. Carbohyd. Polym. 110,415-422.

［116］Lo T. Y. ,Cui H. ,Leung H. ,2004. The effect of fiber density on strength capacity of bamboo. Mater. Letters 58,2595-2598.

［117］Lu N. , Oza S. , 2013. Thermal stability and thermo-mechanical properties of hemp-high density polyethylene composites：effect of two different chemical modifications. Composit. Part B：Eng. 44,484-490.

［118］Ma H. ,Zhuo Q. ,Wang B. ,2009. Electro-catalytic degradation of methylene blue wastewater assisted by Fe 2 O 3-modified kaolin. Chem. Eng. J. 155,248-253.

［119］Maddahy N. , Ramezani O. , Kermanian H. , 2012. Production of nanocrystalline cellulose from sugarcane bagasse. Proceedings of the 4th International Conference on Nanostructures(ICNS4) ,pp. 12-14.

［120］Mainka H. , Täger O. , Stoll O. , Körner E. , Herrmann A. S. , 2013. Alternative precursors for sustainable and cost-effective carbon fibers usable within the automotive industry. Society of Plastics Engineers(Automobile Division)-Automotive Composites Conference & Exhibition.

［121］Mainka H. ,Täger O. ,Körner E. ,Hilfert L. ,Busse S. ,Edelmann F. T. ,et al. , 2015. Lignin-an alternative precursor for sustainable and cost-effective automotive carbon fiber. J. Mater. Res. Technol. 4,283-296.

［122］Mansor M. R. ,Sapuan S. ,Zainudin E. S. ,Nuraini A. ,Hambali A. ,2014. Conceptual design of kenaf fiber polymer composite automotive parking brake lever using integrated TRIZ - Morphological Chart - Analytic Hierarchy Process method. Mater. Design(1980-2015)54,473-482.

[123] Matias M. , De La Orden M. , Sánchez C. G. , Urreaga J. M. , 2000. Comparative spectroscopic study of the modification of cellulosic materials with different coupling agents. J. Appl. Polym. Sci. 75,256-266.

[124] Mehta G. , Mohanty A. , Misra M. , Drzal L. , 2004. Effect of novel sizing on the mechanical and morphological characteristics of natural fiber reinforced unsaturated polyester resin based bio-composites. J. Mater. Sci. 39,2961-2964.

[125] Melke J. , Midha S. , Ghosh S. , Ito K. , Hofmann S. , 2016. Silk fibroin as biomaterial for bone tissue engineering. Acta Biomater. 31,1-16.

[126] Meng M. , He H. , Xiao J. , Zhao P. , Xie J. , Lu Z. , 2016. Controllable in situ synthesis of silver nanoparticles on multilayered film-coated silk fibers for antibacterial application. J. Colloid Interface Sci. 461,369-375.

[127] Milanese A. C. , Cioffi M. O. H. , Voorwald H. J. C. , 2011. Mechanical behavior of natural fiber composites. Proc. Eng. 10,2022-2027.

[128] Miroiu F. M. , Stefan N. , Visan A. I. , Nita C. , Luculescu C. R. , Rasoga O. , et al. ,2015. Composite biodegradable biopolymer coatings of silk fibroin-Poly(3-hydroxybutyricacid-co-3-hydroxyvaleric-acid) for biomedical applications. Appl. Surface Sci. 355,1123-1131.

[129] Mishra M. , Yagci Y. , 2009. Handbook of Vinyl Polymers：Radical Polymerization,Process,and Technology. CRC Press,Boca Raton.

[130] Mohanty A. , Drzal L. , Misra M. , 2002. Novel hybrid coupling agent as an adhesion promoter in natural fiber reinforced powder polypropylene composites. J. Mater. Sci. Letters 21,1885-1888.

[131] Mohanty A. K. , Misra M. , Hinrichsen G. , 2000. Biofibres, biodegradable polymers and biocomposites：an overview. Macromol. Mater. Eng. 276-277,1-24.

[132] Mohanty A. K. , Misra M. , Drzal L. T. , 2005. Natural Fibers, Biopolymers, and Biocomposites. CRC Press,Boca Raton.

[133] Mohanty S. , Nayak S. K. , 2010. Short bamboo fibre-reinforced HDPE compos-

ites：influence of fibre content and modification on strength of the composite. J. Reinforced Plastics Composites.

[134] Monteiro S. , Terrones L. , D'almeida J. , 2008. Mechanical performance of coir fiber/polyester composites. Polymer Testing 27, 591-595.

[135] Mottaghitalab F. , Farokhi M. , Shokrgozar M. A. , Atyabi F. , Hosseinkhani H. , 2015. Silk fibroin nanoparticle as a novel drug delivery system. J. Controlled Release 206, 161-176.

[136] Mougin G. , 2006. Natural-fibre composites：problems and solutions. JEC Composit. 32-35.

[137] Mtibe A. , Linganiso L. Z. , Mathew A. P. , Oksman K. , John M. J. , Anandjiwala R. D. , 2015. A comparative study on properties of micro and nanopapers produced from cellulose and cellulose nanofibres. Carbohyd. Polym. 118, 1-8.

[138] Muensri P. , Kunanopparat T. , Menut P. , Siriwattanayotin S. , 2011. Effect of lignin removal on the properties of coconut coir fiber/wheat gluten biocomposite. Composit. Part A：Appl. Sci. Manufact. 42, 173-179.

[139] Mwangi T. K. , Bowles R. D. , Tainter D. M. , Bell R. D. , Kaplan D. L. , Setton L. A. , 2015. Synthesis and characterization of silk fibroin microparticles for intra-articular drug delivery. Int. J. Pharm. 485, 7-14.

[140] Norppa H. , 2012. Nanofibrillated cellulose：results of in vitro and in vivo toxicological assays. Presentation on Sunpap conference.

[141] Nadanathangam V. , Satyamurthy P. , 2011. Preparation of spherical nanocellulose by anaerobic microbial consortium. Proceedings of 2nd International Confer-ence on Biotechnology and Food Science. *IACSIT Press , Singapore* , pp. 181-183.

[142] Nair K. , Diwan S. , Thomas S. , 1996. Tensile properties of short sisal fiber reinforced polystyrene composites. J. Appl. Polym. Sci. 60, 1483-1497.

[143] Neto W. P. F. , Silvério H. A. , Dantas N. O. , Pasquini D. , 2013. Extraction and characterization of cellulose nanocrystals from agro-industrial residue-soy hulls. Ind. Crops Products 42, 480-488.

[144] Newball H. H. , Brahim S. A. , 1976. Respiratory response to domestic fibrous glass exposure. Environ. Res. 12, 201-207.

[145] Nishino T. , Hirao K. , Kotera M. , Nakamae K. , Inagaki H. , 2003. Kenaf reinforced biodegradable composite. Composit. Sci. Technol. 63, 1281−1286.

[146] Niu P. , Liu B. , Wei X. , Wang X. , Yang J. , 2011. Study on mechanical properties and thermal stability of polypropylene/hemp fiber composites. J. Reinforced Plastics Composites, 30, 36−44.

[147] Numata K. , Sato R. , Yazawa K. , Hikima T. , Masunaga H. , 2015. Crystal structure and physical properties of *Antheraea yamamai* silk fibers: long poly(alanine) sequences are partially in the crystalline region. Polymer 77, 87−94.

[148] Olsen D. , 1991 Effectiveness of maleated polypropylenes as coupling agents for wood flour/polypropylene composites. Proceedings of the ANTEC Conference: Society of Plastics Engineers(Eds) Montreal, Canada.

[149] Oshkovr S. , Eshkoor R. , Taher S. , Ariffin A. , Azhari C. , 2012. Crashworthiness characteristics investigation of silk/epoxy composite square tubes. Composit. Struct. 94, 2337−2342.

[150] Oshkovr S. A. , Taher S. T. , Oshkour A. A. , Ariffin A. K. , Azhari C. H. , 2013. Finite element modelling of axially crushed silk/epoxy composite square tubes. Composit. Struct. 95, 411−418.

[151] Osorio L. , Trujillo E. , Van vuure A. , Verpoest I. , 2011. Morphological aspects and mechanical properties of single bamboo fibers and flexural characterization of bamboo/epoxy composites. J. Reinforced Plastics Composites 30, 396−408.

[152] Ott G. , Singh M. , Kazzaz J. , Briones M. , Soenawan E. , Ugozzoli M. , et al. , 2002. A cationic sub−micron emulsion(MF59/DOTAP) is an effective delivery system for DNA vaccines. J. Controlled Release 79, 1−5.

[153] Oyejobi D. , Jimoh A. A. , 2009. The Prospects, Challenges and Approach to Full Utilization of Bamboo as a Structural Material.

[154] PÉREZ−Rigueiro J. , Viney C. , Llorca J. , Elices M. , 1998. Silkworm silk as an engineering material. J. Appl. Polym. Sci. 70, 2439−2447.

[155] Panaitescu D. M. , Vuluga Z. , Ghiurea M. , Iorga M. , Nicolae C. , Gabor R. , 2015. Influence of compatibilizing system on morphology, thermal and mechanical properties of high flow polypropylene reinforced with short hemp fibers. Compos-

it. Part B: Eng. 69,286-295.

[156] Panda N. , Bissoyi A. , Pramanik K. , Biswas A. , 2015. Development of novel electrospun nanofibrous scaffold from *P. ricini* and *A. mylitta* silk fibroin blend with improved surface and biological properties. Mater. Sci. Eng. C 48,521-532.

[157] Pantamanatsopa P. , Ariyawiriyanan W. , Meekeaw T. , Suthamyong R. , Arrub K. ,Hamada H. ,2014. Effect of modified jute fiber on mechanical properties of green rubber composite. Energy Proc. 56,641-647.

[158] Paridah M. , Hafizah A. N. , Zaidon A. , Azmi I. , Nor M. M. , Yuziah M. N. , 2009. Bonding properties and performance of multi-layered kenaf board. J. Tropical Forest Sci. 113-122.

[159] Patil S. ,George T. ,Mahadik K. ,2015. Green synthesized nanosilver loaded silk fibroin gel for enhanced wound healing. J. Drug Delivery Sci. Technol. 30,30-36.

[160] Peng B. L. ,Dhar N. ,Liu H. ,Tam K. ,2011. Chemistry and applications of nano-crystalline cellulose and its derivatives: a nanotechnology perspective. Canadian J. Chem. Eng. 89,1191-1206.

[161] Phong N. T. ,Fujii T. ,Chuong B. ,Okubo K. ,2011. Study on how to effectively extract bamboo fibers from raw bamboo and wastewater treatment. J. Mater. Sci. Res. 1,144.

[162] Pickering K. , 2008. Properties and Performance of Natural - Fibre Composites. Woodhead Publishing,Cambridge.

[163] Pirani S. , Hashaikeh R. , 2013. Nanocrystalline cellulose extraction process and utilization of the byproduct for biofuels production. Carbohyd. Polym. 93, 357-363.

[164] Pothan L. A. ,Oommen Z. ,Thomas S. ,2003. Dynamic mechanical analysis of banana fiber reinforced polyester composites. Composit. Sci. Technol. 63,283-293.

[165] Prabhakaran S. ,Krishnaraj V. ,Zitoune R. ,2014. Sound and vibration damping properties of flax fiber reinforced composites. Proc. Eng. 97,573-581.

[166] Pritchard E. M. ,Kaplan D. L. ,2011. Silk fibroin biomaterials for controlled release drug delivery. Exp. Opin. Drug Delivery 8,797-811.

[167] Qing Y. , Sabo R. , Zhu J. , Agarwal U. , Cai Z. , Wu Y. , 2013. A comparative

study of cellulose nanofibrils disintegrated via multiple processing approaches. Carbohyd. Polym. 97,226-234.

[168]Rafatullah M. ,Sulaiman O. ,Hashim R. ,Ahmad A. ,2010. Adsorption of methylene blue on low-cost adsorbents: a review. J. Hazardous Mater. 177,70-80.

[169] Ragauskas A. J. , Beckham G. T. , Biddy M. J. , Chandra R. , Chen F. , Davis M. F. ,et al. ,2014. Lignin valorization: improving lignin processing in the biorefinery. Science 344,1246843.

[170]Rahman M. M. ,Khan M. A. ,2007. Surface treatment of coir(Cocos nucifera) fibers and its influence on the fibers' physico-mechanical properties. Composit. Sci. Technol. 67,2369-2376.

[171]Rahman M. M. , Afrin S. , Haque P. , Islam M. M. , Islam M. S. , Gafur M. A. , 2014. Preparation and characterization of jute cellulose crystals-reinforced poly (L - lactic acid) biocomposite for biomedical applications. Int. J. Chem. Eng. 2014.

[172]Rai M. ,Yadav A. ,Gade A. ,2009. Silver nanoparticles as a new generation of antimicrobials. Biotechnol. Adv. 27,76-83.

[173]Rathod M. ,Haldar S. ,Basha S. ,2015. Nanocrystalline cellulose for removal of tetracycline hydrochloride from water via biosorption: equilibrium, kinetic and thermodynamic studies. Ecol. Eng. 84,240-249.

[174] Ray A. K. , Das S. K. , Mondal S. , Ramachandrarao P. , 2004. Microstructural characterization of bamboo. J. Mater. Sci. 39,1055-1060.

[175] Riaño N. ,Londoño X. ,López Y. ,Gómez J. ,2002. Plant growth and biomass distribution on Guadua angustifolia Kunth in relation to ageing in the Valle del Cauca-Colombia. J. Am. Bamboo Soc. 16,43-51.

[176]Rouison D. ,Sain M. ,Couturier M. ,2004. Resin transfer molding of natural fiber reinforced composites: cure simulation. Composit. Sci. Technol. 64,629-644.

[177]Rouison D. ,Sain M. ,Couturier M. ,2006. Resin transfer molding of hemp fiber composites: optimization of the process and mechanical properties of the materials. Composit. Sci. Technol. 66,895-906.

[178]Rout J. ,Misra M. ,Tripathy S. ,Nayak S. ,Mohanty A. ,2001. The influence of fi-

bre treatment on the performance of coir – polyester composites. Composit. Sci. Technol. 61,1303–1310.

[179] Saikia P., Dutta D., Kalita D., Bora J. J., Goswami T., 2015. Improvement of mechanochemical properties of bamboo by bio – chemical treatment. Construct. Build. Mater. 101,1031–1036.

[180] Sajab M. S., Chia C. H., Zakaria S., Jani S. M., Ayob M. K., Chee K. L., et al.,2011. Citric acid modified kenaf core fibres for removal of methylene blue from aqueous solution. Bioresour. Technol. 102,7237–7243.

[181] Salentijn E. M., Zhang Q., Amaducci S., Yang M., Trindade L. M., 2015. New developments in fiber hemp (*Cannabis sativa* L.) breeding. Ind. Crops Products 68,32–41.

[182] Salit M. S., 2009. Research on Natural Fibre Reinforced Polymer Composites. Universiti Putra Malaysia Press,Serdang.

[183] Sanadi A. R., Caulfield D. F., Jacobson R. E., Rowell R. M., 1995. Renewable agricultural fibers as reinforcing fillers in plastics：mechanical properties of kenaf fiber–polypropylene composites. Ind. Eng. Chem. Res. 34,1889.

[184] Saska S., Barud H., Gaspar A., Marchetto R., Ribeiro S. J. L., Messaddeq Y., 2011. Bacterial cellulose – hydroxyapatite nanocomposites for bone regeneration. Int. J. Biomater. 2011.

[185] Satyamurthy P., Vigneshwaran N., 2013. A novel process for synthesis of spherical nanocellulose by controlled hydrolysis of microcrystalline cellulose using anaerobic microbial consortium. Enzyme Microbial Technol. 52,20–25.

[186] Satyamurthy P., Jain P., Balasubramanya R. H., Vigneshwaran N., 2011. Preparation and characterization of cellulose nanowhiskers from cotton fibres by controlled microbial hydrolysis. Carbohyd. Polym. 83,122–129.

[187] Satyanarayana K. G., Arizaga G. G. C., Wypych F., 2009. Biodegradable composites based on lignocellulosic fibers – an overview. Progress Polym. Sci. 34, 982–1021.

[188] Sawsen C., Fouzia K., Mohamed B., Moussa G., 2014. Optimizing the formulation of flax fiber–reinforced cement composites. Construct. Build. Mater. 54,659–

664.

[189] Sawsen C. , Fouzia K. , Mohamed B. , Moussa G. , 2015. Effect of flax fibers treatments on the rheological and the mechanical behavior of a cement composite. Construct. Build. Mater. 79, 229–235.

[190] Scarponi C. , Messano M. , 2015. Comparative evaluation between E–Glass and hemp fiber composites application in rotorcraft interiors. Composit. Part B: Eng. 69, 542–549.

[191] Shahzad A. , 2012. Hemp fiber and its composites – a review. J. Composit. Mater. 46, 973–986.

[192] Shinoj S. , Visvanathan R. , Panigrahi S. , Kochubabu M. , 2011. Oil palm fiber (OPF) and its composites: a review. Ind. Crops Products 33, 7–22.

[193] Shubhra Q. T. , Alam A. , Gafur M. , Shamsuddin S. M. , Khan M. A. , Saha M. , et al. , 2010. Characterization of plant and animal based natural fibers reinforced polypropylene composites and their comparative study. Fibers Polym. 11, 725–731.

[194] Shukla S. , Pai R. S. , Shendarkar A. D. , 2006. Adsorption of Ni(II), Zn(II) and Fe(II)on modified coir fibres. Sep. Purif. Technol. 47, 141–147.

[195] Solanas C. , Herrero S. , Dasari A. , Plaza G. R. , Llorca J. , PÉREZ–Rigueiro J. , et al. , 2014. Insights into the production and characterization of electrospun fibers from regenerated silk fibroin. Eur. Polym. J. 60, 123–134.

[196] Somvipart S. , Kanokpanont S. , Rangkupan R. , Ratanavaraporn J. , Damrongsakkul S. , 2013. Development of electrospun beaded fibers from Thai silk fibroin and gelatin for controlled release application. Int. J. Biol. Macromol. 55, 176–184.

[197] Song Y. S. , Lee J. T. , Ji D. S. , Kim M. W. , Lee S. H. , Youn J. R. , 2012. Viscoelastic and thermal behavior of woven hemp fiber reinforced poly(lactic acid) composites. Composit. Part B: Eng. 43, 856–860.

[198] Summerscales J. , Short D. , 1978. Carbon fibre and glass fibre hybrid reinforced plastics. Composites 9, 157–166.

[199] Summerscales J. , Dissanayake N. P. J. , Virk A. S. , Hall W. , 2010. A review of

bast fibres and their composites. Part 1- Fibres as reinforcements. Composit. Part A: Appl. Sci. Manufact. 41,1329-1335.

[200] Syverud K., Chinga-Carrasco G., Toledo J., Toledo P. G., 2011. A comparative study of Eucalyptus and Pinus radiata pulp fibres as raw materials for production of cellulose nanofibrils. Carbohyd. Polym. 84,1033-1038.

[201] Tamizi M., 2010. Fundamental and characteristic study of cultivated Malaysia bamboo - Selective genus Gigantochloa. PhD. Thesis, Universiti Sains Malaysia, 211p.

[202] Tazi N., Zhang Z., Messaddeq Y., Almeida-Lopes L., Zanardi L. M., Levinson D., et al., 2012. Hydroxyapatite bioactivated bacterial cellulose promotes osteoblast growth and the formation of bone nodules. Amb Express 2,61.

[203] Teimouri A., Azadi M., Emadi R., Lari J., Chermahini A. N., 2015. Preparation, characterization, degradation and biocompatibility of different silk fibroin based composite scaffolds prepared by freeze-drying method for tissue engineering application. Polym. Degrad. Stab. 121,18-29.

[204] Thomas S., Pothan L. A., 2009. Natural Fibre Reinforced Polymer Composites: From Macro to Nanoscale. Old City Publishing, Philadelphia.

[205] Thwe M. M., Liao K., 2003. Environmental effects on bamboo-glass/polypropylene hybrid composites. J. Mater. Sci. 38,363-376.

[206] Tibolla H., Pelissari F. M., Menegalli F. C., 2014. Cellulose nanofibers produced from banana peel by chemical and enzymatic treatment. LWT - Food Sci. Technol. 59,1311-1318.

[207] Tiryaki B., Yagmur E., Banford A., Aktas Z., 2014. Comparison of activated carbon produced from natural biomass and equivalent chemical compositions. J. Analyt. Appl. Pyrolysis 105,276-283.

[208] Tokareva O., Jacobsen M., Buehler M., Wong J., Kaplan D. L., 2014. Structure-function-property-design interplay in biopolymers: spider silk. Acta Biomater. 10,1612-1626.

[209] Tonoli G., Teixeira E., Corrêa A., Marconcini J., Caixeta L., Pereira-Da-Silva M., et al., 2012. Cellulose micro/nanofibres from Eucalyptus kraft pulp: prepa-

ration and properties. Carbohyd. Polym. 89,80−88.

[210] Tsukada M. ,Obo M. ,Kato H. ,Freddi G. ,Zanetti F. ,1996. Structure and dyeability of *Bombyx mori* silk fibers with different filament sizes. J. Appl. Polym. Sci. 60,1619−1627.

[211] Ude A. ,Ariffin A. ,Azhari C. ,2013a. An experimental investigation on the response of woven natural silk fiber/epoxy sandwich composite panels under low velocity impact. Fibers Polym. 14,127−132.

[212] Ude A. ,Ariffin A. ,Azhari C. ,2013b. Impact damage characteristics in reinforced woven natural silk/epoxy composite face−sheet and sandwich foam,core-mat and honeycomb materials. Int. J. Impact Eng. 58,31−38.

[213] Ude A. ,Eshkoor R. ,Zulkifili R. ,Ariffin A. ,Dzuraidah A. ,Azhari C. ,2014. *Bombyx mori* silk fibre and its composite：a review of contemporary developments. Mater. Design 57,298−305.

[214] Väänänen V. ,Rydman E. ,Ilves M. ,Hannukainen K. ,Norppa H. ,Von wright A. ,et al. ,2012 Evaluation of the suitability of the developed methodology for nanoparticle health and safety studies. SUNPAP Conference.

[215] Venkateshwaran N. ,Elayaperumal A. ,2010. Banana fiber reinforced polymer composites−a review. J. Reinforced Plastics Composites 29,2387−2396.

[216] Voronova M. ,Surov O. ,Zakharov A. ,2013. Nanocrystalline cellulose with various contents of sulfate groups. Carbohyd. Polym. 98,465−469.

[217] Voronova M. I. ,Surov O. V. ,Guseinov S. S. ,Barannikov V. P. ,Zakharov A. G. , 2015. Thermal stability of polyvinyl alcohol/nanocrystalline cellulose composites. Carbohyd. Polym. 130,440−447.

[218] Wahyuni A. S. ,Supriani F. ,Gunawan A. ,2014. The performance of concrete with rice husk ash,sea shell ash and bamboo fibre addition. Proc. Eng. 95,473− 478.

[219] Wang B. ,Sain M. ,Oksman K. ,2007. Study of structural morphology of hemp fiber from the micro to the nanoscale. Appl. Compos. Mater. 14,89−103.

[220] Wang C. ,Huang H. ,Jia M. ,Jin S. ,Zhao W. ,Cha R. ,2015a. Formulation and evaluation of nanocrystalline cellulose as a potential disintegrant. Carbohyd.

Polym. 130,275-279.

[221] Wang C. -S. ,Ashton N. N. ,Weiss R. B. ,Stewart R. J. ,2014a. Peroxinectin catalyzed dityrosine crosslinking in the adhesive underwater silk of a casemaker caddisfly larvae, *Hysperophylax occidentalis*. Insect Biochem. Mol. Biol. 54,69-79.

[222] Wang F. ,Cao T. -T. ,Zhang Y. -Q. ,2015b. Effect of silk protein surfactant on silk degumming and its properties. Mater. Sci. Eng. C 55,131-136.

[223] Wang J. ,Zhang S. ,Xing T. ,Kundu B. ,Li M. ,Kundu S. C. ,et al. ,2015c. Ion-induced fabrication of silk fibroin nanoparticles from Chinese oak tasar Antheraea pernyi. Int. J. Biol. Macromol. 79,316-325.

[224] Wang J. -T. ,Li L. -L. ,Feng L. ,Li J. -F. ,Jiang L. -H. ,Shen Q. , 2014b. Directly obtaining pristine magnetic silk fibers from silkworm. Int. J. Biol. Macromol. 63,205-209.

[225] Wang K. ,Addiego F. ,Laachachi A. ,Kaouache B. ,Bahlouli N. ,Toniazzo V. ,et al. ,2014c. Dynamic behavior and flame retardancy of HDPE/hemp short fiber composites: effect of coupling agent and fiber loading. Composit. Struct. 113,74-82.

[226] Wang S. ,Li Y. ,Xiang H. ,Zhou Z. ,Chang T. ,Zhu M. ,2015d. Low cost carbon fibers from bio-renewable Lignin/Poly (lactic acid) (PLA) blends. Composit. Sci. Technol. 119,20-25.

[227] Wenk E. ,Merkle H. P. ,Meinel L. ,2011. Silk fibroin as a vehicle for drug delivery applications. J. Controlled Release 150,128-141.

[228] Wever D. -A. Z. ,Heeres H. ,Broekhuis A. A. ,2012. Characterization of *Physic nut* (*Jatropha curcas* L.) shells. Biomass Bioenergy 37,177-187.

[229] Xiong R. ,Lu C. ,Zhang W. ,Zhou Z. ,Zhang X. ,2013. Facile synthesis of tunable silver nanostructures for antibacterial application using cellulose nanocrystals. Carbohyd. Polym. 95,214-219.

[230] Xu Q. ,Gao Y. ,Qin M. ,Wu K. ,Fu Y. ,Zhao J. ,2013a. Nanocrystalline cellulose from aspen kraft pulp and its application in deinked pulp. Int. J. Biol. Macromol. 60,241-247.

[231] Xu X. ,Zhou J. ,Jiang L. ,Lubineau G. ,Chen Y. ,Wu X. -F. ,et al. ,2013b.

Porous coreshell carbon fibers derived from lignin and cellulose nanofibrils. Mater. Letters 109,175-178.

[232]Xu Y. ,Salmi J. ,Kloser E. ,Perrin F. ,Grosse S. ,Denault J. ,et al. ,2013c. Feasibility of nanocrystalline cellulose production by endoglucanase treatment of natural bast fibers. Ind. Crops Products 51,381-384.

[233]Yallew T. B. ,Kumar P. ,Singh I. ,2014. Sliding wear properties of jute fabric reinforced polypropylene composites. Proc. Eng. 97,402-411.

[234]Yoon K. , Lee H. N. , Ki C. S. , Fang D. , Hsiao B. S. , Chu B. , et al. , 2013. Effects of degumming conditions on electro - spinning rate of regenerated silk. Int. J. Biol. Macromol. 61,50-57.

[235] Yousefi H. , Faezipour M. , Hedjazi S. , Mousavi M. M. , Azusa Y. , Heidari A. H. ,2013. Comparative study of paper and nanopaper properties prepared from bacterial cellulose nanofibers and fibers/ground cellulose nanofibers of canola straw. Ind. Crops Products 43,732-737.

[236]Yu D. , Kang G. , Tian W. , Lin L. , Wang W. , 2015. Preparation of conductive silk fabric with antibacterial properties by electroless silver plating. Appl. Surface Sci. 357,1157-1162.

[237]Yue X. ,Zhang F. , Wu H. , Ming J. , Fan Z. , Zuo B. , 2014. A novel route to prepare dryspun silk fibers from CaCl 2 - formic acid solution. Mater. Letters 128,175-178.

[238]Zhang H. ,Liu X. , Yang M. , Zhu L. ,2015a. Silk fibroin/sodium alginate composite nanofibrous scaffold prepared through thermally induced phase-separation (TIPS)method for biomedical applications. Mater. Sci. Eng. C 55,8-13.

[239]Zhang H. , Wang K. , Xing Y. , Yu Q. , 2015b. Lysine-doped polypyrrole/spider silk protein/poly(1-lactic)acid containing nerve growth factor composite fibers for neural application. Mater. Sci. Eng. C 56,564-573.

[240]Zhang Q. , Wang N. , Hu R. , Pi Y. , Feng J. , Wang H. , et al. ,2015c. Wet spinning of Bletilla striata polysaccharide/silk fibroin hybrid fibers. Mater. Letters 161,576-579.

[241]Zhang W. , Yin J. , Lin Z. , Lin H. , Lu H. , Wang Y. , et al. ,2015d. Facile prepa-

ration of 3D hierarchical porous carbon from lignin for the anode material in lithium ion battery with high rate performance. Electrochim. Acta 176,1136-1142.

[242] Zhang Y. , Lu X. -B. , Gao C. , Lv W. -J. , Yao J. -M. , 2012. Preparation and characterization of nano crystalline cellulose from bamboo fibers by controlled cellulase hydrolysis. J. Fiber Bioeng. Inform. 5,263-271.

[243] Zhao J. , Zhang W. , Zhang X. , Zhang X. , Lu C. , Deng Y. , 2013. Extraction of cellulose nanofibrils from dry softwood pulp using high shear homogenization. Carbohyd. Polym. 97,695-702.

[244] Zhou M. -S. , Sun Z. -J. , Yang D. -J. , Huang J. -H. , Qiu X. -Q. , 2014. The effect of plasticizer on the properties of alkali lignin/HDPE composites. Acta Polymer. Sinica 2,210-217.

[245] Zhu J. Y. , Sabo R. , Luo X. , 2011. Integrated production of nano-fibrillated cellulose and cellulosic biofuel (ethanol) by enzymatic fractionation of wood fibers. Green Chem. 13,1339-1344.

3. 聚乙烯基生物复合材料的研究进展

Muhd R. Mansor，Zaleha Mustafa，Siti Hajar S. Md Fadzullah，

Ghazali Omar，Mohd A. Salim，Mohd Z. Akop

马来西亚马六甲大学，马来西亚马六甲

3.1 引言

越来越多的人意识到在产品开发中要使用可持续和环保的材料，这也激发了人们使用天然纤维复合材料或生物复合材料，特别是将其作为合成复合材料的替代材料的兴趣。聚烯烃类中的聚乙烯（PE）是商品热塑性塑料的主要来源之一，与其他合成复合材料相比，具有成本低、可回收和加工优势，因此被用作开发生物复合材料的基体，生物复合材料被广泛用于非结构材料和结构材料领域。此外，与合成复合材料相比，使用生物复合材料增强热塑性塑料基体也能产生较低的环境影响（Mansor et al. ，2015）。

市场分析显示，到 2021 年，全球生物复合材料市场预计将达到 65.0 亿美元，其中包括建筑、汽车、电气和电子等多个分市场。2016 ~ 2021 年生物复合材料的市场增长率达到年复合增长率（CAGR）的 11.68%。此外，驱动生物复合材料需求的是建筑和汽车行业。在全球范围内，生物复合材料的增长有潜在的巨大市场。

在汽车应用中，促使生物复合材料市场大幅增长的原因之一是各国政府出台了更严格的汽车报废和通过减重减少排放量的法规，这促使各大汽车制造商使用环保和轻质的生物复合材料来制造汽车零部件。例如，2000 年出台的欧盟（EU）指令 2000/53/EC，旨在通过增加车辆的回收量，改善报废车辆（ELV）阶段（如拆解和回收）的环境影响。欧盟指令在 ELV 阶段的目标是能够实现至少 85% 的再利用和回收，而到 2006 年实现 80% 的再利用和回收。一项类似的指令进一步将 ELV

阶段回收和可循环利用的目标提高到 95% 和 2015 年的 85%(Anthony 和 Cheung,2017)。另一项涉及车辆排放的欧盟指令是车辆二氧化碳排放的目标是在 2015 年降低到 130g/km,2025 年降低到 95g/km(Sarasini,2017)。

据报道,由于上述原因,2014 年用于车辆制造的生物复合材料产量为 160 万吨。德国 Nova 研究所的一份报告也指出,欧洲每年有近 8 万吨的木塑复合材料(WPC)和生物复合材料被用于生产汽车和卡车,并估计目前每辆欧洲客运车辆中生物复合材料用量达到约有 1.9kg。

梅赛德斯−奔驰是为之做出努力的汽车制造商之一,据报道,该公司在其梅赛德斯−奔驰 E 级和新的 M 级和 R 级车型中使用了生物复合材料,这种材料用于乘客舱内的许多非结构性部件。这家德国汽车制造商声称,使用生物复合材料的汽车可成功地减轻 20% 的重量。使用生物复合材料的车辆部件有底盘、车门饰板、车顶板、后备箱盖等。另一个例子来自丰田公司,据报道,该公司在丰田雷克萨斯(Lexus)车型的内饰部件中使用了红麻和竹基生物复合材料,如行李箱、打包架和地板垫。此外,这家日本汽车制造商还报道了使用红麻和苎麻生物复合材料生产丰田混合动力概念车的半透明车顶(www. Toyota Boshoku,2017)。

在本章中,对 PE 基生物复合材料的应用进行了概述,包括其在生物复合材料配方中的作用、涉及的各种工艺方法,以及用于确定最终复合材料性能的表征技术。此外,本章还介绍了 PE 基生物复合材料在结构、包装、涂料、生物医学和医疗等多个领域的应用实例。

3.2　生物复合材料的重要性

与合成复合材料相比,生物复合材料因其具有可再生、可生物降解和可循环利用等令人注目的环境友好特性,越来越受到全球研究人员的关注(Fadzullah et al.,2016;Faruk et al.,2012;Sanyang et al.,2016)。生物复合材料的其他优点是比强度高、自由成型性好、自重低、抗腐蚀和抗疲劳性强。

这些生物复合材料正在发展成为玻璃纤维增强塑料的替代材料,特别是在汽车工业中(Kumar and Das,2017;Soroudi and Jakubowicz,2013)。这些材料包括热塑性聚合物基体的组合,如聚丙烯(PP)、PE、聚苯乙烯(PS)或生物聚合物,又如聚乳酸（PLA）和天然纤维增强材料。热塑性生物复合材料的一些有利特点是它们可以加工成不同的形状，并可机械回收（Soroudi and Jakubowicz，2013）。众所周知，热固性材料是不可回收材料，包括聚酯、环氧树脂、酚醛树脂和乙烯基酯等（Faruk et al.，2012）。

到目前为止，天然纤维，如剑麻、黄麻、亚麻和大麻被证明是聚合物基质的良好增强剂，也被用于汽车、建筑及包装行业，但存在一些局限性（Bledzki et al.，2010；Ramli et al.，2017）。与同类产品相比，其主要优势包括可用性、经济性、可加工性、可再生性、可回收性和生物降解性。它们的特性很大程度上取决于它们的物种、生长条件、地理位置和纤维制备方法等因素（Sanyang et al.，2016）。

此外，生物复合材料已经应用到建筑行业，主要以木材复合材料为基础，用于户外和室内装饰，如甲板、栏杆、围栏和家具。然而，使用这些材料的一个主要问题是，当暴露在潮湿环境中时，尺寸稳定性有限（Singh et al.，2008）。

最近，一些人尝试探索生物复合材料在结构应用方面的应用（Faruk et al.，2012；Prajer and Ansell，2014）。Prajer 和 Ansell（2014）对使用包括基体和纤维的生物基材料，即以聚 L-乳酸作为基体材料，以剑麻纤维增强的复合材料进行了研究（Prajer and Ansell，2014）。实验结果表明，对剑麻纤维表面进行超声碱处理改性后，生物复合材料表现出较高的强度和刚度值，平均弯曲强度和弯曲模量分别为286MPa 和 22GPa。

在医学领域，曾经研究报道了纳米尺度的生物复合材料，或称为生物纳米复合材料（bionanocomposites）等。将从 PALF 获得的纳米纤维素嵌入聚氨酯应用于心脏瓣膜假体的瓣膜材料和血管假体的制造材料；并提出这种生物材料可能用于心血管植入物、组织工程支架、关节软骨修复、血管移植物、尿道导管、乳房假体、阴茎假体、黏附屏障和人造皮肤等。其他潜在的应用包括非乳胶避孕套、透气性伤口敷料、外科手套、手术服或手术单、医用袋、器官移植袋和一次性医疗用品（Cherian et al.，2011；Reddy et al.，2013）。

开发了生物复合材料在电子工业领域中的各种应用。其中包括使用纤维素纳米纤维开发生物复合材料，作为显示器、太阳能电池、有机发光二极管以及柔性传感器等电子设备上透明和柔性的复合材料。一般来说，将天然纤维与生物聚合物结合进行开发的主要原因是在使用生物聚合物时具有良好的电性能、易于处理、重量轻、成本效益高、生物相容性和环境友好等特点。其他应用包括电磁屏蔽、用于能量收集的热电系统及太阳能电池(Reddy et al.,2013)。

尽管生物复合材料具有潜力和优点,但也存在一些众所周知的限制性。这类材料最常见的两个问题是高吸湿性和高各向异性。过去的文献表明,纤维和基体之间的黏附性是决定生物复合材料整体性能的关键因素(George et al.,2001;Huda et al.,2008;Lau et al.,2010)。此外,天然纤维中含有大量的纤维素、半纤维素、木质素和果胶,容易作为亲水材料,而聚合物基体则表现出疏水性。这种弱的界面结合可能会导致生物复合材料性能较差,这将阻碍生物复合材料作为工业替代材料的开发。

为了克服这些限制性,一种常见的方法是进行化学处理,包括对纤维增强材料的羟基和羧基改性,增加相互作用的基团数,可以更有效地与聚合物基体互锁(Xie et al.,2010)。以硅烷偶联剂和碱性处理为例,氢氧化钠常用于去除生物复合材料的天然纤维增强材料中的木质素层。

3.3 聚乙烯在生物复合材料中的作用

PE 是聚烯烃家族中的一种热塑性材料。这种材料的化学结构如图 3.1 所示,其基本单元或单体是乙烯,C_2H_4。乙烯分子由两个亚甲基(CH_2)组成,并通过碳原子间的双键连接在一起。

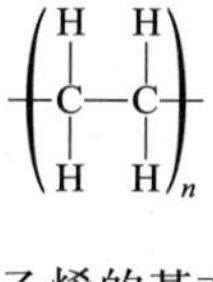

$$\left(\begin{matrix} H & H \\ | & | \\ C & C \\ | & | \\ H & H \end{matrix}\right)_n$$

图 3.1　聚乙烯的基本化学结构

由于 PE 具有韧性好、吸湿性接近零、化学惰性好、摩擦系数低、易加工和导电率低等特点,应用非常广泛(Khanam and AlMaadeed,2015)。此外,支化 PE 有低密度聚乙烯(LDPE)和线型低密度聚乙烯(LLDPE);线型 PE 被称为高密度聚乙烯(HDPE)和超高分子量聚乙烯(UHMWPE)(The Editors of Encyclopædia Britannica,2017)。

一般来说,相对于其他类型的工程材料,聚合物表现出较差的力学性能(Kakroodi et al. ,2015)。因此,在制备具有整体增强力学性能的复合材料时需使用纤维和颗粒等增强材料或增强体。必须指出,在复合材料体系中基体和增强材料都起着重要作用。例如,复合材料的形状、表面外观、对湿气和紫外线等环境因素的耐受性以及整体的耐久性都是由基体决定的,而增强材料的功能是承受外加荷载,因此反映在复合材料的整体刚度和强度上(Faruk et al. ,2012)。

从文献来看,到目前为止,大量复合材料的研究使用 PE 热塑性材料为基体,用于天然纤维增强复合材料(Kakroodi et al. ,2015;Khanam and AlMaadeed,2015;Korol et al. ,2015;Merkel et al. ,2014)。通常 HDPE 具有很好的力学性能而应用于结构工程。在生物复合材料的制造过程中,被关注的主要问题是解决由于天然纤维的亲水性与聚烯烃材料(如 PE)的疏水性而导致的纤维-基质界面黏附性差的问题(Kakroodi et al. ,2015)。为了克服这样的问题,常用的两种方法是:①对纤维进行表面改性;②对基体材料进行改性,使用活性接枝基团或添加相容剂(Bledzki and Gassan,1999)。

PE 基生物复合材料具有良好的力学性能,增强材料的密度较低,并且由于解决方案成本低、可再生和环境友好的纤维资源和设备磨损少而具有其他附加值(Kakroodi et al. ,2015)。

Balasuriya 等(2001)研究了以木片为增强材料的 WPC-PE 复合材料(Balasuriya et al. ,2001),通过对木片增强材料表面改性,评估加工方法对复合材料的弯曲、拉伸和冲击性能的影响。总的来说,复合材料的弯曲强度受木片的润湿性,特别是木片在 PE 基体体系中的分布影响很大,WPC-PE 复合材料的均匀性不高。研究还发现,拉伸强度受基体材料的影响较大。有人认为这种结果是由于 PE 基体渗透到木纤维的腔内所致。此外,PE 渗透和木片的润湿及分布都会影响生物复合材料的冲击强度(Balasuriya et al. ,2001)。

这种生物复合材料力学性能较低的一些限制因素为:①纤维的亲水性和 PE 基体的疏水性之间的相容性问题;②相对于玻璃纤维和碳纤维等,天然纤维的力学性能较低。为了克服这两个问题,寻求的方法是通过混合两种类型的填充材料(如玻璃、碳酸钙和滑石粉)来实现生物复合材料的混杂,从而提高生物复合材料的力学性能和热性能,同时降低了成本。还必须指出,混杂生物复合材料的行为受以下几个因素的影响很大:①基体的特性;②各增强材料的特性、尺寸和含量;③基体和增强材料之间的黏附性(Kakroodi et al. ,2015)。

3.4 聚乙烯基生物复合材料的加工方法

PE 作为一种热塑性材料,可以使用通常用于此类聚合物的各种方法进行加工,如挤出成型和压缩成型等。但最终制备复合材料的方法往往由增强材料的几何形状和最终产品的设计所决定。

3.4.1 挤出成型

挤出机常用于生产管材、软管、电线、电缆等截面均匀的复合材料。它通常仅限于生产颗粒或短纤维增强的 PE 复合材料。与单螺杆挤出机相比,双螺杆挤出机通常更适用于生产复合材料,因为它提供了更大的扭矩和混合能力。一般情况下,PE 的聚合物颗粒和增强材料由料斗送入,在剪切力的作用下沿挤出机腔体移动。混合过程是沿着挤出机的筒部进行的。该过程中使用的温度范围通常为190~230℃。然后在循环结束时将混合物造粒,随后进行二次加工,如注射成型或压缩成型,以形成最终形状(Khanam and AlMaadeed,2015)。

常有报道称,由于 PE 和生物基增强材料的不相容性,很难达到良好的均质性,特别是在填料含量较高的情况下。这种相容性差往往会造成增强材料和 PE基体间黏附力差和团聚,这将导致 PE 复合材料的力学性能低下。因此,常使用相容剂和润滑剂来克服这一问题。Zhang 等(2009)利用双螺杆挤出机制备了 HDPE/木粉。他们报道,与不添加润滑剂的混合物相比,添加润滑剂后,木粉在 HDPE 基体中的分布均匀。这可能是因为润滑剂的存在降低了它们在料筒中的复合黏度,从而可以更好地混合。Ou 等(2014)在 HDPE 基体中加入戊二醛(GA)和二羟甲基二羟基乙烯脲(DMDHEU)改性木粉,并通过双螺杆挤出机进行加工。他们报道,用低至5%的 GA 对木粉进行改性就能著改善木质填料与 HDPE 基体之间的界面附着力,从而提高 HDPE/木粉的加工性能。

通常情况下,挤出工艺是生产在聚合物基体中分布有随机取向取向增强材料的复合物。通过静压挤出可以诱导填料取向,从而改善材料的力学性能(Ladizesky et al. ,1997;Wang et al. ,2000;Bonner et al. ,2002)。采用静压挤出法成功地将羟基磷灰石(HA)高取向分布在 PE 复合材料中,制备出各向同性 HA – PE(HA-

PEXTM）材料。在此过程中使用了 11∶1 的挤出比对聚合物链进行定向。他们报道，复合材料的力学性能，尤其是沿挤出方向的力学性能显著提高，超过了植物韧皮材料的延性断裂的下限范围。

天然纤维具有比强度高、成本低、可生物降解等优点，但对热降解和水分敏感，常被用作 PE 基体的增强材料。

虽然已经进行了大量的工作来改善这两种基体的界面附着力，但主要集中在对天然纤维本身进行浸渍、物理改性和化学改性，利用挤出复合工艺提高复合材料力学性能的研究还很有限。可以通过压辊区温度和螺杆速度等挤出工艺参数提高复合材料的拉伸强度（Matuana and Li，2004）。为了最大限度地减少停留时间和提高产量，在复合过程中必须提高螺杆速度。然而，当材料对热降解敏感时（如亚麻纤维），需要限制螺杆速度以最大限度地减少剪切产生的热量。这导致热量不足，无法达到 PE 本身的持续熔化（Wang，2004；Powell et al.，2002）。Siatong 等（2010）报道，螺杆速度和压辊温度等挤出参数可以用来改善亚麻/HDPE 复合材料的力学性能。但这一发现仅在较低纤维含量（6.25%）的 LLDPE 基体（加热区温度为75℃、117℃、127℃、137℃ 和 147℃，螺杆转速为 118rpm）和较低亚麻含量（5.02%）的 HDPE 基体（加热区温度为 75℃、118℃、128℃、138℃ 和 148℃，螺杆转速为126r/min）时有效。在纤维含量较高时，产生的热量不足以达到均匀熔化，因此导致纤维分散不均匀，孔隙率高，随之拉伸强度降低。最近，Anis 等（2016）也报道了优化挤出机参数以实现聚苯并咪唑纤维增强 HPDE 复合材料的更高力学性能，但只有在纤维含量较低时效果才显著。

3.4.2　压缩成型

压缩成型也是一种通用的熔融混合技术，可以用来生产 PE 基复合材料。在这个过程中，PE 复合材料被放置在两个固定的和可移动的模具之间，被加高温和高压，通常需要预热一定时间以减少过程中的保温时间。随后，复合材料通过快速冷却（水淬）或缓慢冷却（空气冷却）冷却到环境温度，以达到固体形态。

这种技术可以使 PE 基体与松散的短纤维、垫层或长纤维以随机或定向排列。在加热和加压之前，纤维被夹在 PE 基质之间。需要适当控制 PE 基体的黏度，以保证纤维被熔融的基体充分浸润。由于纤维与基体之间的距离较远，厚的样品往往难以达到良好的润湿效果。因此，优化温度、保温时间、压力和聚合物黏度对于确保纤维和基体之间实现良好的润湿至关重要（Ho et al. ,2012；Pickering et al. ,2016；Fadzullah and Mustafa,2016；Taufiq et al. ,2017；Ramli et al. ,2017）。薄膜堆叠经常用于天然纤维增强 PE 复合材料中,因为它只使用了一个温度循环,可以减少纤维降解的风险（Varshney et al. ,2014）,与双温度循环相结合,它结合了熔体混合复合（密炼机）或挤出和压缩成型（Baron et al. ,2005；Hossen et al. ,2016；Dikobe and Luyt,2017）。因此,如何在不牺牲天然纤维固有特性的前提下,找到一个折中点,实现良好的润湿性（均匀熔融和黏度）,是一项重要的工作。

3.5 聚乙烯基生物复合材料的表征

PE 生物复合材料的表征是材料发展的另一个重要方面。本章将讨论 PE 生物复合材料的表征技术,重点讨论 PE 生物复合材料的力学性能、热性能和形态性能。

3.5.1 力学性能

PE 生物复合材料根据加工工艺的不同可以制成弹性材料和塑性材料。具体到 PE 生物复合材料的表面性能,需要了解其表面抗变形能力。有一些仪器设备可以应用于材料的力学性能测试,如万能试验机（UTM）、动态测试仪、硬度测试仪,包括显微硬度仪和纳米压痕仪。如果想了解材料在高温下的力学性能,可以使用高低温试验箱。

3.5.1.1 拉伸试验

拉伸试验是通过以恒定的速度增加拉伸载荷使样品变形了解材料的强度。用热还原氧化石墨（TRG）可以增强 PE 的模量和极限强度（Tood and Bielawski,2013）,而玻璃纤维可以增加 LDPE、MDPE 和 HDPE 聚合物基体的极限强度（Al-Maadeed et al. ,2013）。对 HDPE/碳纳米复合材料的分析表明,随着碳含量的增加,复合材料屈服强度、断裂韧性和应变能的变化率都会增加,但断裂应变却会下降（Fouad et al. ,2011）。对于 LDPE 来说,剑麻纤维也可以提高其断裂强度和弹性模量。HDPE/镍复合材料的填料浓度为 20%（体积分数）时,其弹性模量从 606MPa 提高到 1057MPa。但随着填料含量的不断增加,弹性模量不再上升。当填料含量较少时，复合材料断裂应力小，而当填料含量较高[大于10%（体积分数）]时，复合材料的断裂应力随填料含量增加会增加（Krupa et al.，2013）。

3.5.1.2　弯曲试验

对PE复合材料进行弯曲试验，以评估复合材料的刚性。采样三点弯曲试验或短梁剪切（SBS）试验分析层间剪切强度（ILSS）。纤维和基体的黏附性影响材料的弯曲强度，弯曲强度随纤维与基体间有效表面区域增加而增加（Herrera-Franco and Valadez-Gonzalez，2005）。PE复合材料的弯曲模量和强度由于合成纤维与天然纤维的结合而得到提高，由于纤维和基体之间的界面也得到了改善，使界面剪切强度（IFSS）提高了两倍（Kalaprasad et al.，1996）。HDPE和接枝马来酸酐的聚乙烯（MAPE）基体的弯曲强度随着化学处理天然纤维和天然纤维的加入而提高（Kakroodi et al.，2013）。对于HDPE/木复合材料，其弯曲强度和模量随着片状物含量增加而增加（Miah et al.，2005）。然而，当木片含量超过40%，复合材料弯曲强度将下降（Balasuriya et al.，2001）。在17.8MPa压力条件下，填充70%（质量分数）棕榈木粉填料的LDPE的弯曲强度是纯LDPE的2倍（Almadeed et al.，2014）。

3.5.1.3　冲击试验

Charpy和Izod冲击试验是用来确定PE复合材料断裂特性的冲击试验技术。在这种试验中，摆锤会撞击试样，摆锤的势能由摆锤的质量和下落高度确定。该试验还可以根据ASTM D-256中介绍的方法测定聚合物复合材料在温度降低时是否发生脆性—韧性转变。在-40℃至70℃条件下对负载量为5%和10%的$CaCO_3$/PE复合材料进行Izod冲击试验，结果表明，复合材料的冲击强度得到提高，塑性变形微观机理转变为颗粒诱导的空化和原纤化（Tanniru and Misra，2005）。对以MAPE为相容剂的木纤维/PE复合材料的分析表明，与未添加相容剂的复合材料相比，由于黏附性的提高，复合材料的冲击强度提高了60%（Yuan et al.，2008；Lai et al.，2003）。然而，麻纤维的添加会降低冲击强度，而废橡胶粉（GTR）的加入会增加冲击强度（Kakroodi et al.，2013）。

没有使用过的用LDPE制备的复合材料试样具有较大的冲击强度，但由于亲水性填料与疏水性聚合物基体之间的相互作用较差，复合材料的脆性随着填料负载量的增加而增大（Yang et al.，2006）。对于PP/HA/LLDPE三元生物复合材料，其冲击强度随LLDPE含量增加而增加，抗冲击性能随温度升高而增加（Younesi and Bahrololoom, 2009)。

3.5.1.4 硬度

硬度是指试样对局部变形的抵抗能力。测试取决于样品在恒定载荷下对压痕机压痕的抵抗力。可以根据 ASTM D785 08 和 ASTM E18 11 标准进行硬度测试。通常情况下,在 PE 复合材料中添加填料可以提高硬度(Rusu et al. , 2001)。对 HDPE 和 HDPE/Fe 复合材料的分析表明,与未填充的 HDPE 相比,铁颗粒增加了聚合物的硬度(Gungor, 2007)。UHMWPE-HA-Al_2O_3-CNT 混杂复合材料也表现出比 UHMWPE 更好的硬度(Gupta et al. , 2013)。Al_2O_3 对 HA 和 CNT 作用表现出协同提高硬度和杨氏模量的效果。然而,由于聚合物基体与 HA 和 CNT 之间的界面结合力较差,需要使用偶联剂来提高力学性能,但不能破坏其相容性。硬度还受纤维与聚合物基体之间的黏附性和处理纤维的添加量影响。这是因为,添加处理过的纤维会改善界面黏附性,从而提高 PE 的硬度(Sarkhel and Choudhury, 2008)。当在纯超高分子量聚乙烯(UHMWPE)中加入 1.0%(质量分数)的氧化石墨烯(GO)时,其硬度会增加(Chen et al. , 2012)。UHMWPE 复合材料中碳基纤维含量的增加也会提高复合材料的硬度(Dangsheng, 2005)。与未添加填料的聚合物相比,HDPE/锌复合材料具有更大的密度和硬度(Rusu et al. , 2001)。

3.5.2 热性能

对聚合物热性能的评估可以通过使用差示扫描量热法、热重分析法和动态力学分析法进行。热性能分析对材料使用条件和应用领域有重要意义。

3.5.2.1 差示扫描量热法

差示扫描量热法用于研究 PE 复合材料的氧化降解情况。在标准试验中,将复合材料在氮气气氛中加热至 200℃,然后加入氧气,并记录放热氧化的开始时间。

差示扫描量热法也可用于评价 PE 的玻璃化转变温度(T_g)。纤维或填料的加入会影响 PE 的熔融温度和结晶,结晶度受成核剂影响(Zhang et al. , 2006)。纤维作为成核剂使结晶度上升,而填料则减少结晶区的移动和结晶体的大小。天然纤维作为成核剂在埃及姜果棕纤维(5%,质量分数)/LDPE 复合材料中形成的晶体较多,熔融峰较宽(Arrakhiz et al. , 2013)。在 $CaCO_3$-PE 微米级复合材料中的增强材料和晶核相互作用导致整体结晶度的增加和球晶尺寸的减小(Tanniru et al. ,

2005）。HA 纳米粒子/HDPE 复合材料中 HA 纳米粒子的添加和 HDPE 的老化会导致 T_g、结晶度和熔融温度的变化（Jaggi et al.，2012）。SEBS-g-MA 和 PE-g-MA 可以引起香蕉纤维（BaF）填充 HDPE/尼龙 6 共混复合材料中尼龙 6 组分的部分结晶（Liu et al.，2009）。

3.5.2.2 热重分析法

热重分析是一种测量质量损失随温度或时间变化的技术。它可以给出 PE 复合材料的特征曲线。一般来说，聚合物的降解过程范围很广。例如，与 PE 相比，聚四氟乙烯（PTFE）由于氟和甲基的取代，分解温度更高，而 PP 在较低的温度下分解。加入填料、CNTs 和一些合成纤维后，PE 复合材料具有较高的热稳定性和降解温度（Almaadeed et al.，2013）。由于添加纤维素纤维，天然纤维增强 PE 复合材料的降解分为两个阶段，其热稳定性随着纤维负载量的增加而降低（Li and He，2004）。与未处理的麻/HDPE 复合材料相比，用 NaOH 处理的复合材料具有更高的热稳定性（Lu and Oza，2013）。GF 填料能改善未经辐照废聚乙烯/再生废橡胶粉和马来酸（WPE/RWRP/MA）共混复合材料的热稳定性（Hassan et al.，2014）。

3.5.2.3 动态力学分析法

动态力学分析又称动态力学谱分析，是指在周期性应力作用下使材料发生形变以研究材料性能的一种方法。它还可以计算出聚合物的黏弹性。该分析可以确定杨氏模量以及力学的阻尼或能量随频率和温度的耗散特性。对 HDPE/碳纳米复合材料的分析表明，随着碳纳米粒子的比例和分析频率的增加，储存的能量也增加（Fouad et al.，2011）。对于 LLDPE/纳米 SiO_2 复合材料，随着纳米 SiO_2 含量的增加，LLDPE/未处理 SiO_2 复合材料和 LLDPE/氨基三乙氧基硅烷处理 SiO_2 复合材料的储能和能量耗散都有所提高，而 α 跃迁峰的温度有所降低。在室温下，LLDPE/未处理 SiO_2 复合材料的储能大于 LLDPE/氨基三乙氧基硅烷处理的 SiO_2 复合材料，但在较低温度下则相反。

3.5.3 表面性能

透射电子显微镜（TEM）、扫描电子显微镜（SEM）和原子力显微镜（AFM）是分析复合材料形态性能的常用方法。

3.5.3.1 透射电子显微镜

透射电子显微镜（TEM）是一种将电子束通过样品传输形成图像的方法。它具有很高的分辨率,对了解 PE 中的形态、结晶区、球晶结构、团聚和添加剂的分散性非常有帮助(Mohan and Kanny,2012)。TEM 分析表明,在 HDPE/黏土复合材料中添加 GMA 作为相容剂,可以提高分散性(Mohan and Kanny,2012)。在接枝 LL-DPE/CNT 纳米管中也可以得到相同的结果(Jia et al.,2009)。通过 TEM 照片,MWCNTs 和碳纳米管(CNT)的结晶度可以根据 CNT 的形态和聚集程度进行单独区分(Barus et al.,2010)。根据 McNally 等的研究,TEM 还可以研究纳米结构与性能之间的关联(McNally et al.,2005)。对改性石墨烯/LDPE 基体聚合物的分析表明,由于较好的界面相互作用,石墨烯纳米片均匀分散在 LDPE 基体中(Kuila et al.,2011)。TEM 也可以观察到 PE 中剥落的硅酸盐层及其尺寸。

3.5.3.2 扫描电子显微镜

扫描电镜显示的是聚合物表面的图像。电子束与样品的相互作用使复合材料产生二次电子和背散射电子。对两个电子的强度进行分析,并将其类比为扫描电子束。用于分析检查表面粗糙度、黏附破坏、断口、网络和共混物的相边界。此外,它还显示了拉伸试验后的界面和断口图。对 HA/HDPE 和玻璃微珠/LDPE 复合材料的分析表明,复合材料具有良好的界面,颗粒在基体中的分散性较好(Li et al.,1998)。HDPE/MWCNT 复合材料的 SEM 结果表明,在 HDPE/MWCNT 复合材料中,虽然有一些纳米管随机分布在基体中,但大部分纳米管是聚集在 HDPE/MWC-NT 复合材料中的(Wang et al.,2013)。对于 UHMWPE/石墨烯纳米片复合材料,通过 SEM 的分析发现,由于纤维的拉出,复合材料中存在粘连现象(Wang 等,2013)。PE 基体结晶度会影响纤维与基体之间的网络。这导致 LDPE 的断裂强度较低,纤维和链之间的黏结被破坏,可以看到更多的纤维被拉出(Almaadeed et al.,2013)。

3.5.3.3 原子力显微镜

AFM 可用于观察复合材料的表面形貌和形态。对 LDPE/Al 纳米复合材料的分析表明,球晶结构是板层束随机排列的,由于纳米颗粒阻碍 PE 链运动,很难确定单个球晶(Huang et al.,2008)。在 HDPE/MWCNT 纳米复合材料中,检测到了大量的非球晶体,这些非球晶体形成了片状结晶的超分子结构(Jeon et al.,2007)。AFM 的照片也显示了纤维的排列,就像在 MWCNTs 中看到的那样,排列是由挤出机模具引起的,并减少了 PE 中的复杂性(McNally et al.,2005)。AFM 也可以应用于计算 PE 中片状还原石墨烯的尺寸(Kuila et al.,2011)。

3.5.4　流变测试

聚合物的流变行为涉及许多不同的参数,这些参数与各种分子机理有关。聚合物的黏弹性受压力、温度和时间的影响。在聚合物熔体中加入填料,引起聚合物的流变性能的变化,是由于填料影响了聚合物熔融过程中的熔融状态和最终产品的性能。填料的形态、浓度、尺寸以及颗粒间的相互作用都会影响聚合物的流变性。颗粒间是相互作用会增加非牛顿范围,在这个范围内,与未添加复合材料相比,聚合物熔体的剪切速率变小,黏度变大。在 LDPE、MDPE 和 HDPE 中添加 20% 的 GF 会影响聚合物中链的移动,从而增强了复合黏度(Almaadeed,2013)。它还提高了各种 PE 的储能效率(Almaadeed et al. ,2013)。对 20%(质量分数)的 GF/LDPE 材料的分析表明,低频率下,储能增加,但在高频率下,由于复合材料受力使 LCB 解缠,储能下降。用毛细管流变仪、扭矩流变仪、旋转流变仪和 Haake 微量混合流变仪对木材/HDPE 熔融混合的结果表明,木质素和/或半纤维素的消除会破坏结晶度和细胞壁微观结构,从而改变了熔融力矩、切应力、黏度、储能效率和能量耗散(Ou et al. ,2014)。熔体黏度将依次降低,即 αC/HDPE > HR/HDPE > WF/HDPE > HC/HDPE。

3.5.5　X 射线衍射

X 射线衍射(XRD)技术通过 Hermans 取向函数检测晶体取向,通过 Scherrer 方程检测晶体材料的大小,以及聚合物的结晶度。实时广角 X 射线散射(WAXS)对 PE/硅酸盐纳米复合材料变形行为的分析表明,有机改性蒙脱石黏土(MMT)的硅酸盐层在马来酸酐接枝聚乙烯(PEMA)基体上发生剥离,而 SiO_2 颗粒在基体中分散性差(Wang et al. ,2002)。利用(WAXS)对纯 PEMA、PEMA/MMT 和 PEMA/SiO_2 复合材料的结晶变化进行了分析,结果表明,MMT 和 SiO_2 颗粒的存在影响了马氏体的初始转变,但与 PEMA/SiO_2 相比,PEMA/MMT 具有更高的层状断裂强度,但抑制层状取向的效率较低(Wang et al. ,2002)。利用 WAXS 对在 80℃ 单轴拉伸后冷却至室温的网状掺杂聚合物复合材料进行分析,结果表明,随着 TTF-TCNQ 的增加,晶体取向有小幅上升。对于无取向的复合材料,TTF-TCNQ 的增加不会改变 PE 的结晶度,但单轴拉伸产生的结晶度上升会随着 TTF-TCNQ 的增加而降低(Genetti et al. ,1998)。对 HDPE、HA 和 HDPE/HA 复合材料的晶体尺寸进行广角 X 射线衍射(WAXD)分析表明,HA 含量增加使 PE 的结晶度提高(Fuoad et al. ,2013)。

3.6 聚乙烯基生物复合材料的应用

近年来,为了提高材料本身的力学性能和物理性能,人们对先进聚合物复合材料的发展进行了广泛的研究(Nakasan et al. ,2006)。基本上,PE 材料被认为是热塑型聚合物,与其他烃类材料相比,它具有优良的性能(Han et al. ,2014)。这些材料的优良性能包括化学惰性、低接触摩擦、高韧性、最小吸湿性、易于制造等(Gurunathan et al. ,2015)。为了提高 PE 材料在不同环境下的生物降解性,很多研究者也对 PE 材料进行了研究,研究结果具有很好的一致性。PE 材料最新研究成果表明,它适合作为基材应用于许多领域,如表面涂层、军事、建筑结构、农产业包装、生物医学、光学工程等(Dicker et al. ,2014)。

PE 材料基本上是可再生资源,目前在许多大陆地区,尤其是在亚洲和欧洲,这种材料的使用正在迅速增长(Wu, 2013)。这是因为 PE 材料非常环保,因此在学术界和工业界都非常受欢迎。环保是指它可以在土壤、沙子、污水、堆肥、海洋等多种环境中自动进行生物降解(Dicker et al. ,2014)。经过一定的处理方法,聚合物基复合材料变成了有机废弃物。此外,它还提高了聚合物材料的力学性能和耐久性,减少聚合物的浪费(John and Thomas,2008)。

如今,全世界绿色环保意识迅速增强,许多可生物降解材料被提出以实现环保计划,促进可持续发展(Ramesh et al. ,2017)。随着技术的发展,PE 生物复合材料也呈现出增长的趋势,同时也具有一定的商业价值。该材料能在环境中自动生物降解,同时还避免了细胞毒性问题,具有良好的应用前景(Gurunathan et al. ,2015)。因此,这种生物复合材料在替代其他烃类材料方面具有巨大的潜力,是最受欢迎的材料之一(Wu, 2013)。

3.6.1 结构应用

PE 生物复合材料已成为新型民用结构建筑中极具吸引力的材料(Kolosick et al. ,1992)。根据公开的文献报道,PE 材料在杨氏模量、刚度、阻尼等方面,具有良好的性能,因此适合用于建造新的桥梁和建筑物(Han et al.,2014)。PE 材料还具有不同的物理或化学特性,并且可以使材料具有良好的光洁度。每年有 30% 的 PE 生物复合材料被用在建筑行业。使用这种材料的优点是结构非常轻,力学性能好,可以作为一个独立的结构或非常小的支撑结构,材料耐腐蚀和耐氧化,耐久性好,并易于与木材和钢材进行组装(John and Thomas,2008)。这种材料与现有的混凝土等材料的抗弯、抗震性类似,在加固效果上也有良好的性能。另外,PE 生物复合材料具有良好的抗冲击性、纵向和横向强度、压缩荷载、吸水性、极小的空腔等。

　　PE 生物复合材料还没有被用于建筑领域,但它已被用于开发汽车模型、加油站和油罐车、卫星和飞机部件的成型部件(Bakonyi and Vas,2012)。由于重量轻,这种材料也用于非常流行的交通工具,如汽车、航空航天等方面。PE 材料内部的聚合物基体赋予了材料良好的力学性能和物理性能。通过使用轻质材料,汽车和飞机可以产生低空气阻力(John and Thomas,2008),由于空气动力学效应,汽车和飞机速度更快,燃料的使用效率更高(Dicker et al.,2014)。因此,通过使用 PE 生物复合材料,设计自由度较大,可以让设计工程师做出特殊形状和更复杂的形状(Gurunathan et al.,2015)。该材料还具有较高的韧性、极低的吸湿性、极低的摩擦效应,易于设计,而且电阻率也很高。

　　玻璃纤维增强聚合物复合材料通常用于各种类型的基础设施,如桥梁、混凝土结构、建筑材料的内表面。例如,西班牙的会议中心,有一个用玻璃纤维增强塑料(GFRP)建造的圆形外墙,使建筑具有透明度以及更好的可视性(Inma Roig,2017)。Yan 等(2014)对用聚合物基材料加固的混凝土材料进行了抗压和抗弯试验研究。结果表明,聚合物复合材料可以作为建筑材料的另一种选择。除此之外,Yan 等(2016)还发现了通过碱处理可以改善建筑材料用聚合物复合材料和增强水泥基复合材料的力学和微观结构性能。PE 生物复合材料还可用于外墙材料,特别是侵蚀性环境下的建筑,如海边建筑。PE 生物复合材料以其轻质、防腐、良好的绝缘性和耐久性等特点,为建筑行业提供了解决方案。

　　最近,一些行业开始对生物基复合材料实行溢价。来自德国的 Nova 研究所在他们的行业中实施了绿色溢价。绿色溢价是这些行业的参与者愿意支付的额外价格。Nova 研究所对绿色溢价进行了调查,大多数生物基聚合物行业的主要竞争者愿意支付比传统材料如木材和天然纤维更高的价格(Asta Partanen,2017)。

3.6.2　包装应用

世界上许多发展中国家仍在使用传统塑料进行包装(Han et al.,2014)。然而,由于生产传统塑料的生产工艺存在缺陷,需要消耗大量的能源,而且生产周期长,传统塑料不易被环境生物降解。为了降低能耗,缩短生产周期,许多研究人员经过研究,终于找到了一种非常合适的生物塑料来代替传统塑料,该材料可生物降解,能耗低(Gurunathan et al.,2015)。生物塑料是一种可再生塑料,它由生物质、化石、农产品、石油和脂肪制成。近来很多行业在包装应用中都改用生物塑料,因为新型生物塑料在环境中的生物降解性更强,而且价格便宜。许多国家也禁止传统塑料在包装过程中的应用。

因为食品加工行业直接与人类生物息息相关,因此对生物塑料的需求很大。生物塑料是可生物降解包装材料,能为可持续发展做出贡献。因此世界上许多人了解并意识到绿色生活的重要性,生物塑料因此得到了广泛的应用。它在包装应用中具有良好的经济、社会和环境效益,在未来可最大限度地减少浪费和排放(Dicker et al.,2014)。生物塑料包装主要应用于食品工业、制药公司、化工、化妆品、航运公司等领域。目前,最受欢迎的生物塑料是 PE 材料。

已有许多关于生物塑料的研究和调查已被报道。PE 材料是生物塑料基材料中的一种,很容易在周围环境中生物降解(Wu,2013)。为此,在 PE 材料中引入了一些添加剂,并提供了良好的防潮性。此外,它还可以增加热塑性塑料基材料的结晶度,以防止水蒸气渗透。通过使用 PE 材料,材料老化问题也能得到解决(Gurunathan et al.,2015)。与传统塑料只能维持 12~16 个月相比,包装材料本身可以维持 24 个月。

使用 PE 材料作为包装材料的另一个优点是该材料不溶于水,并且含有良好的氧气透过性和较高的防水性,以防止变湿。所以,生物塑料非常适用于食品和农业包装,可解决降解的问题(Wu,2013)。聚乙烯材料本身正在进入聚乙烯生物复合材料的新时代,以取代之前的限制(Mittal et al.,2013)。通过引入 PE 生物复合材料,其功能性得到了更多的提升,达到了低热变形温度,使包装材料的成本降低(Mittal et al.,2013)。但是,由于它的脆性非常高,它不适合用于食品和农业类的产品(Gurunathan et al.,2015)。可以通过纳米技术来解决 PE 生物复合材料的脆性问题(Ramesh et al.,2017)。通过纳米技术引入了最大尺寸与最小尺寸比值较高的填料，以防止 PE 基材料出现很高的脆化。此外，还能提高材料的力学性能和热性能。

3.6.3 涂料应用

表面工程是一个重要的需要进一步研究的课题，目的是在一个系统中使两种不同材料之间获得良好的相容性（Nakasan et al.，2006）。这种表面工程在很多工程书籍中也被称为表面相互作用。表面工程也是现在一个非常热门的话题，因为许多现有的纳米技术的基材必须与表面材料有良好的相互作用和一致性，特别是在涂层应用中。基材和涂层的特性都很重要，应该研究和评估这两种材料之间的相互作用，以确定在涂层应用中的实用性和可靠性（Gurunathan et al.，2015）。最近，生物基聚合物作为良好的基材被应用，PE 材料就是其中之一。目前，这种 PE 材料作为柔性基材被应用于纳米技术领域。

之所以选择 PE 材料，是因为它是可生物降解的高分子材料，它可以维持绿色生活和绿色环境。除此之外，使用 PE 材料还可以提高材料的力学性能、物理性能和使用寿命。涂层必须薄而轻，便于流动和变形。PE 材料具有较好的一致性，并且易于改变其表面结构和拉伸性能（Han et al.，2014）。采用氧气和氮气两种气体对聚乙烯（PE）材料进行多次的表面结构改性，表面改性是实现褐藻糖胶的生物活性的重要途径，可提高涂层效果（John and Thomas，2008）。PE 材料还具有自洁和防紫外线性能，这就是为什么它适合成为涂层剂的原因。此外，它还能提高拉伸强度和弹性模量。

3.6.4 生物医学应用

PE 生物复合材料比表面积大，与人体细胞和组织具有相容性并能发生反应，不存在任何健康问题，是一种非常有意义的生物医学材料。目前，该材料在生物医学领域的应用非常重要而广泛，包括组织工程、牙科工程、药物传递系统、骨骼工程，因此具有生物可降解功能的 PE 生物复合材料在生物医药领域具有重要的应用前景（Kolosick et al.，1992）。PE 材料具有良好的柔韧性并且无毒性，常被应用于手术中。由于材料具有生物相容性，因此也适用于药物输送机制（Gurunathan et al.，2015）。在医疗行业中，监管非常严格，如果不满足监管就会被拒绝，也正因为如此，PE 材料因生物相容性而被接受。生物相容性是指材料引入非常薄和柔软的人体组织而不会引起严重的免疫反应和组织反应(Han et al.,2014)。此外,生物相容性也被用于血液输送过程中,可以避免细菌的转移和防止细菌的繁殖。

PE 生物复合材料在骨骼治疗方面也得到了广泛应用。这些材料在骨骼与组织中都表现出了持久的适应性反应。试验证明,骨置换的患者可在不到 12 个月的时间内就从疾病中恢复过来,而正常的康复期超过 12 个月。研究人员认为,通过使用这种材料,人体内现有的骨骼能快速与 PE 材料相结合并很容易相互融合,因此可以在短时间内恢复。科学家们还发现,人体现有骨骼与 PE 材料之间的融合率比现有材料与骨骼的融合率高 80%。除此之外,PE 生物复合材料也适用于外科手术和骨板的制备。

PE 材料通常用于外科手术缝合材料的制造(Park et al.,1990)。在缝合过程中,PE 聚合物的断裂强度必须足够强,大约在 545MPa(Han et al.,2014),PE 材料的杨氏模量也很重要,它必须较低。通过使用这种工艺可以迅速减少外科手术中药物和激素的释放。但使用这种工艺也有一些局限性,即该过程将降低人体组织的生物降解率并提高抗药性。许多科学家和研究人员发现,PE 材料在干细胞的增殖方面也有很大的潜力,但是,目前还缺乏证据,仍在研究中(Dicker et al.,2014)。

在化疗中,处理好抗癌药物的可持续性和对环境的可控性是很重要的,因此在化疗中常常使用纳米粒子和 PE 生物复合材料(Han et al.,2014)。这种 PE 生物复合材料可以装载抗癌药物,通过将药物集中在癌细胞处而阻止其在人体内集中,最终使肿瘤无法生长。另有研究发现,通过使用纳米颗粒材料可以吞噬癌细胞,并最终将药物包裹起来。

PE 生物复合材料在医疗电子工程中已经被广泛使用了 50 多年(Nakasan et al.,2006)。电子器件中使用 PE 材料有人造血管、缝合环、脏修补网状织物等。这种材料之所以被选择是因为它具有生物特性,可以与人体结合,促进组织的生成(Korol et al.,2015)。这种材料在生物稳定性方面也有潜力,它也被称为纤维化反应,在人体植入过程中可提供快速恢复反应。这些材料的高密度特性也是制造医疗器械的选择标准之一。

3.6.5 医疗应用

PE 生物复合材料除了在生物医学领域应用外,在其他的领域的应用主要集中在牙科和医疗上。生物医学的应用更多的是基于人体的组织、干细胞和骨骼结构。在牙科和医疗应用中，各种类型的 PE 生物复合材料被应用于牙科和医疗的修复和再生。对 PE 生物复合材料的结构进行改性，往往可以提高材料的力学性能和物理性能。PE 材料性能的提高使其在口腔医学和医疗领域得到了广泛的应用，如用于药物载体和组织细胞的支架。

根据 Rosa V 等（2012）的研究，聚合物基材料因其易于成型和可以大规模加工的特点被广泛应用于牙科和医疗领域。然而，在牙科和医疗中使用的一些 PE 材料会诱发炎症反应（Gunatillake and Adhikari，2003）。可以通过将聚合物与石墨烯相关材料共混来提高性能，从而减少 PE 材料的局限性。聚合物与石墨烯的结合可以提高生物活性，激活干细胞分化（Han Xie et al.，2017）。壳聚糖是天然聚合物基材料之一，被应用于组织工程领域，如伤口敷料和组织植入物等。这类聚合物的优点是具有抗菌性，缺点是不具有骨传导性（Croisier and Jerome，2013）。

聚合物基材料在牙科领域得到了广泛应用，如牙科种植体、牙柱、牙弓线和支架、牙桥和牙修复材料等。在这些应用中替代金属基复合材料的主要原因是一些金属基材料的腐蚀性和长期毒性，如用于修补牙的银汞合金。因老化和意外事故造成的牙齿损坏，需要更换原牙齿，考虑使用种植牙，种植牙是永久地替换受损和缺失的牙齿。当种植牙时，先种上牙根，用新的螺钉装上新的牙齿。各种不同类型的材料用于制作螺钉和牙根，如金属基复合材料、聚合物基复合材料。除了种植牙外，最常见的应用是正畸弓丝。正畸牙弓丝通过托架把牙齿固定在一起。托槽和正畸丝通常由金属合金制成，然而，金属基材料会影响一些对金属过敏的患者。聚合物基材料用作金属的涂层，可帮助对金属过敏的患者（Ramakrishna et al.，2001）。总的来说，聚合物基材料或 PE 复合材料在牙科和医学领域的应用前景广阔，其应用数量也在不断增加。

3.7　结论

聚乙烯（PE）生物复合材料作为合成复合材料的主要替代品，具有广阔的发展前景。从产量和产值来看，使用聚乙烯生物复合材料的主要领域是汽车、建筑和建造行业。无论是学术界还是产业界，都在积极地探索 PE 生物复合材料的新市场，并致力于解决目前材料的局限性,其中包括改进现有的制造方法,以提高大规模生产高质量产品和对最终产表面进行精加工的能力,以及探索将聚乙烯与当代天然纤维相结合。此外,还在研究如何提高回收材料中 PE 的利用率,以及如何将 PE 与其他热塑性聚合物混合以生产出更便宜、更耐用的生物复合材料基体。

参考文献

[1] AlMaadeed M. A. , Ouedern M. , Noorunnisa K. P. , 2013. Effect of chain structure on the properties of glass fibre/polyethylene composites. Mater. Design 47, 725 – 730.

[2] AlMaadeed M. A. , Nogellova Z. , Mičušík M. , Novak I. , Krupa I. , 2014. Mechanical, sorption and adhesive properties of composites based on low density polyethylene filled with date palm wood powder. Mater. Design 53, 29–37.

[3] Anis A. , Faiz S. , Al-Zahrani S. M. , 2016. Effects of extrusion parameters on tensile strength of polybenzimidazole fiber-reinforced high density polyethylene composites. J. Polym. Eng. 36(2), 113–118.

[4] Anthony C. , Cheung W. M. , 2017. Cost evaluation in design for end-of-life of automotive components. J. Remanufact. 7(1), 97–111.

[5] Arrakhiz F. Z. , El Achaby M. , Malha M. , Bensalah M. O. , Fassi-Fehri O. , Bouhfid R. , et al. , 2013. Mechanical and thermal properties of natural fibers reinforced polymer composites: doum/low density polyethylene. Mater. Design 43, 200–205.

[6] Asta P. , 2017. Biocomposites: industry continues to invest in new facilities and chases for GreenPremium. Reinforced Plastics 0, 1–3.

[7] Bakonyi P. , Vas L. , 2012. Analysis of the creep behavior of polypropylene and glass fiber reinforced polypropylene composites. Mater. Sci. Forum 729, 302–307.

[8] Balasuriya P. W. , Ye L. , Mai Y. W. , 2001. Mechanical properties of wood flake-polyethylene composites. Part Ⅰ: effects of processing methods and matrix melt flow behavior. Composit. Part A: Appl. Sci. Manufact. 32(5), 619–629.

[9] Barone J. R. , Schmidt W. F. , Liebner C. F. , 2005. Compounding and molding of polyethylene composites reinforced with keratin feather fiber. Composit. Sci. Technol.

65(3),683-692.

[10]Barus S. ,Zanetti M. ,Bracco P. ,Musso S. ,Chiodoni A. ,Tagliaferro A. ,2010. Influence of MWCNT morphology on dispersion and thermal properties of polyethylene nanocomposites. Polym. Degrad. Stabil. 95(5),756-762.

[11]Bledzki A. K. ,Gassan J. ,1999. Composites reinforced with cellulose based fibres. Progress Polym. Sci. 24(2),221-274.

[12]Bledzki A. K. ,Mamun A. A. ,Jaszkiewicz A. ,Erdmann K. ,2010. Polypropylene composites with enzyme modified abaca fibre. Composit. Sci. Technol. 70(5),854-860.

[13]Bonner M. ,Saunders L. S. ,Ward I. M. ,Davies G. W. ,Wang M. ,Tanner K. E. , et al. ,2002. Anisotropic mechanical properties of oriented HAPEX TM. J. Mater. Sci. 37(2),325-334.

[14]Chen Y. ,Qi Y. ,Tai Z. ,Yan X. ,Zhu F. ,Xue Q. ,2012. Preparation,mechanical properties and biocompatibility of graphene oxide/ultrahigh molecular weight polyethylene composites. Europ. Polym. J. 48(6),1026-1033.

[15]Cherian B. M. ,Leão A. L. ,De Souza S. F. ,Costa L. M. M. ,De Olyveira G. M. , Kottaisamy, M. , et al. , 2011. Cellulose nanocomposites with nanofibres isolated from pineapple leaf fibers for medical applications. Carbohyd. Polym. 86 (4), 1790-1798.

[16]Croisier F. ,Jerome C. ,2013. Chitosan-based biomaterials for tissue engineering. Eur. Polym. J. 49,780-792.

[17]Dangsheng X. ,2005. Friction and wear properties of UHMWPE composites reinforced with carbon fiber. Mater. Letters 59(2),175-179.

[18]Dicker M. ,Duckworth P. ,Baker A. ,Francois G. ,Hazzard M. ,Weaver P. , 2014. Green composites:a review of material attributes and complementary applications. Composit. Part A:Appl. Sci. Manufact. 56,280-289.

[19]Dikobe D. G. ,Luyt A. S. ,2017. Thermal and mechanical properties of PP/HDPE/ wood powder and MAPP/HDPE/wood powder polymer blend composites. Thermochim. Acta 654,40-50.

[20]Fadzullah S. H. S. ,Mustafa Z. ,Ramli S. N. R. ,Yaacob Q. A. ,Fatihah A. ,Yusoff

M. ,2016. Preliminary study on the mechanical properties of continuous long pine-apple leaf fiber reinforced PLA biocomposites. Key Eng. Mater. 694,18-22.

[21] Fadzullah S. S. M. ,Mustafa Z. ,2016. Fabrication and processing of pineapple leaf fiber reinforced composites. In: Verma, D. , Jain, S. , Zhang, X. , Gope, P. C. (Eds.), Green Approaches to Biocomposite Materials Science and Engineering. IGI Global,USA,pp. 125-147.

[22] Faruk O. , Bledzki A. K. , Fink H. , Sain M. , 2012. Progress in polymer science biocomposites reinforced with natural fibers: 2000 - 2010. Progress Polym. Sci. 37 (11) ,1552-1596.

[23] Fouad H. ,Elleithy R. ,Al-Zahrani S. M. ,Al-haj Ali M. ,2011. Characterization and processing of high density polyethylene/carbon nano-composites. Mater. Design 32(4) ,1974-1980.

[24] Fouad H. ,Elleithy R. ,Alothman O. Y. ,2013. Thermo-mechanical,wear and fracture behavior of high-density polyethylene/hydroxyapatite nano composite for biomedical applications: effect of accelerated ageing. J. Mater. Sci. Technol. 29 (6) , 573-581.

[25] Genetti W. B. ,Lamirand R. J. ,Grady B. P. ,1998. Wide-angle X-ray scattering study of crystalline orientation in reticulate-doped polymer composites. J. Appl. Polym. Sci. 70(9) ,1785-1794.

[26] George J. ,Sreekala M. ,Thomas S. ,2001. A review on interface modification and characterization of natural fiber reinforced plastic composites. Polym. Eng. Sci. 41 (9) ,1471-1485.

[27] Gunatillake P. A. ,Adhikari R. ,2003. Biodegradable synthetic polymers for tissue engineering. Eur. Cell Mater. 5,1-16.

[28] Gungor A. ,2007. Mechanical properties of iron powder filled high density polyethylene composites. Mater. Design 28(3) ,1027-1030.

[29] Gupta A. ,Tripathi G. ,Lahiri D. ,Balani K. ,2013. Compression molded ultra high molecular weight polyethylene-hydroxyapatite-aluminum oxide-carbon nanotube hybrid composites for hard tissue replacement. J. Mater. Sci. Technol. 29(6) ,514- 522.

[30] Gurunathan T. , Mohanty S. , Nayak S. , 2015. A review of the recent developments in biocomposites based on naturalfibres and their application perspectives. Composit. Part A: Appl. Sci. Manufact. 77, 1-25.

[31] Han S. , Oh H. , Kim S. , 2014. Evaluation of the impregnation characteristics of carbon fiber-reinforced composites using dissolved polypropylene. Composit. Sci. Technol. 91, 55-62.

[32] Han X. , Tong C. , Francisco J. R. L. , Emma K. L. V. , Vinicius R. , 2017. Graphene for the development of the next-generation of biocomposites for dental and medical applications. Dental Mater. 0, 765-774.

[33] Hassan M. M. , Aly R. O. , Hasanen J. A. , El Sayed F. , 2014. The effect of gamma irradiation on mechanical, thermal and morphological properties of glass fiber reinforced polyethylene waste/reclaim rubber composites. J. Ind. Eng. Chem. 20(3), 947-952.

[34] Herrera-Franco P. , Valadez-Gonzalez A. , 2005. A study of the mechanical properties of short natural-fiber reinforced composites. Composit. Part B: Eng. 36(8), 597-608.

[35] Ho M. P. , Wang H. , Lee J. H. , Ho C. K. , Lau K. T. , Leng J. , et al. , 2012. Critical factors on manufacturing processes of natural fibre composites. Composit. Part B: Eng. 43(8), 3549-3562.

[36] Hossen M. F. , Hamdan S. , Rahman M. R. , Islam M. S. , Liew F. K. , Hui Lai J. C. , et al. , 2016. Effect of clay content on the morphological, thermo-mechanical and chemical resistance properties of propionic anhydride treated jute fiber/polyethylene/nanoclay nanocomposites. Measurement 90, 404-411.

[37] Huang X. , Jiang P. , Kim C. , Duan J. , Wang G. , 2008. Atomic force microscopy analysis of morphology of low density polyethylene influenced by Al nano-and microparticles. J. Appl. Polym. Sci. 107(4), 2494-2499.

[38] Huda M. S. , Drzal L. T. , Mohanty A. K. , Misra M. , 2008. Effect of chemical modifications of the pineapple leaf fiber surfaces on the interfacial and mechanical properties of laminated biocomposites. Composit. Interfaces 15(2-3), 169-191.

[39] Inma R. , 2017. Biocomposites for interior facades and partitions to improve air

quality in new buildings and restorations. Reinforced Plastics 0,1-5.

[40] Jaggi H. S. ,Kumar Y. ,Satapathy B. K. ,Ray A. R. ,Patnaik A. ,2012. Analytical interpretations of structural and mechanical response of high density polyethylene/hydroxyapatite bio-composites. Mater. Design(1980-2015)36,757-766.

[41] Jeon K. , Lumata L. , Tokumoto T. , Steven E. , Brooks J. , Alamo R. G. , 2007. Low electrical conductivity threshold and crystalline morphology of single-walled carbon nanotubes - high density polyethylene nanocomposites characterized by SEM,Raman spectroscopy and AFM. Polymer 48(16),4751-4764.

[42] Jia Z. ,Luo,Y. ,Guo B. ,Yang B. ,Du M. ,Jia D. ,2009. Reinforcing and flame-retardant effects of halloysite nanotubes on LLDPE. Polym. - Plastics Technol. Eng. 48(6),607-613.

[43] John M. ,Thomas S. ,2008. Biofibres and biocomposites. Carbohyd. Polym. 71(3), 343-364.

[44] Kakroodi A. R. ,Kazemi Y. ,Rodrigue D. ,2013. Mechanical,rheological,morphological and water absorption properties of maleated polyethylene/hemp composites: effect of ground tire rubber addition. Composit. Part B:Eng. 51,337-344.

[45] Kakroodi A. R. ,Kazemi Y. ,Cloutier A. ,Rodrigue D. ,2015. Mechanical performance of polyethylene(PE)-based biocomposites. In:Misra M. ,Pandey J. ,Mohanty A. (Eds.) , Biocomposites: Design and Mechanical Performance. Woodhead Publishing,UK,pp. 237-256.

[46] Kalaprasad G. , Thomas S. , Pavithran C. , Neelakantan N. R. , Balakrishnan S. , 1996. Hybrid effect in the mechanical properties of short sisal/glass hybrid fiber reinforced low density polyethylene composites. J. Reinforced Plastics Composites 15 (1),48-73.

[47] Khanam P. N. , AlMaadeed M. A. A. , 2015. Processing and characterization of polyethylenebased composites. Adv. Manufact. Polym. Composit. Sci. 1(2),63-79.

[48] Kolosick P. ,Myers G. ,Koutsky J. ,1992. Polypropylene crystallization on maleated polypropylene - treated wood surfaces: effects on interfacial adhesion in wood polypropylene composites,In Proceedings of Materials Research Society Symposium,Vol. 256,137-154.

[49] Korol J. , Lenza J. , Formela K. , 2015. Manufacture and research of TPS/PE bio-composites properties. Composit. Part B:Eng. 68,310−316.

[50] Krupa I. , Cecen V. , Boudenne A. , Prokeš J. , Novák I. , 2013. The mechanical and adhesive properties of electrically and thermally conductive polymeric compos-ites based on high density polyethylene filled with nickel powder. Mater. Design 51,620−628.

[51] Kuila T. , Bose S. , Hong C. E. , Uddin M. E. , Khanra P. , Kim N. H. , et al. , 2011. Preparation of functionalized graphene/linear low density polyethylene com-posites by a solution mixing method. Carbon 49(3),1033−1037.

[52] Kumar N. , Das D. ,2017. Fibrous biocomposites from nettle(Girardinia diversifo-lia) and poly (lactic acid) fibers for automotive dashboard panel application. Composit. Part B:Eng. 130,54−63.

[53] Ladizesky N. H. ,Ward I. M. ,Bonfield W. ,1997. Hydrostatic extrusion of polyeth-ylene filled with hydroxyapatite. Polym. Adv. Technol. 8(8),496−504.

[54] Lai S. M. ,Yeh F. C. ,Wang Y. ,Chan H. C. ,Shen H. F. ,2003. Comparative study of maleated polyolefins as compatibilizers for polyethylene/wood flour composites. J. Appl. Polym. Sci. 87(3),487−496.

[55] Lau K. ,Ho M. ,Au−Yeung C. ,Cheung H. ,2010. Biocomposites:their multifunc-tionality. Int. J. Smart Nano Mater. 1(1),13−27.

[56] Li B. , He J. , 2004. Investigation of mechanical property,flame retardancy and thermal degradation of LLDPE−wood−fibre composites. Polym. Degrad. Stabil. 83 (2),241−246.

[57] Li R. K. Y. , Liang J. Z. , Tjong S. C. , 1998. Morphology and dynamic mechanical properties of glass beads filled low density polyethylene composites. J. Mater. Processing Technol. 79(1),59−65.

[58] Liu H. ,Wu Q. ,Zhang Q. ,2009. Preparation and properties of banana fiber−rein-forced composites based on high density polyethylene(HDPE)/Nylon−6 blends. Bioresour. Technol. 100(23),6088−6097.

[59] Lu N. ,Oza S. ,2013. Thermal stability and thermo−mechanical properties of hemp−high density polyethylene composites:effect of two different chemical modifica-

tions. Composit. Part B:Eng. 44(1),484-490.

[60]Mansor M. R. ,Sapuan M. S. ,Zainudin E. S. ,Nuraini A. A. ,Hambali A. ,2015. Life Cycle Assessment of Natural Fiber Polymer Composites. In:Hakeem K. R. , Jawaid M. ,Alothman O. Y. (Eds.),Agricultural Biomass Based Potential Materials. Springer International Publishing,London,pp. 121-141.

[61]Matuana L. M. ,Li Q. ,2004. Statistical modeling and response surface optimization of extruded HDPE/wood-flour composite foams. J. Thermoplastic Composit. Mater. 17(2),185-199.

[62]McNally T. ,Pötschke P. ,Halley P. ,Murphy M. ,Martin D. ,Bell S. E. ,et al. , 2005. Polyethylene multiwalled carbon nanotube composites. Polymer 46(19), 8222-8232.

[63]Merkel K. ,Rydarowski H. ,Kazimierczak J. ,Bloda A. ,2014. Processing and characterization of reinforced polyethylene composites made with lignocellulosic fibres isolated from waste plant biomass such as hemp. Composit. Part B:Eng. 67, 138-144.

[64]Miah M. J. ,Ahmed F. ,Hossain A. ,Khan A. H. ,Khan M. A. ,2005. Study on mechanical and dielectric properties of jute fiber reinforced low-density polyethylene (LDPE)composites. Polym. -Plastics Technol. Eng. 44(8-9),1443-1456.

[65]Mittal V. ,Luckachan G. ,Matsko N. ,2013. PE/chlorinated-PE blends and PE/ chlorinated-PE/graphene oxide nanocomposites:morphology, phase miscibility, and interfacial interactions. Macromol. Chem. Phys. 215(3),255-268.

[66]Mohan T. P. ,Kanny K. ,2012. Effect of nanoclay in HDPE-glass fiber composites on processing,structure,and properties. Adv. Composit. Mater. 0,315-331.

[67]Nakason C. ,Saiwari S. ,Kaesaman A. ,2006. Rheological properties of maleated natural rubber/polypropylene blends withphenolic modified polypropylene and polypropyleneg-maleic anhydride compatibilizers. Polym. Testing 25(3),413-423.

[68]Natural fiber application in the Mercedes-Benz 2017,accessed online from http:// www. naturalfibersforautomotive. com/? p=22.

[69]Natural fiber composites market 2017,accessed online from http://www. market-

sandmarkets. com/PressReleases/natural-fiber-composites. asp.

[70] Ou R. , Xie Y. , Wang Q. , Sui S. , Wolcott M. P. , 2014. Thermal, crystallization, and dynamic rheological behavior of wood particle/HDPE composites: effect of removal of wood cell wall composition. J. Appl. Polym. Sci. 131(11) ,40331.

[71] Park S. , Kim B. , Jeong H. , 1990. Morphological, thermal and rheological properties of the blends polypropylene/nylon-6, polypropylene/nylon-6/(maleic anhydride-g-polypropylene) and (maleic anhydride-g-polypropylene)/nylon-6. Europ. Polym. J. 26(2) ,131-136.

[72] Pickering K. L. , Efendy M. A. , Le T. M. , 2016. A review of recent developments in natural fibre composites and their mechanical performance. Composit. Part A: Appl. Sci. Manufact. 83,98-112.

[73] Powell T. , Panigrahi S. , Ward J. , Tabil L. G. , Crerar W. J. , Sokansanj S. , 2002. Engineering properties of flax fiber and flax fiber-reinforced thermoplastic in rotational molding. In Proceedings of ASAE/CSAE North-Central Intersectional Meeting, Canada.

[74] Prajer M. , Ansell M. P. , 2014. Bio-composites for structural applications: poly-L-lactide reinforced with long sisal fiber bundles. J. Appl. Polym. Sci. 131(21) ,1-13.

[75] Ramakrishna S. , Mayer J. , Wintermantel E. , Leong, K. W. , 2001. Biomedical applications of polymer-composite materials: a review. Composit. Sci. Technol. 61, 189-1224.

[76] Ramesh M. , Palanikumar K. , Reddy K. , 2017. Plant fibre based bio-composites: sustainable and renewable green materials. Renew. Sustain. Energy Rev. 79,558-584.

[77] Ramli S. , Fadzullah S. , Mustafa Z. , 2017. The effect of alkaline treatment and fiber length on pineapple leaf fiber reinforced poly lactic acidbiocomposites. Jurnal Teknologi 79(Special Issue,1) ,5-2.

[78] Reddy M. M. , Vivekanandhan S. , Misra M. , Bhatia S. K. , Mohanty A. K. , 2013. Biobased plastics and bionanocomposites: current status and future opportunities. Progress Polym. Sci. 38(10-11) ,1653-1689.

［79］Rosa V. , Della Bona A. , Cavalcanti B. N. , Nor J. E. , 2012. Tissue engineering: from research to dental clinics. Dental Mater. 28,341-348.

［80］Rusu M. , Sofian N. , Rusu D. , 2001. Mechanical and thermal properties of zinc powder filled high density polyethylene composites. Polym. Testing 20(4),409-417.

［81］Sanyang M. L. , Sapuan S. M. , Jawaid M. , Ishak M. R. , Sahari,J. , 2016. Recent developments in sugar palm(Arenga pinnata)based biocomposites and their potential industrial applications:a review. Renew. Sustain. Energy Rev. 54,533-549.

［82］Sarasini F. , 2017. Thermoplastic biopolymer matrices for biocomposites. In: Ray, D. (Ed.), Biocomposites for High-Performance Applications:Current Barriers and Future Needs Towards Industrial Development. Woodhead Publishing, United Kingdom,pp. 81-124.

［83］Sarkhel G. , Choudhury A. , 2008. Dynamic mechanical and thermal properties of PE-EPDM based jute fiber composites. J. Appl. Polym. Sci. 108(6),3442-3453.

［84］Siaotong B. A. C. , Tabil L. G. , Panigrahi S. A. , Crerar W. J. , 2010. Extrusion compounding of flax-fiber-reinforced polyethylene composites:effects of fiber content and extrusion parameters. J. Nat. Fibers 7(4),289-306.

［85］Singh S. , Mohanty A. K. , Sugie T. , Takai Y. , Hamada H. , 2008. Renewable resource based biocomposites from natural fiber and polyhydroxybutyrate-co-valerate (PHBV)bioplastic. Composit. Part A:Appl. Sci. Manufact. 39(5),875-886.

［86］Soroudi A. , Jakubowicz I. , 2013. Recycling of bioplastics, their blends and biocomposites:a review. Europ. Polym. J. 49(10),2839-2858.

［87］Tang W. , Santare M. H. , Advani S. G. , 2003. Melt processing and mechanical property characterization of multi-walled carbon nanotube/high density polyethylene(MWNT/HDPE)composite films. Carbon 41(14),2779-2785.

［88］Tanniru M. , Misra R. D. K. , 2005. On enhanced impact strength of calcium carbonatereinforced high-density polyethylene composites. Mater. Sci. Eng. A 405 (1),178-193.

［89］Taufiq M. J. , Mansor M. R. , Mustafa Z. , Nordin M. N. A. , 2017. The tensile properties characterisation on recycled polypropylene and polyethylene blend. In Proceedings of Mechanical Engineering Research Day 2017, pp. 379-380.

[90] The Editors of Encyclopædia Britannica, 2017. Polyethylene(PE).

[91] Todd A. D., Bielawski C. W., 2013. Thermally reduced graphite oxide reinforced polyethylene composites: a mild synthetic approach. Polymer 54(17), 4427-4430.

[92] Toyota Boshoku develops new automobile interior parts utilizing plant-based kenaf material, 2017 accessed online from http://www.toyota-boshoku.com/common/global/pdf/120209e.pdf.

[93] Varshney D., Debnath K., Singh I., 2014. Mechanical characterization of PP and PE based natural fiber reinforced composites. Int. J. Surface Eng. Mater. Technol. 4 (1), 16-23.

[94] Wang B., 2004. Pretreatment of flax fibers for use in rotationally molded composites. Unpublished M. Sc. thesis. Saskatoon, SK: Department of Agriculture and Bioresource Engineering, University of Saskatchewan.

[95] Wang B., Li H., Li L., Chen P., Wang Z., Gu Q., 2013. Electrostatic adsorption method for preparing electrically conducting ultrahigh molecular weight polyethylene/graphene nanosheets composites with a segregated network. Composit. Sci. Technol. 89, 180-185.

[96] Wang K. H., Chung I. J., Jang M. C., Keum J. K., Song H. H., 2002. Deformation behavior of polyethylene/silicate nanocomposites as studied by real-time wide-angle X-ray scattering. Macromolecules 35(14), 5529-5535.

[97] Wang M., Ladizesky N. H., Tanner K. E., Ward I. M., Bonfield W., 2000. Hydrostatically extruded HAPEX™. J. Mater. Sci. 35(4), 1023-1030.

[98] Wilson A., 2017. Vehicle weight is the key driver for automotive composites. Reinforced Plastics 61(2), 100-102.

[99] Wu C., 2013. Preparation, characterization and biodegradability of crosslinked tea plantfibre - reinforced polyhydroxyalkanoate composites. Polym. Degrad. Stabil. 98 (8), 1473-1480.

[100] Xie Y., Hill C. A. S., Xiao Z., Militz H., Mai C., 2010. Silane coupling agents used for natural fiber/polymer composites: a review. Composit. Part A: Appl. Sci. Manufact. 41(7), 806-819.

[101] Yan L. , Chouw N. , Jayaraman K. , 2014. Effect of column parameters on flax FRP confined coir fibre reinforce concrete. Construct. Building Mater. 55, 299 – 312.

[102] Yan L. , Chouw N. , Huang L. , Kasal B. , 2016. Effect of alkali treatment on microstructure and mechanical properties of coir fibres, coir fibre reinforced polymer composites and reinforced – cementitious composites. Construct. Building Mater. 112, 168–182.

[103] Yang H. S. , Kim H. J. , Park H. J. , Lee B. J. , Hwang T. S. , 2006. Water absorption behavior and mechanical properties of lignocellulosic filler–polyolefin bio – composites. Composit. Struct. 72(4), 429–437.

[104] Younesi M. , Bahrololoom M. E. , 2009. Effect of temperature and pressure of hot pressing on the mechanical properties of PP–HA bio–composites. Mater. Design 30(9), 3482–3488.

[105] Yuan Q. , Wu, D. , Gotama J. , Bateman S. , 2008. Wood fiber reinforced polyethylene and polypropylene composites with high modulus and impact strength. J. Thermoplastic Composit. Mater. 21(3), 195–208.

[106] Zhang Q. , Rastogi S. , Chen D. , Lippits D. , Lemstra P. J. , 2006. Low percolation threshold in single–walled carbon nanotube/high density polyethylene composites prepared by melt processing technique. Carbon 44(4), 778–785.

[107] Zhang J. , Park C. B. , Rizvi G. M. , Huang H. , Guo Q. , 2009. Investigation on the uniformity of high–density polyethylene/wood fiber composites in a twin–screw extruder. J. Appl. Polym. Sci. 113(4), 2081–2089.

4. 乙烯基聚合物复合材料注射成型参数的优化方法

S. A. N. Mohamed[1], E. S. Zainudin[1], S. M. Sapuan[1],
M. D. Azaman[2] and A. M. T. Arifin[3]

[1] *博特拉大学,马来西亚沙登*
[2] *马来西亚玻璃市大学,马来西亚阿劳*
[3] *敦胡先翁大学,马来西亚巴株巴辖*

4.1 引言

随着人们的环境意识和可持续发展意识不断提高,使用天然纤维代替玻璃等合成纤维作为聚合物复合材料的增强材料越来越受到人们的关注。天然纤维具有价格低、可持续性、密度低和对加工机械磨损小等优点(Nordin et al. ,2013)。此外,天然纤维是可生物降解、可循环利用的,因此,人们能以环境可接受的方式回收其能量。

复合材料由嵌入基体(聚合物)内的增强纤维、薄片、颗粒和/或填料组成。复合材料强度由增强材料提供,而基体则使纤维保持理想形状并能使载荷从一根纤维转移到另一根纤维(Kenechi et al. ,2016)。因此,在工程应用中使用复合材料部分替代现有的非金属、金属和合金的方法被开发出来。相比碳纤维和玻璃等传统无机填料,天然纤维具有以下优势:①资源丰富,价格便宜;②可生物降解;③加工过程中柔韧性好,对机器磨损小;④对健康危害小;⑤密度低;⑥具有理想的纤维长宽比;⑦有相对较高的拉伸强度和弯曲模量。将聚合物(热塑性和热固性)基体与柔韧而轻质的天然纤维相结合,可制造出具有高强度和比刚度的复合材料。天然纤维的可再生和可生物降解的特性,使通过分解或焚烧处理复合材料成为可能。但这些方法不适用于大多数工业纤维。

天然纤维聚合物复合材料可以由适用于热塑性塑料生产和传统纤维增强聚合物复合材料的传统制造工艺生产,如真空注射、树脂传递模塑成型、模压成型、混合、直接挤出和注射成型(Jauhari et al.,2015)。图 4.1 总结了各种适合天然纤维的制造工艺。这些工艺已经很成熟,可以生产质量可控的复合材料。目前,为了满足电子、医疗和汽车等各种消费产品快速增长的市场需求,注射成型是最常用的塑料组件批量生产技术。此外,最终产品的优异表面光洁度和良好的尺寸精度也进一步证明了注射成型工艺的价值。

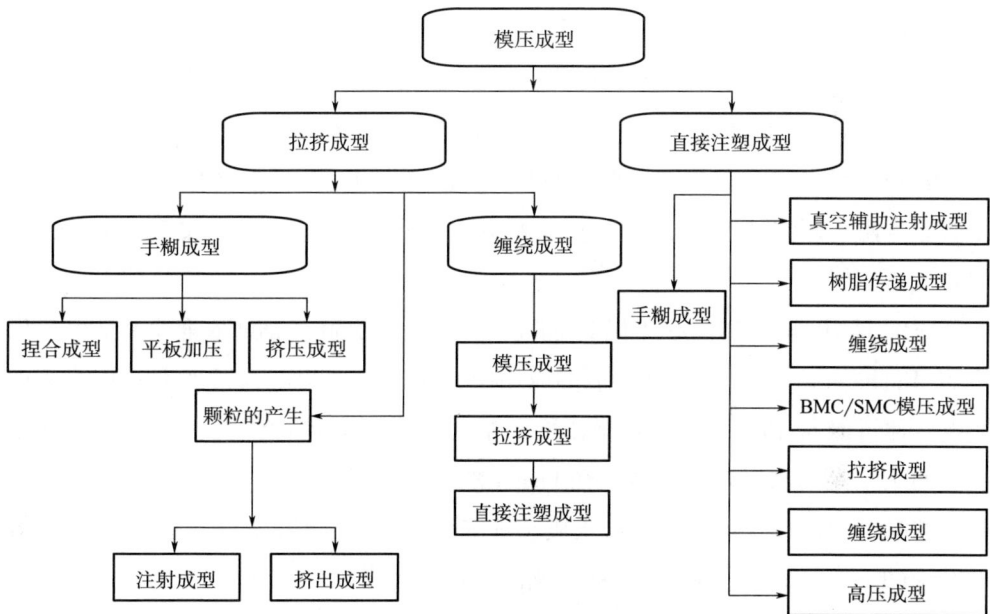

图 4.1 适合天然纤维的制造技术类型

塑料注射成型行业的首要任务是优化最佳工艺参数,因为工艺直接影响产品质量和成本(Deiwedi et al.,2015)。将制备零件所需的材料送入加热的料筒中混合,然后压入模具型腔,在其中冷却并硬化为成型腔的形状。由于市场的波动性和竞争的激烈性使传统的试错法制造工艺已经不能充分满足全球化的需求。田口(Taguchi)方法因其实用性和稳健性已被成功地应用于多参数实验设计中(Fei et al.,2013)。专家们已经认识到该方法是优化参数的设定、预测和解决注塑件中经常出现的质量问题的好方法。

4.2 实验设计综述

统计学方法在实验中的系统应用称为实验设计(DOE)方法,其目的是实现和改进产品质量或生产工艺,即在实验中按适当的顺序进行的一系列测试(Chavda et al.,2014)。这个过程主要由计划、实施和分析/解释三个阶段组成(Ghag and Rio, 2015)。在科学和工程领域改进产品生产工艺过程中,实验设计方法得到了广泛的应用。特别是在工艺开发阶段,应用这些实验设计技术具有许多优势,如可提高产量、降低变异性、更接近于技术指标或目标要求、缩短研制时间和降低总成本(An, 2010)。在制造过程中,产品生产过程是提高产品性能和质量、降低成本、缩短产品设计和开发时间的一个非常重要的阶段((Rawal and Inamdar,2014)。因此,这种方法非常便于评估基本方案的设计、材料的选择和参数的设计,以实现产品的稳定性和最佳性能。

DOE 是 20 世纪 20~30 年代 Ronald A. Fisher 在 Rothamsted 农业实验研究站发明的(Rocha et al.,2015)。在早期的应用中,他的目的是确定多个变量同时带来的影响。通过研究,Fisher 发现影响作物产量的重要因素包括天气(晴天、雨天和湿度)、每天充足的水资源和肥料。在 Fisher 的第一本书中展示了如何在干扰因素存在的情况下,有效地从诸如温度、土壤条件和降雨量等自然波动的实验中得出有效的结论(Tanco et al.,2009)。这些干扰因素被称为噪声变量,它们作为影响总体结果的离群值。同时,未知的噪声作为结果中的随机离群值,称为固有变异性或固有噪声(Telford,2007)。尽管实验设计方法最早是在农业背景下使用的,但自 20 世纪 40 年代以来,该方法已经成功地应用于军事和工业领域。

表 4.1 简要总结了各种方法及适用性。适用性一栏并不意味着存在限制性,因为 DOE 技术在很大程度上取决于资源的可获得性、问题的复杂性和实验者的敏感性。假设所有变量都是相互关联的,DOE 技术可以同时识别所有输入变量的所有可能交互作用。通过对可能性的进一步分析可以得出结论和目的,这种方法也称为全因子实验。为了最大限度地减少实验次数,可采用部分因子设计,即只需要充分选择全因子实验中部分因子进行实验。

表 4.1　DOE 方法概要表(Cavazzuti,2012)

方法	适用性
完全随机区组(RCBD)	使用区块化技术关注主因素
Latin 方阵	关注成本低的主因子
全因子试验方法	计算主要效应和交互效应,建立响应面
部分因子试验方法	估计主要效应和交互效应
中心组合试验方法	建立响应面
Box-Behnken 试验方法	建立二次响应面
Plackett-Burman 试验方法	估计主要影响
田口(Taguchi)试验方法	解决噪声变量的影响
随机试验方法	建立响应面
Halton 序列、Faure 法、Sobol 序列试验方法	建立响应面
Latin 超立方体序列试验方法	建立响应面
优化设计	建立响应面

　　尽管 DOE 中列举了各种方法,但田口法始终是首选。为了提高产品的质量,这种方法强调参数的平均值接近目标值,而不是在一定规格范围内限定的某一值。此外,田口法是一种简单的实验设计工具,是直接把正交矩阵(OA)应用在许多工程中,特别是制造工艺参数的选择决策中。这种替代方法成功地取代了传统的试错法,因为传统的试错法通常需要通过大量重复试验来确定重要参数。

4.3　田口法的基本原理

　　20 世纪 40 年代末,日本电子控制实验室研究员田口纯一(Genechi Taguchi)博士利用 DOE 技术进行了一项重要研究。他投入了大量的精力来提高这种试验技术的用户友好性(应用的方便性)。他还利用这项技术提高了制造产品的质量。田口博士的 DOE 标准化形式称为田口法(Taguchi)或田口设计法,于 20 世纪 80 年代初在美国首次提出。时至今日,它被认为是工程师在各种制造活动中使用的最有效的质量构建工具之一。与田口法一起使用的 DOE 技术可以经济地满足产品/工艺设计优化的需求(Ghani et al. ,2013)。通过学习和实施该技术,科学家、工程师和研究人员能够大幅减少试验研究所需的时间。田口法的重点是利用工程知识进行试验规划以寻找满足目标的解决方案。使用田口法得到的试验结果具有以下优点:①重复性好;②便于确定实验变量;③实验次数较少;④分析很容易理解。

田口法是一种独特的实验设计方法,它可以通过将简单的函数计算与 OAs 相结合来提高工艺和产品设计的效率(Majumdar and Ghosh,2015)。田口法也可以通过参数设计来提高产品质量,它能够通过定义目标函数来实现产品的质量改善,需要确定目标函数中的水平和因子,并实施 OAs 来了解试验因子的分配以及所需时间,以便进行较少的试验来获得只有通过全因子试验才能获得的相同的信息(Kamaruddin et al. ,2010)。因此,只需要对少量的试验数据进行分析就可以有效提高产品质量。田口法使用的主要工具是信噪比(S/N)和 OAs。

因此,研究重点是通过方差分析(ANOVA)来了解各种重要因素对公差设计的影响,并根据获得最稳健设计和最佳质量所需的成本来确定不同重要因素的公差,从而减少产品性能的变异性(Manjunah et al. ,2015)。方差分析用来评价、识别和量化不同试验结果的来源。方差分析的基本思想是总方差平方和(SS)等于所有条件参数和误差分析的方差平方和,如式(4.1)~式(4.3)所示。

$$SS_T = SS_S + SS_t + SS_t + SS_e \tag{4.1}$$

$$SS_T = \sum_{i=1}^{n} y_i^2 - \frac{G^2}{n} \tag{4.2}$$

式中:G 是所有试验结果数据的总和,n 是试验总次数。

$$SS_k = \sum_{j=1}^{t} \left(\frac{S_{yj}^2}{t} \right) - \frac{G^2}{n} \tag{4.3}$$

式中:k 代表一个被测试参数,j 为该参数的级别数,S_{yj} 为所有涉及该参数 k 在 j 级的试验结果的和,n 为试验运行的总次数。

在优化过程中选择合适的 OA 以确定各种因素的相对影响大小和最佳水平。因此,这些参数与总自由度(DOF)有关。DOF 的定义是为了确定更好的水平,并具体确定其他参数的更好程度,必须在工艺参数之间进行比较的数量。相对于全因子设计,由于田口法采用了 OA 技术,能够用最少的试验量解决上述问题(Chomsamutr and Jongprasithporn,2012)。应用田口法时,可以研究参数间的相互作用和显著影响。通过实验获得最佳参数设置值,为田口法的可行性提供重要依据。

因此,工艺流程、实验设计和操作步骤确保了试验结果的有效性,意味着工艺参数设置达到了最优。一旦确定了影响可控制过程的参数,就应确定必须在何种水平上改变这些参数。在确定测试变量的水平时,需要对测试过程有深入了解,包括参数的最大值、最小值和当前值。如果参数的最小值和最大值相差很大,则测试的数值间隔需要进一步缩小,或者需要测试更多的数据。如果参数的范围很小,那么测试的参数数值需要更少,或者需要测试的数值必须更接近。表4.2显示了必须使用的数组选择器,以确定需要执行的适当实验,从而定义所涉及的重要参数。为了提高试验效率,通常选择L_{18}混合正交表。此外,每个水平包括高、中、低三个水平。

表 4.2　阵列选择(Valli and Jindal,2014)

参数数量	水平数														
	2	3	4	5	6	7	8	9	10	11	12	13	14	15	16
2	L4	L4	L8	L8	L8	L12	L12	L12	L12	L18	L18	L18	L18	L32	L32
3	L9	L9	L9	L18	L18	L18	L27	L27	L27	L27	L27	L36	L36	L36	L36
4	L16	L16	L16	L16	L32	L32	L32	L32	L32						
5	L25	L25	L25	L25	L25	L50	L50	L50	L50	L50	L50				

参数数量	水平数														
	17	18	19	20	21	22	23	24	25	26	27	28	29	30	31
2	L32	L32	L32	L32	L32	L32	L32	L32	L32	L32	L32	L32	L32	L32	L32
3	L36	L36	L36	L36	L36	L36	L36								
4															
5															

为了提高25%低密度聚乙烯和75%聚丙烯(PP)混合塑料生产的注射成型产品(塑料托盘)的质量(收缩率),采用田口法对注射成型工艺参数进行了优化研究。在本研究中,除了注射速度只有两个水平外,其他每个参数都有三个水平。因此,参数的总DOF为11个。对于OA来说,DOF至少要等于或大于工艺参数的个数。因此,以8列18行的$L_{18}(2^1 \times 3^7)$OA为例,对注射成型工艺参数进行优化。每一行代表不同参数和参数水平组合的试验,这些试验进行的顺序是随机的。

为了在可控的情况下测量质量特性的灵敏度,可以测定信噪比。术语"信号"表示理想的效果(平均值),"噪声"表示在输出特性中观察到的不理想效果(信号干扰),噪声因素是外部影响因素输出的结果。任何试验的目标总是确定结果中可能的最高信噪比。这表示信号要明显高于最小方差或噪声因素的随机影响。对于多次运行试验，田口博士强烈建议对分析中的相同步骤使用信噪比。信噪比被认为是一个同时发生事件的质量指标，它与损失函数有关。人们可以通过最大信噪比使相关损失最小化。在给定结果变化范围内，信噪比是用于建立一组最稳健的操作条件的考察因素。方法是通过计算目标函数将其转化为信噪比，根据田口法的定义，质量特征的信噪比有三个特征：①信噪比越大越好；②参数越多越好；③信噪比越小越好(Cheng and Huang，2016)。

在零件生产过程中面临的一个重要问题是优化注射成型零件的收缩率。可使用 Minitab 软件对结果进行分析。方差分析和信噪比被用来确定导致收缩的最显著因素。由于实验的目的是使收缩最小，因此选择了"越小越好"的信噪比(Radhwan et al.，2015)。Cheng 和 Huang(2016)利用田口法研究注射成型中的翘曲。由于该研究的目的是为了降低翘曲，因此选择信噪比的特性为"越小越好"(Singh et al.，2015)，用式(4.4)表示。

$$S/N = -10\log\left[\frac{1}{n}\sum_{i=1}^{n}y_i^2\right] \tag{4.4}$$

式中：y_i 表示观察值，n 表示一次试验中的测试次数。

4.4 田口法在乙烯基聚合物复合材料注射成型中的应用

大多数对天然纤维复合材料的研究都集中在天然复合材料的力学性能试验上。复合材料工艺和组成等参数与力学性能之间的相关性对设计满足各种功能要求的复合材料非常重要。然而，某些参数仍然不能很好地结合在一起对力学性能产生有利影响，如强度—载荷参数。为了解决这个问题，采用田口法对所选参数进行优化，以生产出性能最佳的复合材料。田口法对天然纤维的参数进行优化，使其在拉伸强度性能方面达到最佳效果。

对利用天然纤维作为可再生聚合物的增强材料和通过注射成型生产复合材料的可行性已经进行了大量研究。对于复合材料来说，注射成型是一种将一定量的含有纤维和熔融聚合物的混合物强制注入模具型腔的过程。为了生产出质量良好的塑料成品，必须优化灌料时间、循环时间、冷却时间、注射压力、注射时间、填充时间、保持压力、填充压力、模具温度和熔融温度等工艺参数。其中熔融温度、填充压力、注射保压压力和填充时间对注射件的质量和力学性能有显著影响(Megat-Yusoff et al.,2011)。

温度对任何材料的微观结构形成都有很大的影响。微观结构内的任何变化都会直接影响材料的性能,包括模量和拉伸强度等力学性能。温度对油棕空果串与高密度聚乙烯复合材料的影响的研究表明,提高注射温度会对复合材料拉伸强度和弯曲产生不利影响(Sanap et al.,2016)。注射温度每提高 20℃,拉伸强度下降 5%,断裂强度也有类似的趋势,较高的注射温度导致断裂强度显著下降。研究表明,该注射参数对复合材料的断裂、拉伸和弯曲强度有负面影响。使用高注射温度会导致纤维的热降解。其他性能,如应变、冲击强度和弹性模量也会降低。因此,为了生产具有良好性能的复合材料,必须采取保证聚合物能很好熔融的较低注射温度。

注射成型的保压压力也会影响复合材料的断裂强度。随着保压压力的增加,复合材料的断裂强度增加。然而,进一步增加压力可能会降低断裂强度。这是由于保压压力的增加导致聚合物链的分子取向增加,进而使复合材料内结晶度提高,大多数纤维沿拉伸轴排列。由于这种影响,复合材料被认为是各向异性的,这也解释了拉伸性能的改善。但是,如果保压压力超过最佳水平,复合材料的分子链将过度堆积,导致结晶度和链缠结减少,断裂强度降低。

在注射成型过程中,翘曲和收缩是决定产品最终尺寸的两个主要属性。通过注射成型的天然纤维增强生物复合材料,由于收缩和翘曲缺陷的存在,经常会在产品部件中出现形状或尺寸的差异(Wu et al.,2013)。因此,在将生物复合材料应用于引擎盖之前,尽量减少最终产品的翘曲和收缩至关重要。收缩是指注射产品的几何尺寸缩小,均匀收缩意味着产品不会变形或变形很小,而翘曲是指当收缩不均匀时,产品发生形状变化或变形。注射件的翘曲和收缩往往受到材料特性、模具设计、产品形状和加工条件的影响。因此,通过优化工艺条件来降低生物复合材料的收缩率和翘曲率是进一步研究的方向。

许多研究人员已经对加工工艺如何影响注射件的翘曲和收缩进行了研究。这些研究表明,填充压力和注射温度是影响注射件翘曲和收缩的重要工艺变量。对于大多数聚合物来说,在注射成型过程中较高的填料压力和注塑温度可以减少收缩和翘曲。Wu 等(2013)研究了熔体温度、注射时间、填料压力和冷却时间等工艺参数对翘曲问题的影响。他们发现,随着冷却时间、注射时间和填料压力的增加,翘曲部件数量有所减少(Bociga et al. ,2010)。当填料压力达到 45MPa 时,零件中由应力引起的翘曲缺陷更加明显。因为聚合物在较高的温度下比在较低的温度下收缩更强烈,因此在模具内零件冷却时产生的温差会导致零件变形。这也是由于弯曲力矩的不同而发生收缩差异引起的变形结果。零件靠在模具"热"侧的变得凹陷,而在模具"冷"侧的变得凸起。

4.5 结论

在质量工程中应用的田口法非常强调降低变异是提高质量的主要途径,以设计出在性能方面不受外部工艺条件影响的产品。该方法是设计一套表格,以确保以最少的试验次数对主要变量及其相互作用进行研究。田口法不会因个案而改变,它能够为经常变化的情况提供一个稳定的标准。还有人指出,田口法与以人为本的质量评价方法高度兼容。可以通过田口法将参数优化到特定的可接受水平来确定注射成型的重要参数,并研究它们如何影响生物复合材料的力学性能和质量。熔融温度、填料压力、注射保压压力和填料时间是影响翘曲和收缩缺陷的重要参数,也决定了复合材料的力学性能。这项工作还有待进一步开展,因为仍可以通过少量的试验优化生产时间、成本等注射工艺参数。

参考文献

[1] An T. J. S. ,2010. DOE based statistical approaches in modeling of laser processing-review & suggestion. Int. J. Eng. Technol. IJET-IJENS 10(4) ,1-7.

[2] Bociga E. , Jaruga T. , Lubczyñska K. , Gnatowski A. , 2010. Warpage of injection moulded parts as the result of mould temperature difference. Arch. Mater. Sci. Eng. 44,28-34.

[3] Cavazzuti M. , 2012. Optimization Methods:From Theory to Design Scientific and Technological Aspects in Mechanics. Springer-Verlag,Berlin.

[4] Chavda S. P. , Desai J. V. , Patel T. M. , 2014. A review on optimization of MIG

welding parameters using Taguchi's DOE method. Int. J. Eng. Manage. Res. 4 (1) , 16-21.

[5]Cheng D. C. , Huang C. K. , 2016. Study of injection molding warpage using analytic hierarchy process and Taguchi method. Adv. Technol. Innovation 1(2) ,46-49.

[6]Chomsamutr K. , Jongprasithporn S. , 2012. Optimization parameters of tool life model using the Taguchi approach and response surface methodology. IJCSI Int. J. Comput. Sci. Issues 9(1) ,3.

[7]Dwiwedi A. K. , Kumar S. , Rahbar N. N. , Kumar D. , 2015. Practical application of Taguchi method for optimization of process parameters in Injection Molding Machine for PP material. Int. Res. J. Eng. Technol. 2(4) ,264-268.

[8]Fei N. C. , Mehat N. M. , Kamaruddin S. , 2013. Practical applications of Taguchi method for optimization of processing parameters for plastic injection moulding: a retrospective review. ISRN Ind. Eng. 2013.

[9]Ghag M. J. , Rao M. V. , 2015. Review on optimization techniques such as DOE and GRA used for process parameters of resistance spot welding. Int. J. Sci. Res. 4(6) , 701-705.

[10]Ghani J. A. , Jamaluddin H. , Ab Rahman M. N. , Deros, B. M. , 2013. Philosophy of Taguchi approach and method in design of experiment. Asian J. Sci. Res. 6(1) , 27-37.

[11]Jauhari N. , Mishra R. , Thakur H. , 2015. Natural fibre reinforced composite laminates-a review. Mater. Today Proc. 2(4-5) ,2868-2877.

[12]Kamaruddin S. , Khan Z. A. , Foong S. H. , 2010. Application of Taguchi method in the optimization of injection moulding parameters for manufacturing products from plastic blend. Int. J. Eng. Technol. 2(6) ,574.

[13]Kenechi N. O. , Linus C. , Kayode A. , 2016. Utilization of rice husk as reinforcement in plastic composites fabrication – a review. Am. J. Mater. Synth. Process. 1 (3) ,32-36.

[14]Majumdar A. , Ghosh D. , 2015. Genetic algorithm parameter optimization using Taguchi Robust design for multi-response optimization of experimental and historical data. Int. J. Comp. Appl. 127(5) ,26-32.

[15] Manjunath G. B. , Vijaykumar T. N. , Bharath K. N. , 2015. Optimization of notch parameter on fracture toughness of natural fiber reinforced composites using Taguchi method. J. Mater. Sci. Surf. Eng. 3(2) ,244-248.

[16] Megat-Yusoff P. S. M. , Latif M. A. , Ramli M. S. , 2011. Optimizing injection molding processing parameters for enhanced mechanical performance of oil palm empty fruit bunch high density polyethylene composites. J. Appl. Sci. 11(9) ,1618-1623.

[17] Nordin N. A. , Yussof F. M. , Kasolang S. , Salleh Z. , Ahmad M. A. , 2013. Wear rate of natural fibre:long kenaf composite. Proc. Eng. 68,145-151.

[18] Radhwan H. , Mustaffa M. T. , Annuar A. F. , Azmi H. , Zakaria M. Z. , Khalil A. N. M. ,2015. An optimization of shrinkage in injection molding parts by using Taguchi method. J. Adv. Res. Appl. Mech. 10(1) ,1-8.

[19] Rawal M. R. , Inamdar K. ,2014. Review on various optimization techniques used for process parameters of resistance spot welding. Int. J. Curr. Eng. Technol. 3, 160-164.

[20] Rocha M. K. ,Silva L. M. F. ,de Oliveira A. J. ,Duarte A. L. ,Mendes A. F. ,Silva M. B. ,2015. The design of experiment application(DOE) in the beneficiation of cashew chestnut in northeastern Brazil. Am. J. Theor. Appl. Stat. 4(1) ,6-14.

[21] Sanap P. ,Dharmadhikari H. M. ,Keche A. J. ,2016. Optimization of plastic moulding by reducing warpage with the application of Taguchi optimization technique & addition of ribs in washing machine wash lid component. IOSR J. Mech. Civil Eng. (IOSR-JMCE) 13(5) ,61-68.

[22] Singh G. , Pradhan M. K. , Verma A. , 2015. Effect of injection moulding process parameter on tensile strength using Taguchi method. World Acad. Sci. Eng. Technol. Int. J. Mech. Aerospace Ind. Mech. Manuf. Eng. 9(10) ,1837-1842.

[23] Tanco M. , Viles E. , Pozueta L. ,2009. Comparing different approaches for design of experiments (DoE). Adv. Electr. Eng. Computat. Sci. 39,611-621.

[24] Telford J. K. ,2007. A brief introduction to design of experiments. Johns Hopkins APL Tech. Dig. 27(3) ,224-232.

[25] Valli D. M. ,Jindal T. K. ,2014. Application of Taguchi method for optimization of

physical parameters affecting the performance of pulse detonation engine. J. Basic Appl. Eng. Res. 1(1) ,18–23.

[26]Wu S. T. ,Liu H. B. ,Wu H. T. ,2013. Analysis of effect of process parameters on warpage of a automobile bumper injection molded parts. Adv. Mater. Res. 652, 2062–2066.

拓展阅读

Lal S. K. ,Vasudevan H. ,2013. Optimization of injection moulding process parameters in the moulding of low density polyethylene(LDPE). Int. J. Eng. Res. Dev. 7(5) , 35–39.

5. 拉挤成型红麻纤维复合材料的制备及不同溶液浸泡对复合材料力学性能的影响

A. M. Fairuz[1], S. M. Sapua 的 n[2], N. M. Marliana[2], J. Sahari[3]

[1] *林登大学,马来西亚曼廷(Mantin)*
[2] *博特拉大学,马来西亚沙登*
[3] *马来西亚沙巴大学,马来西亚哥打基纳巴卢*

5.1 引言

拉挤成型工艺流程首先是将连续纤维从纤维架上拉出,然后通过树脂浴,拉挤后的复合材料通过加热的模具成型并固化,最后由切割机进行切割。图 5.1 为拉挤成型工艺示意图。

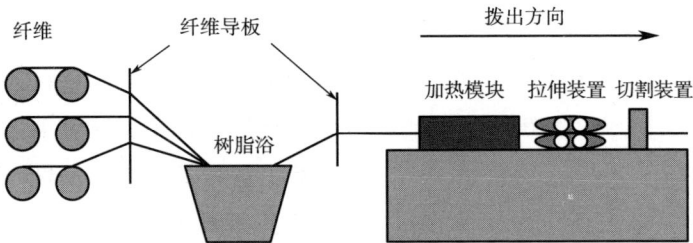

图 5.1 拉挤成型工艺示意图(Baran et al. ,2013)

将纤维筒子放在筒子架上,这样纤维容易拉出而不会打结。纤维可以是玻璃纤维,也可以是红麻、黄麻等天然纤维。玻璃纤维筒子和红麻纤维筒子分别放置在纤维筒子架的顶部和底部。将纤维从筒子架上拉到树脂浴中,将纤维浸没在树脂浴的高分子树脂中。Ngunyen-Chung 和 Friedrich(2007)指出,小束的纤维纱线比大束的纤维纱线更容易润湿。要确保纤维完全浸没树脂中,避免纤维不完全润湿。

拉挤成型工艺中使用的高分子树脂通常为热固性聚合物,如环氧树脂、聚酯树脂、乙烯基酯和酚醛树脂,它们的配方需经过修改以适应拉挤成型工艺。每种树脂在加工、性能和应用方面都有其独特的优点。为了便于树脂渗入纤维,需要使用低黏度的树脂。拉挤成型天然纤维复合材料内部的孔隙普遍高于拉挤成型合成纤维复合材料,因为拉挤成型天然纤维复合材料的含水率较高,润湿性较差。树脂浴的配方是填料、催化剂、颜料和脱模剂。树脂中填料的作用是减少树脂的使用量和填充复合材料内部的孔隙。

纤维导板的功能是引导纤维束,使其在进入加热模具之前几乎水平排列。它也能消除过多的树脂,同时施加压力以增大复合材料的润湿性。过量的树脂掉到托盘上,然后重新进入树脂浴。托盘倾斜放置,使多余的树脂容易流回树脂浴。

模具由铝制加热块加热,温度由连接在模具上的热电偶控制。模具内部的加热区分为两个区域,即凝胶区和固化区。热电偶传感器与模具相互作用,在确保足够的温度的同时要防止模具过热,否则可能导致拉挤成型材料的缺陷。热电偶传感器离复合材料越近,模具温度控制越准确。加热器的容量或尺寸取决于模具的尺寸,尺寸较小的模具需要更少的热量就能达到所需的温度。有些模具需要较多的加热器,或者加热器应能给模具提供更多的热量。图 5.2 所示为拉挤成型复合材料离开加热模具进行固化。当复合材料达到树脂发生凝胶化的起始温度时,树脂发生放热反应(Baran et al.,2013),拉挤成型复合材料的温度一般在 100 ~ 300℃。当增加催化剂用量时可降低温度,当增加牵引速度时,可提高温度。拉挤成型复合材料的尺寸也会影响工艺过程中的温度和牵引速度设置(Silva et al.,2014)。

图 5.2 离开加热模具后完全固化的拉挤成型复合材料

必须谨慎选择拉挤成型纤维复合材料的温度以防止其性能的损失(Kamble,2008)。增加基体中的催化剂或促进剂可以降低放热反应温度。

5.2 拉挤成型复合材料的力学性能

5.2.1 拉挤成型合成纤维复合材料的力学性能

Chen 和 Ma(1992)研究了拉挤成型玻璃纤维增强聚氨酯(PU)复合材料的可行性和形态。他们研究了 PU 在树脂槽内的最佳黏度和温度。用扩链剂(Laromin C260、环脂二胺和 ACR H3486)来缩短 PU 树脂的固化时间,最佳温度在 55~70℃,使用扩链剂可以延长树脂使用寿命。

Chen 和 Ma(1997)还研究了拉挤成型玻璃纤维增强 PU 复合材料与聚甲基丙烯酸甲酯(PMMA)的混合。当复合材料共混物中 PMMA 的含量增加时,复合材料的弯曲强度、弯曲模量和硬度等力学性能都有所提高。树脂槽中树脂的储存期延长,而且保持高分子树脂合适黏度的理想温度为 50℃。

Gadam 等(2000)研究了拉挤成型玻璃纤维增强环氧树脂复合材料的工艺参数。对纤维体积分数、树脂黏度、牵引速度、模具温度设置和预成型板面积比等不同工艺参加进行了评估。增加加热模具锥形入口的压力时,有助于减少拉挤成型过程中的孔隙。图 5.3 为拉挤成型过程中加热模具锥形入口示意图。

Correia 等(2005 年)测定了建筑用拉挤成型玻璃纤维增强聚酯复合材料的力学性能、物理性能、化学性能以及美学问题。做了复合材料 20℃浸水试验、60℃的水冷凝试验和复合材料加速老化试验。水浸渍和水冷凝降低了拉挤成型玻璃纤维复合材料的力学性能。在加速老化试验中,由于老化只发生在复合材料的表面,因此这种老化影响并不明显。

Baran 等(2013)研究了拉挤成型过程中接触热电阻的影响。在拉挤成型区域中加入一个圆柱形模块和三个温度为 171~188℃的圆柱形加热垫。研究了恒定和可变接触热电阻的影响,结果表明,可变接触热电阻比恒定接触热电阻的效果更好。

Chen 和 Ma(1992)研究了热效应对拉挤成型复合材料的收缩和拉伸性能的影响。在拉挤成型复合材料中加入不同的填料(碳酸钙和云母),他们发现,与添加

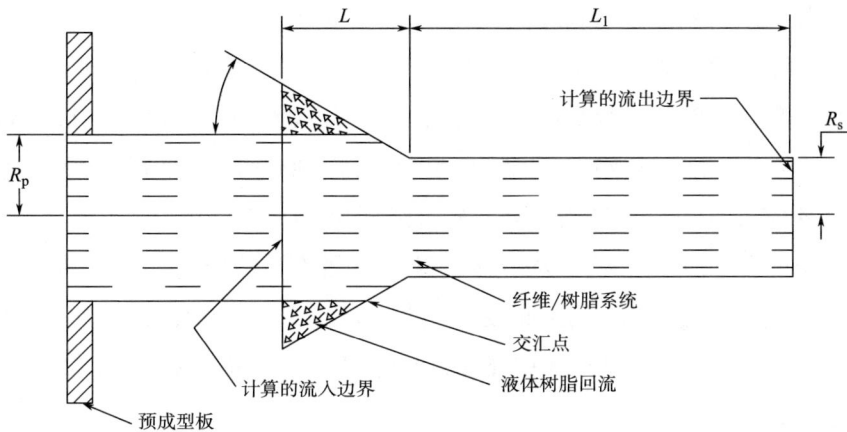

图 5.3　加热模具锥形入口(Gadam et al. ,2000)

云母填料相比,添加碳酸钙填料可以降低拉挤成型复合材料的收缩率。胶凝温度从 100℃ 提高到 150℃ 时,弯曲强度得到改善,当胶凝温度超过 160℃,弯曲强度开始下降。他们还发现,凝胶化温度高于 200℃ 是导致拉挤成型复合材料降解的原因。

Moschiar 等(1996)进行了拉挤成型玻璃纤维复合材料的传热分析。采用的传热模型是假设传热过程处于稳态,轴向的热传导可以忽略不计,复合材料与模具壁之间接触良好。分析结果表明,模具中心处的热应力最高,即放热反应在此处的放热达到最大值。

Joshi 等(2007)研究了热效应对拉挤成型玻璃纤维复合材料的固化行为影响。研究中采用了不同数量和不同功率的加热器进行加热,并对加热模具的热膨胀进行了研究。功率为 2000W、最多 6 个加热器(6 个加热器)有助于改善放热反应。

Park 和 Jang(1998)研究了用聚丁二烯(PB)、γ-甲基丙烯酰氧基丙基三甲氧基硅烷(γ-MPS)和 γ-MPS 改性聚丁二烯(PB/γ-MPS)处理的玻璃纤维增强复合材料表面的冲击性能。冲击速度固定为 5.0m/s,探针直径为 1.59cm,压力传感器为 22.2kN。结果表明,PB 处理的复合材料比 γ-MPS 处理的复合材料具有更好的冲击能量吸收能力

Tsang 等(1999)研究了温度对拉挤成型玻璃纤维增强复合材料冲击断裂行为的影响。试样为自制的重量比为 70% 的 E-玻璃纤维。试验采用三点弯曲梁冲击试验,支撑跨度为 46.4mm,温度为 20~140℃。随着温度的升高,由于基体相的弛

豫导致最大载荷和能量吸收降低，在临界面发生层间断裂。

Roy 等（2001）研究了 E-玻璃纤维增强乙烯基酯复合材料的冲击疲劳行为。制备了杆状玻璃纤维复合材料试样，固化温度为 80℃，固化时间为 4h。结果表明，20~100 次冲击循环后残留强度为 280MPa，而 2000 次冲击循环后残余强度为 210~1240MPa，10000 次冲击循环后残余强度为 1040MPa。

El-Habak（2001）进行了机织玻璃纤维增强乙烯基酯复合材料的冲击压缩试验。对不同编织层数（即 8 层和 12 层）试样进行试验，控制冲击杆速度，使试样应变在 100~1000mm/s。结果 8 层复合材料剪切强度为 80MPa，约为 12 层复合材料剪切强度的 0.63 倍。

Patel 等（1990）研究了玻璃纤维增强乙烯基酯复合材料的冲击性能。研究了苯乙烯在复合材料固化过程中的掺入量对冲击性能影响，增加乙烯基酯中苯乙烯含量会改善复合材料的冲击性能，苯乙烯含量从 1% 增加到 2%，冲击强度提高了 5%~10%。

Srinivasagupta 等（2006）研究了拉挤成型玻璃纤维复合材料在拉挤成型模具内的拉力行为。将模具的咬粘和脱模情况作为增加压力和牵拉力的影响因素。实验表明，可以通过纤维负载量、收缩和接触摩擦的变化对拉力模型进行改进。

Krasnovskii 和 Kazakov（2012）利用应力应变数学模型研究了牵拉速度对拉挤成型玻璃纤维复合型材应力—应变的影响，设计了传热、聚合和压力模型来确定最佳牵拉速度。他们认为，拉挤成型复合型材截面的应力—应变取决于牵拉速度。为了获得最佳的应力—应变，需要减小复合材料截面面积的增量。

Raper 等（1999）也进行了类似的压力行为研究。他们研究了在拉挤成型过程中聚合物基体的黏度数学模型，该模型受模具锥形入口压力的影响。他们发现，足够的压力可以减少孔隙的数量，提高纤维和基体的润湿性。

Sharma 等（1998）研究了锥形模具的几何形状对拉挤成型玻璃纤维复合材料牵引力的影响。使用有限元对锥形模具的不同锥度、不同半径和不同焦点的抛物线形状进行了模拟，预测了模具入口的每个关键几何参数变化对压力上升的影响。利用有限元模拟有助于确定模具锥形入口处的合适压力。

Syakya 等（2013）研究了纤维负载量和聚合物基体黏度对拉挤成型玻璃纤维复合材料牵引力的影响。高纤维负载量和聚合物基体黏度较高的玻璃纤维拉挤成型复合材料更难于渗透，他们在拉挤成型过程中利用高压来增加拉挤成型复合材料的浸润度。Yun 和 Lee(2008)研究了压力对拉挤成型酚醛泡沫复合材料的影响,通过考虑凝胶点、能量方程和热弹性问题,利用压力模型来测量最佳温度、发泡剂用量和牵引速度。

Li 等(2003)研究了模具形状、模具长度和牵引速度对拉挤成型复合材料牵引力的影响。他们通过在复合材料内部嵌入传感器,并使用不同的模具长度来研究牵引力。实验和模拟结果表明,影响起泡形成的主要因素是模具内的不良聚合,较长的模具长度和最佳温度是克服不良聚合的解决方案。

5.2.2 拉挤成型天然纤维复合材料的力学性能

Md Akil 等(2010)利用声发射技术研究了拉挤成型黄麻/玻璃纤维复合材料和红麻/玻璃纤维混杂复合材料的弯曲强度和压痕行为(图 5.4)。声发射数据分析表明,拉挤成型黄麻/玻璃纤维复合材料的声发射性能优于拉挤成型红麻/玻璃纤维复合材料。

图 5.4　拉挤成型红麻、黄麻复合材料试验前后的抗压试验试样(Omar et al. ,2010)

Omar 等(2010 年)研究了拉挤成型红麻复合材料的动态应力,使用了分离式霍普金森压杆(Split Hopkinson pressure bar)技术检测压缩试验过程中应力—应变的变化,并与拉挤成型黄麻复合材料进行了比较。

Mazuki 等(2011)也研究了拉挤成型红麻纤维复合材料的老化问题,将它们浸泡在不同 pH 的水中(7、5.5、8.9)(图 5.5),实验历时 24 周(6 个月)。结果显示,浸泡在 pH=8.9 的水中的拉挤成型复合材料吸水率最高,其次是 pH=7 和 pH=5.5 的复合材料。可以得出结论,在碱性条件下拉挤成型红麻纤维复合材料的防水性较差。

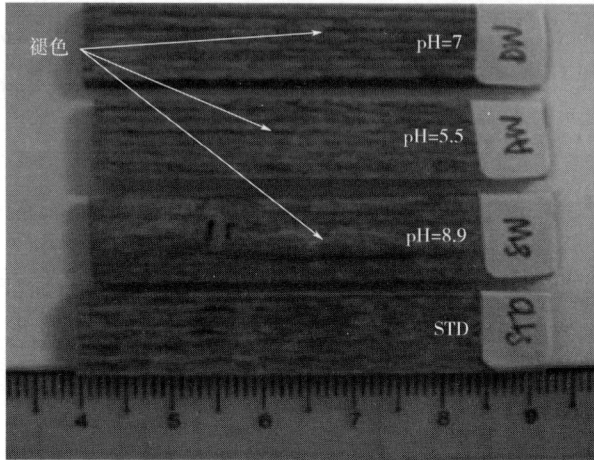

图 5.5　拉挤成型复合材料吸水性能试验(Mazuki et al. ,2011)

Malek 等(2014)研究了树脂均质添加剂对拉挤成型混杂增强酚醛树脂复合材料弯曲强度的影响。结果表明,与未加入均质添加剂的拉挤成型红麻复合材料试样相比,加入均质添加剂的拉挤成型红麻复合材料试样的弯曲性能更稳定、更好。由于加入添加剂后纤维与酚醛树脂的黏附力增加,弯曲性能得到改善(图 5.6 和图 5.7)。

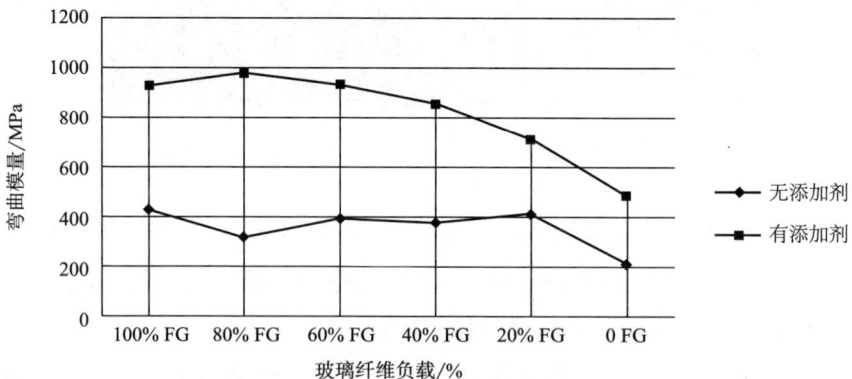

图 5.6　拉挤成型红麻/玻璃纤维复合材料的弯曲模量(Malek et al. ,2014)

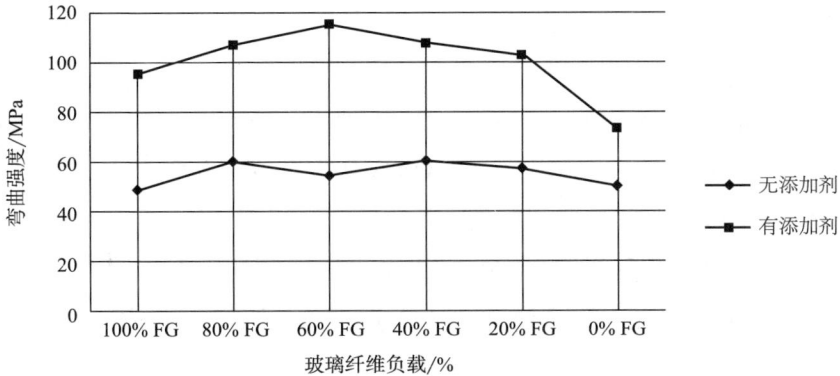

图 5.7　拉挤成型红麻/玻璃纤维复合材料的抗弯强度(Malek et al.，2014)

5.3　拉挤成型复合材料的生产

人们发现天然纤维是取代芳纶、碳纤维和玻璃纤维等传统纤维的潜在增强材料,研究了天然纤维如红麻、黄麻、亚麻和剑麻等在拉挤成型工艺中使用的可行性,研究了利用拉挤成型法生产加捻的天然纤维增强复合材料。Liang 等(2005)研究了以大豆制品为纤维基体在拉挤成型工艺中的可行性。能够在拉挤成型工艺中使用的纤维往往是定制的纤维,如亚麻纱纤维(Angelove 等,2007)。在文献中,还发现剑麻纤维(Tsang 等,2000)和颗粒状水稻秸秆(Nasir 和 Ghazali,2014)作为填充物在拉挤成型工艺中使用。

5.4　溶液浸泡对拉挤成型红麻增强乙烯基酯复合材料力学性能的影响

5.4.1　拉挤成型红麻复合材料的制备

乙烯基酯树脂(Swancor 901)购自 Formalchem Sdn Bhd。用最大拉力为 6t 的 Pultrex 拉挤机生产直径为 10mm 的拉挤成型红麻复合材料。

5.4.2 试验方法

拉伸试验使用 100kN 的 Instron 3382 通用试验机。试验在室温下按照拉伸拉挤成型玻璃纤维增强塑料棒的试验方法（ASTM D3916-02:2002）进行。试样长度为 250mm，十字头移动速度为 5mm/min。

根据 ASTM D4475:96（2003）标准，在室温下使用 5kN 的 Instron 4201 万能试验机进行三点弯曲试验，十字头速度为 1.3mm/min。试样长度为 120mm，跨度为 100mm。

根据 Hufenbach 等（2008）试验方法使用 Instron CEAST 9050 进行冲击试验。试样在 160mm 处切割，跨度为 140mm。由于轴承摩擦和空气阻力对能量平衡的贡献较小，因此可以不考虑它们造成的能量损失（Hufenbach et al.，2008）。锤子的冲击力为 21.6J，试样直径为 10mm。

在观察拉挤成型红麻复合材料浸泡在各种溶液中对材料结构的破坏时，将试样切成 5mm 长。利用日立 S-3400N 变压扫描电镜（SEM），在加速电压为 15kV 的情况下，以 50 倍和 100 倍的放大倍数下观察复合材料的微观形貌。

5.4.3 结果和讨论

图 5.8 为海水、蒸馏水和酸性溶液浸泡对拉挤成型红麻复合材料拉伸强度的影响。在海水中浸泡 3 周的拉挤成型红麻复合材料的拉伸强度从 148.5MPa 下降到 129.8MPa，降幅为 4.2%。在蒸馏水中浸泡 3 周后，拉伸强度从 148.5MPa 下降到 142.2MPa，下降幅度为 12.6%。在酸性溶液中浸泡 3 周后，拉伸强度从 148.5MPa 降到 84.5MPa，下降幅度为 43.1%。浸泡在海水中的试样降幅最小。可能的原因是蒸馏水会使水进一步分散到红麻纤维和基体界面，从而加速了纤维与基体的脱胶。根据 Mittal 等（2015）的研究，增加复合材料中水分扩散的因素有孔隙数、界面黏结强度和增强材料的性能。因此，拉挤成型红麻复合材料浸泡在溶液中的时间越长，复合材料的降解越快。

海水、蒸馏水和酸性溶液中浸泡对拉挤成型红麻复合材料拉伸模量的影响如图 5.9 所示。浸泡 3 周后，拉挤成型红麻复合材料的模量下降明显。浸泡在海水中的复合材料拉伸模量降低较少，浸泡 1 周、2 周和 3 周后拉伸模量分别下降了 1.9%、3.3% 和 4.2%。其次是浸泡在蒸馏水中的复合材料，浸泡 1 周、2 周和 3 周

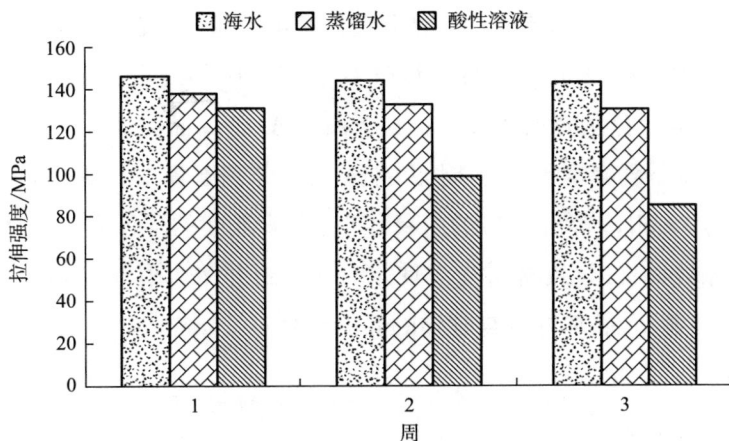

图 5.8　拉挤成型红麻增强乙烯基酯复合材料的拉伸强度

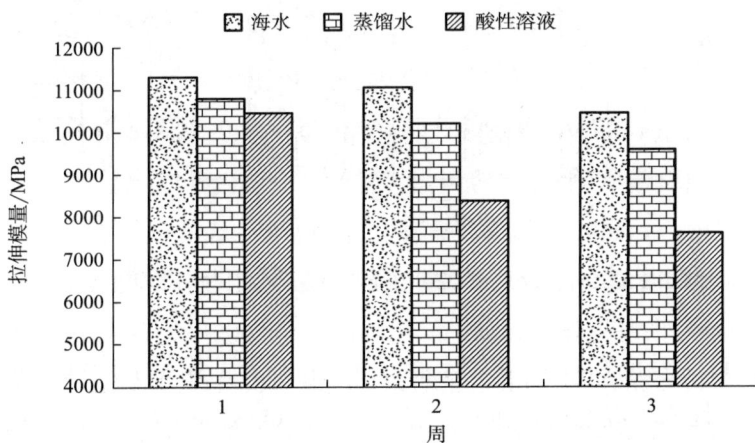

图 5.9　拉挤成型红麻增强乙烯基酯复合材料的拉伸模量

后拉伸模量分别下降了 7.2%、11.1% 和 12.6%。而浸泡在酸性溶液中的复合材料拉伸模量降低幅度最大,浸泡 1 周、2 周和 3 周后拉伸模量分别下降了 15.4%、31.9% 和 38.1%。纤维与基体之间的黏附力差是由于浸泡过程中水降解造成的。Yan 和 Chouw(2015)支持这一解释,纤维素和半纤维素(天然纤维的刚度部分)的水降解降低了天然纤维复合材料的刚度,从而进一步破坏了纤维和基体的界面结合。

图 5.10 为浸泡在海水、蒸馏水和酸性溶液后弯曲强度的降低情况。弯曲强度

试验结果表明,浸泡在海水中的弯曲强度降低幅度最小,浸泡 1 周、2 周和 3 周后分别降低了 1.2%、4.1% 和 10.3%。浸泡在蒸馏水中的复合材料,其弯曲强度在 1 周、2 周和 3 周后分别降低了 3.7%、6.4% 和 16.2%。而在酸性溶液中浸泡的复合材料弯曲强度下降幅度最大,1 周、2 周、3 周后分别下降 12.1%、18.9% 和 29.0%。研究结果与 Pandian 等(2014)的解释相似,弯曲强度的降低是由于水通过复合材料中的孔隙被吸收,导致材料受潮使水分进入纤维和基体的界面,发生水降解作用,产生弯曲载荷,破坏纤维与基体的界面结合。

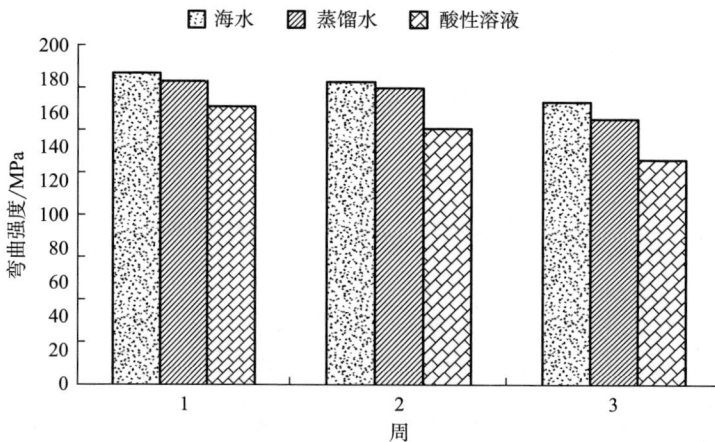

图 5.10 拉挤成型红麻增强乙烯基酯复合材料的弯曲强度

图 5.11 为浸泡在海水、蒸馏水和酸性溶液后弯曲模量的降低情况。拉挤成型复合材料在海水中浸泡后弯曲模量有所下降,但与蒸馏水和酸性溶液相比,下降幅度较小。与未老化的试样相比,在海水中浸泡 1 周、2 周和 3 周后的弯曲模量分别降低了 2.2%、4.8% 和 8.5%。在蒸馏水中浸泡 1 周、2 周和 3 周后的弯曲模量分别下降了 4.9%、11.4% 和 15.4%。在酸性溶液中浸泡 1 周、2 周和 3 周后的弯曲模量分别下降了 12.4%、16.6% 和 28.1%。

在海水、蒸馏水和酸性溶液中浸泡对拉挤成型红麻复合材料冲击强度的影响如图 5.12 所示。结果表明,浸泡在海水、蒸馏水和酸性溶液后使材料冲击强度下降。在酸性溶液中浸泡后冲击强度下降幅度最大,在海水中浸泡后冲击强度下降幅度较小。由于纤维在浸泡时发生纤维损伤,使复合材料的界面受到破坏(Pandian 等,2014)。冲击试验时应力传递较差,降低了冲击能量的吸收。

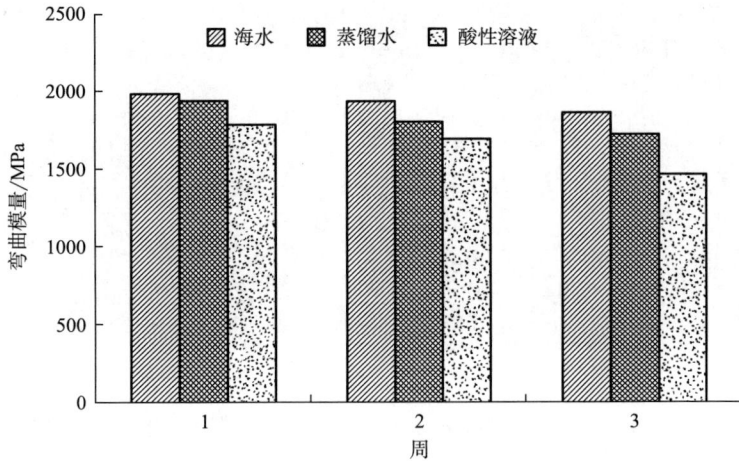

图 5.11　拉挤成型红麻增强乙烯基酯复合材料的弯曲模量

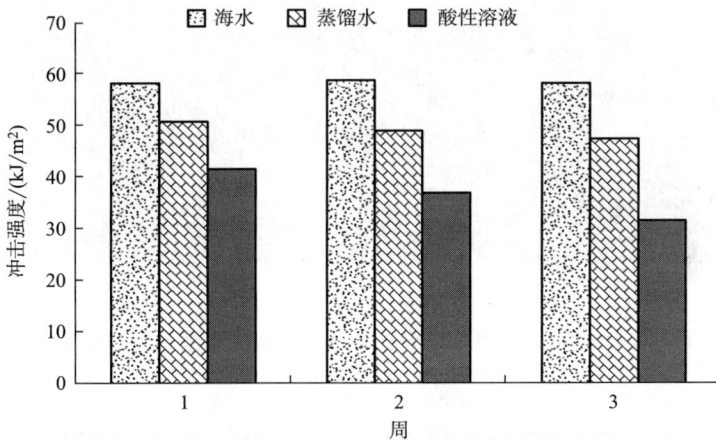

图 5.12　拉挤成型红麻增强乙烯基酯复合材料的冲击强度

5.4.4　试样断面 SEM 图

　　拉挤成型红麻复合材料在不同浸泡条件下的断面表面的形貌如图 5.13～图 5.21 所示。目的是研究哪种样品的纤维和基质之间具有较高的相容性和黏合性,同时纤维被拉出量少,纤维拉出后间隙小。试验分两个部分:在蒸馏水中浸泡 1 周的复合材料放大 50 倍的 SEM 显微照片和在蒸馏水中浸泡 1 周的复合材料放大 100 倍的 SEM 显微照片。

131

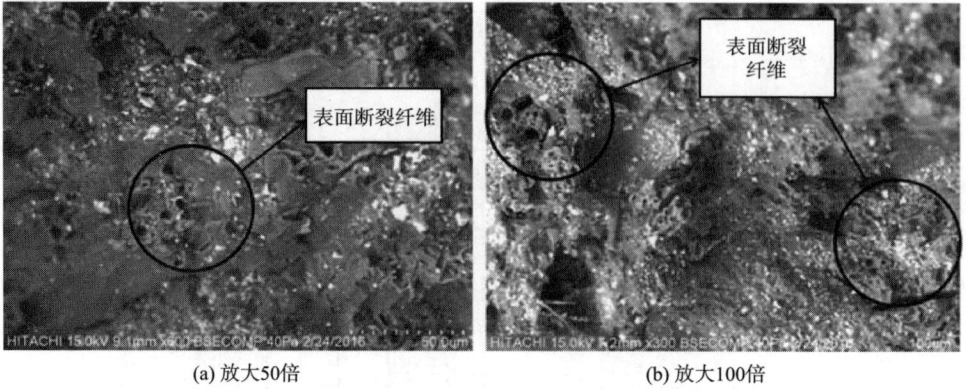

(a) 放大50倍   (b) 放大100倍

图 5.13 拉挤成型红麻复合材料在蒸馏水中浸泡 1 周的断面 SEM 图

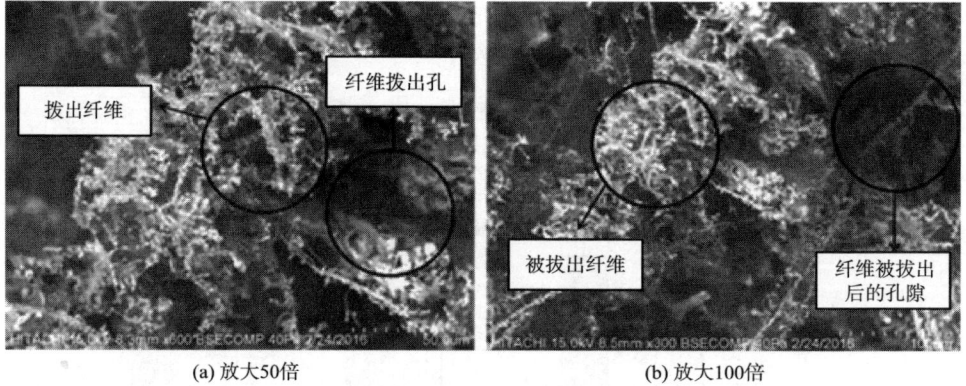

(a) 放大50倍   (b) 放大100倍

图 5.14 拉挤成型红麻复合材料在蒸馏水中浸泡 2 周的断面 SEM 图

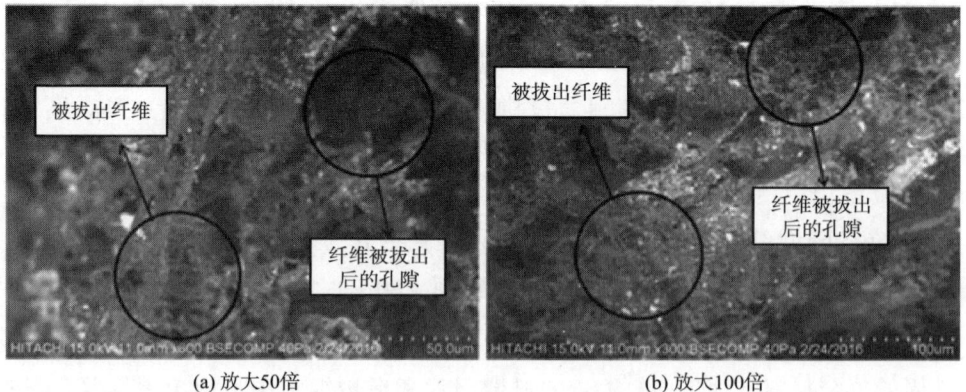

(a) 放大50倍   (b) 放大100倍

图 5.15 拉挤成型红麻复合材料在蒸馏水中浸泡 3 周的断面 SEM 图

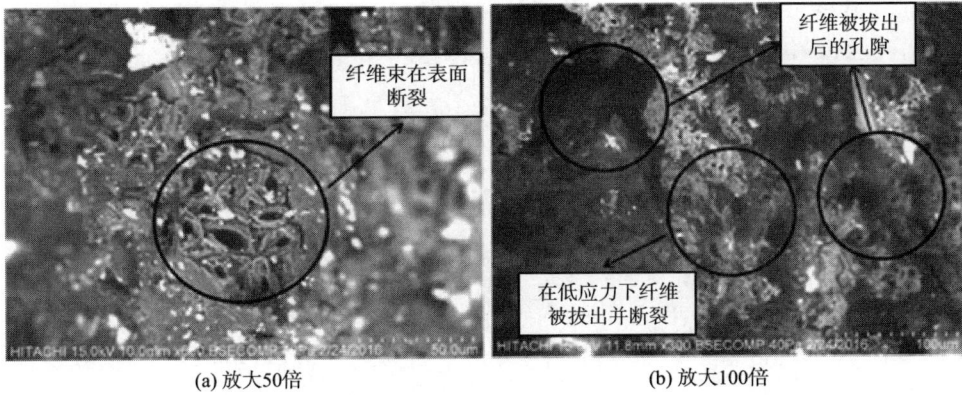

(a) 放大50倍   (b) 放大100倍

图 5.16　拉挤成型红麻复合材料在酸性溶液中浸泡 1 周的断面 SEM 图

(a) 放大50倍   (b) 放大100倍

图 5.17　拉挤成型红麻复合材料在酸性溶液中浸泡 2 周的断面 SEM 图

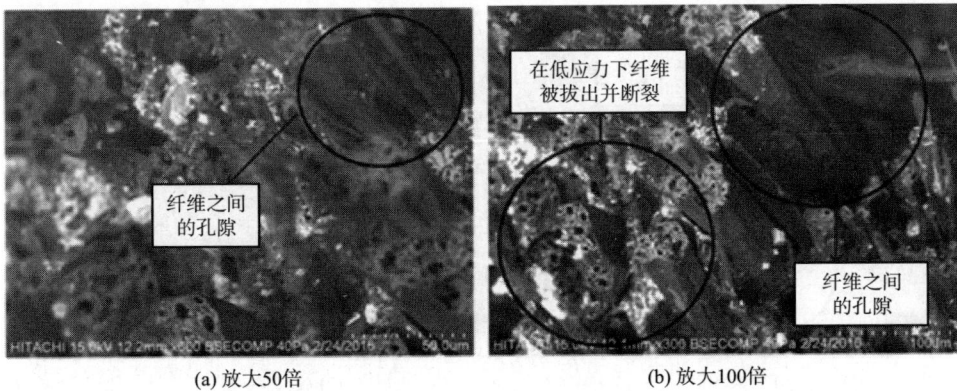

(a) 放大50倍   (b) 放大100倍

图 5.18　拉挤成型红麻复合材料在酸性溶液中浸泡 3 周的断面 SEM 图

(a) 放大50倍   (b) 放大100倍

图 5.19　拉挤成型红麻复合材料在海水中浸泡 1 周的断面 SEM 图

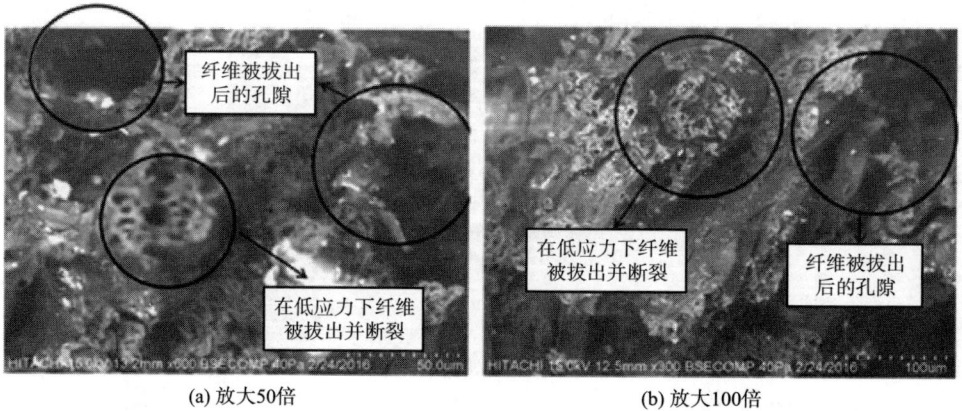

(a) 放大50倍   (b) 放大100倍

图 5.20　拉挤成型红麻复合材料在海水中浸泡 2 周的断面 SEM 图

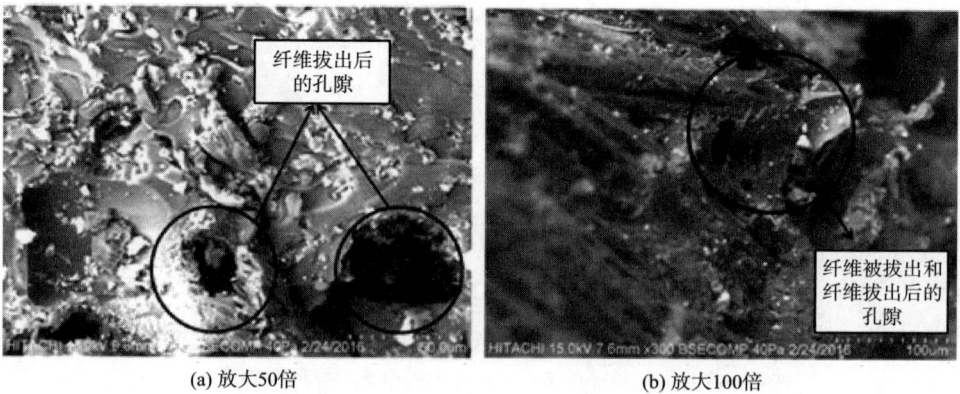

(a) 放大50倍   (b) 放大100倍

图 5.21　拉挤成型红麻复合材料在海水中浸泡 3 周的断面 SEM 图

拉挤成型红麻复合材料浸泡在蒸馏水中 1 周、2 周和 3 周后的拉伸断裂面的 SEM 图如图 5.13~图 5.15 所示。从图 5.13(a)和(b)可以清楚地看到,在复合材料表面发生纤维断裂。然而,当浸泡时间增加到 2 周和 3 周时,纤维被拉出量和纤维拉出后间隙都有所增加(图 5.14 和图 5.15)。蒸馏水对拉挤成型红麻复合材料的降解作用降低了纤维与基体之间的黏附力。图 5.16 为拉挤成型红麻复合材料在酸性溶液中浸泡 1 周后拉伸断面的 SEM 显微照片,从图 5.16(a)可以清楚地看到,纤维在复合材料的表面发生断裂。但是,纤维被拉出后的间隙是随机出现的[图 5.16(b)]。图 5.17 为拉挤成型红麻复合材料在酸性溶液中浸泡 2 周后拉伸断口的 SEM 显微照片,从 SEM 图 5.17(a)可以清楚地看到,一些纤维在低应变时被拉出并断裂。拉挤成型红麻复合材料在酸性溶液中浸泡 3 周,从图 5.18(a)和(b)中的 SEM 图像可以看到大量纤维被拉出的空隙,此时复合材料发生了更多的降解。拉挤成型红麻纤维复合材料在酸性溶液发生酸降解,使红麻纤维容易被拉出,因此,纤维与基体之间的附着力变差。图 5.19~图 5.21 分别为拉挤成型红麻复合材料在海水中浸泡 1 周、2 周和 3 周后的断面 SEM 显微照片。浸泡 1 周后,纤维在表面出现断裂,部分区域出现纤维被拉出的孔隙。在浸泡 2 周和 3 周后,在特定区域内被拔出的纤维数量和被拔出纤维后的孔隙增加。与浸泡在蒸馏水和酸性溶液中相比,浸泡在海水中的拉挤成型红麻复合材料的纤维与基体之间的黏附性更好。

5.5 结论

对拉挤成型法制备天然纤维的研究进展进行了综述,揭示了拉挤成型法制备天然纤维的潜力。研究了海水、蒸馏水和酸性溶液浸泡对拉挤成型红麻纤维增强乙烯基酯复合材料力学性能的影响。浸泡在酸性溶液中的复合材料降解最严重,这可以通过拉伸、弯曲和冲击性能的降低得到证明。浸泡在海水中的复合材料的力学性能测试结果表明,力学性能衰减较小,说明海水的降解作用较低。不同溶液和不同周期下的拉伸断口形貌图像表明,浸泡在所有溶液中的试样都发生了降解。在酸性溶液中浸泡后,纤维拔出量、纤维断裂和纤维拨出后的孔隙最多,尤其是连续浸泡 3 周时现象最为明显。

参考文献

［1］Akil H. M. , De Rosa I. M. , Santulli C. , Sarasini F. , 2010. Flexural behaviour of pultruded jute/glass andkenaf/glass hybrid composites monitored using acoustic emission. Mater. Sci. Eng. A 527(12) ,2942-2950.

［2］Angelov I. , Wiedmer S. , Evstatiev M. , Friedrich K. , Mennig G. , 2007. Pultrusion of a flax/polypropylene yarn. Composites A 38,1431-1438.

［3］Baran I. , Tutum C. C. , Hattel J. H. , 2013. The effect of thermal contact resistance on the thermosetting pultrusion process. Composites B 45,995-1000.

［4］Chen C. H. , Ma C. C. M. , 1994. Pultruded fibre reinforced polyurethane composites Ⅲ. Static mechanical, thermal and dynamic mechanical properties. Compos. Sci. Technol. 52,427-432.

［5］Chen C. H. , Ma C. C. M. , 1997. Pultruded fibre reinforced PMMA/PU IPN composites：processability and mechanical properties. Compos. A：Appl. Sci. Manuf. 28A,65-72.

［6］Chen C. H. , Ma C. C. M. , 1992. Pultruded fibre reinforced polyurethane composites Ⅰ：process feasibility and morphology. Compos. Sci. Technol. 45,334-344.

［7］Correia J. R. , Cabral-Fonseca S. , Branco F. A. , Ferreira J. G. , Eusebio M. I. , Rodrigues M. P. , 2005. Durability of glassfibre reinforvced polyester(GFRP) pultruded profiles used in civil engineering applications. Composites in Construction 2005 – Third International Conference,Lyon,France,July 11-13.

［8］El-Habak A. M. A. , 2001. Behaviour of E-glass fibre reinforced vinylester resin composites under impact fatigue. Bull. Mater. Sci. 24,137-142.

［9］Gadam S. U. K. , Roux J. A. , McCarty T. A. , Vaughan J. G. , 2000. The impact of pultrusion processing parameters on resin pressure rise inside a tapered cylindrical die for glassfibre/epoxy composites. Compos. Sci. Technol. 60,945-958.

［10］Hufenbach W. , Ibraim F. M. , Langkamp A. , Böhm R. , Hornig A. , 2008. Charpy impact tests on composite structures–an experimental and numerical investigation. Compos. Sci. Technol. 68(12) ,2391-2400.

［11］Joshi S. C. ,Lam Y. C. ,Zaw K. ,2007. Optimization for quality thermosetting composites pultrudate through die heater layout and power control. In:16th International Conference On Composite Materials. Kyoto,Japan,8-13 July.

［12］Kamble V. D. ,2008. Optimization of thermoplastic pultrusion process using comingled fibers. Master of Science Thesis. University of Alabama at Birmingham,USA.

［13］Krasnovskii A. ,Kazakov I. ,2012. Determination of the optimal speed of pultrusion for large-sized composite rods. J. Encapsul. Adsorption Sci. 2(03),21.

［14］Li S. ,Ding Z. ,Lee L. J. ,2003. Effect of Die Length on Pulling Force and Composite Quality in Pultrusion. The Ohio State University,Texas.

［15］Liang G. , Garg A. , Chandrashekhara K. , Flanigan V. , Kapila S. , 2005. Cure characterization of pultruded soy-based composites. J. Reinf. Plast. Compos. 24 (14),1509-1520.

［16］Malek F. H. A. ,Zainudin E. S. ,Tahir P. M. ,Jawaid M. ,2014. The effect of additives on bending strength of pultruded hybrid reinforced resol type phenolic composite. Appl. Mech. Mater. 564,418-421.

［17］Mazuki A. A. M. , Md Akil H. , Safiee S. , Zainal A. M. I. , Bakar A. A. , 2011. Degradation of dynamic mechanical properties of pultruded kenaf fiber reinforced composites after immersion in various solutions. Composites B 42,71-76.

［18］Mittal G. ,Dhand V. ,Rhee K. Y. ,Park S. J. ,Lee W. R. ,2015. A review on carbon nanotubes andgraphene as fillers in reinforced polymer nanocomposites. J. Ind. Eng. Chem. 21,11-25.

［19］Moschiar S. M. ,Reboredo M. M. ,Larrondo H. ,Vazquez A. ,1996. Pultrusion of epoxy matrix composites:pulling force model and thermal stress analysis. Polym. Compos. 17,6.

［20］Nasir R. M. ,Ghazali N. M. ,2014. Tribological performance of paddy straw reinforced polypropylene(PSRP) and unidirectional glass-pultruded-kenaf(UGPK) composites. J. Tribol. 1,1-17.

［21］Nguyen-Chung T. ,Friedrich K. ,2007. Processability of pultrusion using natural fiber and thermoplastic matrix. Adv. Mater. Sci. Eng. 2007,1-6.

［22］Omar M. F. ,Md Akil H. ,Zainal A. A. ,Mazuki A. A. M. ,Yokoyama T. ,2010.

Dynamic properties of pultruded natural fibre reinforced composites using Split Hopkinson Pressure bar technique. Mater. Design 31,4209−4218.

[23]Park R. ,Jang J. ,1998. A study of the impact properties of composites consisting of surface modified glass fibers in vinyl ester resin. Compos. Sci. Technol. 58,979−985.

[24]Pandian A. ,Vairavan M. ,Jebbas Thangaiah W. J. ,Uthayakumar M. ,2014. Effect of moisture absorption behavior on mechanical properties of basalt fibre reinforced polymer matrix composites. J. Compos. 2014.

[25]Patel R. D. ,Thakkar J. R. ,Patel R. G. ,Patel V. S. ,1990. Glass−reinforced vinyl ester resin composites. Polym. Sci. 2(4),261−265.

[26]Raper K. S. ,Roux J. A. ,McCarty T. A. ,Vaughan J. G. ,1999. Investigation of the pressure behavior in apultrusion die for graphite/epoxy composites. Composit. Part A 30(9),1123−1132.

[27]Roy R. ,Sarkar B. K. ,Bose N. R. ,2001. Behaviour of E−glass fibre reinforced vinylester resin composites under impact fatigue. Bull. Mater. Sci. 24,137−142.

[28]Shakya N. ,Roux J. A. ,Jeswani A. L. ,2013. Effect of resin viscosity in fiber reinforcement compaction in resin injectionpultrusion process. Appl. Composit. Mater. 20(6),1173−1193.

[29]Sharma D. ,McCarty T. A. ,Roux J. A. ,Vaughan J. G. ,1998. Pultrusion die pressure response to changes in die inlet geometry. Polym. Compos. 19(2),180−192.

[30]Silva F. J. G. ,Ferreira F. ,Ribeiro M. C. S. ,Castro A. C. M. ,Castro M. R. A. ,Dinis M. L. ,et al. ,2014. Optimising the energy consumption on pultrusion process. Composites:Part B Engineering 57,13−20.

[31]Srinivasagupta D. ,Kardos J. L. ,Joseph B. ,2006. Analysis of pull−force in injected pultrusion. J. Adv. Mater. Covina 38(1),39.

[32]Tsang F. Y. ,Liang C. M. Tai C. Y. Ching and Li R. K. Y. ,1999. Effects of temperature on impact fracture behavior ofpultruded glass fiber−reinforced poly(vinyl ester)Composite. In:International Conference Composite Materials,Paris.

[33]Tsang F. F. Y. ,Jin Y. Z. ,Yu K. N. ,Wu C. M. L. ,Li R. K. Y. ,2000. Effect of γ−irradiation on the short beam shear behaviour of pultruded sisal−fiber/glass−fiber/

polyester hybrid composites. J. Mater. Sci. Lett. 19,1155–1157.

[34] Yan L. ,Chouw N. ,2015. Effect of water,seawater and alkaline solution ageing on mechanical properties of flax fabric/epoxy composites used for civil engineering applications. Construct. Build. Mater. 99,118–127.

[35] Yun M. S. ,Lee W. I. ,2008. Analysis of pulling force during pultrusion process of phenolic foam composites. Compos. Sci. Technol. 68(1),140–146.

6. 槟榔壳增强乙烯基酯复合材料的性能研究

L. Yusriah[1], *S. M. Sapuan*[2]

[1] *吉隆坡大学(MICET),马来西亚亚罗牙也*
[2] *博特拉大学,马来西亚沙登*

6.1 引言

槟榔壳(BNH)纤维是一种来自经济作物的农业废料,是合成纤维的良好替代品。槟榔作物在热带气候国家广泛种植,在印度被列为重要的经济作物。印度的非织造布 BNH 的年产量约为 13 万米(Reddy et al. ,2011)。根据联合国粮农组织(FAO,2013)报告的统计数据,中国、印度和印度尼西亚是槟榔的主要生产国。其他热带国家,如缅甸、孟加拉国、尼泊尔和马来西亚,也有槟榔的生产。

从槟榔果皮中提取的 BNH 纤维传统上被用作房屋保温材料和制造高附加值产品,如垫子、手工艺品和非织造布(Rajan et al. ,2005)。在纺织工业中,柔软的BNH 纤维与黏胶纤维、棉纤维和聚酯纤维混合是生产装饰织物的常见做法(Rajan et al. ,2005)。Shivakumaraswamy 等(2013 年)进行的一项研究表明,在生活污水处理过程中,BNH 纤维可以作为砾石床、填充床、过滤器的替代品。

6.2 槟榔壳纤维作为复合材料的增强材料

BNH 是果实的纤维部分,占槟榔总体积和重量的 60% ~ 80%。BNH 纤维是从包裹着槟榔果仁的纤维部分提取出来的,有细纤维和粗纤维之分。粗纤维是不规则、木质化的 BNH 纤维,由纤维素、半纤维素、木质素、果胶和原果胶组成,具有良好的比强度和韧性(Choudhury et al. ,2009)。图 6.1 显示了槟榔干的整体结构和

BNH 纤维的外形。槟榔果实的果仁被果壳或果皮覆盖,每个果实的果壳可以产生 2.50~2.75g BNH 纤维(Hassan et al.,2010b)。BNH 纤维可以通过脱壳技术获得, 也可以手工将纤维从外壳中剥离。

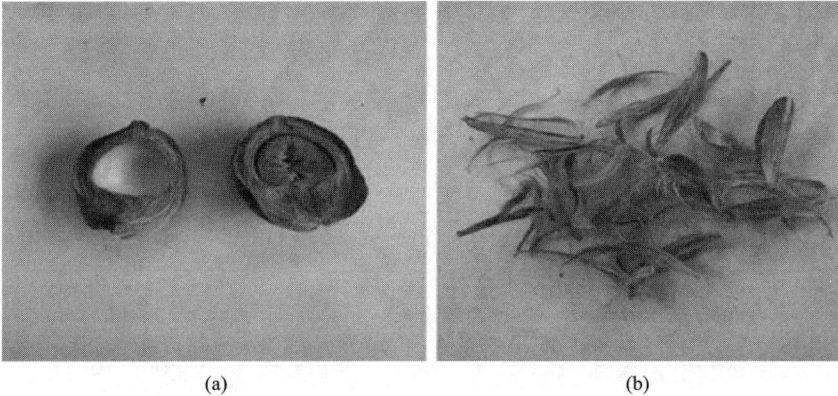

(a)   (b)

图 6.1 (a)槟榔果实的横截面和(b)脱壳的 BNH 纤维的外形

Hassa 等讨论了 BNH 纤维的化学成分,如表 6.1 所示(Hassan et al.,2010b; Rajan et al.,2005)。据报道,BNH 由 α-纤维素、半纤维素、木质素、果胶和原果胶、 灰分等物质组成,BNH 的半纤维素和木质素含量随着果实成熟度的变化而变化, 成熟 BNH 含有的半纤维素较少,但木质素含量增加。

表 6.1 槟榔壳纤维的化学成分(Hassan et al.,2010b)

成分	平均含量/%
α-纤维素	53.20
半纤维素	32.98
木质素	7.20
脂肪和蜡	0.64
灰分	1.05
其他物质	3.12

Chikkol 等(2010)报道了 BNH 纤维与其他类型木质纤维的化学成分的详细比 较,见表 6.2。由表中数据可知,与其他类型的木质纤维相比,BNH 纤维的半纤维 素含量最高(35%~64.8%)。半纤维素是天然纤维中提高纤维束强度、纤维束整

合度和单根纤维强度的组分。半纤维素还影响天然纤维的溶胀性、吸水性、湿强度以及弹性。

表 6.2　槟榔壳与其他类型木质纤维的化学成分的比较（Chikkol et al. ,2010）

纤维	纤维素/%	半纤维素/%	木质素/%	灰分/%	果胶/%	蜡/%
黄麻	61~71.5	13.6~20.4	12~13	—	0.2	0.5
亚麻	71~78.5	18.6~20.6	2.2	1.5	2.2	1.7
大麻	70.2~74.4	17.9~22.4	3.7~5.7	2.6	0.9	0.8
红麻	31~39	15~19	21.5	4.7	—	—
剑麻	67~78	10~14.2	8~11	—	10.0	2.0
菠萝叶纤维	70~82	—	5~12		—	—
棉	82.7	5.7	—		—	0.6

　　Swamy 等（2004）对 BNH 纤维强度进行了研究，评价了 BNH 纤维的拉伸强度、杨氏模量和断裂伸长率，并与椰壳纤维进行了比较。BNH 纤维和椰壳纤维的典型应力—应变曲线的对比如图 6.2 所示。从图中可以看出，BNH 纤维的应力—应变曲线与椰壳纤维的应力—应变曲线呈现出相同的趋势。作者还报道了 BNH 纤维呈韧性断裂，从图 6.3 的 BNH 纤维断裂表面的 SEM 图可以看出，在拉伸试验中 BNH 纤维的微细小管大部分断裂。这些结果表明，BNH 纤维可以和椰壳纤维一样用作高分子复合材料的增强材料。

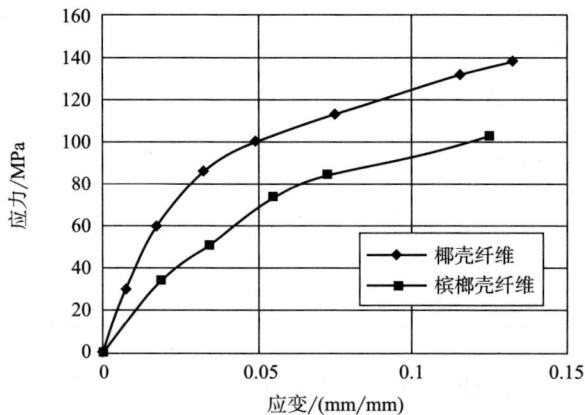

图 6.2　BNH 纤维（槟榔壳纤维）和椰壳纤维的应力—应变曲线（Swamy et al. ,2004）

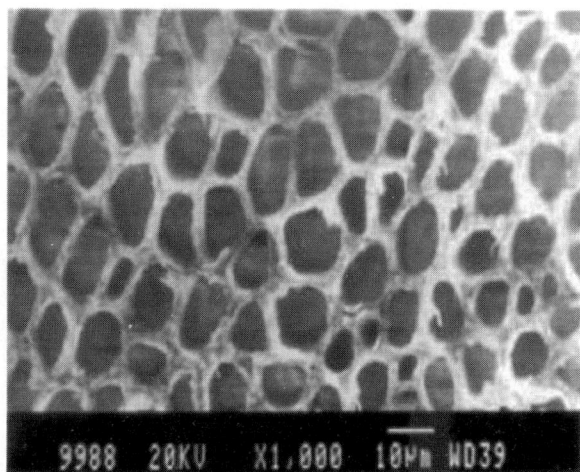

图 6.3　BNH 纤维断裂表面的 SEM 照片(×1000)(Swamy et al. ,2004)

6.2.1　BNH 纤维加工

根据 Srinivasa 等(2011)的著作中对 BNH 纤维加工方法的描述,为了从 BNH 中获得 BNH 纤维,首先需要将干燥的 BNH 在去离子水中浸泡 5~7 天。这样做有助于使果壳中的纤维松动。浸泡后,用去离子水对 BNH 纤维再次彻底清洗,然后在室温下干燥约 15 天。

关于 BNH 纤维加工,水浸渍法的替代方法是 Rajan 等(2005)提出的,利用微生物提取 BNH 纤维,称为生物软化法。使用特定的微生物和选定的酶的稀释溶液漂白和软化 BNH 纤维,而不是像在常规工艺中使用腐蚀性化学品,如氢氧化钠等。该研究中报道了微生物[黄孢原毛平革菌(*Phanerochaete chrysosporium*)和原毛平革菌(*Phanerochaete sp.*)]在不破坏纤维素含量的情况下选择性地去除 BNH 纤维中木质素的过程。他们还发现,BNH 纤维中木质素的部分去除将会导致纤维中其他成分的重新排列,而纤维素的排列会更紧密,因此使 BNH 纤维强度增加。

露水沤制和剥皮方法也是 BNH 纤维分离工艺的一部分(Steve and Sumanasiri,2010)。在露水脱胶中,BNHs 暴露在潮湿的草地上,让好氧细菌完成果胶分解过程,并产生氢气和二氧化碳。而剥皮过程是敲打 BNHs,使果壳分离,并松开 BNH 纤维和外壳之间的黏附。这一过程可以通过人工或借助纤维提取机来完成。

BNH 纤维可以用传统方法手工生产,也可以通过生物工艺提取,还可以借助提取机提取(Steve and Sumanasiri,2010)。Jarimopas 和同事(2009)研发了一种用于干燥槟榔果的脱壳机,以简化槟榔果的脱壳过程。如图 6.4 所示,该机的基本原理是向槟榔果实两侧施加各种动态摩擦力,使果壳部分分离。

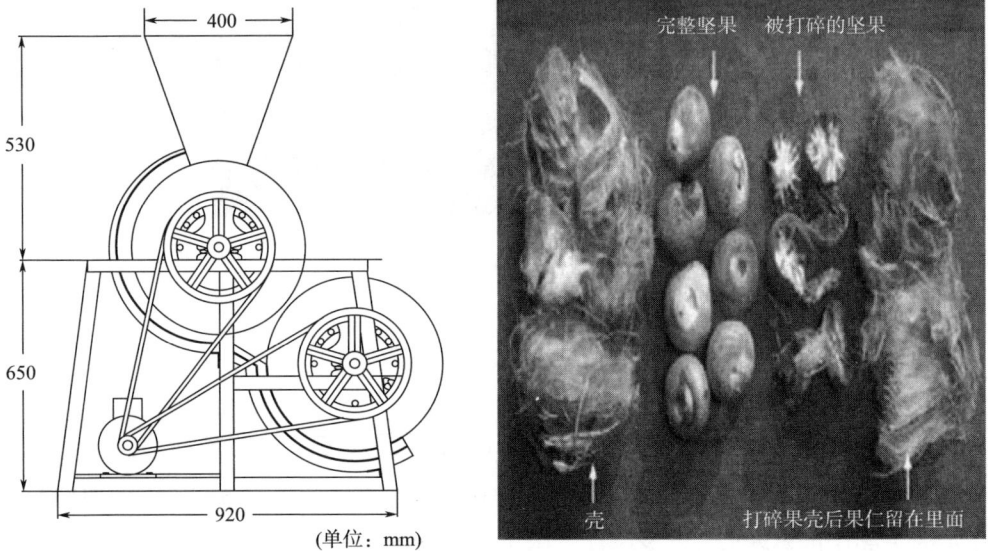

图 6.4　提取 BNH 纤维的脱壳机及其相应产品示意图(Jarimopas et al.,2009)

Nirmal 等(2010)设计并制造了一种替代设备,即具有鼓泡洗涤效果的纤维提取机(FEM-BWE),用于提取 BNH 纤维。该设备先去除槟榔果实的外层,然后提取细的 BNH 纤维。利用 FEM-BWE 设备提取 BNH 纤维的过程如图 6.5 所示。

6.2.2　农用废弃物 BNH 纤维在聚合物复合材料中的应用

已有研究人员对 BNH 作为聚合物复合材料增强体进行了研究。Srinivasa 等(2011)报道称,BNH 纤维增强的聚合物复合材料是用于轻型汽车部件、办公家具和隔墙板的潜在材料。根称,与木质刨花板的吸水率(40% 以上)相比,BNH 纤维增强酚醛树脂复合材料的吸水率非常低(6% ~ 7%)。由于 BNH 纤维增强复合材料优异的抗吸湿性,在包装和其他要求中等强度和耐久性的应用中具有广阔的发展前景(Swamy et al.,2004;Srinivasa et al.,2011)。

Hassan 等(2010b)在聚丙烯(PP)复合材料中混合 BNH 纤维和海藻,通过优化

图 6.5　使用具有鼓泡洗涤效果的纤维提取机（FEM-BWE）
提取 BNH 纤维的工艺（Nirmal et al.，2010）

BNH 纤维与海藻的配比（BNH∶海藻∶PP 为 10∶10∶80），使 BNH/海藻增强 PP 复合材料的力学性能显著提高。BNH 增强 PP 复合材料具有良好的机械强度和较低的成本，可作为结构材料应用于许多领域。

　　Bharath 等（2010）开发了用 BNH 纤维和玉米粉增强的可生物降解脲醛树脂（UF）复合材料，并用于包装领域。与木质复合材料相比，该复合材料具有良好的抗吸湿性和低膨胀性。厚度方向的膨胀性与复合材料的尺寸变化有关，这是由于纤维的膨胀是纤维与基体之间界面的水分积聚造成的（Ashori and Sheshmani，2010）。根据 Abdul Khalil 等（2007）的研究，复合材料的低膨胀厚度与良好的防潮性有关，因为复合材料对水分吸收率很低，所以 BNH 纤维/玉米粉填充 UF 复合材料的厚度方向的膨胀性低，且膨胀厚度小于复合材料初始厚度的40%。由于 BNH 纤维/玉米粉填充的 UF 复合材料具有缓慢的可生物降解性和良好的抗吸湿性，非常适合包装和其他家庭应用。

Choudhury 等(2009)在二甲亚砜(DMSO)溶剂中使用三种不同的单体,即:4-苯甲醛(HBD)、4,4-二氨基二苯醚(DDE)和对苯二甲酰氯,合成了一种新型的复合材料。将体积分数为10%~30%的BNH纤维以粉末形式添加到合成的嵌段共聚物中,制备了复合材料。研究表明,BNH纤维是制备低成本聚合物复合材料的良好增强材料。因此,将BNH纤维应用于聚合物复合材料中既有经济效益,又有生态效益。

Yousif 等(2010)使用新开发的线性摩擦机械,研究了碱处理的BNH增强环氧树脂复合材料在不同条件下的磨损和摩擦行为,即:在恒定载荷(5N)下,使用不同的磨料粒度(500μm、714μm 和 1430μm)和滑动速度(0.026~0.115m/s)进行的磨损和摩擦。用扫描电镜观察碱处理BNH增强环氧树脂复合材料的磨损表面,结果发现,BNH增强环氧树脂复合材料在砂粒上滑动的主要磨损机制是塑性变形、纤维脱落、裂纹、点蚀和BNH纤维拔出。

研究发现,碱处理过的BNH纤维增强环氧树脂复合材料在与粗砂接触时表现出更高的摩擦系数。这说明经处理的BNH增强环氧树脂复合材料具有良好的耐摩擦性能,因此这种复合材料适用于汽车零部件和轴承材料等高摩擦性应用场合。

6.3 BNH 纤维/乙烯基酯(VE)复合材料的力学性能

6.3.1 纤维成熟度对复合材料力学性能的影响

槟榔果实的成熟程度可分为未成熟、刚成熟和熟透三种类型。三种类型的槟榔果在外观上的差异如图 6.6 所示。

未成熟的槟榔果呈绿色,果壳柔软,果仁鲜嫩。刚成熟的槟榔果通常呈黄色至金黄色,与未成熟和成熟的槟榔果相比,其果壳更有弹性,并含有较多的汁液。熟透的槟榔果通常为棕褐色,纤维较粗。研究发现,BNH纤维的纤维长度、直径和密度在纤维成熟的每个阶段都会发生变化,这也将影响其相应复合材料的性能。

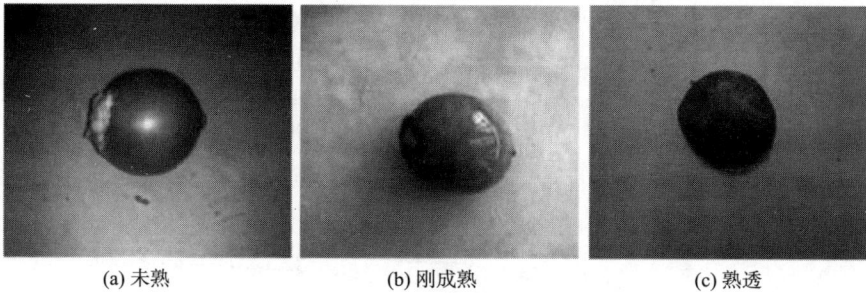

(a) 未熟　　　　　　　(b) 刚成熟　　　　　　　(c) 熟透

图 6.6　各种成熟度的槟榔果实

6.3.1.1　密度

表 6.3 列出了纯 VE 和 BNH 纤维增强 VE 复合材料的密度。从表中数据可以明显看出,所有类型的 BNH 增强 VE 复合材料的测试密度值都低于纯 VE 的密度值。VE 复合材料密度的降低是由于 BNH 纤维的中空结构。本研究发现,相同纤维含量的未成熟、刚成熟和熟透的 BNH 纤维增强 VE 复合材料的密度存在显著差异,其中未成熟 BNH 纤维增强复合材料的密度最低,其次是刚成熟的和熟透的 BNH 纤维增强复合材料。

表 6.3　纯 VE 和 BNH 增强 VE 复合材料的密度

复合材料类型	密度/(g/cm^3)
纯 VE	1.9472
10%未成熟的 BNH/VE	1.0572
10%刚成熟的 BNH/VE	1.1561
10%熟透的 BNH/VE	1.4564

注　BNH 含量 10%指质量百分数。

复合材料密度的变化还与 BNH 纤维的空腔结构有关。纤维成熟度对天然纤维的空腔尺寸有影响,未成熟纤维的空腔较大,而熟透的纤维的空腔结构通常较小(Alimuzzaman et al. ,2013)。对于 BNH 纤维,未成熟和刚成熟的纤维比熟透的纤维具有更大的空腔,从而在 VE 复合材料中形成更多的孔结构。因此,未成熟 BNH/VE 复合材料的密度低于熟透的 BNH/VE 复合材料。

6.3.1.2　吸水率

本试验还研究了 BNH 纤维成熟度对 BNH 纤维增强 VE 复合材料吸水性能的影响。图 6.7 显示纯 VE 和用 10%未成熟、刚成熟和熟透的 BNH 增强的 VE 复合材料的吸水率是浸泡时间平方根($\sqrt{t}$)的函数。在图 6.7 的吸水曲线中,BNH 纤维增强 VE 复合材料的吸水率明显高于纯 VE。

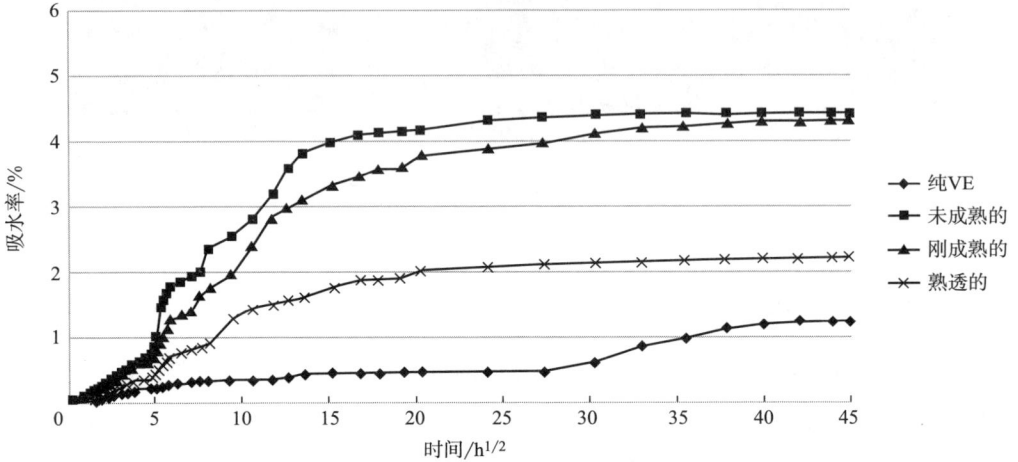

图 6.7 纯 VE 和不同成熟度的 BNH 纤维增强的 VE 复合材料的吸水性能

BNH 纤维增强 VE 复合材料的吸水率比纯 VE 有所提高,这与 BNH 纤维的亲水性有关。该吸水率结果与 Wang 等(2010)发表的数据一致,证明天然纤维的高吸水率是由于天然纤维中的纤维素分子存在羟基(OH)。这些羟基很容易与水分子形成氢键,因此天然纤维增强的复合材料的吸水率比纯聚合物高(Hu et al.,2010)。

从图 6.7 的吸水曲线可以看出,所有 BNH 纤维增强 VE 复合材料在浸水的初始阶段都表现出快速的初始吸水率,然后逐渐减缓,直到吸水率达到饱和点。这一发现与 Saika(2010)的关于植物纤维吸水行为的研究报告一致。Saika 报告称,BNH 表现出两阶段的吸水行为,其中第一阶段的快速吸水归因于纤维素分子中存在羟基和无定形结构。

纤维增强复合材料中的水传输机理包括水分子通过聚合物基体中的微裂纹的渗透、水分子在聚合物分子链之间的微隙中扩散以及在纤维—基体界面处的毛细效应(Lin et al.,2002;Barsberg and Thygesen,2001)。然而,对于天然纤维增强聚合物复合材料,还应考虑到天然纤维中多孔结构的存在。

根据 Kim 和 Seo(2006)的研究,在纤维末端暴露在水中之后,水分子有可能通过毛细管作用和天然纤维的空腔结构渗透到复合材料中。因此,与熟透的 BNH 纤维增强 VE 复合材料相比,未熟 BNH 纤维和刚成熟 BNH 纤维增强复合材料的高吸水率可能与其相应纤维的空腔尺寸有关。

值得注意的是,与未成熟和刚成熟的 BNH 纤维增强 VE 复合材料相比,熟透的 BNH 纤维增强 VE 复合材料的吸水率最低,还有一个原因,就是熟透的 BNH 纤维的木质素含量高。Espert 等(2004)指出,由于木质素的疏水性阻碍了水在天然纤维中的渗透,高木质素纤维增强的复合材料应具有较低的吸水值。

6.3.2 力学性能

6.3.2.1 弯曲性能

图 6.8 显示了纯 VE 和不同纤维成熟度的 10% BNH 纤维增强 VE 复合材料的弯曲强度和弯曲模量的变化。

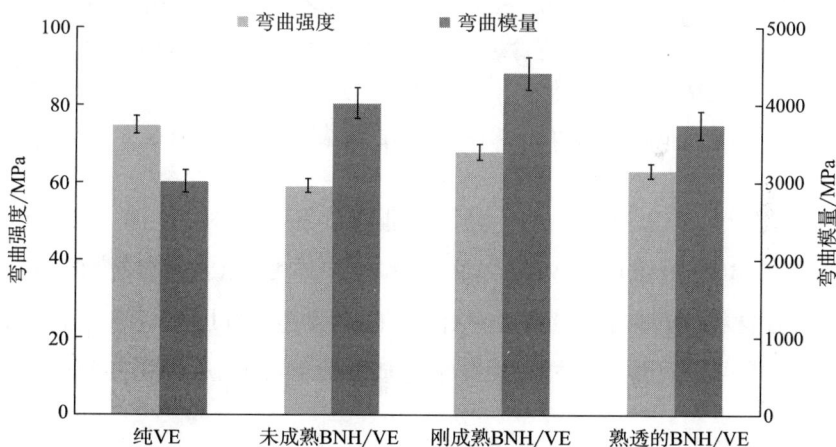

图 6.8 纯 VE 和不同纤维成熟度的 BNH 纤维增强的 VE 复合材料的弯曲强度和弯曲模量

从图中可观察到,随着 BNH 纤维的加入,VE 复合材料的弯曲模量显著提高。在 VE 基体中加入 10% 刚成熟的 BNH 纤维得到的 BNH/VE 复合材料的弯曲模量改善最大,弯曲模量增加了 46.36%。

然而,BNH 纤维增强 VE 复合材料的弯曲强度呈现出不同的趋势。在 VE 基体中加入 BNH 纤维后,复合材料的弯曲强度略有下降。而未成熟、刚成熟和熟透的 BNH 纤维增强 VE 复合材料的弯曲强度值几乎相同,由此可知,纤维成熟度因子对其弯曲强度的影响很小。

6.3.2.2 拉伸性能

通过拉伸试验研究了 BNH 纤维成熟度对 BNH 纤维增强 VE 复合材料拉伸性能的影响。图 6.9 显示了纯 VE 和不同成熟度的 BNH 纤维增强 VE 复合材料的拉伸性能。

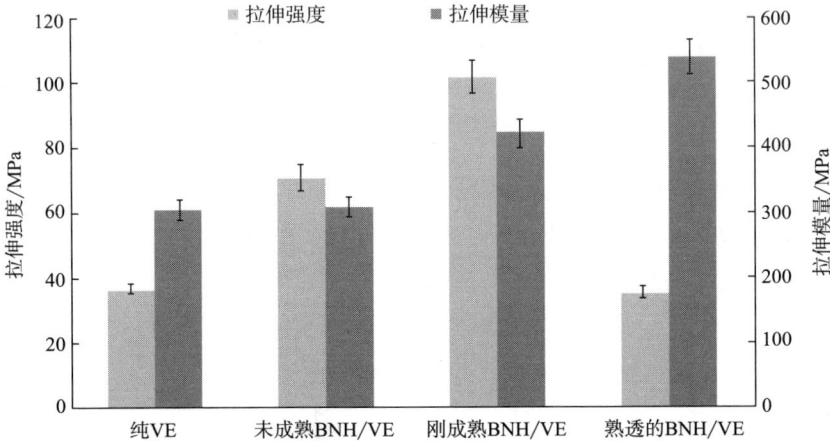

图 6.9　纯 VE 和不同成熟度的 BNH 纤维增强 VE 复合材料的拉伸强度和杨氏模量

总的来说,与纯 VE 相比,BNH 纤维增强 VE 复合材料的拉伸性能有显著提高。刚成熟的 BNH 纤维增强 VE 复合材料的拉伸强度最高。刚成熟的 BNH 纤维增强 VE 复合材料的拉伸强度最高的原因可能是刚成熟的 BNH 上三联体结构和较多的深孔数量,可以改善复合材料中纤维与基体的附着力,从而提高复合材料的拉伸强度。

通过对单根 BNH 纤维分析,发现单根 BNH 纤维的拉伸强度依次为刚成熟的 BNH 纤维、未成熟的 BNH 纤维、熟透的 BNH 纤维。值得一提的是,BNH 纤维增强 VE 复合材料的拉伸性能也呈现出类似的趋势。这些结果表明,BNH 纤维增强 VE 复合材料的拉伸性能还受到 BNH 纤维本身的拉伸强度和模量的影响。值得注意的是,熟透的 BNH 纤维增强 VE 复合材料尽管具有最低的拉伸强度,但其杨氏模量却最高。这与前面讨论的 BNH 纤维增强复合材料的弯曲模量的变化趋势完全相反。

图 6.10 显示了纯 VE 和不同成熟度的 BNH 纤维增强 VE 复合材料的断裂伸

长率。显然,未成熟和刚成熟的 BNH 纤维增强 VE 复合材料的断裂伸长率高于纯 VE。在 VE 中加入刚成熟的 BNH 纤维,复合材料的伸长率提高了 21.84%。

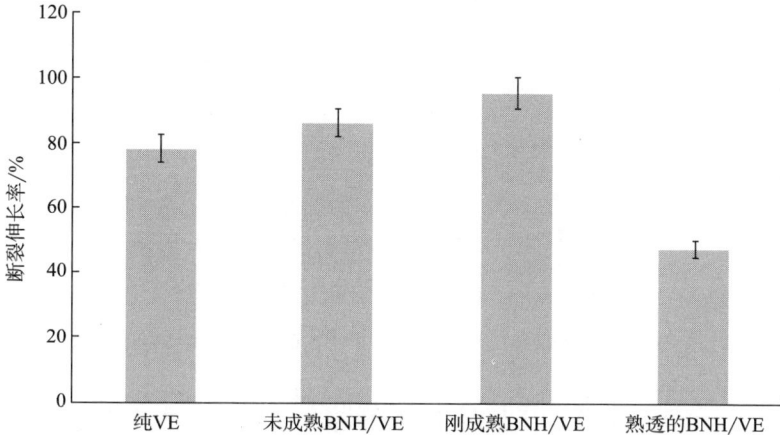

图 6.10　纯 VE 和用 10%(质量分数)不同成熟度的 BNH 纤维
增强 VE 复合材料的断裂伸长率

　　熟透的 BNH 纤维增强复合材料的断裂伸长率最低,说明熟透的纤维的低延展特性影响 BNH/VE 复合材料的断裂伸长率。从分析结果可以看出,增强纤维的拉伸性能对相应复合材料的断裂伸长率有一定影响。这一发现与 Shibata 等(2004)报道的纤维性能对纤维增强聚合物复合材料伸长率特性影响的研究结果相一致。

6.3.2.3　抗冲击性能

　　对纯 VE 和 BNH 纤维增强 VE 复合材料的抗冲击强度进行了分析,如图 6.11所示。由图可知,未成熟和刚成熟的 BNH 纤维增强 VE 复合材料的抗冲击强度均高于纯 VE。

　　未成熟、刚成熟和熟透的 BNH 纤维的加入均对纯 VE 的抗冲击强度产生影响,其中未成熟和刚成熟的 BNH 纤维增强 VE 复合材料的抗冲击强度均有显著提高。而在 VE 树脂中掺入熟透的 BNH 纤维使复合材料的抗冲击强度大幅降低。这是因为填充复合材料的抗冲击强度取决于填料本身的特性(Siriwardena et al.,2002年)。嵌入聚合物基体中的纤维对复合材料的抗冲击性能有很大影响,它们作为应力承受载体会影响裂纹的形成(Alimuzzaman et al.,2013)。熟透的 BNH 纤维增强VE 复合材料抗冲击强度降低的原因是,熟透的 BNH 纤维木质素含量较高,导致复

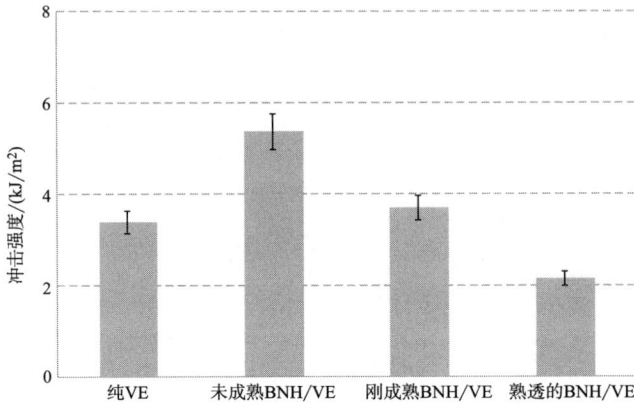

图 6.11　纯 VE 和不同成熟度的 BNH 纤维增强的 VE 复合材料的抗冲击强度

合材料脆性较大,木质素作为天然纤维中的胶凝材料,为纤维及其复合材料提供了刚度。

6.4　BNH 纤维含量对聚合物复合材料性能的影响

纤维含量对增强聚合物复合材料性能的影响一直是高分子复合材料研究的热点。这是因为在聚合物基体中加入纤维可提高复合材料的机械强度和模量(Ku et al.,2011)。一般来说,纤维含量高的短纤维增强复合材料有良好的力学性能(Ahmad et al.,2006)。然而,也有报道称,随着纤维含量的增加,纤维增强复合材料的力学性能降低。因此,研究 BNH 纤维含量对 BNH 纤维增强 VE 复合材料基本物理性能和力学性能的影响具有重要意义。如前所述,刚成熟的 BNH 纤维具有良好的力学和热物理性能,因此,本部分选择刚成熟的 BNH 纤维来研究 BNH 纤维含量对增强 VE 复合材料性能的影响。

6.4.1　基本物理性能

6.4.1.1　密度

表 6.4 描述了纯 VE 和不同纤维含量下刚成熟 BNH 纤维增强 VE 复合材料的密度。由表中数据可以看出,在 VE 基体中加入刚成熟的 BNH 纤维会降低 VE 的

密度。这是由于刚成熟的 BNH 纤维的空腔结构在 VE 复合材料中形成了多孔结构,导致其密度降低。

表 6.4　纯 VE 和不同纤维含量下 BNH 纤维增强 VE 复合材料的密度

复合材料类型	密度/(g/cm³)
纯 VE	1.9472
10% BNH/VE	1.1561
20% BNH/VE	1.1463
30% BNH/VE	1.1863
40% BNH/VE	1.2838

注　BNH 含量均以质量分数表示。

由表中数据可知,刚成熟的 BNH 纤维增强 VE 复合材料的密度随着 BNH 纤维含量从 20% 增加到 40%,复合材料的密度呈上升趋势。可能是由于刚成熟的 BNH 纤维的腔体结构是开放的,树脂有可能渗透并滞留在腔体内部,从而增加了复合材料的密度。

这一发现可由成熟的 BNH 纤维加入 VE 树脂前后横截面的 SEM 照片得到验证,如图 6.12 所示。从图上可以看到,在嵌入 VE 基质中的刚成熟的 BNH 纤维横截面上,明显有树脂渗透到空腔中。

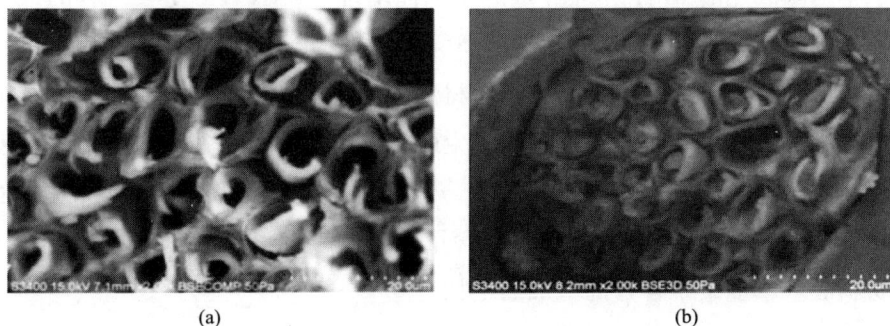

(a)　　　　　　　　　　　　　　(b)

图 6.12　(a)嵌入 VE 复合材料前的刚成熟 BNH 纤维和(b)嵌入 VE 复合材料中的
刚成熟 BNH 纤维的横截面 SEM 照片

6.4.1.2　吸水率

图 6.13 为纯 VE 和刚成熟的 BNH 增强 VE 复合材料在 10%、20%、30% 和 40% 纤维含量下的吸水曲线。由图上曲线可知,在吸水过程中,所有复合材料试样的吸

水行为在开始时均呈线性增加,然后缓慢上升,直至接近饱和点,遵循典型的 Fickian 扩散行为。

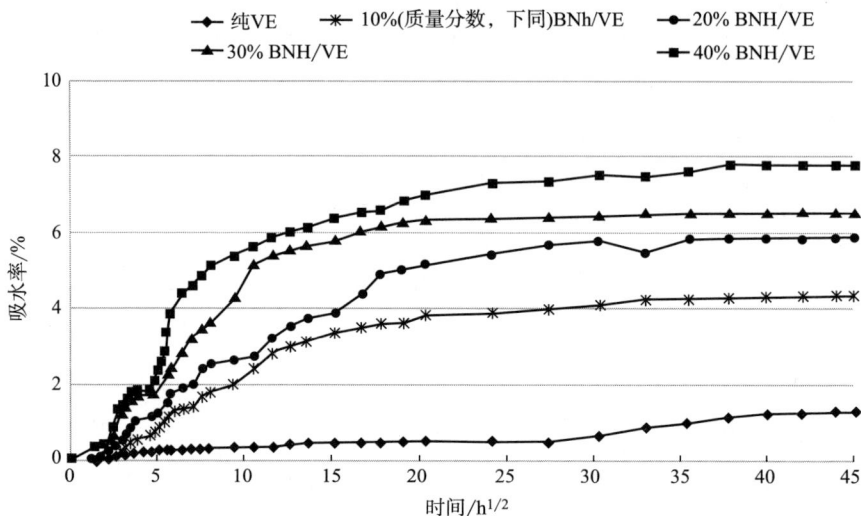

图 6.13   纯 VE 和不同含量刚成熟的 BNH 纤维增强 VE 复合材料的吸水性能

根据 Fickian 定律,复合材料与水接触的初始阶段的吸水速率非常快,经过一段时间后,吸水速率减慢,长时间后接近平衡点(Alhuthali et al.,2012)。观察到初始吸水率随刚成熟的 BNH 纤维含量的增加而增加。BNH/VE 复合材料的最大吸水率也呈现出同样的趋势,纤维含量最高(40%)的复合材料的最大吸水率也最高。

由于 BNH 纤维具有亲水性,当复合材料遇水时,纤维发生溶胀。BNH 纤维在复合材料中的溶胀导致乙烯基酯基体产生微裂纹。由于纤维在遇水时溶胀程度较大,通过毛细作用和微裂纹增加了水分子的吸收,因此微裂纹的形成更加强烈(Dhakal et al.,2007)。随着 BNH 纤维含量的增加,溶胀更加明显,导致 BNH/VE 复合材料吸水率随纤维含量的增加而增加。

天然纤维的亲水性是影响复合材料吸水性的主要因素(Espert et al.,2004)。这是由于天然纤维的半纤维素结构的无定形部分含有大量的游离羟基(Neagu et al.,2005)。当天然纤维与水接触时,游离羟基与水分子形成氢键(Adhikary et al.,2008)。当 VE 复合材料中 BNH 纤维含量增高时,复合材料的游离羟基数量增加,与水分子形成氢键的数量也增加,因此,会引起复合材料的吸水量增加。此结果与 George 等(1998)和 Stark(2001)的研究报告一致。在这些研究中,天然纤维增强聚合物复合材料的吸水率随着复合材料中纤维含量的增加接近呈线性增长。

6.4.2 力学性能

6.4.2.1 弯曲性能

VE 复合材料中 BNH 纤维含量对复合材料弯曲强度和弯曲模量的影响如图 6.14 所示。刚成熟的 BNH 纤维增强 VE 复合材料的弯曲强度随 BNH 纤维含量的增加而显著降低。BNH 纤维含量为 10% 时的复合材料的弯曲模量比纯 VE 的大,然后随着 BNH 纤维含量的增加,BNH/VE 复合材料的弯曲强度和弯曲模量急剧下降。BNH 纤维含量为 40% 时,BNH/VE 复合材料的弯曲模量下降了 52.92%。

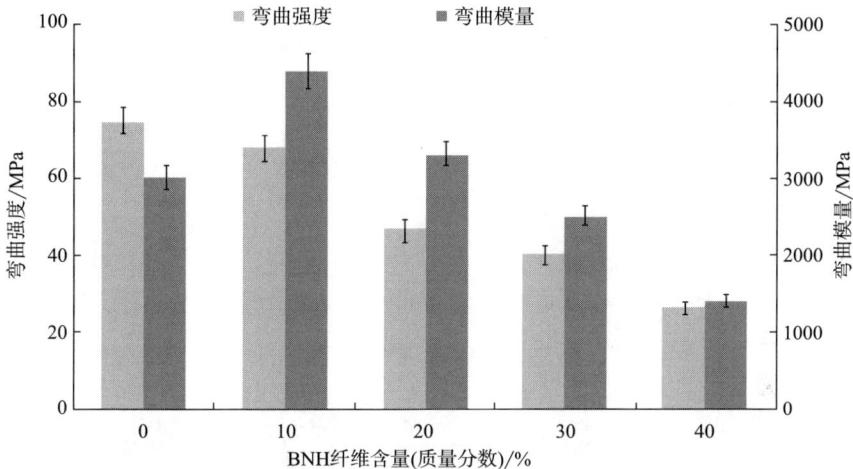

图 6.14　BNH 纤维增强 VE 复合材料在不同纤维含量下弯曲强度和弯曲模量的变化

BNH 纤维的加入降低了 VE 复合材料的弯曲强度和弯曲模量,这可能与基体中 BNH 纤维的刚性有关。Ahmad Thirmizir 等(2011)的报告指出,在聚合物基体中引入刚性天然纤维限制了聚合物分子链段的运动,导致复合材料的机械强度和模量较低。因此,当复合材料受到应力时,VE 基体中刚性 BNH 纤维的加入限制了VE 基体相的变形能力。纤维含量的进一步增加对复合材料弯曲性能的影响减小。Syed Azuan(2013)在其关于纤维含量对糖棕榈叶纤维增强聚酯复合材料弯曲性能影响的研究中报告了类似的观察结果。随着纤维含量的增加,糖棕榈叶纤维增强聚酯复合材料的弯曲性能呈下降趋势。Arib 等(2006)对菠萝叶纤维(PALF)增强PP 复合材料的研究表明,随着 PALF 含量的增加,PALF/PP 复合材料的弯曲性能降低,这与纤维间相互作用、纤维分散性差、糖棕榈叶纤维和复合材料制造过程中存在不需要的孔隙有关。

因此,可以得出结论,复合材料的弯曲性能随纤维含量的增加而降低,可能是由于纤维与基体的黏附性差、BNH 纤维的分散性和分布均匀性差、BNH 纤维含量高而基体含量少等多种因素造成的。另外,在纤维含量较高时,由于复合材料制造过程中难以混合树脂混合物,复合材料中更容易出现夹带气孔隙(Ahmad Thirmizir et al.,2011)。

6.4.2.2 拉伸性能

图 6.15 显示了纯 VE 和刚成熟的 BNH 纤维增强 VE 复合材料在不同纤维含量(0、10%、20%、30%、40%,质量分数)下的拉伸强度和模量。从图 6.15 可以看出,在 VE 中引入 10% BNH 纤维,拉伸强度和模量值都会增加。

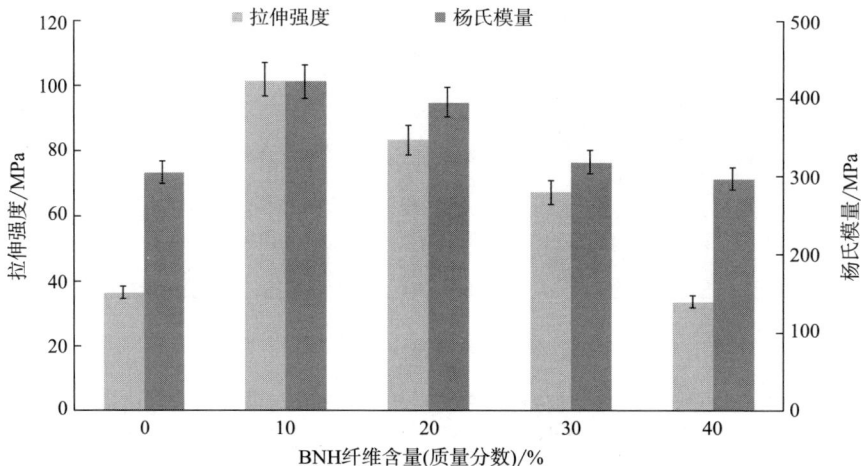

图 6.15 BNH/VE 复合材料在不同纤维含量下的拉伸强度和杨氏模量

然而,当纤维含量从 20% 进一步增加到 40%,BNH/VE 复合材料的拉伸强度和模量均有所下降。加入 10% BNH 后,VE 复合材料的拉伸强度和模量比纯 VE 分别提高了 178.15% 和 36.77%,这与刚成熟的 BNH 纤维具有良好的拉伸强度和模量有关。考虑到增强纤维的抗拉强度和模量影响,可以预期相应复合材料的拉伸性能会有所提高(Jawaid et al.,2013)。纤维增强复合材料的拉伸强度和模量的增加也表明增强纤维比纯聚合物基体具有更高的拉伸强度和模量(Nam et al.,2011)。

复合材料的拉伸强度随纤维含量的增加而下降,可能是由于纤维含量高时,纤维与基体界面黏结性差,导致复合材料中的应力传递不足。根据 Ozturk(2005)的研究,随着复合材料体系中纤维含量的增加,纤维容易发生团聚。纤维的团聚阻碍了复合材料中的应力传递,导致应力传递效率的降低。从拉伸结果可以得出结论,BNH 纤维含量为 10%时,复合材料的拉伸强度和模量都达到了最大值。

6.4.2.3 抗冲击性能

图 6.16 为不同纤维含量的 BNH/VE 复合材料抗冲击强度的变化。纯 VE 的抗冲击强度很低,加入 10% BNH 纤维,使 BNH/VE 复合材料的抗冲击强度提高了0.09%。BNH 纤维含量为 20% ~ 40%时,BNH/VE 复合材料的抗冲击强度呈线性下降。抗冲击强度是指材料在发生最终破坏前所耗散的总能量,它受复合材料中纤维含量和纤维间距的影响(Sreekala et al. ,2002)。抗冲击强度随纤维含量的增加而降低,这与纤维含量高时纤维—基体间的有效应力传递减少有关,同时也与复合材料破坏过程中耗散能量的能力下降有关。

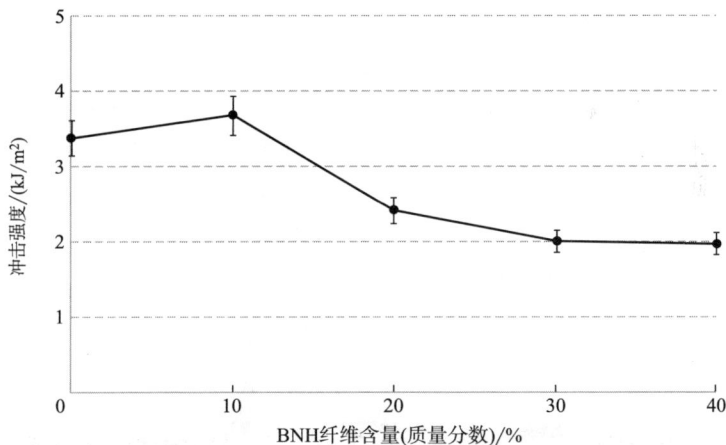

图 6.16 不同纤维含量下 BNH/VE 复合材料的抗冲击强度

在纤维增强复合材料体系中,由于纤维作为应力传递的介质,对基体中裂纹的形成也有响应,因此纤维对复合材料的抗冲击性能有很大的影响(Sreekala et al. ,2002)。抗冲击试验结果表明,随着复合材料中纤维含量的增加,BNH 纤维承受基体传递的应力的能力逐渐降低。这是由于纤维含量高时,树脂在 BNH 纤维上难以润湿,导致纤维与纤维之间接触时容易发生团聚。

纤维含量较高时,纤维与纤维之间的接触更容易,因此很难实现纤维与基体之间的有效应力传递(Sreekala et al.,2002)。此外,在纤维含量较高的复合材料中纤维断裂更多,破坏了基体到纤维的应力传递机制,降低了复合材料的抗冲击强度。

6.5 BNH/VE 复合材料的热性能

纯 VE 及 10%和 40%刚成熟 BNH 纤维增强的 VE 复合材料的热降解性能见图 6.17 和图 6.18,并在表 6.5 中进行了总结。以刚成熟的 BNH 纤维含量为 10%和 40%的复合材料为研究对象,考察了 BNH/VE 复合材料在最低纤维含量(10%)和最高纤维含量(40%)时的热降解行为,比较确定低纤维含量或高树脂含量复合材料(10%纤维)、高纤维含量或低树脂含量复合材料(40%纤维)的热稳定性差异。另外,通过对纤维含量最低和最高的复合材料进行 TG 分析,还可以检测在高温下 BNH 纤维和乙烯基酯树脂哪个成分对复合材料的热稳定性贡献更大。

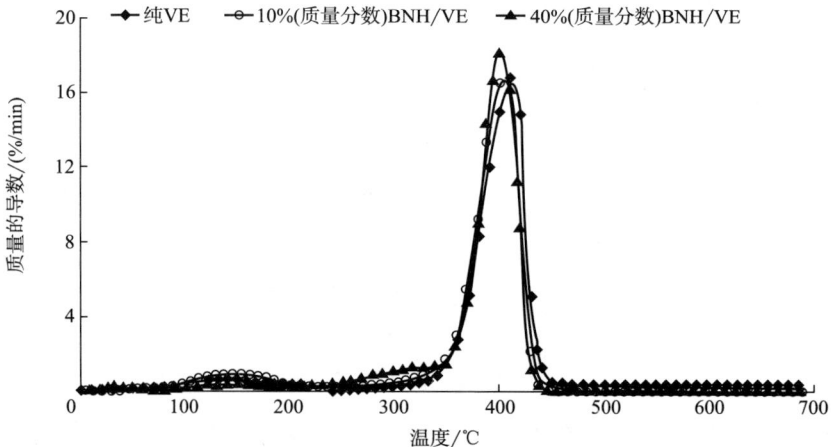

图 6.17 纯 VE 和 BNH/VE 复合材料的 DTG 曲线

在 BNH/VE 复合材料的降解过程中观察到三个主要的降解阶段。根据 Ray 等(2004)的研究,天然纤维增强复合材料的热降解特性取决于基体和纤维各自的热降解特性。一般来说,在 VE 树脂中引入 BNH 纤维会降低 VE 的热稳定性。

TGA 曲线中的初始降解阶段对应于复合材料中 BNH 纤维的水分损失。失水

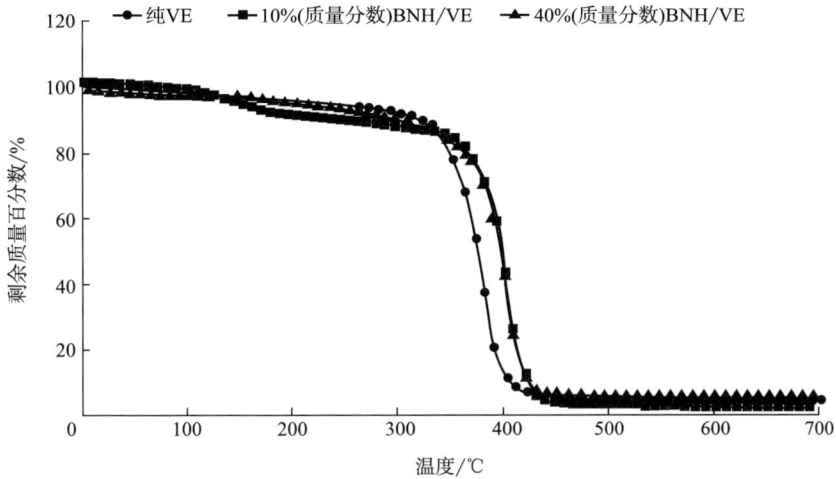

图 6.18　纯 VE 和 BNH/VE 复合材料的 TGA 曲线

阶段发生在 75~225℃。在初始降解阶段,随着 BNH 纤维含量从 10% 增加到 40%,BNH/VE 复合材料的 TGA 曲线向低温方向移动。这种向低温的移动表明,BNH/VE 复合材料的含水量随着 BNH 纤维的加入而增加。降解过程的第二和第三阶段分别发生在 200~325℃和 325~500℃。第二和第三降解阶段分别代表天然纤维增强复合材料中的半纤维素成分和纤维素成分的降解(Jawaid et al. ,2012)。

　　将 TGA 分析中加热过程结束时的残炭量记录在表 6.5 中。由表中数据可知,40% BNH/VE 复合材料比纯 VE 或 10% BNH/VE 复合材料产生的残炭量更高。BNH/VE 复合材料中残炭的形成是由于 VE 和 BNH 纤维在加热过程中的裂解所致。据报道,天然纤维的细胞壁在高温下容易发生解热并形成炭层,这有助于防止纤维进一步热降解(Taj et al. ,2007)。当 VE 复合材料中 BNH 纤维含量从 10% 增加到 40% 时,复合材料中形成了更多的 BNH 纤维炭化层,因此残炭量增加更为明显。

表 6.5　纯 VE 和 BNH/VE 复合材料在纤维含量为 10% 和 40% 时的 TGA 分析

复合材料	转变温度/℃	转变峰位置/℃	失重/%	700℃时残炭量/%
纯 VE	287~425	378.48	87.76	4.766
10% BNH/VE	75~225	109.62	2.17	3.262
	200~325	258.33	8.512	

续表

复合材料	转变温度/℃	转变峰位置/℃	失重/%	700℃时残炭量/%
40% BNH/VE	325~425	373.78	86.57	5.03
	90~150	107.84	3.921	
	200~350	255.60	10.07	
	25~500	379.88	78.48	

6.6 BNH/VE 复合材料的形貌特征

由于高分子材料和复合材料的力学行为主要受其内部结构的影响,因此形态分析非常重要(Liang and Wu,2009)。为了解不同纤维含量复合材料的断裂机理,对刚成熟的 BNH 增强 VE 复合材料冲击断口表面的 SEM 照片进行了分析。纯 VE和10%、20%、30%、40%的刚成熟 BNH 纤维增强的 VE 复合材料断裂面的 SEM 照片如图6.19 所示。

从图6.19 的 SEM 照片可以看出,BNH 纤维增强复合材料在断裂过程中发生了纤维拉出、纤维断裂和界面脱粘。对于10%~30% BNH 纤维增强的 VE 复合材料,其破坏机制主要是 BNH 纤维断裂。纤维断裂是纤维与基体界面结合良好的标志,与复合材料破坏过程中纤维剥离相比,消耗的能量更少(Ozturk,2005)。而采用40% BNH 纤维增强 VE 复合材料时,复合材料在破坏过程中发生了大量的纤维剥离。纤维剥离是纤维与基体界面结合弱的标志,其应力承载作用较小。当施加的载荷超过纤维基体的弱界面结合时,就会发生剥离现象(Ozturk,2005)。

在10%、20%和30%BNH 纤维增强的 VE 复合材料的断裂面上台阶痕迹非常明显。VE 基体中嵌入的 BNH 纤维周围的台阶痕迹证明了 BNH 纤维具有吸收基体应力的能力。在基体表面还观察到细小的裂纹分支,这些裂纹有助于防止复合材料在受力时发生严重破坏。

10% BNH 纤维增强 VE 复合材料的断口上有大量的台阶状痕迹,表明复合材料在断裂过程中发生了良好的应力传递,也因此复合材料具有良好的力学性能。而刚成熟的 BNH 含量为40%的 VE 复合材料断裂表面出现明显的纤维剥离和纤维断裂,但台阶痕迹不明显。刚成熟的 BNH 纤维的剥离是由于树脂对纤维的润湿

(a) 纯VE

(b) 10% BNH/VE

(c) 20% BNH/VE

(d) 30% BNH/VE

(e) 40% BNH/VE

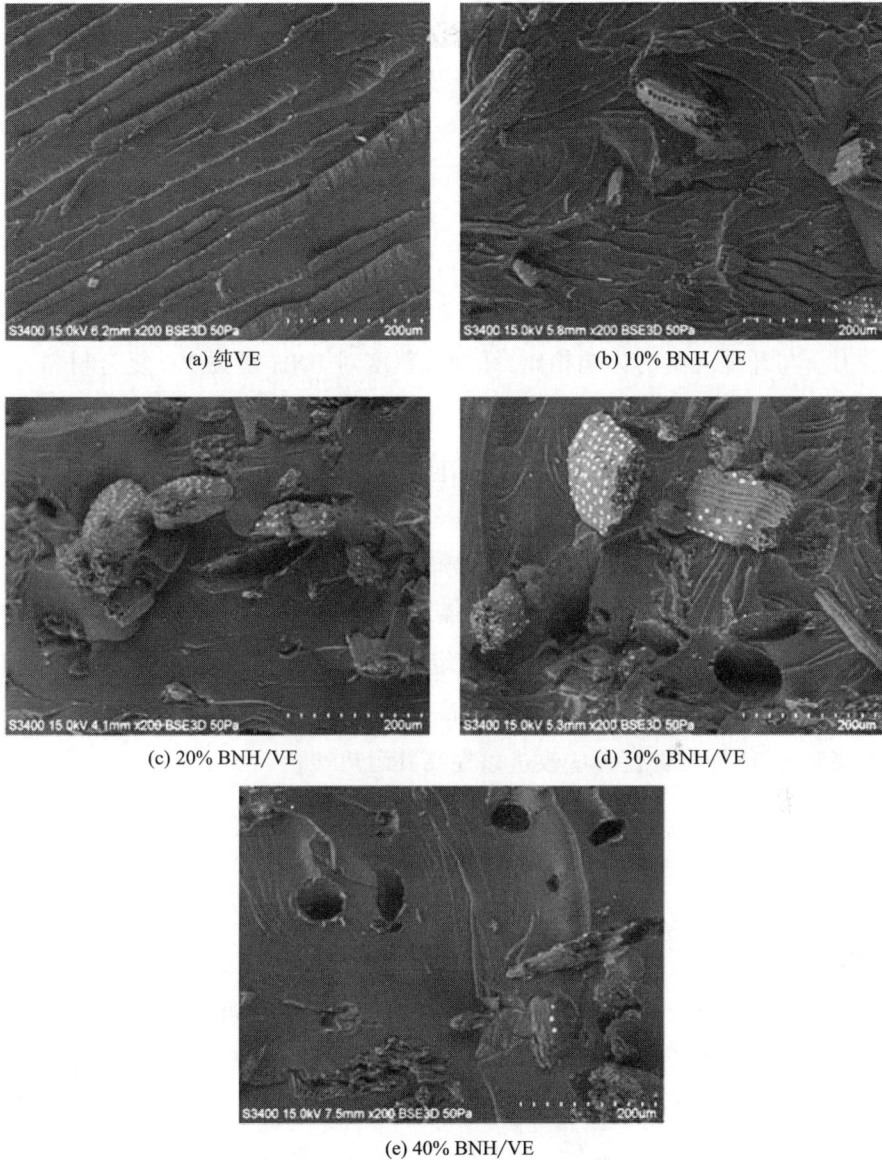

图 6.19　各种复合材料断裂面的 SEM 照片

性差,使纤维在受力时发生脱落,导致复合材料的力学性能下降。

　　40% BNH/VE 复合材料的断裂面呈现脆性断裂,在剥离纤维周围呈无波纹的光滑表面。这一结果表明,纤维含量为 40%的 BNH 纤维不能作为复合材料的应力承载体,且 BNH 纤维容易剥离,其标志是复合材料的断裂面干净光滑。这一发现与纤维含量为 40%时复合材料的机械强度(拉伸、弯曲、冲击)的降低相一致。

6.7 结论

本章所报道的表征和分析旨在强调 BNH 纤维作为聚合物复合材料的增强材料的潜力。与纤维含量的影响相比,纤维成熟度对 BNH 增强 VE 复合材料弯曲性能的影响很小。未成熟和刚成熟的 BNH 纤维加入 VE 基体后,复合材料的导热系数降低。而对于熟透的 BNH 增强 VE 复合材料,观察到了相反的结果。在 VE 树脂中加入 10%刚成熟的 BNH 纤维,可以显著提高 BNH/VE 复合材料的物理、力学和热物理性能。这一发现由复合材料断裂面的 SEM 照片得到证实。当纤维含量为 10%时,刚成熟的 BNH 纤维与 VE 基体之间的界面结合良好。在 VE 树脂中引入 BNH 纤维降低了 VE 复合材料的热稳定性,因为 BNH/VE 复合材料的树脂转变峰低于纯 VE。为了增加 BNH 纤维作为高分子复合材料替代增强材料的潜力,未来还需要对 BNH 纤维进行一些改进以提高其耐热性。

参考文献

[1]Abdul Khalil H. P. S. , Issam A. M. , Ahmad Shakri M. T. , Suriani R. , Awang A. Y. ,2007. Conventional agro-composites from chemically modified fibres. Ind. Crops Prod. 26,315-323.

[2]Adamafio N. A. , Afeke I. K. , Wepeba J. , Ali E. K. , Quaye F. O. ,2004. Biochemical composition and in vitro digestibility of cocoa(*Theobroma cacao*)pod husk,cassava (*Minhot esculenta*) peel and plantain (*Musa paradisiacal*) peel. Ghana J. Sci. 44,29-38.

[3]Adhikary K. B. ,Pang S. ,Staiger M. P. ,2008. Long-term moisture absorption and thickness swelling behaviour of recycled thermoplastics reinforced with Pinus radiata sawdust. Chem. Eng. J. 142,190-198.

[4] Ahmad I. , Baharum A. , Abdullah I. , 2006. Effect of extrusion rate and fiber loading on mechanical properties of Twaron fiber-thermoplastic natural rubber(TPNR) composites. J. Reinf. Plast. Compos. 25, 957-965.

[5] Ahmad Thirmizir M. Z. , Mohd Ishak Z. A. , Mat Taib R. , Sudin R. , Leong Y. W. , 2011. Mechanical, water absorption and dimensional stability studies of kenaf bast fibre-filled poly(butylene succinate) composites. Polym. Plastics Technol. Eng. 50 (4), 339-348.

[6] Ajayi C. A. , Awodun M. A. , Ojeniyi S. O. , 2007. Comparative effect of cocoa pod husk ash and NPK fertilizer on soil and root nutrient content and growth of kola seedling. Int. J. Soil Sci. 2(2), 148-153.

[7] Alhuthali A. , Low I. M. , Dong C. , 2012. Characterisation of the water absorption, mechanical and thermal properties of recycled cellulose fibre reinforced vinyl-ester eco-nanocomposites. Compos. B 43, 2772-2781.

[8] Alimuzzaman S. , Gong R. H. , Akonda M. , 2013. Impact property of PLA/flax nonwoven biocomposite. Conf. Papers Mater. Sci. 2013, 1-6.

[9] Arib R. M. N. , Sapuan S. M. , Ahmad M. M. H. M. , Paridah M. T. , Khairul Zaman H. M. D. , 2006. Mechanical properties of pineapple leaf fibre reinforced polypropylene composites. Mater. Design 27, 391-396.

[10] Ashori A. , Sheshmani S. , 2010. Hybrid composites made from recycled materials: moisture absorption and thickness swelling behavior. Bioresour. Technol. 101, 4717-4720.

[11] Barsberg S. , Thygesen L. G. , 2001. Non-equilibrium phenomena influencing the wetting behaviour of plant fibers. J. Colloidal Interface Sci. 234, 59-67.

[12] Bharath K. N. , Swamy R. P. , Kumar G. C. M. , 2010. Experimental studies on biodegradable and swelling characteristics of natural fibers composites. Int. J. Agric. Sci. 2(1), 1-4.

[13] Chikkol V. S. , Bennehalli B. , Kenchappa M. G. , Ranganagowda R. P. G. , 2010. Flexural behaviour of areca fibers composites. BioResources 5(3), 1846-1858.

[14] Choudhury S. U. , Hazarika S. B. , Barbhuya A. H. , Roy B. C. , 2009. Natural fiber

reinforced polymer bio composites, blends, synthesis, characterization & applications. In: Proceedings of the 17th International Conference on Composites Materials, Edinburgh, United Kingdom, 70.

[15] Dhakal H. N. , Zhang Z. Y. , Richardson M. O. W. , 2007. Effect of water absorption on the mechanical properties of hemp fibre reinforced unsaturated polyester composites. Compos. Sci. Technol. 67, 1674−1683.

[16] Espert A. , Vilaplana F. , Karlsson S. , 2004. Comparison of water absorption in natural cellulosic fibres from wood and one−year crops in polypropylene composites and its influence on their mechanical properties. Compos. A: Appl. Sci. Manuf. 35, 1267−1276.

[17] Food and Agriculture Organization of the United Nations(FAO) , FAOSTAT, Retrieved 21st April 2013. Available from World Wide Web: http://faostat3. fao. org/home/index. html.

[18] George J. , Bhagawan S. S. , Thomas S. , 1998. Effects of environment on the properties of low−density polyethylene composites reinforced with pineapple−leaf fiber. Compos. Sci. Technol. 58, 1471−1485.

[19] Hassan M. M. , Wagner M. H. , Zaman H. U. , Khan M. A. , 2010b. Physico−mechanical performance of hybrid Betel Nut(*Areca catechu*) short fiber/seaweed polypropylene composite. J. Nat. Fibers 7, 165−177.

[20] Hu W. , Ton−That M. −T. , Perrin−Sarazin F. , Denault J. , 2010. An improved method for single fiber tensile test of natural fibers. Polym. Eng. Sci. 50(4) , 819−825.

[21] Jarimopas B. , Niamhom S. , Terdwongworakul A. , 2009. Development and testing of a husking machine for dry betel nut(*Areca Catechu Linn.*). Biosyst. Eng. 102, 83−89.

[22] Jawaid M. , Abdul Khalil H. P. S. , Alattas O. S. , 2012. Woven hybrid biocomposites: dynamic mechanical and thermal properties. Compos. A: Appl. Sci. Manuf. 43, 288−293.

[23] Jawaid M. , Abdul Khalil H. P. S. , Hassn A. , Dungani R. , Hadiyane A. , 2013. Effect of jute fibre loading on tensile and dynamic mechanical properties of

oil palm epoxy composites. Composites B 45,619-624.

[24] Kim H. J. ,Seo D. W. ,2006. Effect of water absorption fatigue on mechanical prop-erties of sisal textile-reinforced composites. Int. J. Fatigue 28,1307-1314.

[25] Ku H. ,Wang H. ,Pattarachaiyakoop N. ,Trada M. ,2011. A review on the tensile propeties of natural fiber reinforced polymer composites. Composites B 42,856-873.

[26] Liang J. Z. ,Wu C. B. ,2009. Gray relational analysis between size distribution and impact strength of polypropylene/hollow glass bead composites. J. Reinf. Plast. Compos. 28,1945-1955.

[27] Lin Q. ,Zhou X. ,Dai G. ,2002. Effect of hydrothermal environment on moisture absorption and mechanical properties of wood flour-filled polypropylene compos-ites. J. Appl. Polym. Sci. 85(14),2824-2832.

[28] Nam T. H. ,Ogihara S. ,Tung N. H. ,Kobayashi S. ,2011. Effect of alkali treatment on interfacial and mechanical properties of coir fiber reinforced poly(butylene suc-cinate)biodegradable composites. Composites B 42(6),1648-1656.

[29] Neagu R. C. ,Gamstedt E. K. ,Lindstrom M. ,2005. Influence of wood-fibre hygro-expansion on the dimensional instability of fibre mats and composites. Composites A 36,772-788.

[30] Nirmal U. ,Yousif B. F. ,Rilling D. ,Brevern P. V. ,2010. Effect of betelnut fibres treatment and contact conditions on adhesive wear and frictional performance of polyester composites. Wear 268,1354-1370.

[31] Ozturk S. ,2005. The effect of fibre content on the mechanical properties of hemp and basalt fibre reinforced phenol formaldehyde composites. J. Mater. Sci. 40(17), 4585-4592.

[32] Rajan A. ,Kurup J. G. ,Abraham T. E. ,2005. Biosoftening of arecanut fiber for value added products. Biochem. Eng. J. 25,237-242.

[33] Ray D. ,Sarkar B. K. ,Basak R. K. ,Rana A. K. ,2004. Thermal behavior of vinyl ester resin matrix composites reinforced with alkali-treated jute fibers. J. Appl. Polym. Sci. 94,123-129.

[34] Reddy G. R. ,Kumar M. A. ,Chakradhar K. V. P. ,2011. Fabrication and perform-

ance of hybrid betel nut (Areca catechu) short fiber/Sansevieria cylindrica (Aga-vaceae) epoxy composites. Int. J. Mater. Biomater. Appl. 1(1) ,6-13.

[35] Saikia D. ,2010. Studies of water absorption behaviour of plant fibers at different temperatures. Int. J. Thermophys. 31(4-5) ,1020-1026.

[36] Shibata M. ,Oyamada S. ,Kobayashi S. ,Yaginuma D. ,2004. Mechanical proper-ties and biodegradability of green composites based on biodegradable polyesters and lyocell fabric. J. Appl. Polym. Sci. 92(6) ,3857-3863.

[37] Shivakumaraswamy G. R. ,Mahalingegowda R. M. ,Vinod A. R. ,2013. Domestic wastewater treatment in reactors filled with areca husk fiber and pebble bed. Elixir Pollut. 57,14064-14066.

[38] Siriwardena S. ,Ismail H. ,Ishiaku U. S. ,Perera M. C. S. ,2002. Mechanical and morphological properties of white rice husk ash filled polypropylene/ethylene-pro-pylene-diene terpolymer thermoplastic elastomer composites. J. Appl. Polym. Sci. 85(2) ,438-453.

[39] Sreekala M. S. ,George J. ,Kumaran M. G. ,Thomas S. ,2002. The mechanical per-formance of hybrid phenol-formaldehyde-based composites reinforced with glass and palm oil fibres. Compos. Sci. Technol. 62,339-353.

[40] Srinivasa C. V. ,Arifulla A. ,Goutham N. ,Jaeethendra H. J. ,Ravikumar R. B. ,Anil S. G. ,et al. ,2011. Static bending and impact behaviour of areca fibers com-posites. Mater. Design 32,2469-2475.

[41] Stark N. ,2001. Influence of moisture absorption on mechanical properties of wood flour polypropylene composites. J. Thermoplast. Compos. Mater. 14,421-432.

[42] Steve K. A. ,Sumanasiri K. E. D. ,2010. Development of natural fibre composites in Papua New Guinea(PNG). Innovation and technology transfer. Available on World Wide Web⟨www. ramiran. net⟩(accessed 12. 01. 14).

[43] Swamy R. P. ,Kumar G. C. M. ,Vrushabhendrappa Y. ,Joseph V. ,2004. Study of Arecareinforced phenol formaldehyde composites. J. Plast. Compos. 23,1373-1382.

[44] Syed Azuan S. A. ,2013. Influence of fibre volume fraction and vacuum pressure on the flexural properties of sugar palm frondfibre reinforced polyester composites. Aust. J. Basic Appl. Sci. 7(4) ,318-322.

［45］Taj S. ,Munawar M. A. ,Khan S. ,2007. Natural fiber-reinforced polymer composites. Proc. Pakistan Acad. Sci. 44(2) ,129-144.

［46］Wang T. ,Chen S. ,Wang Q. ,Pei X. ,2010. Damping analysis of polyurethane/epoxy graft interpenetrating polymer network composites filled with short carbon fiber and micro hollow glass bead. Mater. Design 31 ,3810-3815.

［47］Yousif B. F. ,Nirmal U. ,Wong K. J. ,2010. Three-body abrasion on wear and frictional performance of treated betelnut fibre reinforced epoxy(T-BFRE)composite. Mater. Design 31 ,4514-4521.

7. 甘蔗渣填充聚氯乙烯复合材料的研究进展

Riza Wirawan[1] *and S. M. Sapuan*[2]

[1] *雅加达国立大学,印度尼西亚雅加达*

[2] *博特拉大学,马来西亚沙登*

7.1 引言

在过去的几十年里,有大量关于生物复合材料领域的研究论文被报道(Saheb and Jog,1999;Satyanarayana et al.,1990)。这表明人们对在复合材料中使用天然纤维代替玻璃纤维、碳纤维和其他合成纤维的兴趣越来越强烈,其中一个主要的原因是保护环境。天然纤维是一种环境友好型材料,与传统纤维相比,它在生产、加工和废弃阶段对环境的破坏最小(Balaji et al.,2014)。本章主要讨论由甘蔗渣(SB)和聚氯乙烯(PVC)制备的复合材料。

SB 是甘蔗的纤维状残渣,是甘蔗被压榨并提取甘蔗汁后的副产品。由于对糖的需要,甘蔗渣是全球范围内数量最大的农作物残留物之一(Loh et al.,2013;Pandey et al.,2000;Trejo-Hernandez et al.,2007)。与许多其他天然纤维一样,SB 由纤维素、半纤维素、木质素和其他成分组成,它可与基质混合,形成天然纤维复合材料。甘蔗渣易于获得,且成本低廉。因此,在保证质量的前提下研究 SB 填充复合材料是开发生产低成本绿色产品的第一步(Loh et al.,2013)。

同时,PVC 是一种常用的热塑性塑料。它可以通过改性形成刚性或柔性产品。硬质 PVC 是一种高强度和高刚性的热塑性塑料。此外,PVC 对各种腐蚀性液体也具有很强的耐受性。这些特性加上低生产成本使其应用范围非常广泛,如管道、建筑材料、薄膜和电缆等许多领域(Nass,1985;Willoughby,2002;Wirawan et al.,2009)。近年来,天然纤维/PVC 复合材料的发展势头迅猛,已有多项关于 PVC 和木质/纤维素复合材料的发明获得了专利(Bacaloglu et al.,2004;Frenkel and Krainer,2009;Matuana et al.,2008)。

但是,PVC 也存在一些安全和环境问题。与其他热塑性塑料一样,PVC 目前也被怀疑是一种具有污染的材料。当 PVC 被加工或分解时,会产生一些对大气有害的化学物质,如氯化氢和二噁英。这些问题引发了环保组织对大规模使用 PVC 的反对(Ayora et al.,1997)。但是,由于 PVC 具有经济优势,似乎也无法阻挡其使用量的增长。

由于天然纤维的"生态友好性",将 PVC 材料与天然纤维混合形成天然纤维/聚氯乙烯复合材料成为一种有意义的选择,即可以减少使用 PVC 的"坏处",同时又可以保留复合材料的优点(Ayora et al.,1997)。预计 PVC 和天然纤维制成的复合材料将成为未填充 PVC 的替代材料。目前,纯 PVC 已被用于许多领域,如电插头和配件、门窗框和百叶窗、围栏和甲板等。用这种复合材料代替 PVC 可以降低 PVC 生产的增长速度,从而最大限度地减少因使用 PVC 而对环境产生的影响,并减少对石油的依赖。与传统增强材料玻璃纤维相比,天然纤维具有一定的优势,在过去十多年中,引起了科学家和技术人员的广泛关注。

与其他天然纤维增强聚合物复合材料一样,相容性是 SB 纤维作为热塑性复合材料增强材料的一个重大挑战。在天然纤维上羟基和其他极性基团的存在导致聚合物湿润性差,纤维和基体之间的界面黏附性较弱(Drzal et al.,2004)。据报道,SB 增强 PVC 复合材料经碱(Saini et al.,2010)和苯甲酸(Zheng et al.,2007)处理后,机械强度随纤维含量的增加而有所提高。另外,聚亚甲基(聚苯基)异氰酸酯偶联剂(PMPPIC)被认为是最适合天然纤维增强 PVC 复合材料使用的偶联剂之一(Maldas et al.,1989)。

7.2 甘蔗渣及其复合材料的发展

甘蔗粉碎过程会产生大量的残渣,即甘蔗渣,可简称蔗渣,包含粉碎的外皮和髓纤维(Reis,2006;Vazquez et al.,1999)。甘蔗渣纤维的化学成分是纤维素(40%)、天然橡胶(24.4%)、木质素(15.0%)、蔗糖(14%)、灰分(5%)、蛋白质(1.8%)、蔗糖(1.4%)、油脂(0.6%)和酸(0.6%)(Vazquez et al.,1999)。

SB 可用于造纸业和作为动物食料,目前最主要的用途是将其作为工业的一种燃料。但是，与其他燃料相比，蔗渣的热值相对较低（Vazquez et al.，1999）。在以前蔗渣的研究中，提出了许多将蔗渣转化为更具附加值的工业产品的方法，如制成液体燃料、饲料、酶和活性炭。一个新的解决方案就是使用甘蔗渣纤维制造复合材料产品（Reis，2006）。高的拉伸强度（170~290MPa）和弹性模量（15~19GPa）以及相对较高的密度（550kg/m³）使其具有制作天然纤维复合材料的潜力。

目前，已经有一些关于蔗渣纤维增强聚合物复合材料的研究报道，有的是以热塑性材料为基体，有的是以热固性材料为基体。除 PVC 外，至少还研究了 4 种聚合物可作为蔗渣纤维增强复合材料的基体，即聚丙烯（PP）、不饱和聚酯、聚醋酸乙烯酯（EVA）和聚乙烯（PE）。但事实上，蔗渣纤维/聚合物复合材料的应用仍处在开发阶段（Anggono et al.，2017；Candido et al.，2017；Cestari et al.，2017；Huabcharoen et al.，2017；Jayamani and bin Bakri，2017a；Jayamani et al.，2017b；Jiménez et al.，2017；Makhetha et al.，2017；Mulinari et al.，2017）。

7.2.1 蔗渣纤维增强聚丙烯复合材料

Vazquez 等（1999）研究了蔗渣纤维含量和纤维处理方法对聚丙烯（PP）基复合材料力学性能的影响。在对纤维进行不同的化学处理后，他们得出结论：碱处理的效果最好，碱处理能产生高度原纤化的表面和对基体的机械黏附性。异氰酸酯处理可以减少表面亲水性，使纤维与基体的黏附性更好。

未经处理的甘蔗渣纤维含量增加时，拉伸强度和断裂应变均下降，说明纤维与基体之间的黏附性较差。纤维经处理后，由于增加了界面黏附力而使材料力学性能得到改善。纤维经处理后还可以改善复合材料的蠕变行为。

7.2.2 蔗渣纤维增强聚酯复合材料

Vilay 等（2008）的一项研究表明，当负载较多的甘蔗渣纤维时，即使纤维未处理，聚酯复合材料的拉伸性能和弯曲性能也会增加。与碱（NaOH）处理相比，丙烯酸处理能更好地改善其力学性能。Lee 和 Mariatti（2008）指出，与芯层纤维复合材料相比，皮层纤维复合材料具有更高的弯曲性能和抗冲击性能，且吸水率更低。

El-Tayeb（2008）发现，蔗渣纤维增强聚酯复合材料在不锈钢上滑动时具有良好的耐磨性，摩擦系数与玻璃纤维增强聚酯复合材料相当。他认为，蔗渣纤维在增强聚酯方面具有很大的潜力，与玻璃纤维具有相当的竞争力。

根据 de Sousa 等的研究(2004),在糖厂和酒精厂经过预处理的蔗渣表面具有清洁的特性,可直接用于增强聚酯基复合材料。这意味着在复合材料生产中使用废弃蔗渣之前不需要做清洗操作。此外,纤维的尺寸越小,复合材料的性能越好。使用较小尺寸的纤维,会有更大的比表面积用于应力传递,而且微观结构更加均匀。

7.2.3 蔗渣纤维增强聚醋酸乙烯酯复合材料

Stael 等(2001)直接从生产糖和酒的甘蔗加工厂获得蔗渣,"原样"的甘蔗渣在80℃下干燥48h,然后进行切碎和筛分,将切碎的甘蔗渣加入聚合物中,结果发现,聚醋酸乙烯酯(EVA)的变形能力降低,但纤维长度对复合材料性能没有显著影响。这意味着在实践生产中没有必要对于尺寸小于30mm 的甘蔗渣进行筛分。

可通过调整甘蔗渣的体积分数,使甘蔗渣和 EVA 形成良好的界面,进而调整材料力学性能,并达到木质刨花板的力学性能(Stael et al.,2001)。

7.2.4 蔗渣纤维增强聚乙烯复合材料

Pasquini 等(2008)用甘蔗渣中的纤维素纤维填充低密度聚乙烯,并用十八酰氯和十二酰氯进行了化学改性。通过 X 射线光电子能谱分析,可以明显看到化学改性改善了纤维与基体之间的界面黏附力,但是,没有观察到力学性能的改善。这是因为经化学处理后,纤维素纤维的聚合度明显降低,化学处理使纤维变得更脆弱。

Lei 等(2007)的另一项研究表明,马来酸聚乙烯偶联剂可以提高甘蔗渣增强再生高密度聚乙烯(RHDPE)的拉伸强度、模量和抗冲击强度,但是它对热降解没有明显影响。复合材料有两个热降解温度,第一个是受纤维的影响,出现在较低的温度;第二个是高密度聚乙烯的热降解。复合材料的第一阶段热降解温度高于纤维的第一阶段降解温度。

7.3 蔗渣纤维/PVC 复合材料的研究

本节主要讨论 SB/PVC 复合材料的研究,包括纤维制备、纤维—PVC 混合、基体浸渍、模压等制备 SB/PVC 复合材料的工艺。通过力学性能试验确定纤维掺入后是否有增强效果。此外，SB 纤维填充 PVC 复合材料在制备前，还进行了不同处理方法（碱、苯甲酸、偶联剂）的分析和比较，以及纤维洗涤对复合材料拉伸性能的影响。

7.3.1 蔗渣纤维/PVC 复合材料的制备

7.3.1.1 纤维制备

SB 的髓芯（SBP）和皮层（SBR）两个部分在被分别送入环刀剥皮机之前需晾晒干燥 2×12h，以获得短纤维（长度小于 3cm）。然后对纤维进行筛分，以获得更均匀的尺寸。本研究中使用 40 目纤维。

7.3.1.2 纤维洗涤

将筛过的纤维用清水冲洗数次，以去除多余的甘蔗汁。甘蔗汁会溶于水而改变水的颜色，当水溶液被去除后，甘蔗汁也从果皮中去除。重复这一过程，直到检测不到颜色变化为止，并以此作为纤维中甘蔗汁含量最低的标志。

将水洗的纤维和未经水洗的纤维进行对比，以研究 SBR 中甘蔗汁的存在是否会影响 SBR/PVC 复合材料的力学性能。

7.3.1.3 碱（氢氧化钠）处理

将洗涤后的 SBR 置于 1%氢氧化钠（NaOH）溶液中，于室温下浸泡 30min，然后用水清洗几次，以尽量减少氢氧化钠的过量残留。然后将湿甘蔗渣在 80℃的空气循环烘箱中干燥 24h。

7.3.2 苯甲酸处理

将洗涤后的 SBR 用过氧化氢（H_2O_2）溶液处理 1h，然后在少量乙醇中将 SBR 与苯甲酸（C_6H_5COOH）溶液混合，苯甲酸的用量为 SBR 重量的 5%。将混合后的组分露天放置片刻，使溶剂蒸发，溶剂蒸发后，在 120℃的空气循环烘箱中干燥 24h。

7.3.3 偶联剂

在复合材料制备过程中，当 PVC 熔融混合后马上将聚亚甲基苯基异氰酸酯（PMPPIC）（PVC 重量的 2%）加入密炼机中，再将 PMPPIC 处理后的 PVC 与洗涤的 SBR 混合以制备复合材料。

7.3.4　PVC 与纤维混合物

　　基体—纤维混合过程使用 Haake Polydrive R600 密炼机,温度为 170℃,转子速度为 50r/min。首先,将 PVC 颗粒送入腔室,5min 后混入纤维,混合数分钟。

　　本研究制备了体积分数为 50% 的处理 SBR、未处理 SBP 和未处理 SBR 纤维的混合物。采用式(7.1)计算纤维含量(V_f)。

$$V_f = \frac{\dfrac{W_f}{\rho_f}}{\dfrac{W_f}{\rho_f} + \dfrac{W_m}{\rho_m}} \tag{7.1}$$

式中:W 和 ρ 分别为质量分数和密度,下标 f 和 m 分别表示纤维和基体。

　　本研究中复合材料制备过程的最后阶段是热压。机器的温度设定为 170℃,压力为 100MPa,时间为 12.5min。然后将混合物在液缸压力下冷却至室温。最终产品为尺寸 15cm×15cm×1mm 和 15cm×15cm×3mm 的板材。前者用于拉伸试验,后者用于弯曲试验。

7.3.5　力学试验

　　通过力学试验考察纤维加入对 PVC 及其复合材料力学性能的影响。本文报道了拉伸和弯曲试验的结果。

7.3.5.1　拉伸试验

　　用于拉伸测试的试样被切割成狗骨形状。然后使用 Instron 3365 试验机对试样进行拉伸试验,十字头速度设置为 2mm/min。本文报道的拉伸强度和拉伸模量是 5 个试样的平均值。

7.3.5.2　弯曲试验

　　用电锯将热压产品切割成尺寸为 13cm×1.3cm×3mm 的矩形。使用 Instron 3365 试验机进行三点弯曲试验,十字头速度为 1mm/min。记录试样弯曲强度和模量,并计算 5 个试样的平均值。

7.3.6　结果与讨论

　　图 7.1~图 7.4 为 PVC、体积分数为 50% 的 SB 的皮和髓/PVC 复合材料的拉

伸和弯曲性能。

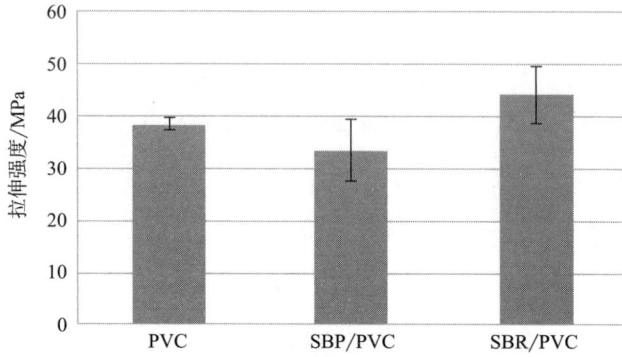

图 7.1　PVC 及其复合材料的拉伸强度

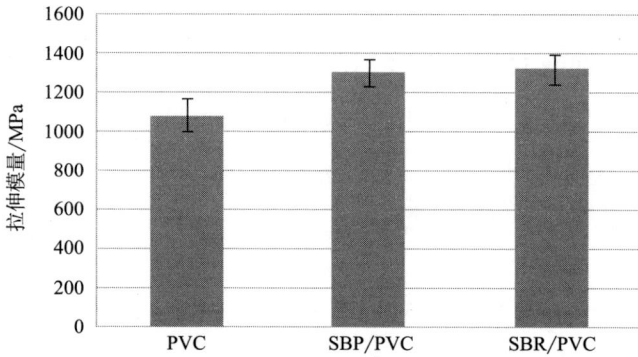

图 7.2　PVC 及其复合材料的拉伸模量

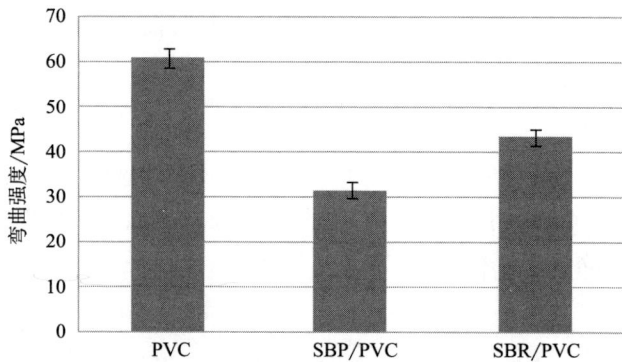

图 7.3　PVC 及其复合材料的弯曲强度

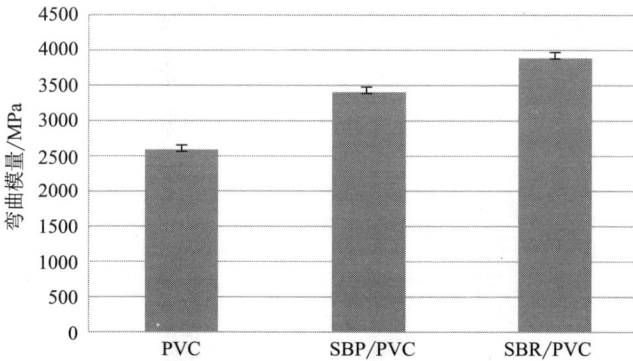

图 7.4　PVC 及其复合材料的弯曲模量

从图中可以观察到,髓纤维的加入虽然降低了 PVC 的拉伸强度和弯曲强度,但提高了其拉伸模量和弯曲模量。皮纤维的加入除了弯曲强度外,其他力学性能均有提高。与髓纤维/PVC 复合材料相比,皮纤维/PVC 复合材料表现出更优异的力学性能。这说明,相比于髓纤维,皮纤维作为 PVC 基体复合材料的增强材料具有更好的应用潜力。据报道,在聚酯复合材料中使用髓纤维和皮纤维具有相同的结果(Lee and Mariatti,2008)。

图 7.5 为复合材料经各种处理方法处理后的拉伸强度。结果表明,尽管所有的化学处理均比水洗 SBR/PVC 复合材料的拉伸强度高,但都低于未处理(未水洗)的 SBR/PVC 复合材料。拉伸强度的变化趋势为:未处理>PMPPIC 处理>碱处理>苯甲酸处理>洗涤。

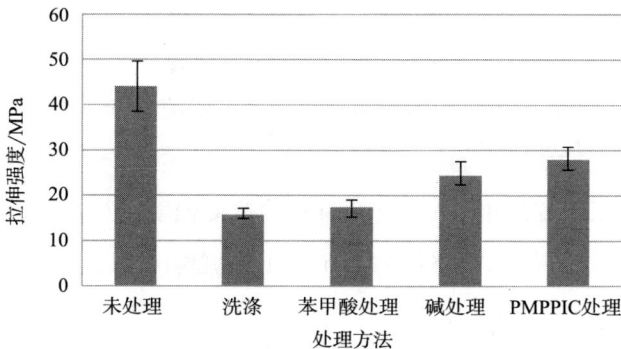

图 7.5　不同处理方法对 SBR/PVC 复合材料拉伸强度的影响

(Wirawan et al. ,2011d)

不同处理方法的复合材料的拉伸模量也有类似的趋势,但差异不太明显(图7.6)。

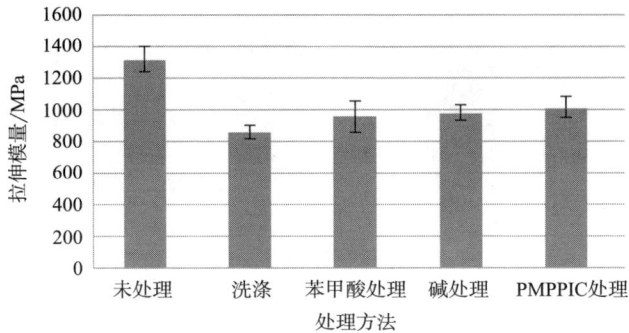

图 7.6　不同处理方法对 SBR/PVC 复合材料拉伸模量的影响(R. Wirawan et al. ,2011d)

未处理的 SBR 残留有一定量的甘蔗汁,可以在洗涤和其他处理过程中去除。换句话说,未经处理的 SBR 比其他 SBR 含有更多的甘蔗汁。

比较未经处理和洗涤后的 SBR/PVC 复合材料的拉伸性能,可以看出,与洗涤后的 SBR/PVC 相比,含有较多甘蔗汁的未经处理的 SBR/PVC 具有更高的拉伸强度和拉伸模量,说明甘蔗汁的存在对 SBR/PVC 复合材料的拉伸强度和拉伸模量都有影响。

7.4　结论

SB 增强聚合物复合材料已经发展了几十年,蔗渣纤维/PVC 是一种很有潜力的复合材料。研究发现,SB 的加入,特别是外皮部分的加入,即使不进行任何处理也会产生增强效果。皮纤维/PVC 复合材料的拉伸强度、拉伸模量和弯曲模量均高于 PVC。因此,将废弃物甘蔗皮作为 PVC 基体的增强材料,具有潜在的应用价值。

参考文献

[1] Anggono J. , Sugondo S. , Sewucipto S. , Purwaningsih H. , Henrico S. , 2017. The

use of sugarcane bagasse in PP matrix composites：a comparative study of bagasse treatment using calcium hydroxide and sodium hydroxide on composite strength. Paper presented at the AIP Conference Proceedings.

[2]Ayora M. ，Ríos R. ，Quijano J. ，Márquez A. ，1997. Evaluation by torque-rheometer of suspensions of semi-rigid and flexible natural fibers in a matrix of poly（vinyl chloride）. Polym. Compos. 18（4），549-560. Available from：https：//doi. org/10. 1002/pc. 10307.

[3]Bacaloglu R. ，Kleinlauth P. ，Frenkel P. ，2004. United States Patent No. 7, 390,846.

[4]Balaji A. ，Karthikeyan B. ，Raj C. S. ，2014. Bagasse fiber-the future biocomposite material：a review. Int. J. Cemtech Res. 7（1），223-233.

[5]Candido V. S. ，da Silva A. C. R. ，Simonassi N. T. ，da Luz F. S. ，Monteiro S. N. ， 2017. Toughness of polyester matrix composites reinforced with sugarcane bagasse fibers evaluated by Charpy impact tests. J. Mater. Res. Technol. 6（4），334-338.

[6]Cestari S. P. ，Albitres G. A. V. ，Mendes L. C. ，Altstädt V. ，Gabriel J. B. ，Gabriel Carvalho Bertassone A. ，et al. ，2017. Advanced properties of composites of recycled high-density polyethylene and microfibers of sugarcane bagasse. J. Compos. Mater. 0021998317716268.

[7]Drzal L. ，Mohanty A. K. ，Burgueno L. ，Misra M. ，2004. Biobased structural composite materials for housing an infrastructure applications：opportunities and challenges. Proc. NSF Housing Res. Agenda Workshop 2,129-140.

[8]El-Tayeb N. S. M. ，2008. A study on the potential of sugarcane fibers/polyester composite for tribological applications. Wear 265（1-2），223-235.

[9]Frenkel P. ，Krainer E. ，2009. United States Patent No. 7,514,485.

[10]Huabcharoen P. ，Wimolmala E. ，Markpin T. ，Sombatsompop N. ，2017. Purification and characterization of silica from sugarcane bagasse ash as a reinforcing filler in natural rubber composites. BioResources 12（1），1228-1245.

[11]Jayamani E. ，bin Bakri M. K. ，2017a. Preliminary study on the acoustical,dielectric and mechanical properties of sugarcane bagasse reinforced unsaturated polyester composites. In：Paper Presented at the Materials Science Forum,vol. 890,pp. 12-15.

［12］Jayamani E. ,Soon K. H. ,bin Bakri M. K. ,Hamdan S. ,2017b. Comparative study of sound absorption coefficients of coir/kenaf/sugarcane bagasse fiber reinforced epoxy composites. In:Paper Presented at the Key Engineering Materials.

［13］Jiménez A. M. ,Delgado-Aguilar M. ,Tarrés Q. ,Quintana Germán F. -i-P. ,Pere Mutjé P. ,Espinach F. X. ,2017. Sugarcane bagasse reinforced composites:studies on the Young's modulus and macro and micro-mechanics. BioResources 12(2), 3618-3629.

［14］Lee S. C. ,Mariatti M. ,2008. The effect of bagasse fibers obtained(from rind and pith component)on the properties of unsaturated polyester composites. Mater. Lett. 62(15),2253-2256.

［15］Lei Y. , Wu Q. , Yao F. , Xu Y. , 2007. Preparation and properties of recycled HDPE/natural fiber composites. Compos. A: Appl. Sci. Manuf. 38 (7), 1664-1674.

［16］Loh Y. R. , Sujan D. , Rahman M. E. , Das C. A. , 2013. Sugarcane bagasse—the future composite material:a literature review. Resour. Conserv. Recycling 75,14-22. Available from:https://doi. org/10. 1016/j. resconrec. 2013. 03. 002.

［17］Makhetha T. A. ,Mpitso K. ,Luyt A. S. ,2017. Preparation and characterization of EVA/PLA/sugarcane bagasse composites for water purification. J. Compos. Mater. 51(9),1169-1186.

［18］Maldas D. , Kokta B. V. , Daneault C. , 1989. Composites of polyvinyl chloride-wood fibers:IV. Effect of the nature of fibers. J. Vinyl Technol. 11(2),90-99.

［19］Matuana L. M. , Heiden P. A. , Shah B. L. , 2008. United States Patent No. 7, 446,138.

［20］Menke D. ,Fiedler H. ,Zwahr H. ,2003. Don't ban PVC:incinerate and recycle it instead!. Waste Manage. Res. 21(2),172-177. Available from:https://doi. org/10. 1177/0734242x0302100211.

［21］Mulinari D. R. , Voorwald H. J. C. , Cioffi M. O. H. , da Silva M. L. C. P. , 2017. Cellulose fiberreinforced high-density polyethylene composites—mechanical and thermal properties. J. Compos. Mater. 51(13),1807-1815.

［22］Nass L. ,1985. Encyclopedia of PVC. Marcel Dekker,New York.

[23] Pandey A. , Soccol C. R. , Nigam P. , Soccol V. T. , 2000. Biotechnological potential of agroindustrial residues. I: sugarcane bagasse. Bioresour. Technol. 74 (1) , 69 – 80. Available from: https://doi. org/10. 1016/S0960−8524(99)00142−X.

[24] Pasquini D. , Teixeira E. De. M. , Da Silva−Curvelo A. A. , et al. , 2008. Surface esterification of cellulose fibres: processing and characterisation of low−density polyethylene/cellulose fibres composites. Compos. Sci. Technol. 68(1) , 193−201.

[25] Reis J. M. L. , 2006. Fracture and flexural characterization of natural fiber – reinforced polymer concrete. Construct. Building Mater. 20(9) , 673−678.

[26] Saheb D. N. , Jog J. P. , 1999. Natural fiber polymer composites: a review. Adv. Polym. Technol. 18(4) , 351−363.

[27] Saini G. , Narula A. K. , Choudhary V. , Bhardwaj R. , 2010. Effect of particle size and alkali treatment of sugarcane bagasse on thermal, mechanical, and morphological properties of PVC−bagasse composites. J. Reinforced Plastics Compos. 29(5) , 731−740. Available from: https://doi. org/10. 1177/0731684408100693.

[28] Satyanarayana K. G. Sukumaran K. , Mukherjee P. S. , Pavithran C. , Pillai S. G. K. , 1990. Natural fibre−polymer composites. Cement Concr. Compos. 12(2) , 117−136.

[29] de Sousa M. V. , Monteiro S. N. , d'Almeida J. R. M. , 2004. Evaluation of pre−treatment, size and molding pressure on flexural mechanical behavior of chopped bagasse−polyester composites. Polym. Testing 23(3) , 253−258.

[30] Stael G. C. , Tavares M. I. B. , d'Almeida J. R. M. , 2001. Impact behavior of sugarcane bagasse waste−EVA composites. Polym. Testing 20(8) , 869−872.

[31] Trejo−Hernandez M. R. , Ortiz A. , Okoh A. I. , Morales D. , Quintero R. , 2007. Biodegradation of heavy crude oil Maya using spent compost and sugar cane bagasse wastes. Chemosphere 68(5) , 848−855.

[32] Vazquez A. , Dominguez V. A. , Kenny J. M. , 1999. Bagasse fiber – polypropylene based composites. J. Thermoplastic Compos. Mater. 12 (6) , 477 – 497. Available from: https://doi. org/10. 1177/089270579901200604.

[33] Vilay V. , Mariatti M. , Mat Taib R. , Todo M. , 2008. Effect of fiber surface treatment and fiber loading on the properties of bagasse fiber – reinforced unsaturated

polyester composites. Compos. Sci. Technol. 68(3-4),631-638.

[34]Willoughby D.,2002. Plastic Piping Handbook. McGraw-Hill,New York.

[35]Wirawan R.,Zainudin E. S.,Sapuan S. M.,2009. Mechanical properties of natural fibre reinforced PVC composites:a review. Sains Malaysiana 38(4),531-535.

[36]Wirawan R.,Sapuan S. M.,Robiah Y.,Khalina A.,2010. Flexural properties of sugarcane bagasse pith and rind reinforced poly(vinyl chloride). In:IOP Conference Series:Materials Science and Engineering,vol. 11(1),012011.

[37]Wirawan R.,Sapuan S. M.,Khalina A.,Robiah Y.,2011a. Tensile and impact properties of sugarcane bagasse/poly(vinyl chloride) composites. Key Eng. Mater. 471-472,167.

[38]Wirawan R.,Sapuan S. M.,Robiah Y.,Khalina A.,2011b. The effects of thermal history on tensile properties of poly(vinyl chloride) and its composite with sugarcanebagasse. J. Thermopl. Compos. Mater. 24(4),567 – 579. Available from:https://doi. org/10. 1177/0892705710397247.

[39]Wirawan R.,Sapuan S. M.,Robiah Y.,Khalina A.,2011c. Elastic and viscoelastic properties of sugarcane bagasse-filled poly(vinyl chloride) composites. J. Thermal Anal. Calorimet. 103(3),1047-1053.

[40]Wirawan R.,Sapuan S. M.,Robiah Y.,Khalina A.,2011d. Properties of sugarcane bagasse/poly(vinyl chloride) composites after various treatments. J. Compos. Mater. 45(16),1667-1674. Available from:https://doi. org/10. 1177/0021998310385030.

[41]Zheng Y.-T.,Cao D.-R.,Wang D.-S.,Chen J.-J.,2007. Study on the interface modification of bagasse fibre and the mechanical properties of its composite with PVC. Compos. A:Appl. Sci. Manuf. 38(1),20-25.

8. 玫瑰茄/糖棕榈纤维增强乙烯基酯复合材料的性能研究

Nadlene Razali[1], *S. M. Sapuanand*[2], *Nadia Razali*[3]

[1] 马来西亚马六甲大学,马来西亚马六甲

[2] 博特拉大学,马来西亚沙登

[3] 吉隆坡大学,马来西亚亚罗牙也

8.1 引言

目前,环境问题正在被许多科学家和研究人员所关注。人们普遍认为,环境保护对确保人类未来的生存至关重要。为了实现这一目标,材料工程师展开了用天然纤维代替现有增强材料的研究(Aji et al.,2009)。这些替代材料需要与同类材料有类似的功能,同时还需要绿色环保。

天然纤维用于材料增强已有 3000 多年的历史(Taj et al.,2007)。近年来,随着技术的进步,天然纤维已经可以与聚合物结合在一起使用(Azwa et al.,2013)。用于此目的的天然纤维有红麻、玫瑰茄、黄麻、糖棕榈、油棕榈空果串、剑麻、菠萝叶、稻壳、木棉、木材、大麦或燕麦、马尼拉麻等(Nguong et al.,2013)。

此外,可以减少木材的使用量和天然纤维的可降解性,也是吸引材料工程师使用天然纤维来增强聚合物复合材料的原因。其他因素还有成本低、力学性能好、可利用性强、材料可再生、可生物降解以及天然的再循环利用性(Joshi et al.,2004)。

在自然界中存在着非常丰富的天然纤维,如玫瑰茄(Hibiscus sabdariffa),在很多地区都有种植。迄今为止,对玫瑰茄纤维及其复合材料的应用研究还很少(Ramu and Sakthivel,2013)。为了进一步研究玫瑰茄纤维作为绿色复合材料的发展潜力,对玫瑰茄纤维及其复合材料的可能用途进行了探索(Razali et al.,2015;Nadlene et al.,2016b)。玫瑰茄纤维是一种韧皮纤维,与其他纤维的区别在于它们

的组成,即纤维素与木质素/半纤维素的比例和纤维素微原纤的取向或螺旋角(Kalia et al.,2011)。通常,纤维的拉伸强度和杨氏模量随纤维素含量的增加而增加。植物纤维的延展性取决于微原纤相对于纤维轴的取向。如果取向是螺旋形的,材料具有延展性,如果取向是平行的,材料就具有刚性,不易弯曲,并且具有较高的拉伸强度(Kalia et al.,2011)。玫瑰茄纤维的表面光滑,但如果没有经过表面处理,也可能存在毛刺或外来的颗粒和污点。光滑的表面是天然纤维的一个主要缺点,它会增加不需要的亲水性,使用预处理工艺可以使光滑的表面变得粗糙。当表面粗糙时,聚合物材料之间存在互锁性,进而改善界面结合力,这也说明了研究纤维形态的重要性(Chauhan and aith,2012a)。提高玫瑰茄复合材料性能的建议之一是使用混合复合材料(Aji et al.,2012)。人们对糖棕榈纤维也做了大量研究(Ishak et al.,2013)。糖棕榈纤维具有良好的力学性能,特别是抗冲击性能。与其他类型的纤维相比,糖棕榈纤维吸收冲击应力的能力很强,这是因为糖棕榈纤维木质素含量很高。纤维组分中的木质素有助于提高纤维的强度,并且在高温下难以降解。

近年来,许多研究人员对玫瑰茄纤维的表面改性以及玫瑰茄纤维在高分子复合材料中的应用进行了研究。Singha 和 Rana(2012)研究了纤维尺寸和纤维负载量对玫瑰茄纤维增强酚醛树脂复合材料的影响,他们发现,30%的颗粒状纤维负载对复合材料具有最佳的性能提升(Singha and Thakur,2009,2008a,b)。与此同时,Chauhan 和 Kaith(2012b)研究了一种新型的玫瑰茄纤维接枝共聚物,重点评价了改性玫瑰茄纤维增强酚醛树脂复合材料的弹性模量、断裂模量、极限应力和硬度(Chauhan and Kaith,2012a,2011,2012b)。Nadlene(2016)研究了乙烯基酯树脂RFVE 中玫瑰茄纤维负载量对复合材料性能的影响(Nadlene et al.,2016b)。他们发现,经硅烷处理的玫瑰茄纤维增强的复合材料的力学性能最佳时的纤维负载量是20%。一些研究人员将玫瑰茄纤维与其他天然纤维结合,形成混合复合材料,其目的是确定在获得最佳力学性能时的纤维最佳负载量。通过查阅现有文献发现,目前还缺乏对玫瑰茄纤维增强混合复合材料力学性能的详细研究(Nadlene et al.,2016a)。

复合材料受基体的影响很大,可以通过选择合适的聚合物基体制备特定用途的材料。例如,使用乙烯基酯树脂(VE)可以提高复合材料的刚度、尺寸稳定性、耐化学性和强度。此外,VE 的成本低于环氧树脂(Aprilia et al.2014)。VE 除具有与环氧树脂相似的力学性能外,在水解稳定性方面也非常突出。因此与环氧树脂相比,能更好地控制它的固化速率和反应条件。但 VE 树脂比较脆,为了提高其性能,降低成本,必须使用填料对其进行增强(Ku et al. 2011)。在产品的成型过程中,通常会将颗粒状填料与 VE 混合以增强 VE 树脂的强度。

本研究选择玫瑰茄/糖棕榈纤维作为 VE 的填充材料,对玫瑰茄纤维进行预处理后与基体共混形成复合材料,并比较了不同纤维负载比例的玫瑰茄/糖棕榈纤维增强的复合材料与纯 VE 的性能,研究了混合组分对复合材料力学性能和形貌的影响。

8.2 材料与试验方法

本研究使用的 VE 的密度为 1.6g/mL,热变形温度为 120℃,黏度为 400cPa·s,玻璃化转变温度为 104.44~143.33℃。使用的固化剂是过氧化甲乙酮(MEKP)。植物玫瑰茄在水中浸泡 14 天,用自来水冲洗沤软的玫瑰茄植株茎,人工取出纤维并清洗,将纤维在阳光下晾晒 4 天。然后在室温条件下将纤维浸泡在 6% 的 NaOH 溶液中 3h,再将纤维浸泡在硅烷溶液中 24h。化学处理后,用自来水彻底清洗纤维,并在 104℃烘箱中干燥 48h 以去除水分。最后,使用筛分机(100~425μm)对纤维进行研磨和分离,制成样品。本研究使用的糖棕榈纤维呈颗粒状(100~200μm),对糖棕榈纤维不进行化学处理。

8.2.1 复合材料

采用湿法手糊成型工艺制备了玫瑰茄/糖棕榈纤维 RFVE 混合复合材料。使用铝板制成的矩形模具制备复合材料样品。所制备样品各组分含量见表 8.1。

表 8.1 混合复合材料的增强纤维负载量(总纤维含量为 20%,体积分数)

样品	玫瑰茄/%	糖棕榈/%	VE/%
A	0	0	100
B	20	0	80
C	0	20	80
D	5	15	80
E	10	10	80
F	15	5	80

玫瑰茄纤维和糖棕榈纤维需在 104℃的烘箱中加热以去除水分。首先,将玫瑰茄纤维和糖棕榈纤维逐渐加入 VE 中,使用机械搅拌器搅拌,搅拌速度为 100～250r/min,直到混合物混合均匀。然后,在其中加入 2.5%的固化剂进行固化(Aprilia et al.,2014)。最后,将玫瑰茄/糖棕榈纤维与 VE 树脂的混合物倒入铝质模具中,室温固化 24h,如图 8.1 所示。根据 ASTM 标准,将固化后的复合材料切成一定尺寸的样品,进行拉伸和弯曲试验。

| (a) | (b) | (c) | (d) |

图 8.1 复合材料制备过程

8.2.2 拉伸和弯曲测试

拉伸试验是测量复合材料力学性能的一种简单方法。从拉伸试验中可以得到的重要力学性能参数有杨氏模量、拉伸应力、最大伸长率、拉伸应变和屈服应力。

图 8.2 玫瑰茄纤维增强乙烯基酯树脂的拉伸试验

用电锯将样品切割成 150mm×15mm×3mm的尺寸。根据 ASTM D5083 标准,用万能试验机(Instron 5556)测试复合材料的拉伸性能,如图 8.2 所示。样品的标尺长度为 100mm,十字头速度为 1mm/min,测力传感器为 5kN。每组测量 5 个样品,结果取其平均值。

根据 ASTM D790 标准,采用三点弯曲试验法进行弯曲测试。保持跨度与试件厚度之比为 16∶1。每个加工条件至少测试 5 个样品。样品尺寸为 10cm×1.0cm×0.3cm(长×宽×厚),使用 ZWICK Z50 试验机(速度 1mm/min)进行测试。弯曲强度和弯曲模量的表达式如下：

$$\sigma_f = \frac{3PL}{2bd^2} \qquad (8.1)$$

$$E_f = \frac{3Lm}{4bd^3} \qquad (8.2)$$

式中：L 为支撑跨度；b 为试样宽度；d 为试样厚度；P 为最大荷载；m 为荷载—位移曲线初始直线部分的斜率。

8.2.3　形貌测试

采用日立 S-3400N 型扫描电子显微镜，在 15kV 加速电压下，对弯曲试验样品的断裂表面进行详细的形貌研究。对样品进行镀金处理以增加导电性能，从而获得高质量的观察效果，但导电性不会显著影响分辨率。

8.3　结果与讨论

8.3.1　拉伸性能

根据以往的报道，拉伸性能取决于以下几个因素：材料性能、复合材料制备方法、试样条件、测试速度、孔隙率和增强材料的体积百分比。

图 8.3 所示为 20%纤维负载量的不同比例的玫瑰茄/糖棕榈纤维对 VE 混合复合材料拉伸性能的影响。从实验结果可以看出，与纯聚合物相比，纤维的引入提高了复合材料的拉伸强度。这种行为是可以预期的，因为纤维的加入改善了复合材料的性能（Ku et al. ,2011）。从拉伸应力—应变曲线来看，载荷是逐渐增大到最大值，然后突然减小，表明材料发生了脆性断裂。从图 8.3 可以看出，和纯聚合物相比较，当添加 20% 玫瑰茄纤维时，复合材料的拉伸强度增加了约 58%（24.65MPa），添加 20% 糖棕榈纤维时，复合材料拉伸强度增加了 36.08%（21.28MPa）。复合材料中拉伸强度最低的是试样 D（玫瑰茄纤维∶糖棕榈纤维 =1∶3），相比于混合复合材料样本 E（玫瑰茄纤维∶糖棕榈纤维 =1∶1）拉伸强度降低约为 24%。样品 E 的拉伸强度最高。然而，随着玫瑰茄纤维在混合复合材料中所占比例的进一步增加，复合材料的拉伸强度有所下降，但仍比纯 VE 材料的拉伸

强度高。从图上还可以看出,复合材料试样的拉伸强度和拉伸模量呈现出相同的趋势,在引入 20%玫瑰茄纤维后,复合材料的拉伸强度和拉伸模量有所提高,换成 20%的糖棕榈纤维后,拉伸强度和拉伸模量又有所下降。样品 D 的拉伸模量最低,但仍高于纯 VE 材料,样品 E 的拉伸模量达到最高。

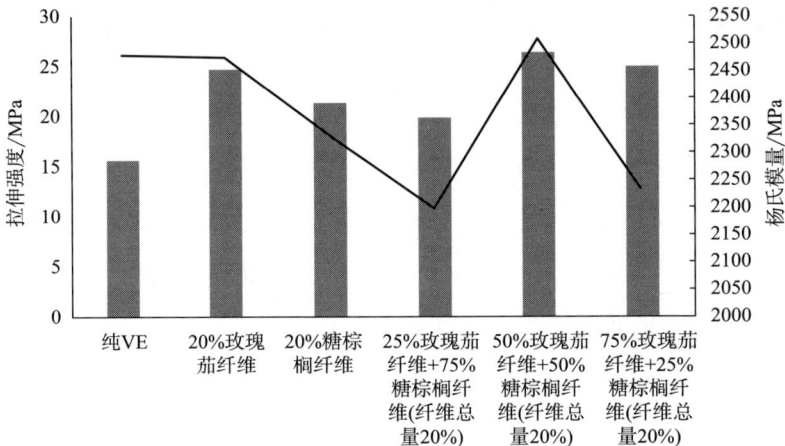

图 8.3　复合材料试样的拉伸试验结果

随着玫瑰茄纤维和糖棕榈纤维的引入,拉伸强度和模量均有所增加。这种现象的发生是由于纤维在基体中起到承载作用。良好的拉伸强度更多地取决于纤维与聚合物之间的有效和均匀的应力分布,纤维作为一种增强材料阻止裂纹的扩展,改善复合材料的力学性能。拉伸强度和模量的增加表明纤维具有比纯聚合物更好的拉伸性能。样品 E 具有最佳的拉伸强度和模量是由于纤维/基体之间良好的界面结合和纤维在基体中的均匀分布。玫瑰茄和糖棕榈纤维优良性能的结合有助于提高复合材料的拉伸强度。从图 8.5(E)可以看出,与其他样本相比,样品 E 的分布均匀性更好,试样界面黏结性好,空隙率低,因此施加的应力得到了有效的传递。此外,样品 E 的纤维/基体机械互锁性足够好,可以将载荷从基体转移到纤维上,使纤维素纤维的增强作用起主导地位。而样品 D 的拉伸强度和模量在复合材料样品中是最低的,其原因是玫瑰茄纤维和糖棕榈纤维分布不均匀。此外,糖棕榈纤维没有进行任何化学处理,因此当颗粒较大时纤维易于团聚,导致玫瑰茄和糖棕榈纤维分布不均匀,进而导致复合材料变脆。Aprilia 等(2014)研究发现,由于纤维在基体中的相容性较低,纤维会发生团聚,复合材料的拉伸强度降低。相容性较差说明基体的应力传递能力相对较差(Aprilia et al.,2014)。

在拉伸试验开始时,基体承受的力很低,很容易沿着基体/纤维界面传递。由于基体的变形能力大于纤维的变形能力,在界面处产生了剪切力。当施加更高的载荷时,会产生更高的剪切力(Yan et al.,2013)。由于纤维与基体之间的界面结合力较弱,复合材料在小载荷下被破坏,从而使复合材料的拉伸强度变低。

8.3.2 弯曲性能

通过弯曲试验可以确定材料在达到断裂点之前,在载荷作用下抵抗变形的强度和能力。玫瑰茄/糖棕榈纤维增强 RFVE 混合复合材料的弯曲强度和弯曲模量变化如图 8.4 所示。保持恒定的 20% 纤维负载量,但混合复合材料中玫瑰茄纤维和糖棕榈纤维的比例发生变化。本次弯曲性能试验制备了 6 个复合材料样品。结果表明,与纯聚合物(乙烯基酯)相比,玫瑰茄纤维复合材料、糖棕榈纤维复合材料和玫瑰茄/糖棕榈纤维复合材料的弯曲强度较低。另外,相比于纯聚合物,纤维负载后的样品 D(玫瑰茄纤维:糖棕榈纤维 = 1∶3)的弯曲强度急剧下降,与纯聚合物相比降低了 73.67%,而样品 E(玫瑰茄纤维 50%+糖棕榈纤维 50%)的强度较好,相比样品 D 提高了 10%,但与纯聚合物相比强度仍降低了 48.78%。玫瑰茄纤维复合材料和糖棕榈纤维复合材料的弯曲强度也有所下降。

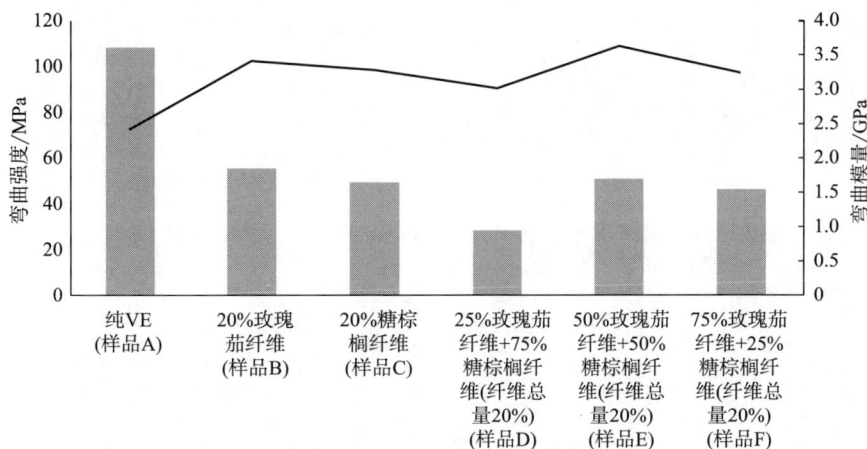

图 8.4 复合材料试样的弯曲试验结果

纤维体积分数对复合材料的力学性能有一定的影响。从得到的结果可以很明显看出,与纯聚合物相比,复合材料弯曲强度有所下降。复合材料弯曲强度降低主要是由于基体中玫瑰茄纤维和糖棕榈纤维的刚度引起的。从文献来看,由于聚合物中天然纤维的刚性限制了聚合物分子链段运动,进而限制 VE 受应力作用时的变形能力,从而降低了复合材料的力学强度(Thirmizir et al.,2011)。图 8.5(b)显示了具有最佳弯曲强度的样品 B(玫瑰茄纤维复合材料)的取向、纤维基体黏结以及纤维在基体内的均匀性,图 8.5(e)也显示了与图 8.5(b)相同的结果,这得到了弯曲试验结果的证明,两个样品之间没有明显差异。在这种混合物中,纤维混合均

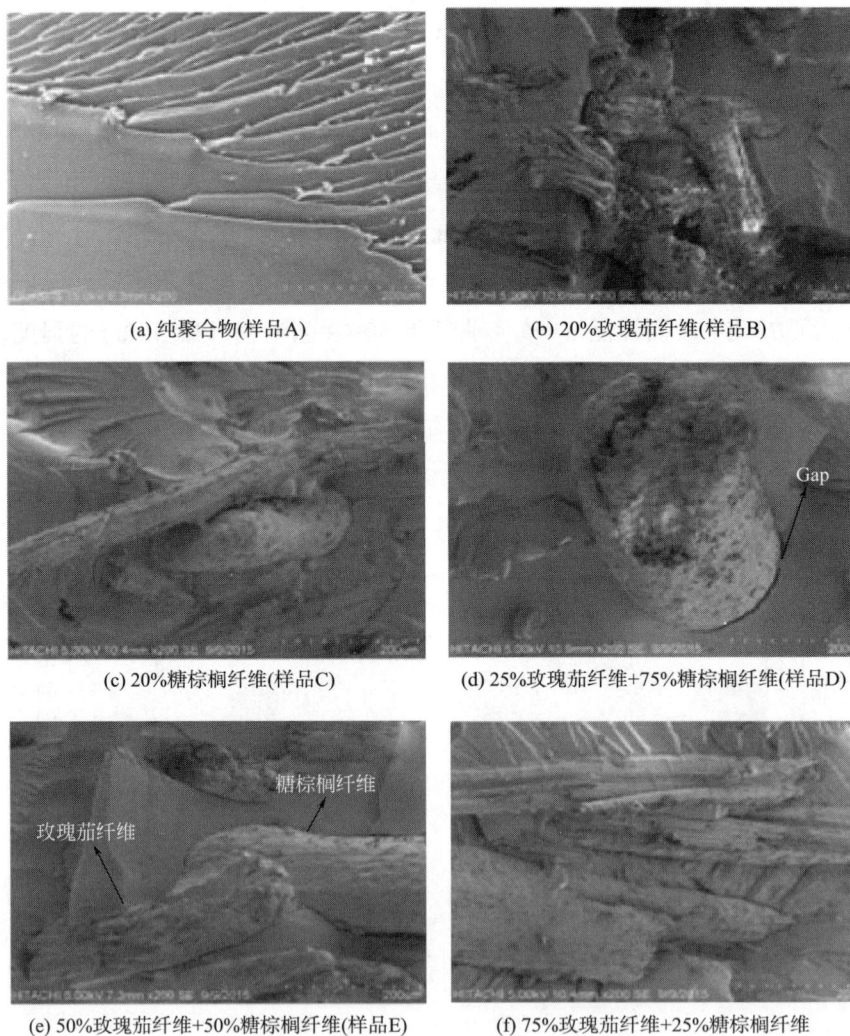

(a) 纯聚合物(样品A)

(b) 20%玫瑰茄纤维(样品B)

(c) 20%糖棕榈纤维(样品C)

(d) 25%玫瑰茄纤维+75%糖棕榈纤维(样品D)

(e) 50%玫瑰茄纤维+50%糖棕榈纤维(样品E)

(f) 75%玫瑰茄纤维+25%糖棕榈纤维

图 8.5　各种混合复合材料样品的显微镜照片(×200 倍)

匀,取向程度最大,施加载荷时纤维间应力分布均匀。

弯强度最低的是样品 D,这是由于玫瑰茄纤维与糖棕榈纤维分布不均匀和两种纤维的掺入比例造成的。从图 8.5(d)可以看出,纤维与树脂之间存在间隙,这说明纤维与树脂之间的界面结合力较弱,导致材料力学性能较差。

另一个导致玫瑰茄/糖棕榈纤维增强的 VE 混合复合材料弯曲强度降低的因素是纤维在基体中的分散性差,使基体中存在纤维与纤维间相互作用而导致载荷传递较弱,并在制造过程中形成孔隙。

与其他类型的复合材料(包括纯聚合物)相比,样品 D 和样品 E 的弯曲模量有所提高。弯曲模量是复合材料抵抗弯曲变形的测量值(Yahaya et al.,2014)。从以往的研究中可以发现,由于基体中存在刚性颗粒,在基体中加入纤维可增加复合材料的模量(Aprilia et al.,2014)。Ibrahim 等(2012)认为材料的相对刚度是由其模量表示。众所周知,填料的加入可以提高复合材料的刚度(Ibrahim et al.,2012)。在本研究中,样品 B、E 和 F 复合材料弯曲模量的增加说明纤维的加入可以改善 VE 基体的刚度。至于样品 D,由于复合材料中的孔隙含量和纤维的团聚使纤维与基体的分散不均匀,导致模量最低,而且玫瑰茄纤维与糖棕榈糖棕之间的分散也不均匀。

本文的研究结果表明,纤维的加入对复合材料的弯曲性能有一定影响。纤维的存在降低弯曲强度的同时,增加了弯曲模量。但是,因为样品具有相同的 20% 纤维负载,所以,除了样品 D,其他样品弯曲强度无显著性差异。可以得出结论,复合材料弯曲强度的降低是由纤维的团聚、纤维与基体界面黏结性差和纤维与基体混合时形成的孔隙量等多种因素造成的。

8.3.3 形貌分析

图 8.5(a)~(f)显示的是纯聚合物、玫瑰茄纤维复合材料、糖棕榈纤维复合材料和玫瑰茄/糖棕榈纤维混合复合材料断裂面的显微镜照片。通过这些照片分析了玫瑰茄纤维与糖棕榈纤维的黏附力以及基体界面对复合材料性能的影响,各样品之间存在明显差异。此外,与复合材料样品相比,纯 VE 的断口形貌看起来更光滑(表明呈脆性)。从图 8.5(b)~(d)可以看出,纤维在基体中的均匀分布可以提高复合材料的强度。样品 D 的力学性能最差,这一现象表明该样品中填料与基体结合程度较低和分散不均匀。在同样放大倍数(200 倍)下,在图 8.5(d)中只看到

了糖棕榈纤维,而在其他复合材料样品中两种纤维(玫瑰茄和糖棕榈)都可看到,图中,纤维与基体之间存在明显的间隙,这些现象导致其力学性能较差。

8.4 结论

总体而言,与纯 VE 相比,玫瑰茄纤维复合材料、糖棕榈纤维复合材料以及玫瑰茄/糖棕榈混合复合材料的拉伸强度和模量均有所提高。样品 E 的拉伸强度最佳。然而,所有的复合试样的弯曲性能都随着纤维的加入而下降。这是由于在施加荷载时,从基体到纤维的应力传递效果不好。所有复合材料的弯曲模量由于纤维的存在而增加,但复合材料样品之间的差异并不显著。形貌研究表明,样品 B 和 E 的分散均匀性好,样品 E 发生韧性断裂。

参考文献

［1］Aji I. ,et al. ,2012. Mechanical properties and water absorption behavior of hybridized kenaf/pineapple leaf fibre-reinforced high-density polyethylene composite. J. Composite Mater. 47(8) ,979-990.

［2］Aji I. S. ,et al. ,2009. Kenaf fibres as reinforcement for polymeric composites:a review. International J. Mech. Mater. Eng. 4(3) ,239-248.

［3］Aprilia N. A. S. ,Khalil H. P. S. A. ,Bhat A. H. ,Dungani R. ,Sohrab Hossain Md. , 2014. Exploring material properties of vinyl ester biocomposites filled carbonized jatropha seed shell. Bioresources 9(3) ,4888-4898.

［4］Azwa Z. N. , et al. , 2013. A review on the degradability of polymeric composites based on natural fibres. Mater. Design 47,424-442.

［5］Chauhan A. ,Kaith B. ,2011. Development and evaluation of novel roselle graft copolymer. Malaysia Polym. J. 6(2) ,176-188.

［6］Chauhan A. ,Kaith B. ,2012a. Accreditation of novel roselle grafted fiber reinforced biocomposites. J. Eng. Fibers Fabrics 7(2) ,66-75.

［7］Chauhan A. ,Kaith B. ,2012b. Versatile roselle graft-copolymers:XRD studies and their mechanical evaluation after use as reinforcement in composites. J. Chilean Chem. Soc. 3,1262−1266.

[8]Ibrahim M. S. ,Sapuan S. M. ,Faieza A. A. ,2012. Mechanical and thermal properties of composites from unsaturated polyester filled with oil palm ash. J. Mech. Eng. Sci. (JMES)2(June),133−147.

[9]Ishak M. R. ,Sapuan S. M. ,Leman Z. ,Rahman M. Z. A. ,Anwar U. M. K. ,Siregar, J. P. ,2013. Sugar palm(Arenga pinnata):Its fibres,polymers and composites. Carbohydr. Polym. 91(2),699−710.

[10]Joshi S. , et al. ,2004. Are natural fiber composites environmentally superior to glass fiber reinforced composites? Composites Part A:Appl. Sci. Manuf. 35(3), 371−376.

[11]Kalia S. ,Kaith B. S. ,Kaur I. ,2011. Cellulosic Fibers:Bio− and Nano−Polymer Composites. Springer,New York.

[12]Ku H. ,et al. ,2011. A review on the tensile properties of natural fiber reinforced polymer composites. Composites Part B:Eng. 42(4),856−873.

[13]Nadlene R. ,2016. The effects of chemical treatment on the structural and thermal, physical,and mechanical and morphological properties of Roselle fiber−reinforced vinyl ester composites. Polym. Compos. 16(2),101−113. Available from:https:// doi. org/10. 1002/pc.

[14]Nadlene R. ,et al. ,2016a. A review on roselle fiber and its composites. J. Nat. Fibers 13(1),10−41. Available at:http://www. tandfonline. com/doi/full/ 10. 1080/15440478. 2014. 984052.

[15]Nadlene R. ,et al. ,2016b. Mechanical and thermal properties of roselle fibre reinforced vinyl ester composites. BioResources 11(4),9325−9339.

[16]Nguong C. W. ,Lee S. N. B. ,Sujan D. ,2013. A review on natural fibre reinforced polymer composites. World Academy of Science,Engineering and Technology. 73, 1123−1130.

[17]Ramu P. ,Sakthivel G. V. R. ,2013. Preparation and Characterization of Roselle Fibre Polymer Reinforced Composites. Int. Sci. Res. J. 1,28−33.

[18]Razali N. ,et al. ,2015. A study on chemical composition,physical,tensile,mor-

phological, and thermal properties of roselle fibre: effect of fibre maturity. Biore-sources. com 10, 1803–1823.

[19] Singha A. S. , Rana R. K. , 2012. Natural fiber reinforced polystyrene composites: Effect of fiber loading, fiber dimensions and surface modification on mechanical properties. Mater. Design 41, 289–297. Available from: https://doi. org/10. 1016/ j. matdes. 2012. 05. 001.

[20] Singha A. S. , Thakur V. K. , 2008a. Fabrication and study of lignocellulosic *Hibiscus sabdariffa* fiber reinforced polymer composites. BioResources 3 (4), 1173 – 1186.

[21] Singha A. S. , Thakur V. K. , 2008b. Fabrication of *Hibiscus sabdariffa* fibre reinforced polymer composites. Iran. Polym. J. 17(7), 541–553.

[22] Singha A. S. , Thakur V. K. , 2009. Physical, chemical and mechanical properties of *Hibiscus sabdariffa* fiber/polymer composite. Int. J. Polym. Mater. 58 (4), 217 – 228.

[23] Taj S. , Munawar M. A. , Khan S. , 2007. Natural fiber–reinforced polymer composites. Proc. Pakistan Acad. Sci. 44, 129–144.

[24] Thirmizir M. Z. A. , et al. , 2011. Mechanical, water absorption and dimensional stability studies of kenaf bast fibre – filled poly (butylene succinate) composites. Polym. Plastics Technol. Eng. 50(4), 339–348.

[25] Yahaya R. , et al. , 2014. Mechanical performance of woven kenaf–Kevlar hybrid composites. J. Reinforced Plastics Composites 33 (24), 2242–2254. Available at: http://jrp. sagepub. com/cgi/doi/10. 1177/0731684414559864.

[26] Yan Z. L. , Wang H. , Lau K. T. , Pather S. , Zhang J. C. , Lin G. , et al. , 2013. Reinforcement of polypropylene with hemp fibres. Composites Part B: Eng 46, 221–226. Available from: https://doi. org/10. 1016/j. compositesb. 2012. 09. 027.

9. 露兜树叶纤维增强低密度聚乙烯复合材料的性能研究

Mohammad H. M. Hamdan[1], *Januar P. Siregar*[1], *Dandi Bachtiar*[1],
Mohd R. M. Rejab[1], *Tezara Cionita*[2]

[1] *马来西亚彭亨大学,马来西亚彭亨*
[2] *马来西亚英迪大学,马来西亚汝来新城*

9.1 引言

非木质植物纤维包括从植物的茎、叶、核和果实等部分获得的天然纤维(Tye et al. ,2016),它是木质纤维的一种替代来源。木质纤维通常包括硬木和软木,过度使用会导致森林破坏。非木质纤维的应用,尤其是作为纤维增强的应用,是保护天然林木的重要途径。非木质纤维具有高比强度、可再生性、可持续发展性和生态效益等优点。到目前为止,研究者已经使用了非木质纤维如菠萝叶纤维(Sapuan et al. ,2011)、香蕉茎秆纤维(Paul et al. ,2008)、马尼拉麻(Shibata et al. ,2002)和剑麻(Joseph et al. ,1993)。露兜树叶纤维(MLF)是一种相对较新的纤维增强材料。

露兜树(Pandanus tectorius)属于露兜树属(pandamaceae),目前已知物种600种。露兜树是一种纤维植物,在马来西亚和印度尼西亚等热带国家有大量的露兜树,因此获得露兜树(Mengkuang)纤维所需成本较低。露兜树叶纤维一般由露兜树叶子经水浸渍处理后获得的。与其他纤维如黄麻、苎麻、红麻和剑麻相比,无论是在过去还是现在,MLF的应用比较少。它只能作为一种传统材料生产手工制品、绳子、帽子和垫子。由于露兜树叶纤维具有良好的耐久性、韧性、强度等性能,因此可以扩大其应用范围。目前,由于研究该纤维的文献资料较少,MLF的全部应用潜力仍然没有得到充分开发。前期的研究表明(Sheltami et al. ,2012),MLF的化学成分是37%的纤维素、34.4%的半纤维素、15.7%的戊聚糖和24%的木质素和灰分。此外,据报道(Piah et al.,2016),通过红外光谱分析,发现露兜树叶含有与黄麻、红麻和亚麻等常见天然纤维相同的官能团,这意味着露兜树纤维作为复合材料的增强材料有很大的发展潜力。正如 Kuan 和 Lee(2014)的研究表明,MLF 增强聚乙烯层压复合材料的拉伸性能优异,具有制备轻质复合板的巨大潜力。其他研究(Fauzi et al.,2016)也有关于 MLF 在聚酯中具有良好的增强效果的报道。

和其他天然纤维一样,由于其亲水特性,MLF 非常容易受潮。天然纤维的高吸湿性会引起复合板膨胀、尺寸变化、纤维—基体界面孔隙等问题(Das and Biswas,2016)。因此,必须对 MLF 进行表面处理,以去除过量的半纤维素、果胶、木质素以及灰分。清洁的纤维表面将大幅提高纤维与基体聚合物之间的化学黏附力(Liu et al.,2016)。碱性处理是一种常用的处理方法,已经被用于露兜树叶纤维的表面改性(Hamizol and Megat-Yusoff,2015;Fauzi et al.,2016)。另一种改善纤维与基体黏附性的方法是引入偶联剂。目前常用的偶联剂是马来酸酐聚乙烯(MAPE)和马来酸酐聚丙烯(MAPP)。事实证明,MAPE 偶联剂通过提供连接天然纤维和基体聚合物的桥梁,可有效地增加复合材料的力学性能(Mohanty and Nayak,2007)。

本文研究了 MLF 的体积分数和长度对拉伸性能的影响。同时研究了添加不同浓度 MAPE 对 MLF/HDPE 复合材料性能的影响。此外,对挤压和压缩成型工艺也进行了系统的研究。如挤压螺杆转速(Sunilkumar et al.,2012;Atuanya et al.,2014)和温度等重要参数,并根据前人的研究对热压缩的每个温度区进行了评价,以保证 MLF/HDPE 复合材料最终产品的质量。

9.2 材料

MLF(*P. tectorius*)作为增强材料,采用商品名为"TITANLENE LD1300YY"的低密度聚乙烯(LDPE)为基体聚合物(其密度为 0.920g/m³,熔融指数为 20g/10min)。将 MLF 制备成目数<0.5mm、0.5~1mm 和 1~2mm 等几种尺寸的材料。使用的偶联剂为 MAPE,商品名为"OREVAC 18302 N"。经测定,该材料的物理性能参数:2.16kg 样品在 190℃时熔体流量为 1.2g/10min,23℃时密度为 0.912kg/m³,熔融温度为 123℃。

首先用机器将 MLF 粉碎,然后,通过研磨机将 MLF 进行研磨,并将其分离成不同的目数组,<0.5mm、0.5~1mm 和 1~2mm。将纤维清洗干净,并在静水中浸泡 3 天。在此期间,每天都要更换水。然后,将纤维煮沸 15min,除去木质素和蜡。再用清水反复清洗纤维。在 70~80℃用真空烘箱干燥纤维,要确保完全干燥。用式(9.1)计算体积分数(V_f):

$$V_f = \frac{V_c - (M_c - M_f)/\rho_r}{V_c} \tag{9.1}$$

式中:V_c 为复合材料的体积分数,M_c 和 M_f 分别为复合材料的质量和纤维的质量,ρ_r 为树脂的密度。MLF/LDPE 复合材料按照表 9.1~表 9.3 所示组成制备。

表 9.1　根据露兜树叶纤维体积分数不同来划分的 MLF/LDPE 复合材料的组成

长度/mm	LDPE/%	LDPE 质量/g	纤维含量/%	纤维质量/g
—	100	200	0	0
<0.5	90	180	10	20
<0.5	80	160	20	40
<0.5	70	140	30	60

表 9.2　根据露兜树叶纤维长度不同来划分的 MLF/LDPE 复合材料的组成

长度/mm	LDPE 体积分数/%	纤维体积分数/%
<0.5	90	10
0.5~1	90	10
1~2	90	10

表 9.3　根据 MAPE 含量不同来划分的 MLF/LDPE 复合材料的组成

长度/mm	LDPE 体积分数/%	LDPE 质量/g	纤维体积分数/%	纤维质量/g	MAPE 体积分数/%	MAPE 质量/g
>0.5	68	136	30	60	2	4
>0.5	66	132	30	60	4	8
>0.5	64	128	30	60	6	12

9.3 复合材料的制造

制造过程从挤压工艺开始,在挤压工艺使用的是 Prism Eurolab 16 双螺杆挤压机。挤压机设置了 6 个不同的温度段,1~6 段温度分别为 168℃、168℃、165℃、165℃、162℃ 和 163℃,挤压机的螺杆转速为 60r/min。采用不同的温度和速度设定,以确保复合产品形状良好,不受热损伤。挤压过程结束后,进行热压工艺。本研究中的热压机是一台 Lotus Scientific LS-22025 型 25t 冷热模压机,用于热压缩的模具尺寸为 20cm×20cm×0.3cm,热压缩温度固定在 165℃,压力设定在 8~10MPa。预压约 5min 后热压 5min。然后,进行 5min 的冷压缩。热压缩工艺详见表 9.4。将制备好的复合材料在 25℃ 和湿度 25% 的条件下放置 48h 后进行机械性能试验。将制备好的复合材料薄片按照 ASTM 638 标准规定尺寸切成试样,制备 5 个重复样品用于拉伸重复试验。

表 9.4 热压制备参数

条件	预压	热压	冷压
压力/MPa	8~10	8~10	8~10
温度/℃	165	165	室温
加压时间/min	5	5	5

9.4 力学性能试验

9.4.1 拉伸试验

测试样制备完成后,按照 ASTM 标准对其进行各种力学性能试验。拉伸试验所遵循的标准为 ASTM D638-03,试验速度为 1mm/min。在室温下使用 3369 型 Instron 万能试验机(UTM)进行试验。在每种条件下测试 5 个样品,取其平均值。

9.4.2 弯曲试验

弯曲试验用试样根据 ASTM D79010 制备。试验的试样尺寸约为 127mm×12.7mm×3.3mm。采用类似型号的 UTM 机进行测试。UTM 机的十字头速度设置为 2mm/min,测力传感器设置为 50kN。制备 5 个弯曲试验试样,采集每个弯曲试验的数据,取其平均值。

9.4.3 冲击试验

冲击试验采用 ASTM D256 进行。试样为矩形,尺寸为 64mm×1.27mm×3mm。缺口角度为 45°,缺口深度为 2.54mm。冲击锤的冲击载荷为 4J,摆锤高度设定为 160°。

9.5 形貌特征

采用 Zeiss Evo 50 扫描电子显微镜(SEM)对其表面形貌进行了研究。将拉伸试验中的断裂试样应用于试验中。在采集图像之前,对样品进行钛溅射,以确保获得清晰的图像。

9.6 结果和讨论

MLF/LDPE 复合材料的拉伸性能和弯曲性能结果见表 9.5 和表 9.6。对拉伸性能和弯曲性能数据进行了单因素方差分析(ANOVA),单因素方差分析在 95% 的置信水平下进行。通过对方差分析数据的解释,可以确定影响 MLF/LDPE 复合材料拉伸性能和弯曲性能的重要因素。由表 9.5 可知,MLF 长度、MLF 和 MAPE 含量的差异对拉伸强度和拉伸模量有显著影响,因为得到的 P 值均小于 0.05。根据表 9.6,长度的差异只对弯曲强度有显著影响,但不影响弯曲模量。相反,MAPE 含量的差异只影响弯曲模量。无论 MLF 长度和 MAPE 含量参数如何,MLF 的体积含量对弯曲强度和弯曲模量都有影响。

表 9.5　5 个样品拉伸性能的方差分析

项目	样品名	拉伸强度						样品名	拉伸模量					
		最大值/MPa	最小值/MPa	平均值/MPa	标准偏差	方差比	P值		最大值/MPa	最小值/MPa	平均值/MPa	标准偏差	方差比	P值
纤维长度	M10<0.5	6.04	4.54	5.52	0.62	17.31	0.00029	M10<0.5	194.60	155.06	177.01	15.91	4.66	0.0318
	M10(0.5~1)	7.19	6.79	6.98	0.18			M10(0.5~1)	198.87	182.50	192.57	6.57		
	M10(1~2)	6.61	6.04	6.34	0.23			M10(1~2)	181.97	141.10	164.82	18.06		
体积分数	M10<0.5	6.04	4.54	5.52	0.62	14.14	9.18E-05	M10<0.5	194.60	155.06	177.01	15.91	241.6	2.02E-10
	M20<0.5	6.06	5.79	5.92	0.13			M20<0.5	235.09	222.84	229.66	4.99		
	M30<0.5	6.34	5.87	6.09	0.19			M30<0.5	382.64	337.81	368.99	18.24		
MAPE处理	MAPE2%	7.45	6.99	7.25	0.16	34.06	1.04E-05	MAPE2%	391.53	360.42	375.72	11.47	6.25	0.0138
	MAPE4%	5.99	5.21	5.64	0.29			MAPE4%	380.06	316.56	348.04	25.39		
	MAPE6%	5.99	4.00	4.93	0.71			MAPE6%	453.72	376.99	422.36	33.01		

表 9.6　5 个样品弯曲性能的方差分析

项目	样品名	弯曲强度						样品名	弯曲模量					
		最大值/MPa	最小值/MPa	平均值/MPa	标准偏差	方差比	P值		最大值/MPa	最小值/MPa	平均值/MPa	标准偏差	方差比	P值
纤维长度	M10<0.5	9.77	7.93	8.90	0.74	41.18	9.45E-8	M10<0.5	230.31	183.11	206.15	18.52	2.15	0.133
	M10(0.5~1)	11.17	9.25	10.34	0.77			M10(0.5~1)	235.07	193.09	216.6	17.46		
	M10(1~2)	11.63	9.67	10.83	0.85			M10(1~2)	238.53	198.37	221.98	16.92		
体积分数	M10<0.5	9.68	7.78	8.85	0.73	23	4.81E-6	M10<0.5	215.58	175.75	197.31	16.27	59.87	6.44E-9
	M20<0.5	11.17	9.02	10.14	0.86			M20<0.5	299.63	247.7	277.66	21.98		
	M30<0.5	12.33	9.86	10.09	0.97			M30<0.5	399.71	313.52	353.50	33.41		
加入MAPE	MAPE2%	13.23	10.62	11.14	1.03	2.60	0.08	MAPE2%	469.23	369.75	416.68	38.69	4.37	0.019
	MAPE4%	13.72	11.12	12.5	1.04			MAPE4%	457.56	371.76	417.52	34.80		
	MAPE6%	13.75	11.38	12.75	1.00			MAPE6%	453.72	376.99	422.36	33.01		

9.6.1 露兜树叶纤维长度的影响

纤维长度对拉伸性能、弯曲性能和冲击性能的影响如图 9.1～图 9.3 所示。从图 9.1 可以看出,拉伸强度随纤维长度增加略有增加,在纤维长度增加到 0.5～1mm 时达到最大值。纤维长度继续增加,拉伸性能又有轻微下降。然而,这一结果此前并未被描述过。相应的,纤维长度增加而直径不变,意味着增强纤维的长径比将会增加。有人已经提出,复合材料的拉伸强度随着增强纤维长径比的增加而增加(Miwa et al.,1980)。此外,纤维越长,强度越高,因为与较短的纤维相比,它可以作为裂纹扩展的屏障,并能够承受更大的载荷,拉长纤维需要更高的能量。而且纤维长度越长,纤维与基体的接触面积越大,间接增大了机械附着力(Kumar et al.,2008)。尽管如此,当较长的纤维用于增强基体聚合物时,纤维团聚的可能性非常高(Pickering et al.,2016)。团聚会导致形成孔隙和不良的界面结合(Pickering et al.,2016)。但 1～2mm 长的纤维的拉伸强度降低是由于纤维的卷曲性质。纤维越长,其卷曲的趋势越大(Devi et al.,1997)。这种卷曲行为会导致复合材料中纤维的错位。长度为 1～2mm 的纤维组与长度小于 0.5mm 的纤维组拉伸模量相当。

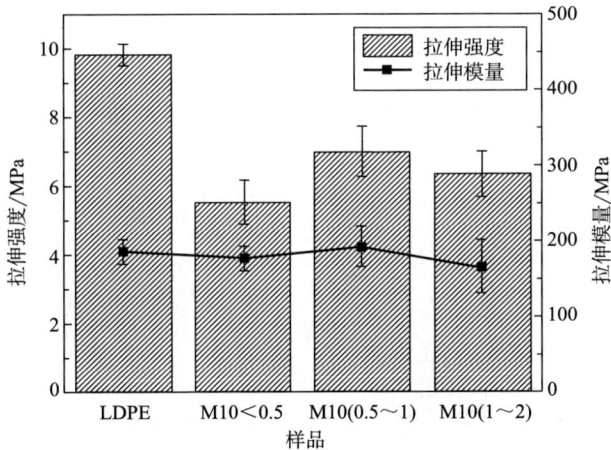

图 9.1　露兜树叶纤维长度对拉伸性能的影响

图 9.2 为 MLF/LDPE 复合材料的弯曲性能。纤维的弯曲强度随纤维长度的增加而增加。长度小于 0.5mm 的 MLF 可使复合材料弯曲强度比 LDPE 增加 42.9%。纤维的长度越长,其弯曲强度值就越高。长度为 0.5～1mm 的 MLF 可使 LDPE 的

弯曲强度提高约65.8%,而长度为1~2mm的MLF提升幅度最大,达到73.8%。弯曲模量也有类似的趋势,随着纤维长度的增加而增加。MLF纤维长度分别为<0.5mm、0.5~1mm和1~2mm的MLF/LDPE复合材料弯曲模量分别上升了6%、11.3%和14.1%。其结果与之前的研究结果(Kumar et al.,2008)一致,都有类似的弯曲强度和弯曲模量上升的趋势。

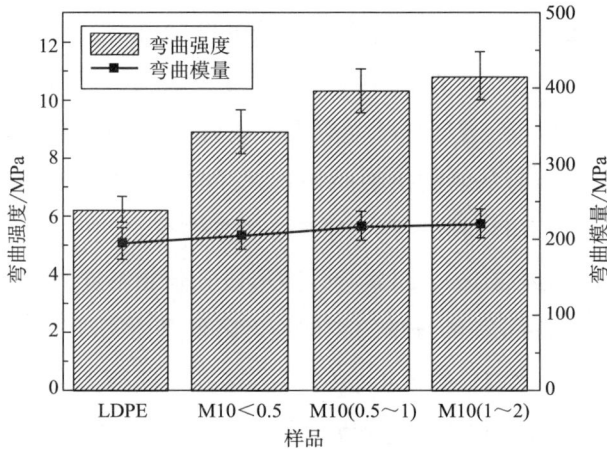

图9.2 露兜树叶纤维长度对弯曲性能的影响

MLF长度变化对复合材料冲击强度的影响结果如图9.3所示。可以看出,随着纤维长度的增加,冲击强度也随之增加。结果表明,纤维长度为1~2mm时,冲击

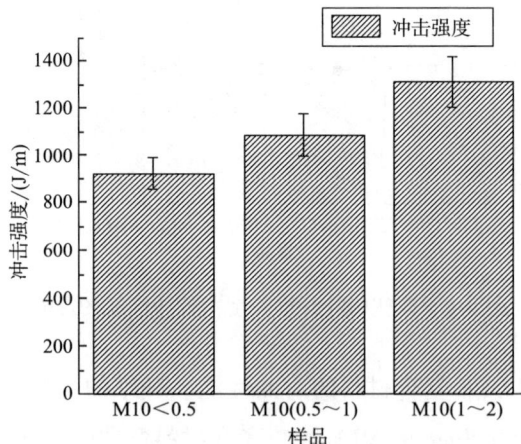

图9.3 露兜树叶纤维长度对冲击强度的影响

强度较高。这些结果与早期研究中观察到的结果一致。正如 Pickering 等（Pickering et al. ,2016）所强调的,与短纤维相比,较长纤维具有更有效和更好的应力传递能力。短纤维使材料更脆,不能中断裂纹的扩展。此外,较短的纤维会从基体中被拉出而不是材料断裂,复合材料上会出现一条条的缝隙（Devi et al. ,1997）。

9.6.2　露兜树叶纤维体积分数的影响

不同 MLF 体积分数对 MLF/LDPE 复合材料的影响如图 9.4~图 9.6 所示。

如图 9.4 所示,当 MLF 的体积分数增加时,拉伸性能随之提高。加入露兜树叶组分后,纯 LDPE 的拉伸强度下降约 43%。然而,当 MLF 的体积分数为 30% 时,拉伸强度又恢复了约 10%,MLF/HDPE 的拉伸模量提高了 98% 左右。MLF/LDPE 复合材料拉伸强度的提高是由于 MLF 在 LDPE 中的分散程度较高。MLF 在 LDPE 中的良好分散性使连续聚合物基体和分散纤维都具有良好的应力分布。但是,当体积分数的加入量达到一定值时,预测拉伸强度会下降。随着纤维体积分数的增加,纤维在基体中团聚的可能性增大。纤维团聚促进了微裂纹的形成,破坏了应力传递。

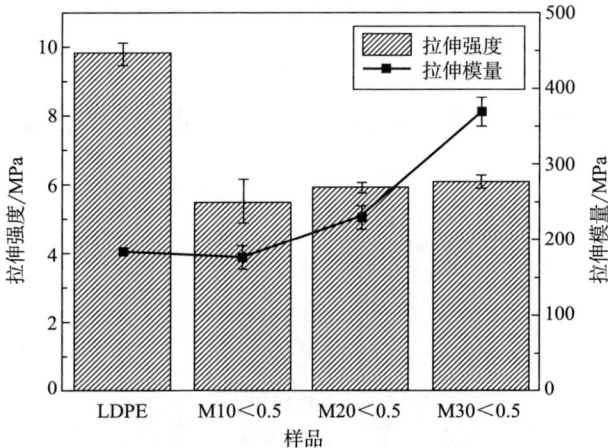

图 9.4　露兜树叶纤维体积分数对拉伸性能的影响

图 9.5 为 MLF 体积分数对 MLF/LDPE 复合材料弯曲性能的影响。通常弯曲强度随纤维体积分数的增加而增加。这一结果可以解释为由于纤维的加入使复合材料更具延展性（Devi et al. ,1997）。由图可知,MLF/LDPE 复合材料的弯曲强度

高于纯 LDPE。含 10% MLF 的复合材料的弯曲强度值增加约 42%，而纤维体积分数为 20% 和 30% 时，复合材料的弯曲强度值分别增加了 62% 和 78%。体积分数从 10% 增加到 30% 时，弯曲模量也有类似的增加趋势。据报道，MLF 体积含量为 30% 时弯曲模量最高，约增加 94%。MLF 体积含量为 10% 和 20% 时，使纯 LDPE 弯曲模量分别提高约 16% 和 64%。

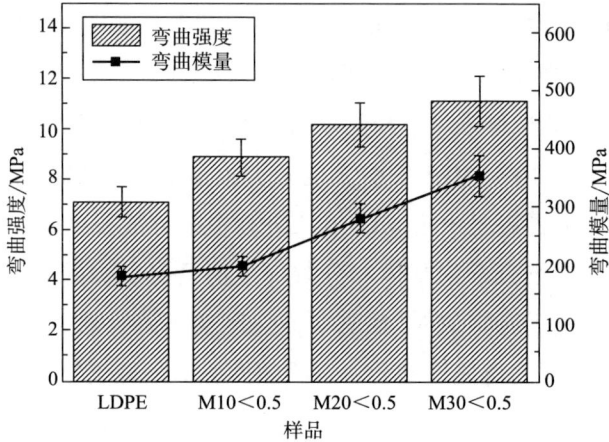

图 9.5　露兜树叶纤维体积分数对弯曲性能的影响

纤维体积分数对冲击强度的影响如图 9.6 所示。研究结果表明，MLF 体积分数为 10% 时复合材料的冲击强度最高。随纤维体积分数增加，复合材料的冲击强

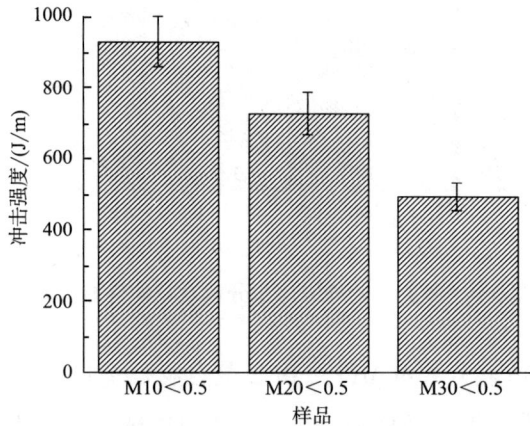

图 9.6　露兜树叶纤维体积分数对冲击强度的影响

度降低。因此,MLF 含量对冲击强度的影响不大。随着填料含量的增加,冲击强度的降低已经被前人证实(Stark and Berger,1997;Chen et al.,2015)。LDPE 中填加的 MLF 越多,复合材料越硬,从而导致冲击能量吸收降低,韧性和回弹性也随之下降。

9.6.3　偶联剂 MAPE 的处理效果

图 9.7~图 9.9 为偶联剂 MAPE 对 MLF/LDPE 复合材料拉伸性能、弯曲性能和冲击强度的影响。可以观察到,用 2%MAPE 浓度处理的复合材料比未经处理的复合材料的拉伸强度提高了 19%。反常的是,经 4%和 6%的 MAPE 处理后,与未处理的复合材料相比拉伸强度下降了 7.3%和 19%。拉伸模量的变化趋势与拉伸强度的相似。这些结果并不能证实在所有的情况下,MAPE 含量与拉伸性能的改善之间有关联。在图 9.8 中,测量的弯曲强度随着 MLF/LDPE 中 MAPE 含量的增加而增加。MAPE 含量分别为 2%、4%和 6%时,MLF/LDPE 复合材料弯曲性能分别提高了约 7%、12.6%和 14.9%。

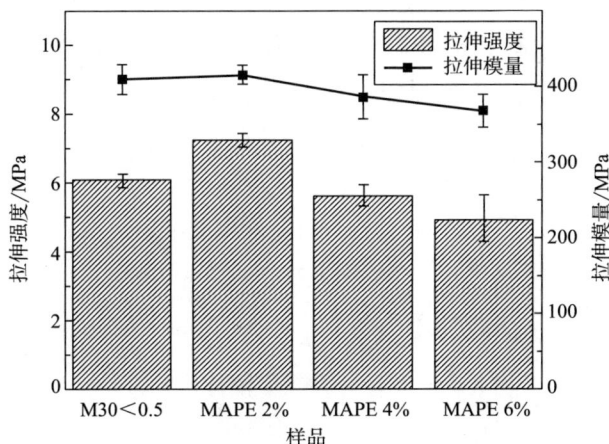

图 9.7　MAPE 含量对拉伸性能的影响

如之前研究者所述,MAPE 可以在纤维和基体之间提供更好的应力传递,改善纤维在聚合物基体中的分散性(Leduc et al.,2008)。由于 MAPE 具有双重性质,极性部分与羟基共价连接形成酯键,而非极性部分与原始基体相连。MAPE 浓度从2%增加到 4%时,拉伸性能略有下降。拉伸强度的降低可能与 MAPE 在纤维周围

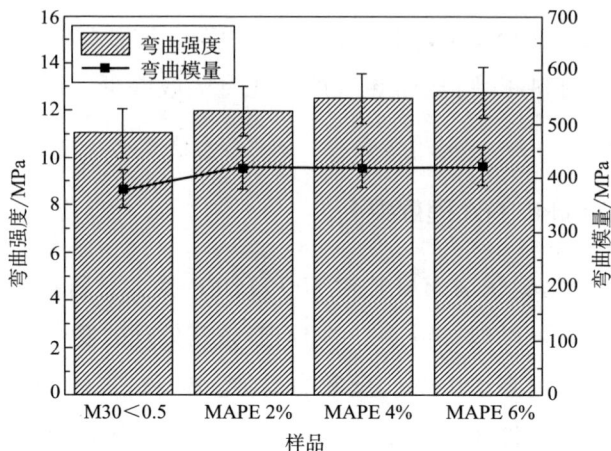

图 9.8　MAPE 含量对弯曲性能的影响

的过度分布引起的自缠结有关,从而导致纤维的滑移。

　　本文研究结果与前人的研究结果有一些相似之处,表明 MAPE 含量的加入提高了材料的抗冲击性(Leduc et al.,2008)。由图 9.9 可知,随着 MAPE 含量的增加,MLF/LDPE 复合材料的冲击强度逐渐增大,在 MAPE 含量为 4%时达到最大值。此后,在复合材料中加入 6% MAPE,冲击强度值又有降低。复合材料中MAPE 的含量较高会对高分子的分子运动产生干扰,最终导致高分子的刚性行为。

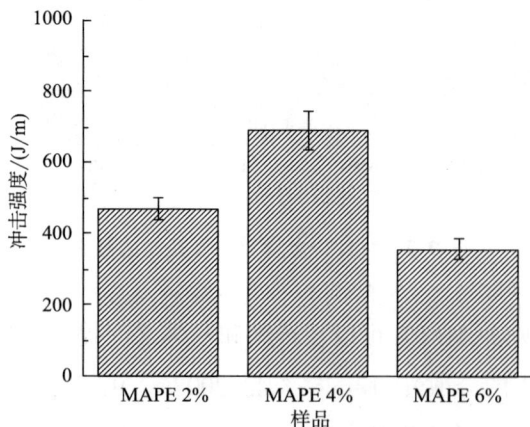

图 9.9　MAPE 含量对冲击强度的影响

9.6.4 断面分析

采用扫描电子显微镜(SEM)对露兜树叶纤维增强 LDPE 基聚合物复合材料的断面形貌进行了分析。图 9.10(a)~(d)为 MLF/HDPE 拉伸断面图像。图像涵盖包括不同的纤维长度和体积分数在内的所有参数。此外,还比较了添加 MAPE 前后露兜树叶纤维的形貌。

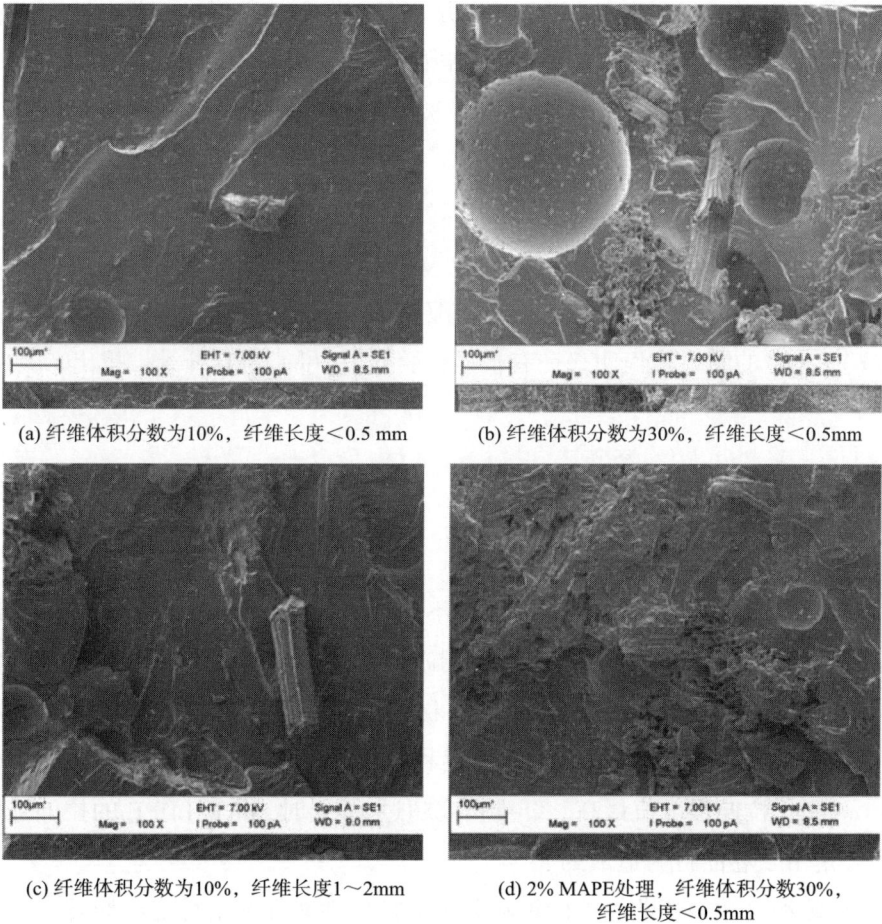

(a) 纤维体积分数为10%, 纤维长度<0.5mm

(b) 纤维体积分数为30%, 纤维长度<0.5mm

(c) 纤维体积分数为10%, 纤维长度1~2mm

(d) 2% MAPE处理, 纤维体积分数30%,
纤维长度<0.5mm

图 9.10　MLF/LDPE 复合材料的断面形貌(×100)

图 9.10(a)和(b)显示了体积含量为 10%和 30%时,基体与纤维的相互作用。从图 9.10(a)和(b)可以看出,试样的表面比较光滑,但在复合材料的表面只能看到一小部分 MLF,这可能是因为纤维被 LDPE 完全覆盖,表明表面润湿性好。相

反,由图9.10(c)和(d)可知,纤维体积分数为30%的复合材料断口表面更粗糙。同时还证明了由于断裂面上残留的空腔使MLF聚集在一起。MLF含量较高时,导致MLF在复合材料表面的分散性较差和发生团聚,MLF/LDPE复合材料的性能也较差。MLF在复合材料表面的团聚会导致孔隙的形成。当受到载荷时,微孔的出现破坏了应力分布。图9.10中(c)和(d)所显示的孔隙外观表明,纤维含量的增加导致孔隙量的增加(Dong and Davies,2011)。

纤维长度为1~2mm的MLF/LDPE复合材料的详细视图如图9.10(c)所示。断裂面的大部分特征与图9.10(a)所示相似,说明MLF与LDPE黏结力较强,甚至MLF更长时,也没有发生界面断裂和纤维被拉出现象,纤维与基体之间的结合力仍然很强。

图9.10(d)显示了经MAPE偶联剂处理后的MLF/LDPE的SEM图像。与图9.10(b)比较,图9.10(d)中用2%的MAPE偶联剂处理后的界面更好。从图9.10(a)和(c)中可以看出,断裂面有孔隙,但没有发现纤维被拉出的痕迹,而图9.10(b)和(d)的断口表面明显还有很多空腔残留,可能是有纤维被拉出。

9.7 结论

本文研究了MLF的添加体积分数和不同纤维长度对LDPE的影响。同时测定了偶联剂MAPE对MLF/LDPE复合材料拉伸性能、弯曲性能和冲击强度的影响。

不同纤维长度的MLF的加入提高了材料的弯曲性能和冲击强度。拉伸试验的结果表明,不同长度的纤维对拉伸强度和拉伸模量有很大的影响。纤维长度为0.5~1mm时,拉伸强度值最高。纤维长度超过1mm时,MKF/LDPE的拉伸强度下降,主要是由于卷曲行为造成的。

纤维体积分数对弯曲性能的影响大于对拉伸性能和冲击性能的影响。纤维体积分数越高,MLF在LDPE中的分散性越好,因此LDPE的弯曲强度和弯曲模量也越高。由于MLF与LDPE之间的机械附着力差,导致拉伸强度和冲击强度较差。

最后,讨论MAPE的加入对MLF/LDPE复合材料的拉伸性能、弯曲性能和冲击强度的影响。随着MAPE含量的增加,弯曲性能有较好的改善。拉伸试验结果表明,与其他偶联剂相比,2%的MAPE偶联剂可制备出性能良好的复合材料。冲击试结果表明,4%的 MAPE 偶联剂处理的复合材料抗冲击性能最好。

在未来的工作中,可以通过选择纤维长度和体积分数两个参数来制备 MLF/LDPE 复合材料;此外,其他天然纤维的处理方法如硅烷化、乙酰化和酶处理等也可用于 MLF。这些处理方式被认为是改善亲水纤维与疏水基体之间相容性的有效方法。

参考文献

[1] Atuanya C. , Edokpia R. , Aigbodion V. , 2014. The physio-mechanical properties of recycled low density polyethylene (RLDPE)/bean pod ash particulate composites. Results Phys. 4, 88-95.

[2] Chen R. S. , Salleh M. N. , Ab Ghani M. H. , Ahmad S. , Gan S. , 2015. Biocomposites based on rice husk flour and recycled polymer blend:effects of interfacial modification and high fibre loading. BioResources 10(4), 6872-6885.

[3] Das G. , Biswas S. , 2016. Physical, mechanical and water absorption behaviour of coir fiber reinforced epoxy composites filled with Al2O3 particulates. IOP Conference Series:Materials Science and Engineering, IOP Publishing.

[4] Devi L. U. , Bhagawan S. , Thomas S. , 1997. Mechanical properties of pineapple leaf fiberreinforced polyester composites. J. Appl. Polym. Sci. 64(9), 1739-1748.

[5] Dong C. , Davies I. J. , 2011. Flexural properties of wheat straw reinforced polyester composites. Am. J. Mater. Sci. 1(2), 71-75.

[6] Fauzi F. A. , Ghazalli A. , Siregar J. P. , Tezara C. , 2016. Investigation of thermal behavior for natural fibres reinforced epoxy using thermogravimetric and differential scanning calorimetric analysis. MATEC Web of Conferences, EDP Sciences.

[7] Hamizol M. S. , Megat-Yusoff P. S. M. , 2015. Tensile strength of single continuous fiber extracted from mengkuang leaves. J. Teknologi 76(3), 101-107.

[8] Joseph K. , Thomas S. , Pavithran C. , Brahmakumar M. , 1993. Tensile properties of short sisal fiber-reinforced polyethylene composites. J. Appl. Polym. Sci. 47(10), 1731-1739.

[9] Kuan H. T. N. , Lee M. C. , 2014. Tensile properties of pandanus atrocarpus based

composites. J. Appl. Sci. Process Eng. 1(1),39-44.

[10]Kumar K. ,Nair C. ,Ninan K. ,2008. Effect of fiber length and composition on mechanical properties of carbon fiber-reinforced polybenzoxazine. Polym. Adv. Technol. 19(7),895-904.

[11]Leduc S. ,Ureña J. R. G. ,Gonzalez-Nunez R. ,Quirarte J. R. ,Riedl B. ,Rodrigue D. ,2008. LDPE/Agave fibre composites:effect of coupling agent and weld line on mechanical and morphological properties. Polym. Polym. Composites 16(2),115.

[12]Liu M. , Meyer A. S. , Fernando D. , Silva D. A. S. , Daniel G. , Thygesen A. , 2016. Effect of pectin and hemicellulose removal from hemp fibres on the mechanical properties of unidirectional hemp/epoxy composites. Composites Part A:Appl. Sci. Manuf. 90,724-735.

[13]Miwa M. , Ohsawa T. , Tahara K. , 1980. Effects of fiber length on the tensile strength of epoxy/glass fiber and polyester/glass fiber composites. J. Appl. Polym. Sci. 25(5),795-807.

[14]Mohanty S. , Nayak S. K. ,2007. Rheological characterization of HDPE/sisal fiber composites. Polym. Eng. Sci. 47(10),1634-1642.

[15] Paul S. A. , Boudenne A. , Ibos L. , Candau Y. , Joseph K. , Thomas S. , 2008. Effect of fiber loading and chemical treatments on thermophysical properties of banana fiber/polypropylene commingled composite materials. Composites Part A:Appl. Sci. Manuf. 39(9),1582-1588.

[16]Piah M. R. M. , Baharum A. , Abdullah I. , 2016. Mechanical properties of bio-composite natural rubber/high density polyethylene/mengkuang fiber(NR/HDPE/MK). Polym. Polym. Composites 24(9),767.

[17]Pickering K. L. , Efendy M. A. , Le T. M. , 2016. A review of recent developments in natural fibre composites and their mechanical performance. Composites Part A:Appl. Sci. Manuf. 83,98-112.

[18]Sapuan S. , Mohamed A. , Siregar J. , Ishak M. , 2011. Pineapple leaf fibers and PALFreinforced polymer composites. Cellulose Fibers:Bio-andNano-Polymer Composites. Springer,New York,pp. 325-343.

[19]Sheltami R. M. , Abdullah I. , Ahmad I. , Dufresne A. , Kargarzadeh H. , 2012.

Extraction of cellulose nanocrystals from mengkuang leaves (*Pandanus tectorius*). Carbohyd. Polym. 88(2) ,772-779.

[20]Shibata M. ,Takachiyo K. I. ,Ozawa K. ,Yosomiya R. ,Takeishi H. ,2002. Biodegradable polyester composites reinforced with short abaca fiber. J. Appl. Polym. Sci. 85(1) ,129-138.

[21]Stark N. M. ,Berger M. J. ,1997. Effect of particle size on properties of wood-flour reinforced polypropylene composites. Proceedings of the Fourth International Conference on Woodfibre-Plastic Composites.

[22]Sunilkumar M. ,Francis T. ,Thachil E. T. ,Sujith A. ,2012. Low density polyethylene-chitosan composites:a study based on biodegradation. Chem. Eng. J. 204,114-124.

[23]Tye Y. Y. ,Lee K. T. ,Abdullah W. N. W. ,Leh C. P. ,2016. The world availability of nonwood lignocellulosic biomass for the production of cellulosic ethanol and potential pretreatments for the enhancement of enzymatic saccharification. Renew. Sustain. Energy Rev. 60,155-172.

10. 钛酸酯偶联剂对稻壳填充聚氯乙烯复合材料吸水性及力学性能的影响

Muhammad A. A. Saidi , Mazatusziha Ahmad , Reza Arjmandi ,
Azman Hassan , Abdul R. Rahmat

马来西亚理工大学(UTM),马来西亚士姑来(Skudai)

10.1 引言

未增塑聚氯乙烯(PVC-U)具有良好的耐化学性、耐候性、耐用性、低成本和通用性等优点,已被广泛应用于管道、电线、窗型材和壁板等许多领域(Xu et al.,2008)。配方的多样性意味着 PVC-U 在使用前可以通过与各种改性剂的物理共混来改变其性能。因为 PVC 容易出现脆性和缺口敏感性,将冲击改进剂添加到 PVC 中以提高其延展性和耐久性(Iulianelli et al.,2011)。

随着人们对环保材料的兴趣日益浓厚,人们开展了使用天然纤维作为塑料复合材料的增强材料的研究,以替代合成纤维(Saheb and Jog,1999)。红麻、木粉、剑麻、油棕空果串(OPEFB)、稻壳(RH)和壳聚糖等天然纤维具有成本低、密度低、抗磨损性强和比强度高等优点,成为重要的天然增强材料(Abdrahman and Zainudin,2011;Ghasemi et al.,2012;Li et al.,2008;Crespo et al.,2008;Tanjung et al.,2014;Ku et al.,2011)。

近20年来,人们对天然纤维在热塑性复合材料中的应用进行了广泛的研究。已有许多关于天然纤维增强聚氯乙烯复合材料的研究报道(Iulianelli et al.,2011;Abdrahman and Zainudin,2011;Crespo et al.,2008;Rocha et al.,2009;Sombatsompop and Chaochanchaikul,2005;Wirawan et al.,2011;Bakar et al.,2005)。Rocha 等(2009)研究了木粉对聚氯乙烯(PVC)复合材料的影响。Sombatsompop 和 Chaochanchaikul(2005)报道了 PVC/锯末纤维复合材料的制备和表征。Bakar 等

（2005）研究了 OPEFB 纤维对冲击改性 PVC-U 复合材料力学性能的影响。

稻壳是稻谷的外层覆盖物，占其重量的 20%，可通过碾米去除（Li et al. ,2008；Crespo et al. ,2008）。其组成和物理性质见表 10.1。一些研究人员已经对其在塑料复合材料中的潜在增强作用进行了研究和报道（Tanjung et al. ,2014；Premalal et al. ,2002；Yang et al. ,2004；Rozman et al. ,2003）。Premalal 等（2002）报道称，在聚丙烯（PP）基体中加入稻壳填料增加了材料的杨氏模量和弯曲模量，但降低了屈服强度和断裂伸长率。Yang 等（2004）研究发现，加入稻壳纤维降低了 PP 复合材料的拉伸强度和悬臂梁冲击强度。除此之外，Rozman 等（2003）研究了稻壳填充聚乙二醇改性聚氨酯复合材料的力学和物理性能。分散度低、吸湿性强、界面黏附性差以及与疏水基体聚合物不相容是该纤维用于塑料复合材料的主要缺点。

表 10.1　稻壳的组成和物理性质（Arjmandi et al. ,2015；Premalal et al. ,2002）

组成		物理性质	
纤维素/%	25~35	粒径/μm	26.64
半纤维素/%	18~25	表面积/(m²/g)	0.92
木质素/%	20~31	密度/(g/cm³)	1.0
SiO₂/%	15~17		
溶解物/%	2~5		
含水量/%	5~10		

亲水性纤维与疏水性热塑性基体之间是不相容的，而且纤维之间存在着强烈的氢键使它们结合在一起。其结果是界面薄弱，不能有效地将应力传递到纤维。因此，需要使用偶联剂来增强天然纤维与疏水性热塑性基体之间的相互作用（Amri et al. ,2013；Wang et al. ,2009）。

钛酸酯偶联剂是含有钛的金属有机化合物。这类化合物通常用于聚合物工业，通过提高颗粒对基体的亲和力来增强聚合物复合材料（Aizawa et al. ,1990；Fan and Hwang,2007）。钛酸酯偶联剂的一般分子式为 XO—Ti—(OY)$_3$，其中 XO—是与无机基体反应的烷氧基，—OY 是有机官能团片段。Y 部分通常包含能与极性和非极性热塑性塑料、热固性塑料和黏合剂基团相互作用的不同基团（Bose et al. ,2006）。钛酸酯偶联剂也可用于偶联与硅烷不反应的界面，例如碳酸钙（CaCO$_3$）、石墨、芳纶和炭黑。硅烷与颗粒表面的氧化物或羟基反应而形成化学键，但不与其他填料（如 CaCO$_3$）的表面反应（Elshereksi et al. ,2017；Kemal et al. ,2013）。

钛酸酯偶联剂可以克服聚合物和无机填料不相容的局限性,提供良好的化学结合和分散性(Li et al.,2010)。加入少量的钛酸酯偶联剂可以提高黏结强度和防潮性能(Petrie,2007)。研究表明,与硅烷和锆酸盐偶联剂相比,钛酸酯偶联剂对改善 PVC 复合材料的冲击强度效果更好(Elshereksi et al.,2017;Hassan and Sivaneswaran,2005)。研究还证明,钛酸酯偶联剂增加了丙烯腈-丁二烯-苯乙烯树脂抗冲击改性稻壳灰(RHA)填充 PVC 复合材料的熔融时间。然而,由于表面单分子层存在的填料发生团聚而导致扭矩降低(Sivaneswaran,2002)。Liu 等(2005)报道了钛酸酯偶联剂对木粉/PVC 复合材料影响的研究。他们发现,表面处理不仅改善了力学性能和流变行为,而且提高了木粉和 PVC 之间的相容性。然而,木粉含量较高时会发生团聚。

在最近的一篇论文中,Ahmad 等(2010)报道了稻壳纤维增强在冲击改性 PVC-U 复合材料中的应用。将稻壳纤维加入未改性和冲击改性的 PVC-U 复合材料中,提高了弯曲模量和拉伸模量,但拉伸强度和冲击强度明显降低。偶联剂通常用于改善填料的分散性,从而提高复合材料的力学性能(Khalil et al.,2013)。以往的研究表明,在偶联剂存在的情况下,可以改善填料与基体相互作用,提高拉伸强度和冲击强度(Salmah et al.,2011;Gonzalez et al.,1999;Bengtsson et al.,2007)。因此,本研究旨在探讨钛酸酯偶联剂对不同稻壳含量下冲击改性 PVC-U 复合材料吸水率和力学性能的影响。

10.2 处理和未经处理稻壳填充冲击改性未增塑聚氯乙烯复合材料的制备

10.2.1 材料

使用的聚氯乙烯是均聚物粉末,比重为 1.4。稻壳用作增强填料。在使用之前,稻壳填料需在 105℃烘箱干燥 24h 以除去水分,然后研磨成粉末,使用的稻壳填料粒径小于 75μm。用于共混配方的添加剂有核壳型丙烯酸冲击改性剂(Durasength 200)、锡稳定剂(Thermolite T890)、硬脂酸钙、硬质酸、丙烯酸聚合物(PA 20)和氧化钛(TR 92)。

10.2.2 复合材料的制备

PVC-U、稻壳填料和其他添加剂在大型实验室混合机中混合 10min。表 10.2 总结了含或不含钛酸酯偶联剂的稻壳填充冲击改性 PVC-U 复合材料的混合配方。将钛酸酯偶联剂用正戊烷稀释成 5% 的溶液,然后喷到 PVC 上,将干混的 PVC 化合物用实验室双辊开炼机在 165℃ 下轧制 10min,将压好的片材放入模具中,在 18℃ 的条件下热压 5min,冷却 5min 后从模具中取出,最终片材密度为 120kg/m²。

表 10.2　处理和未处理 RH 填充冲击改性 PVC-U 复合材料的混合配方(单位:phr)

配方	PVC	丙烯酸聚合物(加工助剂)	核壳型丙烯酸(冲击改性剂)	硬脂酸(外部润滑剂)	硬质酸钙(内部润滑剂)	锡稳定剂(热稳定剂)	氧化钛(颜料)	钛酸酯偶联剂	RH(天然填料)
PVC	100	1.5	8.0	0.6	0.5	2.0	4.0	0.5	0
PVC/RH10	100	1.5	8.0	0.6	0.5	2.0	4.0	0.5	10
PVC/RH20	100	1.5	8.0	0.6	0.5	2.0	4.0	0.5	20
PVC/RH30	100	1.5	8.0	0.6	0.5	2.0	4.0	0.5	30
PVC/RH40	100	1.5	8.0	0.6	0.5	2.0	4.0	0.5	40

注　phr 指每 100 份树脂中添加剂的份数。

10.2.3 特性

进行吸水试验,以确定在规定条件下的吸水量。对影响吸水率的因素进行了测试,如添加剂含量、添加剂特性和暴露时间。在室温下将试样浸入蒸馏水中,吸水率的影响试验遵循 ASTM D570 标准。吸水率是通过定期称量试样来确定的,含水率(M_t)计算公式如下:

$$M_t = \frac{W_w - W_d}{W_d} \times 100\% \qquad (10.1)$$

式中:W_d 和 W_w 分别为原始干重和暴露后的重量。

使用 IMPats 摆锤冲击试验机对尺寸为 62.5mm×13.0mm×3.0mm 的缺口复合材料试样进行了 Izod 冲击强度评价,冲击速度为 3.0m/s,摆角为 90°。采用 Davenport 切割设备对冲击试样进行切口,切口深度固定为(2.6±0.02)mm,角度为 45°。

根据 ASTM D790 标准采用三点弯曲系统在 Llyod 试验机上测试其弯曲性能。

采用 3 mm/min 的十字头速度,并在 25℃ 的温度下进行试验。为了保持一致性,使用了跨度为 50mm 的夹具,每个配方至少测试 5 个试样。

10.3 处理和未处理稻壳填充冲击改性未增塑聚氯乙烯复合材料的吸水性

聚合物/填料复合材料在特定环境下的吸水行为由多种因素决定,如聚合物基体的极性、填料特性(如功能、极性、尺寸和表面积)、填料含量(聚合物与填料之比)以及试验样品的特性(Siriwardena et al.,2003)。本研究考察了不同浸水时间下填料含量和偶联剂的影响。研究天然填料填充聚合物复合材料的吸水性能对提高复合材料的耐久性具有重要意义。

图 10.1 显示了稻壳(RH)填充的冲击改性 PVC-U 复合材料在不同 RH 含量和吸水时间下的吸水率。从图中可以看出,与填充复合材料相比,纯 PVC 样品的吸水率较低。所有 RH 填充复合材料在水中浸泡 2 天后,吸水率均出现约 3 倍的急剧增长。随着浸泡时间的延长,吸水率逐渐增大,在第 65 天时 PVC/RH40 的吸水率增加幅度最大,为 2.4%,而纯 PVC 的吸水率最低为 0.3%。这是由于 RH 的掺入,增加了亲水性 RH 与疏水性 PVC 基体之间存在的大量黏结不良区,并增加了微孔数量,从而导致较高的吸水率(Sombatsompop and Chaochanchaikul,2004)。这与 Lin 等(2002)、Kiani 等(2011)和 Razavi-Nouri 等(2006)提出的吸水机理一致,即水分子通过毛细管作用扩散到聚合物基体和纤维界面形成的孔隙和裂缝中。除

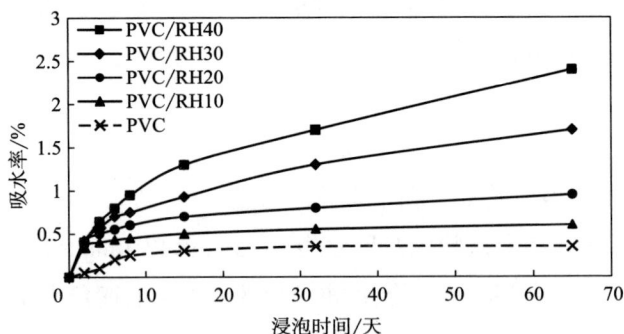

图 10.1 不同 RH 含量下冲击改性 PVC-U 复合材料的吸水率

此之外,他们还提出水分子扩散到聚合物链之间的微隙和复合过程中形成的微裂缝内。此外,由于 RH 具有极性,含有羟基(OH),可以与水分子形成氢键,因此 RH 对水的亲和力很高。所以,随着 RH 含量的增加,羟基与水分子之间形成的氢键增多,吸水率提高。

65 天以内,除纯 PVC 外,没有观察到明显的平衡阶段。在第 65 天时,PVC/RH30 和 PVC/RH40 的吸水率明显高于纯 PVC、PVC/RH10 和 PVC/RH20。在研究不同纤维类型(甘蔗渣、稻草、稻壳和松木纤维)对 PVC 复合材料吸水率的影响时,也发现吸水率随着浸水时间的增加而增加(Xu et al.,2008)。所有的复合材料在 4 周内都没有观察到平衡状态。在四种 PVC 复合材料中 PVC/RH 的吸水率最低。RH 对聚丙烯吸水率的影响也表明,随着 RH 含量的增加聚丙烯吸水率增加(Razavi-Nouri et al.,2006)。

钛酸酯偶联剂对含 20phr❶ 和 30phr RH 的 PVC/RH 复合材料的影响如图 10.2 所示。结果表明,随着偶联剂的加入,吸水性降低。第 65 天时,PVC/RH30 的吸水率下降 26%,PVC/RH20 的吸水率下降略低,为 18%。这是由于钛酸酯偶联剂改善了 RH 与 PVC 基体间的相互作用,减少了界面间隙,从而限制了复合材料的吸水性。这些结果与 Sivaneswaran(2002)使用钛酸酯偶联剂改善稻壳灰(RHA)填充 PVC-U 复合材料的耐水性的研究结果一致。Petchwattana 和 Sanetuntikul(2016)也报道了在 RH 填充的 PVC 复合材料中添加硅烷偶联剂的类似结果。他们报道,加入偶联剂后,吸水率降低了 38%。

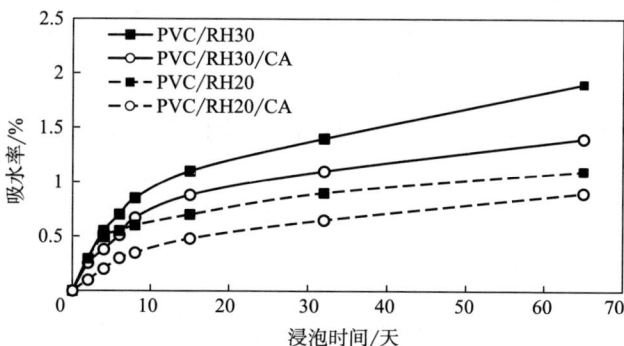

图 10.2　偶联剂对冲击改性 PVC-U/RH 复合材料吸水率的影响

---

❶ phr 指每 100 份树脂中添加剂的份数。

10.4 处理和未处理稻壳填充冲击改性未增塑聚氯乙烯复合材料的冲击强度和弯曲性能

10.4.1 冲击强度

在冲击(高速)荷载条件下,脆性是经常遇到的问题,因此抗冲击性是塑料在许多承重应用中能成功使用的一个重要属性。图10.3为不同稻壳(RH)含量时,钛酸酯偶联剂处理对RH填充冲击改性PVC-U复合材料冲击强度的影响。最初在10phr RH含量时,与处理过的复合材料相比,未处理的复合材料具有更高的冲击强度,但随着RH含量的进一步增加,未处理复合材料的冲击强度逐渐下降。复合材料冲击强度的降低是由于RH与PVC基体的不相容性导致了间隙的形成,而形成的间隙降低了复合材料在断裂过程中吸收能量的能力。随着RH含量的增加,会产生更多的间隙,因此降低了未处理复合材料的冲击强度。

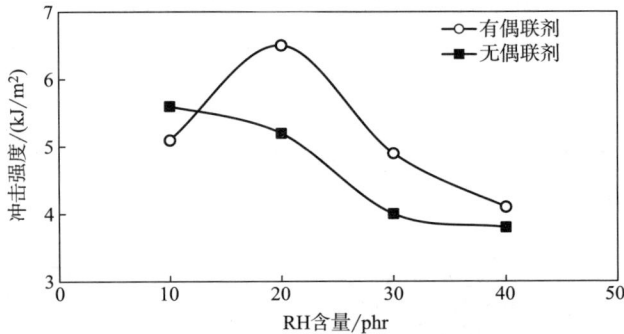

图10.3 经处理和未经处理的冲击改性PVC/RH复合材料的冲击强度与填料含量的关系

与处理过的PVC/RH10相比,当RH的含量增加到20phr时,经处理的复合材料冲击强度有约27%的显著提高。随着RH含量的增加,冲击强度降低。尽管处理后的复合材料在RH含量为30phr和40phr时的冲击强度是降低的,但其冲击强度仍高于未处理的复合材料。这是因为偶联剂增强了RH与PVC-U基体之间的黏附力,提高了相容性。这些结果与Sivaneswaran(2002)、Ismail等(2001)和Ishak等(1998)之前的研究报告一致,在这些研究中发现,经偶联处理的复合材料比未处理的复合材料具有更高的冲击强度。值得注意的是,在所有处理和未处理的填充 RH 的复合材料中,经处理的 PVC/RH20 复合材料具有最高的冲击强度。

10.4.2 弯曲性能

RH 含量不同时,钛酸酯偶联剂对冲击改性 PVC-U/RH 复合材料弯曲性能的影响不同,如图 10.4 和图 10.5 所示。从图 10.4 中可以看出,总体而言,无论是经处理还是未经处理的复合材料的弯曲模量都随着 RH 含量的增加而增加。未处理的复合材料随着 RH 含量从 30phr 增加到 40phr 时,弯曲模量略有下降,这是由于 RH 在 40phr 时发生了团聚。许多研究者已经报道过,随着填料含量的增加,弯曲模量也随之增加(Rozman et al.,2003;Sivaneswaran,2002;Lin et al.,2002;Razavi-Nouri et al.,2006)。另一个有趣的观察结果是,偶联剂对低于 30phr RH 含量的复合材料的弯曲模量提高没有效果。然而,在 RH 含量为 40prh 时,处理过的复合材料比未处理的样品其弯曲模量有显著的提升(19%)。这是因为偶联剂改善了基体—填料的相互作用,使经处理的复合材料比未处理的复合材料更硬。Lin 等(2002)也报告了类似的结果,RH 含量小于 30phr 时弯曲模量逐渐增加,RH 含量从 30phr 增加到 40phr 时,弯曲模量急剧增加。

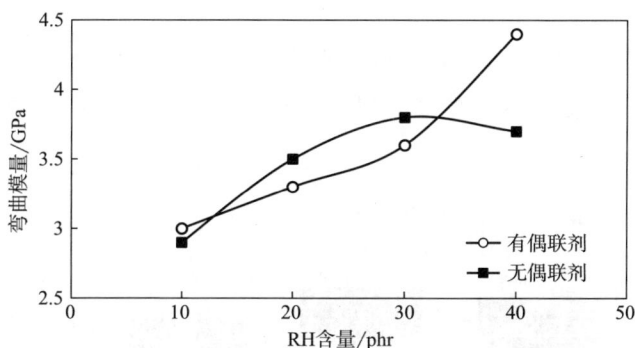

图 10.4　偶联剂对冲击改性 PVC-U/RH 复合材料弯曲模量的影响

图 10.5 显示经过处理的复合材料和未经处理的复合材料的弯曲强度有不同的变化趋势。当 RH 含量从 10phr 增加到 40phr 时,未经处理的复合材料的弯曲强度略有提高,然而,对于处理过的复合材料,随着 RH 含量从 10phr 增加到 20phr 时,弯曲强度显著提高,达到最大值 68MPa。之后,随着 RH 含量进一步增加,弯曲

强度值基本不变,当 RH 达到 40prh 时则下降了 9%。总的来说,在所有的 RH 含量下,偶联剂都不能有效地提高弯曲强度。这可能是由于在弯曲试验中,钛酸酯偶联剂在低应变速率下不能促进应力从基体转移到 RH 纤维。另一种可能性是钛酸酯除了作为偶联剂外,还可以作为增塑剂增加复合材料的柔韧性,从而降低弯曲强度。Sivaneswaran(2002)也报道了类似的观察结果,即经处理过的冲击改性 PVC/RHA 复合材料的弯曲强度低于未处理过的复合材料。

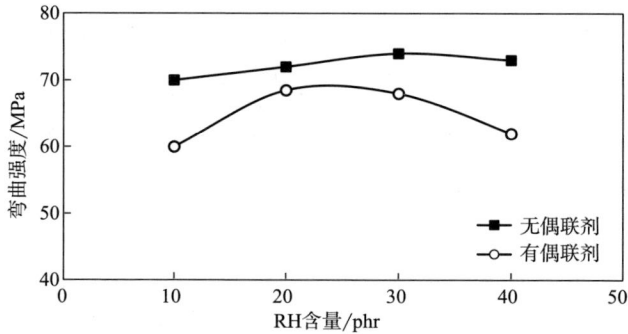

图 10.5 偶联剂对冲击改性 PVC-U/RH 复合材料弯曲强度的影响

10.4.3 力学性能

材料开发的一个重要方法是通过在刚度和韧性之间取得平衡来实现良好的力学性能平衡。图 10.6 为钛酸酯偶联剂对 RH 填充冲击改性 PVC 复合材料的刚度

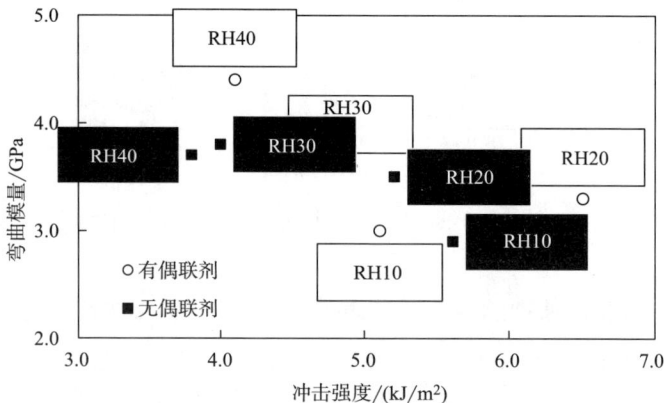

图 10.6 经处理和未经处理的 PVC/RH 复合材料的弯曲模量和冲击强度的平衡性能测定

和韧性的影响。可以看出,处理后的 PVC/RH40 具有较高的模量和较好的冲击强度。另外,处理过的 PVC/RH20 具有很好的冲击性能,这对长期耐久性应用很重要,但模量相对较低。经处理的 PVC/RH30 复合材料的弯曲模量为 3.6GPa,冲击强度为 4.9kJ/m²,在刚度和韧性方面平衡性达到最好。可以得出如下结论:未经处理的 PVC/RH 复合材料力学性能较差。这说明在 RH 填充 PVC 复合材料中加入钛酸酯偶联剂,可以使材料的刚度和韧性达到平衡。

10.5　结论

研究了钛酸酯偶联剂对 RH 填充 PVC-U 复合材料吸水率和力学性能的影响。结果表明,钛酸酯偶联剂能有效地提高材料的耐水性。与未经处理的 PVC/RH20 和 PVC/RH30 复合材料相比,处理后的 PVC/RH20 和 PVC/RH30 复合材料在第 65 天时的吸水率分别降低了 18% 和 26%。这是由于钛酸酯偶联剂能够改善 RH 与 PVC 基体之间的界面黏附力,防止水分子扩散到复合材料中。钛酸酯偶联剂的加入也提高了处理后复合材料的冲击强度和弯曲模量。但在所有 RH 含量下,经处理的复合材料的弯曲强度均低于未经处理的复合材料。这可能说明钛酸酯除了起偶联剂作用外,还可以作为增塑剂增加复合材料的柔韧性。总体而言,处理后的 PVC/RH30 的弯曲模量为 3.6GPa,冲击强度为 4.9kJ/m²,复合材料的刚度和韧性最为平衡。

参考文献

[1] Abdrahman M. F. , Zainudin E. S. , 2011. Properties of kenaf filled unplasticized polyvinyl chloride composites. Key Eng. Mater. 471, 507-512.

[2] Ahmad M. , Rahmat A. R. , Hassan A. , 2010. Mechanical properties of unplasticized PVC(PVC-U) containing rice husk and an impact modifier. Polym. Polym. Compos. 18, 527-536.

[3] Aizawa A. , Nosaka Y. , Miyamat H. , 1990. Behaviour of titanate coupling agent on TiO₂ particles. J. Colloid Interface Sci. 139, 324-330.

［4］Amri F. , Husseinsyah S. , Hussin K. , 2013. Effect of sodium dodecyl sulfate on mechanical and thermal properties of polypropylene/chitosan composites. J. Thermoplastic Composite Mater. 26, 878-892.

［5］Arjmandi R. , Hassan A. , Majeed K. , Zakaria Z. , 2015. Rice husk filled polymer composites. Int. J. Polym. Sci. 501471.

［6］Bakar A. A. , Hassan A. , Mohd Yusof A. F. , 2005. Effect of oil palm empty fruit bunch and acrylic impact modifier on mechanical properties and processability of unplasticized poly (vinyl chloride) composites. Polym. - Plastic Technol. Eng. 44, 1125-1137.

［7］Bengtsson M. , Stark N. M. , Oksman K. , 2007. Durability and mechanical properties of silane cross-linked wood thermoplastic composites. Composite Sci. Technol. 67, 2728-2738.

［8］Bose S. , Raghu H. , Mahanwar P. A. , 2006. Mica reinforced nylon-6：effect of coupling agents on mechanical, thermal, and dielectric properties. J. Appl. Polym. Sci. 100, 4074-4081.

［9］Crespo J. E. , Sanchez L. , Garcia D. , Lopez J. , 2008. Study of the mechanical and morphological properties of plasticized PVC composites containing rice husk fillers. J. Reinforced Plastics Composites. 27, 229-243.

［10］Elshereksi N. W. , Ghazali M. , Muchtar A. , Azhari C. H. , 2017. Review of titanate coupling agents and their application for dental composite fabrication. Dental Mater. J. 36, 539-552.

［11］Fan Y. L. , Hwang K. S. , 2007. Properties of metal injection molded products using titanatecontaining binders. Mater. Trans. 48, 544-549.

［12］Ghasemi I. , Farsheh A. T. , Massomi Z. , 2012. Effects of multi-walled carbon nanotube functionalization on the morphological and mechanical properties of nanocomposite foams based on poly(vinyl chloride)/(wood flour)/(multi-walled carbon nanotubes). J. Vinyl Additive Technol. 18, 161-167.

［13］Gonzalez A. V. , Cervantes-Uc J. M. , Olayo R. , Herrera-Franco P. J. , 1999. Chemical modification of henequén fibers with an organosilane coupling agent. Composites：Part B. 30, 321-331.

[14] Hassan A. , Sivaneswaran K. , 2005. Processability study of ABS impact modified PVC-U composites-Effect of rice husk ash (RHA) fillers and coupling agents. J. Teknologi. 42,67-74.

[15] Ishak M. Z. A. , Aminullah A. , Ismail H. , Rozman H. D. , 1998. Effect of silane-based coupling agents and acrylic acid based compatibilizers on mechanical properties of oil palm empty fruit bunch filled high-density polyethylene composites. J. Appl. Polym. Sci. 68,2189-2203.

[16] Ismail H. , Mega L. , Khalil H. P. S. A. , 2001. Effect of a silane coupling agent on the properties of white rice husk ash-polypropylene/natural rubber composites. Polym. Int. 50,606-611.

[17] Iulianelli G. C. V. , Maciel P. D. M. C. , Tavares M. I. B. , 2011. Preparation and characterization of PVC/natural filler composites. Macromol. Symp. 299,227-233.

[18] Kemal I. , Whittle A. , Burford R. , Vodenitcharova T. , Hoffman M. , 2013. Toughening of unmodified polyvinyl chloride through the addition of nanoparticulate calcium carbonate and titanate coupling agent. J. Appl. Polym. Sci. 127,2339-2353.

[19] Khalil H. P. S. A. , Tehrani M. A. , Davoudpour Y. , Bhat A. H. , Jawaid M. , Hassan A. , 2013. Natural fiber reinforced poly (vinyl chloride) composites: a review. J. Reinforced Plastics Composites. 32,330-356.

[20] Kiani H. , Ashori A. , Ahmad Mozaffari S. ,2011. Water resistance and thermal stability of hybrid lignocellulosic filler-PVC composites. Polym. Bull. 66,797-802.

[21] Ku H. , Wang H. , Pattarachaiyakoop N. , Trada M. ,2011. A review on the tensile properties of natural fiber reinforced polymer composites. Composites: Part B. 42, 856-873.

[22] Li G. J. , Fan S. R. , Wang K. , Ren X. L. , Mu X. W. , 2010. Modification of TiO_2 with titanate coupling agent and its impact on the crystallization behavior of polybutylene terephthalate. Iran. Polym. J. 19,115-121.

[23] Li Y. , Hu C. , Yu Y. ,2008. Interfacial studies of sisal fiber reinforced high density polyethylene (HDPE) composites. Composites Part A 39,570-578.

[24] Lin Q. , Zhou X. , Dai G. , 2002. Effect of hydrothermal environment on moisture absorption and mechanical properties of wood flour-filled polypropylene compos-

221

ites. J. Appl. Polym. Sci. 85,2824−2832.

[25] Liu T. ,Hong F. H. ,Wu D. Z. ,2005. Effect of surface treatment of wood−flour on properties of PVC/wood−flour composite. China Plastics.

[26] Petchwattana N. ,Sanetuntikul J. ,2016. Static and dynamic mechanical properties of poly(vinyl chloride)and waste rice husk ash composites compatibilized with γ−aminopropyltrimethoxysilane. Silicon. Available from: https://doi. org/10. 1007/s12633−016−9440−x.

[27] Petrie E. M. ,2007. Handbook of Adhesives and Sealants,second ed McGraw−Hill Inc,New York.

[28] Premalal H. G. B. ,Ismail H. ,Baharin A. ,2002. Comparison of the mechanical properties of rice husk powder filled polypropylene composites with talc filled polypropylene composites. Polym. Testing. 21,833−839.

[29] Razavi−Nouri M. ,Jafarzadeh−Dogouri F. ,Oromiehie A. ,Langroudi A. E. ,2006. Mechanical properties and water absorption behavior of chopped rice husk filled polypropylene composites. Iran. Polym. J. 15,757−766.

[30] Rocha N. ,Kazlauciunas A. ,Gil M. H. ,2009. Poly(vinyl chloride)−wood flour press mould composites:the influence of raw materials on performance properties. Composites Part A 40,653−661.

[31] Rozman H. D. ,Yeo Y. S. ,Tay G. S. ,Bakar A. A. ,2003. The mechanical and physical properties of polyurethane composites based on rice husk and polyethylene glycol. Polym. Testing. 22,617−623.

[32] Saheb D. N. ,Jog J. P. ,1999. Natural fiber polymer composites:a review. Adv. Polym. Technol. 18,351−363.

[33] Salmah H. ,Amri F. ,Hussin K. ,2011. Chemical modification of chitosan−filled polypropylene(PP)composites:the effect of 3−aminopropyltriethoxysilane on mechanical and thermal properties. Int. J. Polym. Mater. Polym. Biomater. 60, 429 − 440.

[34] Siriwardena S. ,Ismail H. ,Ishiaku U. S. ,2003. A comparison of the mechanical properties and water absorption behavior of white rice husk ash and silica filled polypropylene composites. J. Reinforced Plastics Composites. 22,1645−1666.

[35] Sivaneswaran K. ,2002. M. Sc. Thesis,Universiti Teknologi Malaysia:Malaysia.

[36] Sombatsompop N. ,Chaochanchaikul K. ,2004. Effect of moisture content on mechanical properties,thermal and structural stability and extrudate texture of poly (vinyl chloride)/wood sawdust composites. Polym. Int. 53,1210−1218.

[37] Sombatsompop N. ,Chaochanchaikul K. ,2005. Average mixing torque,tensile and impact properties,and thermal stability of poly(vinyl chloride)/sawdust composites with different silane coupling agents. J. Appl. Polym. Sci. 96,213−221.

[38] Tanjung F. A. ,Husseinsyah S. ,Hussin K. ,2014. Chitosan−filled polypropylene composites:the effect of filler loading and organosolv lignin on mechanical,morphological and thermal properties. Fibers Polym. 15,800−808.

[39] Wang Z. ,Wang E. ,Zhang S. ,Wang Z. ,Ren Y. ,2009. Effects of cross−linking on mechanical and physical properties of agricultural residues/recycled thermoplastics composites. Ind. Crops Products. 29,133−138.

[40] Wirawan R. ,Sapuan S. M. ,Yunus R. ,2011. Properties of sugarcane bagasse/poly (vinyl chloride) composites after various treatments. J. Composite Mater. 45,1667− 1674.

[41] Xu Y. ,Wu Q. ,Lei Y. ,Yao F. ,Zhang Q. ,2008. Natural fiber reinforced poly(vinyl chloride) composites:effect of fiber type and impact modifier. J. Polym. Environ. 16,250−257.

[42] Yang H. S. ,Kim H. J. ,Son J. ,Park H. J. ,Lee B. J. ,Hwang T. S,2004. Rice− husk flour filled polypropylene composites:mechanical and morphological study. Compos. Struct. 63,305−312.

11. 糖棕榈纤维增强乙烯基酯复合材料的研发

I. M. Ammar，M. R. M. Huzaifah，S. M. Sapuan，

M. R. Ishak，Zulkiflle B. Leman

博特拉大学，马来西亚沙登

11.1 引言

复合材料可以定义为包含两个或两个以上化学和物理性质不同的组分的多相材料（Mayer et al.，1998）。这个体系是增强结构与功能特性的巧妙组合，具有任何一个组分都无法单独实现的特性。由于其具有轻质、强度高和性能优于合成纤维的优点，而被广泛地应用于汽车、航空航天、电子和其他工业（Monteiro et al.，2009）。复合材料使用的基体不仅限于聚合物材料，还包括金属、陶瓷和水泥（Mallick，1997）。复合材料的增强组分有纤维状、颗粒状和层状。

聚合物基复合材料（PMCs）因其价格低廉、易于制造而备受关注。Joseph 等（2012）指出，纤维增强的 PMCs 具有以下优点：比强度高，比刚度高，抗断裂能力强，耐磨性好，抗冲击性好，耐腐蚀性好，抗疲劳性良好，成本低。然而，PMCS 具有以下缺点：热阻低，热膨胀系数高。

例如，在航空航天应用中，波音 777 采用碳/环氧树脂作为水平和垂直尾翼的复合材料；而在直升机上，则采用玻璃纤维增强的旋翼桨叶片来提高抗疲劳性能（Campbell，2003）。游览车使用玻璃纤维来提高耐久性、强度和重量。还有许多其他产品由复合材料制成，如网球拍、滑雪板、桥梁和风车叶片等。

11.2　生物复合材料

天然纤维,特别是木质纤维素纤维(或植物纤维)作为 PMCs 增强材料正受到越来越多的重视。根据 Mohanty 等(2005)的研究,天然纤维或生物纤维与玻璃纤维具有竞争力。为了达到相同的机械强度,天然纤维的体积分数应大于合成纤维的体积分数(Begum and Islam,2013)。此外,天然纤维的固有特性使其在汽车、运输、建筑和包装等许多领域具有吸引力。可使用天然纤维代替合成纤维作为增强材料。

合成纤维的缺点是成本高、密度大、可回收性差、不可生物降解。尽管天然纤维强度并不比合成纤维大,但其成本低、重量轻、可生物降解(Baley,2002)、比强度和模量高(Poostforush et al. ,2013)、易获得和低气体排放都成为选择天然纤维作为合成纤维替代品的有力证据。

天然纤维是从亚麻(Flax)、椰子(Coconut)、椰子壳(Coir)、大麻(Hemp)、剑麻(Sisal)、黄麻(Jute)、木材(Wood)、菠萝(Pineapple)和糖棕榈(Sugar palm)等植物中获取的。天然纤维主要分布于热带地区的发展中国家,这也促进了南亚、非洲和拉丁美洲人民的经济发展(Satyanarayana et al. ,2007)。

表 11.1 列出了一些天然纤维与玻璃纤维的力学性能的比较,这是从先前的研究结果中获得的。虽然玻璃纤维具有较高的拉伸强度和模量,但天然纤维因其重量轻而被广泛用作复合材料的增强材料。

表 11.1　几种天然纤维与玻璃纤维的力学性能比较(Saheb and Jog,1999)

纤维	比重	拉伸强度/MPa	模量/GPa	比模量
黄麻	1.3	393	55	38
剑麻	1.3	510	28	22
亚麻	1.5	344	27	50
大麻	1.07	389	35	32
菠萝	1.56	170	62	40
E-玻璃纤维	2.5	3400	72	28

尽管天然纤维的强度低于玻璃纤维和碳纤维,但人们仍在努力使其可以尽快应用到各领域中。天然纤维增强复合材料可用于低强度应用,如刹车杆(Mansor et al.,2013)、刹车片、头盔(Mujahid,2010)等。

正确选择纤维和基体材料、产品形态和加工方法是决定成品成本的重要因素。玻璃、碳和芳纶等纤维是不可生物降解的纤维,而且它们的高成本给制造商带来的利润很低。

天然纤维也有不足之处,它们的特性不是固定不变的,而是多样化的,因为植物的生长环境不同,如雨水和土壤条件的不同,这些条件可能会改变植物的成熟度,从而导致其力学性能不一致。为了解决这个问题,建议将一株或几株植物的纤维混合在一起。

11.3　糖棕榈树

因为糖棕榈树(图 11.1)的汁液一直被用作食物,所以是全世界最著名的树木之一。如今,糖棕榈树在工程上的应用也被提升到一定高度。在 1416 年,糖棕榈纤维(图 11.2)已经实现了商业化。在 19 世纪,因为它可以生产出耐久性的绳索,英国东印度公司在槟城种植糖棕榈树,用糖棕榈纤维制作绳索(Othman 和 Harun,1992)。

图 11.1　糖棕榈树

纤维

图 11.2　糖棕榈纤维

自 Mogea 等(1991)首次开展研究以来,在过去的几十年中,人们对糖棕榈纤维的研究变得活跃起来,其黑色毛状纤维有可能应用于复合材料。根据 Heyne 的记录,耐海水纤维是 19 世纪马六甲广泛种植的糖棕榈的主要产品(Mogea et al.,1991)。糖棕榈纤维是适合制绳的材料,众所周知,当它浸泡在海水中时,其强度会更好。海水中含有氯化钠(NaCl),能提高纤维之间的结合力,因此适合用来将船锚定在码头上。

为了研究其物理、化学和力学性能,人们进行了许多项研究。糖棕榈纤维已经被用于几种聚合物的增强,如环氧树脂(Leman et al.,2005;Siregar,2005;Bachtiar et al.,2008;Suriani et al.,2007;Mujahid,2010;Sastra et al.,2006)、不饱和聚酯(Ishak et al.,2014)和乙烯基酯(VE)(Ibrahim et al.,2013;Ammar,2017)。

11.4 糖棕榈纤维的物理、化学和力学特性

已有研究表明,糖棕榈叶(SPF)的密度为 $1.29g/cm^3$(Razak and Ferdiansyah,2005)和 $1.05g/cm^3$(Bachtiar et al.,2010)。糖棕榈纤维的外观形态与油棕榈(oil palm)和椰子纤维(coir fiber)相似(Razak and Ferdiansyah,2005;Sahari et al.,2012;Ishak,2012)。

Bachtiar 等(2010)的一项研究发现了糖棕榈纤维的拉伸强度和拉伸模量,分别是 190.29MPa 和 3690MPa。Sahari 等(2010)测定了糖棕榈树的叶、果串、树皮(ijuk)、树干等不同部位糖棕榈纤维的拉伸性能。发现抗拉强度和抗拉模量最高的是叶子纤维(分别为 443.24MPa 和 8400MPa),其次是果串纤维(分别为 315.35MPa 和 6600MPa)、树皮纤维(分别为 266.39MPa 和 2860MPa)和树干纤维(分别为 167.84MPa 和 1130MPa)。

Sahari 等(2012)研究并比较了从糖棕榈树叶、树干等不同部位获得的糖棕榈纤维的物理、化学和力学特性(Sahari et al.,2012)。其特性和标准偏差见表 11.2。

Sahari 等(2012)还采用 TAPPI 标准方法研究了树体不同部位的糖棕榈纤维化学成分,发现叶纤维、串纤维、黑糖棕榈纤维和树干纤维的纤维素含量分别为 66.49%、61.76%、52.29% 和 40.56%。这证实了 Habibi 等(2008)的发现,天然纤维的力学性能受纤维素含量的影响,纤维素为天然纤维细胞壁提供了强度和稳定

性(Reddy and Yang,2005)。表 11.3 列出了糖棕榈树不同部位的化学成分。

表 11.2　从糖棕榈树不同部位获得的不同纤维的物理和力学性能(Sahari et al.,2012)

项目		糖棕榈树叶(SPF)	糖棕榈果串(SPB)	糖棕榈树皮(ijuk)	糖棕榈树干(SPT)
物理的	吸水率/%	132.8(25.8)	123.7(14.1)	61.4(11.1)	103.8(23.8)
	直径/μm	115.4(6.5)	254.7(7.9)	596.2(7.4)	221(10.6)
机械的	拉伸强度/MPa	421.4	365.1	198.3	276.6
	拉伸模量/GPa	10.4	8.6	3.1	5.9
	断裂伸长率/%	9.8	12.5	29.7	22.3

表 11.3　糖棕榈树不同形态部分纤维的化学成分(Sahari et al.,2012)

项目	糖棕榈树叶(SPF)	糖棕榈果串(SPB)	糖棕榈树皮(ijuk)	糖棕榈树干(SPT)
水分/%	2.74	2.70	7.40	1.45
提取物/%	2.46	2.24	4.39	6.30
全纤维素/%	81.22	71.78	65.62	61.10
纤维素/%	66.49	61.76	52.29	40.56
木质素/%	18.89	23.48	31.52	46.44
灰分/%	3.05	3.38	4.03	2.38

11.5　糖棕榈纤维的应用

11.5.1　传统应用

在印度尼西亚,传统上糖棕榈纤维的传统应用是制作帽子(图 11.3)、绳子(图 11.4)、屋顶、扫帚和刷子。例如在打横市(Tasikmalaya)的 Kampung Naga 村(受联合国教科文组织保护),整个村庄使用糖棕榈纤维作为屋顶材料(图 11.5),因为它的使用寿命可以超过 25 年。

图 11.3　由糖棕榈纤维制成的帽子

11.5.2 现代应用

许多产品是以糖棕榈为原料制成的,如图 11.6 所示为一张用糖棕榈纤维制成的桌子(Mujahid,2010),一个使用糖棕榈粉作为增塑剂的塑料容器(Sahari et al.,2012),以及如图 11.7 所示,一艘使用糖棕榈纤维和玻璃纤维混合制成的船(Misri et al.,2010)。目前正在进行进一步研究,以扩大糖棕榈的应用潜力。

图 11.4　由糖棕榈纤维制成的绳子

图 11.5　糖棕榈纤维制成的屋顶

图 11.6　由糖棕榈纤维制成的桌子

图 11.7　由糖棕榈/玻璃纤维共混制成的船

11.6　乙烯基酯

乙烯基酯(VE)可用作 PMCs 的基质。VE 树脂具有很强的耐酸、碱、溶剂、次氯酸盐和过氧化物的性能,其成本介于聚酯和环氧树脂之间(Barbero,2010)。与聚酯相比,VE 树脂具有更好的耐腐蚀性和更高的断裂伸长率,从而可以将更多的载荷传递给增强材料。通过聚酯的加工工艺,将 VE 加工成一种高性能的环氧树脂,其应用温度可达 121℃。

11.6.1　VE 复合材料

为了提高 VE 复合材料的强度,人们已经进行了多项研究。Ce 等(2005 年)对玻璃纤维/VE 和碳纤维/VE 复合材料的力学性能进行了对比研究。玻璃纤维和碳纤维复合材料层压板是通过将 VE 树脂真空注入双轴编织的玻璃纤维和碳纤维织物中制成的。为了研究其强度,对拉伸、压缩、开孔拉伸、开孔压缩、横向拉伸、压痕、弹道冲击,并进行了对比。结果表明,在强度主要以纤维供给为主的条件下,即在拉伸载荷和压缩载荷条件下,碳纤维层压板具有较好的力学性能。对于同等厚度的层压板,碳纤维层压板强度与玻璃纤维层压板强度的比值与纤维拉伸强度的比值相似。在强度主要以树脂提供的条件下,即压缩载荷和弹道冲击载荷下,玻璃纤维层压板的强度与碳纤维层压板基本相同或更强。与玻璃纤维试样相比,碳纤维试样的破坏更为局部化,强度更为分散。

11.6.2　VE 生物复合材料

为了提高复合纤维的强度,对使用天然纤维增强的 VE 复合材料进行了研究。使用的天然纤维包括黄麻(Ray et al. ,2001)、玫瑰茄(Nadlene et al. ,2008)、亚麻(Huo et al. ,2013)、菠萝(Mohamed et al. ,2014)、红麻(Fairuz et al. ,2015)、剑麻(Navaneethakrishnan and Athijayamani,2015)、甘蔗渣纤维(Athijayamani et al. ,2015)、单向排列甘蔗渣纤维(Athijayamani et al. ,2016)、槟榔壳(Yusriah et al. ,2016)、混有稻壳的椰壳纤维(Ramprasath et al. ,2016)。

Ray 等(2001)研究了碱处理黄麻纤维对黄麻增强 VE 复合材料力学性能的影响。随着氢氧化钠处理时间的增加,弯曲强度和模量均有增强。通过扫描电镜对断口表面的观察发现,在处理后的 0~4h,以纤维被拉出为主,在 6~8h 内发生横向断裂,纤维被拉出很少。

Nadlene 等(2008)使用玫瑰茄纤维作为 VE 复合材料的增强材料,比较了经硅烷偶联剂处理和碱处理的玫瑰茄纤维增强 VE 复合材料的性能,并与未经处理的纤维增强 VE 复合材料进行了比较。结果表明,硅烷偶联剂是吸水效果最好的化学处理剂。同时,碱处理提高了热稳定性。处理后的纤维改善了纤维与基体之间的黏附力,从而提高了纤维的拉伸强度。然而冲击强度与拉伸强度结果相反,这表明未处理的纤维比处理过的纤维冲击强度更大。

Huo 等(2013)研究了亚麻纤维增强 VE 复合材料。他们通过改变纤维和基体的处理条件来研究复合材料的性能增强效果。使用了处理和未处理的亚麻纤维,以及用丙烯酸树脂(AR)对 VE 树脂进行改性。结果表明,在所有亚麻增强 VE 复合材料中,乙醇钠处理的亚麻/添加 1% 丙烯酸树脂的 VE 复合材料的力学性能最优。

Mohamed 等(2014)研究了菠萝叶纤维(PALF)增强 VE 复合材料的力学性能和热性能。叶片不同部位的纤维对 PALF/VE 复合材料没有显著影响。采用磨料精梳方法制备更干净、更细的纤维束,提高了 PALF/VE 复合材料的韧性。Fairuz 等(2015)研究了红麻增强 VE 复合材料拉挤成型工艺的优化。采用方差分析(ANOVA)技术,确定最佳的组合参数和影响最大的参数,从而得到最佳拉挤工艺。工艺参数包括牵引速度、胶凝温度、固化温度和碳酸钙($CaCO_3$)填充量。

Navaneethakrishnan 和 Athijayamani(2015)采用田口法(Taguchi)对剑麻纤维增

强 VE 复合材料的制造参数和力学性能进行了优化。结果表明，与纤维负载和纤维直径相比，纤维含量是影响剑麻纤维增强 VE 复合材料力学性能最大的工艺参数。

同年，Athijayamani 等（2015）对甘蔗渣纤维增强 VE 复合材料进行了研究，采用 Taguchi 法和方差分析方法优化了制造工艺参数。分析结果表明，与剑麻纤维增强 VE 复合材料相同，纤维含量是影响力学性能的关键因素。

随后，Athijayamani 等（2016）研究了单取向甘蔗渣纤维增强 VE 复合材料的力学性能。在试样的纤维含量和层数各不相同时，将实验结果与理论结果进行了比较。从结果来看，拉伸强度和弯曲强度分别提高 44% 和 53%，然后开始下降。拉伸模量和弯曲模量呈线性增加，分别提高 17%~60% 和 60%。

Yusriah 等（2016）研究了槟榔壳纤维增强 VE 复合材料的热物理、热降解和力学性能。槟榔壳纤维增强 VE 复合材料的导热系数和热扩散系数随纤维含量的增加而降低。与单向和随机非织造复合材料相比，短纤维复合材料的导热系数最低。此外，纤维的最佳掺入量为 10% 时，纤维的弯曲强度和模量达到最大值。

Ramprasath 等（2016）研究了含有稻壳的椰壳纤维增强 VE 复合材料在不同纤维长度、纤维含量和颗粒含量等制造参数下的冲击行为。当纤维长度为 30mm、颗粒含量为 15% 时，获得了最佳冲击强度值。

11.7 糖棕榈纤维复合材料研究现状

11.7.1 纯糖棕榈纤维性能

糖棕榈纤维直径为 0.4mm，密度为 2.2523g/cm^3，吸水率为 161.96%。吸水率试验是根据样品在水中浸泡 24h 前后的质量计算。天然纤维的亲水性影响了吸水率和含水量（Sahari et al.，2011）。此外，天然纤维的高吸水性使纤维与基体之间难以获得良好的附着力，导致复合材料的性能变差（Nguong et al.，2013）。在使用天然纤维作为复合材料增强材料时，必须考虑含水率。糖棕榈纤维含水率为 6.45%。天然纤维的含水率会影响其尺寸稳定性、电阻率、拉伸强度、孔隙率和溶胀性能（Razali et al.，2015）。在纤维素/合成纤维复合材料中，最理想的情况是低含水率

(Jawaid and Abdul Khalil,2011)。此外,高含水率纤维的复合材料可能由于所含的水分过多而发生降解(Rowell et al. ,2000)。

糖棕榈纤维的平均拉伸强度和拉伸模量分别为233MPa和4.1GPa,断裂伸长率为20.6%。这一结果受到纤维中纤维素组成的影响。一般来说,天然纤维由纤维素、木质素和半纤维素组成。通常,随着纤维素含量的增加,纤维的拉伸强度和杨氏模量也会增加(Ishak et al. ,2011)。植物纤维的延展性取决于微原纤维在纤维轴上的取向。如果是螺旋的,则具有延展性,而如果是平行的,则具有刚性,不宜弯曲且拉伸强度高。影响性能的另一个因素是纤维的缺陷。用作增强材料的纤维不可避免会存在缺陷,如果结构中存在缺陷,破坏将从薄弱点(缺陷)开始。因此,为了保证纤维质量,需要在显微镜下进行详细检查。

11.7.2 糖棕榈纤维/VE 复合材料

过去曾报道过关于糖棕榈纤维增强 VE 复合材料的研究(Ibrahim et al. ,2013),研究了不同浸渍剂对糖棕榈纤维复合材料拉伸性能的影响。他们采用环氧树脂、不饱和聚酯和 VE 作为复合材料的基体。结果表明,环氧树脂的拉伸强度提高显著,提高幅度最大,其次是不饱和聚酯和 VE。

Ammar(2017)研究了不同纤维排列方式的糖棕榈纤维增强 VE 复合材料的性能。考察了单向、交织和往复三种纤维排列方式。单向纤维复合材料在拉伸模量、弯曲强度、弯曲模量和冲击强度方面表现优异,分别为 2501MPa、93.08MPa、3328MPa 和 33.66kJ/m^2。往复排列纤维纱只提高了拉伸强度,其值为 15.67MPa。

11.8 结论

综上所述,VE 树脂常用合成纤维或天然纤维作为增强材料。这是因为其可用性广泛,价格低廉,且在处理过程中可以控制。为了提高纤维与 VE 树脂之间的黏附性,可以采用氢氧化钠和硅烷偶联剂等简单的处理方法来提高复合材料的力学、热学和环境性能。

参考文献

[1] Ammar I. M. ,2017. Performance of sugar Palm Fibre Reinforced Vinyl Ester Composites at Different Fibre Arrangements, Master Thesis, Universiti Putra Malaysia.

[2] Athijayamani A. ,Stalin B. ,Sidhardhan S. ,Boopathi C. ,2015. Parametric analysis of mechanical properties of bagasse fiber – reinforced vinyl ester composites. J. Composite Mater. 50,481–493.

[3] Athijayamani A. ,Stalin B. ,Sidhardhan S. ,Alavudeen A. B. ,2016. Mechanical properties of unidirectional aligned bagasse fibers/vinyl ester composite. J. Polym. Eng. 36 (2),157–163.

[4] Bachtiar D. ,Sapuan S. M. ,Hamdan M. M. ,2008. The effect of alkaline treatment on tensile properties of sugar palm fibre reinforced epoxy composites. Mater. Design 29(7),1285–1290.

[5] Bachtiar D. ,Sapuan S. M. ,Zainudin E. S. ,Khalina A. ,Dahlan K. Z. M. ,2010. The tensile properties of single sugar palm(Arenga pinnata) fibre. IOP Conf. Series：Mater. Sci. Eng. 11(1),012012.

[6] Baley C. ,2002. Analysis of the flax fibres tensile behaviour and analysis of the tensile stiffness increase. Composites Part A 33(7),939–948.

[7] Barbero E. J. ,2010. Introduction to Composite Materials Design, second edition, Textbook–562 Pages–157 B/W Illustrations, ISBN 9781420079159.

[8] Begum K. ,Islam M. A. ,2013. Natural Fiber as a substitute to synthetic fiber in polymer composites：a review. Res. J. Eng. Sci. 2(3),46–53.

[9] Campbell F. C. ,2003. Manufacturing Processes for Advanced Composites, first ed. Elsevier9780080510989, p. 532, eBook.

[10] Ce E. ,Wonderly C. ,Grenestedt J. ,2005. Comparison of mechanical properties of glass fiber/vinyl ester and carbon fiber / vinyl ester composites. Compos. Part B Eng. 36,417–426.

[11] Fairuz A. M. ,Sapuan S. M. ,Zainudin E. S. ,Jaafar C. N. A. ,2015. Optimization of pultrusion process for kenaf fibre reinforced vinyl ester composites. Appl. Mech. Mater. 761,499–

503.

[12] Habibi Y. , El-Zawawy W. K. , Ibrahim M. M. , Dufresne A. , 2008. Processing and characterization of reinforced polyethylene composites made with lignocellulosic fibers from Egyptian agro – industrial residues. Composites Sci. Technol. 68 (7), 1877–1885.

[13] Huo S. , Chevali V. S. , Ulven C. A. , 2013. Study on interfacial properties of unidirectional flax/vinyl ester composites: resin manipulation on vinyl ester system. J. Appl. Polym. Sci. 128(5), 3490–3500.

[14] Ibrahim A. H. , Leman Z. , Sapuan S. , 2013. Tensile properties of impregnated sugar palm (*Arenga pinnata*) fibre composite filled thermosetting polymer composites. Adv. Mater. Res. 701, 8–11.

[15] Ishak M. R. , 2012. Enhancement of physical properties of sugar palm(arenga pinnata merr.) Fibre – reinforced unsaturated polyester composites via vacuum resin impregnation, PhD Thesis, Universiti Putra Malaysia.

[16] Ishak M. R. , Leman Z. , Sapuan S. M. , Rahman M. Z. A. , Anwar U. M. K. , 2011. Effect of impregnation time on physical and tensile properties of impregnated sugar palm (Arenga pinnata) fibre. Key Engineering Materials 471 – 472, 1147–1152.

[17] Ishak M. R. , Leman Z. , Sapuan S. M. , Rahman M. Z. A. , Anwar U. M. K. , 2014. Enhancement of physical and mechanical properties of sugar palm fiber via vacuum resin impregnation. Advanced Materials for Agriculture, Food, and Environmental Safety. John Wiley & Sons, Inc, Hoboken, NJ, USA, pp. 121–144.

[18] Jawaid M. , Abdul Khalil H. P. S. , 2011. Cellulosic/synthetic fiber reinforced polymer hybrid composites: a review. Carbohyd. Polym. 86(1), 1–18.

[19] Joseph K. , Malhotra S. K. , Goda K. , Sreekala M. S. , 2012. Part one introduction to polymer composites. Polym. Composites 1, 1–16.

[20] Leman Z. , Sastra H. Y. , Sapuan S. M. , Hamdan M. M. H. M. , Maleque M. A. , 2005. Study on impact properties of Arenga pinnata fibre reinforced epoxy composites. J. Appl. Technol. 3, 14–19.

[21] Mallick P. K. , 1997. Composites engineering handbook. CRC Press, Boca Raton, FL.

[22] Mansor M. R. , Sapuan S. M. , Zainudin E. S. , Nuraini A. A. , Hambali A. , 2013. Hybrid natural and glass fibers reinforced polymer composites material selection using Analytical Hierarchy Process for automotive brake lever design. Mater. Design 51,484–492.

[23] Mayer C. , Wang X. , Neitzel M. , 1998. Macro-and micro-impregnation phenomena in continuous manufacturing of fabric reinforced thermoplastic composites. Composites Part A 29(7),783–793.

[24] Misri S. , Leman Z. , Sapuan S. M. , Ishak M. R. , 2010. Mechanical properties and fabrication of small boat using woven glass/sugar palm fibres reinforced unsaturated polyester hybrid composite. IOP Conf. Series: Mater. Sci. Eng. 11,12015.

[25] Mogea J. , Seibert B. , Smits W. , 1991. Multipurpose palms: the sugar palm(*Arenga pinnata*(Wurmb) Merr. Agroforestry Systems 13(2),111–129.

[26] Mohamed A. R. , Sapuan S. M. , Khalina A. , 2014. Mechanical and thermal properties of josapine pineapple leaf fiber(PALF) and PALF-reinforced vinyl ester composites. FibersPolym. 15(5),1035–1041.

[27] Mohanty A. K. , Misra M. , Drzal A. T. , 2005. Natural Fibers, Biopolymers and Biocomposites. 896 Pages–274B/W Illustrations, ISBN 9780849317415–CAT# 1741, Boca Raton.

[28] Monteiro S. N. , Lopes F. P. D. , Ferreira A. S. , Nascimento D. C. O. , 2009. Natural-fiber polymer–matrix composites: cheaper, tougher, and environmentally friendly. Jom 61(1),17–22.

[29] Mujahid A. , 2010. Study on impact resistance performance of arenga pinnata fibre reinforced composite.

[30] Nadlene R. , Sapuan S. M. , Jawaid M. , Yusriah L. , 2008. The effects of chemical treatment on the structural and thermal, physical, and mechanical and morphological properties ofroselle fiber-reinforced vinyl ester composites. Polym. Polym. Composites 16(2),101–113.

[31] Navaneethakrishnan S. , Athijayamani A. , 2015. Taguchi method for optimization of fabrication parameters with mechanical properties in sisa lfibre-vinyl ester compos-

ites 1–10. Available from: http://dx. doi. org/10. 1080/14484846. 2015. 1093258.

[32] Nguong C. W. , Lee S. N. B. , Sujan D. , 2013. A review on natural fibre reinforced polymer composites. Int. J. Chem. Mol. Nuclear Mater. Metall. Eng. 7(1) , 52–59.

[33] Othman A. R. , Haron N. H. , 1992. Potensi industri kecil tanaman enau. FRIM Report 7–18.

[34] Poostforush M. , AL–Mamun M. , Fasihi M. , 2013. Investigation of physical and mechanical properties of high density polyethylene/wood flour composite foams. Res. J. Eng. Sci. 2(1) , 15–20.

[35] Ramprasath R. , Jayabal S. , Sundaram S. K. , Bharathiraja G. , Munde Y. S. , 2016. Investigation on impact behavior of rice husk impregnated coir–vinyl ester composites. Macromol. Symp. 361(1) , 123–128.

[36] Ray D. , Sarkar B. , Rana A. , Bose N. , 2001. The mechanical properties of vinylester resin matrix composites reinforced with alkali – treated jute fibres. Composites Part A 32(1) , 119–127.

[37] Razak H. A. , Ferdiansyah T. , 2005. Toughness characteristics of Arenga pinnata fibre concrete. J. Nat. Fibers 2(2) , 89–103.

[38] Razali N. , Salit M. S. , Jawaid M. , Ishak M. R. , Lazim Y. , 2015. A study on chemical composition, physical, tensile, morphological, and thermal properties of roselle fibre: effect of fibre maturity. BioResources 10(1) , 1803–1823.

[39] Reddy N. , Yang Y. , 2005. Biofibers from agricultural byproducts for industrial applications. TRENDS Biotechnol. 23(1) , 22–27.

[40] Rowell R. M. , Han J. S. , Rowell J. S. , 2000. Characterization and factors effecting fiber properties. Natural Polymers and Agrofibers Bases Composites. Embrapa InstrumentacaoAgropecuaria, Sao Carlos, Brazil, pp. 115–134.

[41] Sahari J. , Sapuan S. M. , Zaki M. A. R. , Ishak M. R. , Ibrahim M. S. , 2010. Tensile properties of single fibre from different part of sugar palm tree. In: Proceedings of The 4th World Engineering Congress, Kuching, Sarawak, Malaysia.

[42] Sahari J. , Sapuan S. M. , Ismarrubie Z. N. , Rahman M. Z. A. , 2011. Comparative study of physical properties based on different parts of sugar palm fibre reinforced unsaturated polyester composites. Key Eng. Mater. 471–472, 502–506.

[43] Sahari J. , Sapuan S. M. , Ismarrubie Z. N. , Rahman M. Z. A. , 2012. Physical and chemical properties of different morphological parts of sugar palm fibres. Fibres Textiles Eastern Europe 91(2) ,21-24.

[44] Saheb D. N. , Jog J. P. , 1999. Natural fiber polymer composites: a review. Adv. Polym. Technol. 23-29,351-363.

[45] Sanyang M. L. , Sapuan S. M. , Jawaid M. , Ishak M. R. , Sahari J. , 2016. Recent developments in sugar palm(*Arenga pinnata*) based biocomposites and their potential industrial applications: a review. Renew. Sustain. Energy Rev. 54,533-549.

[46] Sastra H. Y. , Siregar J. P. , Sapuan S. M. , Hamdan M. M. , 2006. Tensile properties of arenga pinnata fiber-reinforced epoxy composites. Polym. -Plastics Technol. Eng. 45(1) ,149-155.

[47] Satyanarayana K. G. , Guimarães J. L. , Wypych F. , 2007. Studies on lignocellulosic fibers of Brazil. Part Ⅰ: source, production, morphology, properties and applications. Composites Part A 38(7) ,1694-1709.

[48] Siregar J. P. , 2005. Tensile and Flexural Properties of Arenga Pinnata Filament (Ijuk Filament) Reinforced Epoxy, Master Thesis, Universiti Putra Malaysia.

[49] Suriani M. J. , Hamdan M. M. , Sastra H. Y. , Sapuan S. M. , 2007. Study of interfacial adhesion of tensile specimens of Arenga pinnata fiber reinforced composites. Multidiscipline Modeling Mater. Struct. 3(2) ,213-224.

[50] Yusriah L. , Sapuan S. M. , Zainudin E. S. , Mariatti M. , Jawaid M. , 2016. Thermo-physical, thermal degradation, and flexural properties of betel nut husk fiber reinforced vinyl ester composites. Polym. Composites 37(7) ,2008-2017.

12. 芋头粉(香芋)填充再生高密度聚乙烯/乙烯—醋酸乙烯酯复合材料

Fatimah A. R. Hamim[1], *Supri A. Ghani*[1], *Firuz Zainuddin*[1], *Hanafi Ismail*[2]

[1] *马来西亚玻璃市大学, 马来西亚阿劳*
[2] *马来西亚理科大学, 马来西亚高渊*

12.1 引言

在过去的几年里, 为了工业上各种不同的需求, 不同的聚合物被混合在一起应用, 所形成的新材料具有许多令人难以置信的特性(Zhang et al., 2004; Faker et al., 2008; Stary et al., 2012)。近年来, 为了减少城市固体废弃物以及减少环境污染, 人们在回收塑料垃圾方面做了很多努力。以往的研究证明, 回收的高密度聚乙烯(RHDPE)的性能与原树脂的性能只有轻微的差别(Adhikary et al., 2008a, b)。高密度聚乙烯(HDPE)是工业领域广泛应用的热塑性塑料, 具有优异的力学性能和电气性能、良好的加工性能及较高的耐臭氧和耐化学性。然而, HDPE 也存在一些缺点, 如环境应力开裂。相比之下, 乙烯—醋酸乙烯酯(EVA)具有较高的电阻率、良好的抗应力开裂性和低温柔韧性, 适合与 HDPE 共混(Chen et al., 2014)。EVA 共聚物通常用作增塑剂, 可以将硬性和刚性聚合物软化为柔性聚合物(Akhlaghi et al., 2012)。

使用天然纤维作为聚合物复合材料的替代增强材料已经受到了一些塑料制造商的广泛关注。与合成纤维相比, 天然纤维的价格较低廉, 这是因为纤维本身的来源基本上是可通过收割获得, 并且易于使用(Zhao et al., 2014)。天然纤维具有高比强度、低能耗、低密度、优异的热稳定性和可循环利用等优点, 作为可再生材料的易获得性使天然纤维具有广泛的应用前景(Tserki et al., 2005)。芋头(香芋)是一种热带块茎作物, 属于天南星科(*Araceae*)的块茎植物, 广泛种植在世界许多地区,特别是在亚洲及太平洋的热带雨林地区（Dai et al.，2015；Simsek and El，2015）。在马来西亚和其他一些国家，快速生长的芋头植物引发了一些问题，如其茂密的植被会危害它们栖息的水体，且茂密的灌木丛也是有毒生物、昆虫、害虫和蚊子的滋生地（Bindu et al.，2008）。根据 Azhar 和 Farukh 的研究，芋头块茎的化学成分是多种维生素、矿物质和高含量淀粉。由于芋头粉（TP）颗粒极小，可作为填料或改性剂用于塑料的生产中（Howeler et al.，1996）。

然而，它们也有一些缺点，可能会引发一定的问题，如易降解、高吸水率和天然纤维的亲水特性，这导致了与疏水性聚合物基体混合时的不相容性。这些缺点也是力学性能差的原因，从而导致复合材料的性能不理想（Moriana et al.，2014；He et al.，2015）。非极性疏水基体和极性亲水纤维之间的相容性可以通过大量使用偶联剂或相容剂如酸酐、酸、马来酸和硅烷等来改善。相容剂能增强不同相之间的界面相互作用，在复合材料内提供更好的应力传递，并有效地提高复合材料的力学性能（Liu et al.，2008）。在过去的几十年里，人们已经做了大量的工作将反应性官能团单体，如马来酸酐、丙烯酸和马来酸二丁酯引入聚烯烃的主链上。作为复合材料增容剂的物质有反应性官能团，可以提供许多活性引发位点与聚烯烃链反应，形成接枝共聚物。（Mu et al.，2014；Ho et al.，2008；Abacha and Fellahi，2005）。

本研究制备了 RHDPE/EVA 共混物和 RHDPE/EVA/TP 复合材料，并对其性能进行了评价。然而，由于疏水性 RHDPE/EVA 基体与亲水性 TP 填料之间的不相容性导致复合材料的力学性能较差。为了解决这一问题，提高复合材料性能，将乙醇酸（GA）接枝到 HDPE 上（即 HDPE-g-GA），作为 RHDPE/EVA/TP 复合材料的相容剂。相容剂从 GA 中引入极性羧基官能团，可与 TP 填料的羟基发生有效反应，从而使 RHDPE/EVA/TP/HDPE-g-GA 复合材料相容。另外，还研究了 RHDPE/EVA、RHDPE/EVA/TP 和 RHDPE/EVA/TP/HDPE-g-GA 复合材料的拉伸性能、溶胀行为、吸水性能、形貌和热性能。

12.2 实验

12.2.1 材料

本实验中使用的 RHDPE 在 190℃时的熔体流动指数为 0.7g/10min。密度为

$0.94 \sim 0.97 \mathrm{g/cm}^3$。含 18.1%(质量分数)醋酸乙烯酯的 EVA 在 80℃时的熔体流动指数为 $2.5 \mathrm{g/10min}$,密度在 $0.93 \sim 0.95 \mathrm{g/cm}^3$。用于复合材料增强的芋头粉(TP)填料是从大量种植的芋头植物中提取的。TP 的基本含量见表 12.1,另外还有 HDPE、GA 及含有 75% 水的过氧化二苯甲酰(DBP)。

表 12.1 芋头粉(TP)填料成分

组成	数值
热量	274kcal
碳水化合物	52.6%
脂肪	1.2%
蛋白质	13.1%

12.2.2 共混物制备

共混物是在 Brabender Plasticoder 密炼机中通过熔融混合制备的。首先将 RHDPE 放入密炼机中,温度设置为 160℃,转速 50r/min,持续搅拌 2min。然后加入 EVA,直至混合均匀。最后将软化的 RHDPE/EVA 共混物从腔室内取出,压制成厚的圆片形。样品的配方见表 12.2。

表 12.2 RHDPE/EVA、RHDPE/EVA/TP 和 RHDPE/EVA/TP/HDPE-g-GA 复合材料的配方

复合物代码	RHDPE/phr	EVA/phr	TP/phr	HDPE-g-GA/phr	DBP/phr
RHDPE/EVA	80	20	—	—	—
RHDPE/EVA/TP-5	80	20	5	—	—
RHDPE/EVA/TP-15	80	20	15	—	—
RHDPE/EVA/TP-25	80	20	25	—	—
RHDPE/EVA/TP-5/HDPE-g-GA	80	20	5	6	1
RHDPE/EVA/TP-15/HDPE-g-GA	80	20	15	6	1
RHDPE/EVA/TP-25/HDPE-g-GA	80	20	25	6	1

12.2.3 填料制备

将芋头植株的茎切开,清洗,并在烈日下干燥 24h,然后放置在 80℃的真空烘

箱中烘干 2h。干燥后，用研磨机将芋头茎研磨成较细的粉末，用 75μm 筛网筛分 TP 填料，选出特定微米大小的 TP 颗粒。

12.2.4　相容剂制备

通过自由基熔融接枝法制备了高密度聚乙烯接枝乙醇酸（HDPE-g-GA）。将 GA 接枝到 HDPE 上是在 Brabender Plasticoder 密炼机中进行的。在 160℃ 下，将 HDPE 颗粒装入密炼机中，待其完全熔化后再加入作为引发剂的 DBP，4min 后，加入 6phr 的 GA，再继续搅拌 3min。将接枝产品从密炼机中取出，压成薄片并切成颗粒。

12.2.5　复合材料的制备

为制备 RHDPE/EVA/TP 和 RHDPE/EVA/TP/HDPE-g-GA 复合材料，采用 Brabender Plasticoder 密炼机在优化的工艺条件下进行熔融共混。温度 160℃，搅拌速度 50r/min，搅拌时间 10min。复合材料以 RHDPE/EVA 为基体，TP 为填料，HDPE-g-GA 为相容剂。TP 填料的用量在 5～25phr 变化，而 HDPE-g-GA 的用量保持在 6phr 不变，见表 12.2。然后，将软化后的复合材料从腔室中取出，压成厚的圆形复合材料片。

12.2.6　模压成型

为了制备板型复合材料，使用液压模压成型机对复合的 RHDPE/EVA/TP 和 RHDPE/EVA/TP/HDPE-g-GA 进行模压成型。设备上、下压板的加热温度均设定为 160℃。将复合材料放入模具中，预热并预压缩 8min。然后以 10～15MPa 对模具进行热压 6min。压缩后，再将复合物转入冷压机中，压制冷却 4min。

12.2.7　拉伸试验

根据 ASTM D638 要求，采用 Instron 万能试验机对尺寸为 40mm×6.5mm×2mm 的哑铃形试样进行拉伸试验。在室温条件下，以 30mm/min 的十字头速度测定试样拉伸强度、断裂伸长率和弹性模量。每种复合材料测试 5 个试样，并计算平均值。

12.2.8　溶胀性能试验

根据 ASTMD570 规范进行复合材料的溶胀性能测试。研究二氯甲烷对试验样品溶胀性能的影响。将 3 个预先称重的样品(20mm×10mm×2mm)完全浸泡在二氯甲烷中 46h,然后将它们取出,用干布擦干,用分析天平称量。根据式(12.1)确定质量溶胀百分率。

$$质量溶胀百分率 = \frac{最终质量-初始质量}{初始质量} \times 100\% \qquad (12.1)$$

12.2.9　吸水试验

根据 ASTM D570 的要求,将用于测定吸水性能的复合材料试样于室温下浸泡在蒸馏水中。每 24h 测量一次试样吸水量,连续 3 天;每 1 周测量一次试样吸水量,连续 2 个月。每隔一段时间,将试样从水中取出,用毛巾擦去表面的水,并在电子天平上称重。将试样重新浸在水中以使其继续吸附水。称重在 30s 内完成,以避免误差。然后根据式(12.2)计算表观增重百分比(吸水率):

$$吸水率 = \frac{W_a - W_b}{W_b} \times 100\% \qquad (12.2)$$

式中:W_b 为样本初始质量;W_a 是浸泡后膨胀样品的质量。

12.2.10　扫描电子显微镜测试

用 JOEL JSM-6460LA 扫描电镜(SEM)对拉伸试样的断裂面进行了分析。试样的断裂表面溅射一层 20nm 的铂金薄膜,以防止整个测试过程中产生静电荷。对复合材料中填料分散性和界面附着力进行了研究。

12.2.11　傅里叶变换红外光谱测试

采用 Perkin-Elmer 400 型仪器进行傅里叶变换红外光谱测试,分辨率为 4cm^{-1},扫描范围为 650～4000cm^{-1}。样品中加入一定量的溴化钾(KBr)并研磨制样。扫描后得到百分比透射率(T,%)与波数(cm^{-1})的傅里叶变换红外光谱(FTIR)。

12.2.12 热重分析

根据 ASTM D3850:2000,使用 Perkin Elmer Pyris 7 型热重分析仪(TGA)进行热降解分析。将 10mg 的复合材料试样放置于样品盘中,以 10℃/min 的加热速度从 50℃加热到 650℃,并使用 50mL/min 的恒流氮气防止聚合物试样的热氧化。计算热重曲线 50%失重($T_{-50\%}$)时的剩余质量和温度。

12.2.13 差示扫描量热法测试

使用 Perkin Elmer-7 型差示扫描量热仪(DSC)对选定的样品进行差示扫描量热分析。在流量为 50mL/min 的氮气气氛下,以 100℃/min 加热速率将 10~15mg 样品从 25℃升温至 250℃。通过式(12.3)计算所选复合材料的熔融温度、热焓和结晶行为。

$$结晶度(\%) = \frac{\Delta H_f}{\Delta H_f^{\ominus}} \times 100\% \tag{12.3}$$

式中:ΔH_f 和 $\Delta H_f^{\ominus}$ 为复合材料的熔融焓和 HDPE 的熔融焓,其中 $\Delta H_f^{\ominus}$(HDPE)为 287.3J/g(Mirabella and Bafna,2002)。

12.3 结果与讨论

12.3.1 芋头粉填料负载量对再生高密度聚乙烯/乙烯—醋酸乙烯酯/芋头粉(RHDPE/EVA/TP)复合材料性能的影响

RHDPE/EVA 与 RHDPE/EVA/TP 复合材料的拉伸强度对比如图 12.1 所示。从图中可以看出,与原始聚合物共混物相比,填料负载量为 5phr 的复合材料拉伸强度略有增加。当 TP 填料含量为 5phr 时,拉伸强度增加达到 15.48MPa,增幅仅为 0.5%。当 TP 填料含量达到 25phr 时,拉伸强度降至最低值。Essabir 等(2016)研究了聚丙烯中椰壳填料(纤维和颗粒)的影响,报道指出,随着椰壳填料含量的增加,复合材料拉伸强度明显下降。其他研究者也报道了类似的结果(Arrakhiz et al.,2013;Ayrilmis et al.,2013)。由于基体与填料之间的应力传递较差,界面黏结较弱,导致材料的拉伸强度逐渐下降。原因是 TP 填料在较高的填料负荷下发生了团聚，从而在复合材料中产生孔隙，当施加外应力时，导致复合材料内应力传递不良。

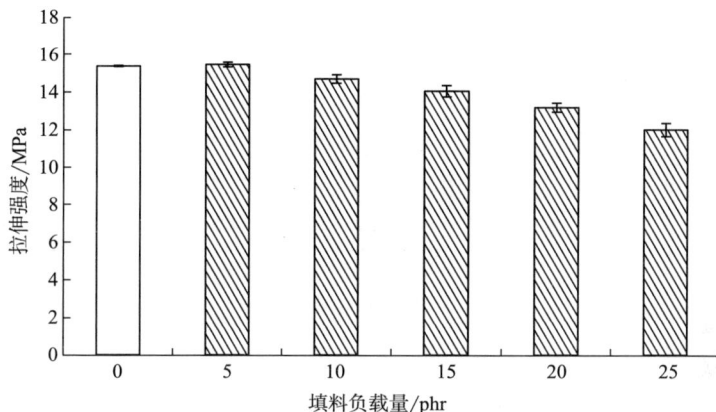

图 12.1　不同填料负载量时 RHDPE/EVA 和 RHDPE/EVA/TP 复合材料的拉伸强度

图 12.2 为填料负载量对 RHDPE/EVA/TP 复合材料断裂伸长率的影响。RHDPE/EVA 共混基体的断裂伸长率可高达 608.8%。从图中可以看出，在聚合物基体中加入 TP 填料，导致断裂伸长率明显下降。复合材料的断裂伸长率从 5phr 填料下降 56.18%，到 25phr 填料下降 96.39%，原因是 TP 填料的刚性使复合材料变硬。增加刚性会降低 RHDPE/EVA/TP 复合材料的延展性，从而降低断裂伸长率。除此之外，填充复合材料的断裂伸长率降低也归因于填充材料和基体之间刚性界面的变形能力的降低。在 TP 填料负载量较高时，限制了复合材料的延展性，使复合材料的弹性和韧性降低。Noorunnisa Khanam 和 AlMaadeed（2014）指出，RLDPE/RHDPE/RPP 三元共混聚合物的断裂伸长率由于椰枣棕纤维（palm fiber）的加入而降低，并降低了复合材料的柔韧性（吸水率）。

RHDPE/EVA/TP 复合材料的弹性模量随填料含量的变化如图 12.3 所示。从图中可以看出，复合材料的弹性模量随着 TP 填料量的增加而不断提高。与纯 RHDPE/EVA 混合物相比，加入 TP 填料的 RHDPE/EVA/TP 复合材料的弹性模量均有所提高，其中 TP 填料负载量为 25phr 的 RHDPE/EVA/TP 复合材料的弹性模量最高，增加了 52.22%。Wu 等（2014）发现玄武岩纤维的加入可大幅提高拉伸模量，而 Zhao 等（2014）报道 HDPE/SF 复合材料的拉伸模量随着剑麻纤维含量的增加而增加。弹性模量随着 TP 填料的加入而增加是由于刚性填料颗粒的存在使复

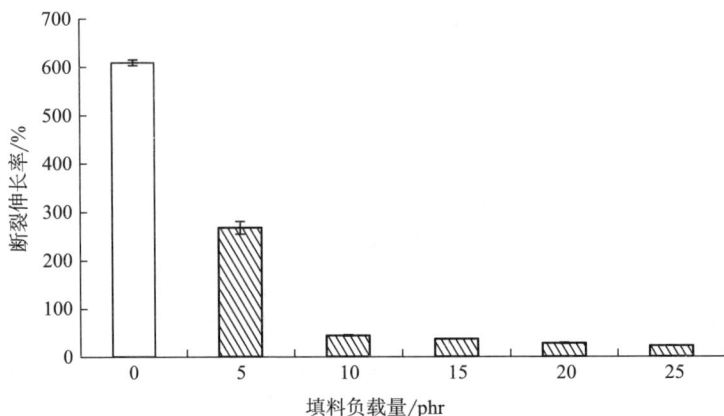

图 12.2　不同填料负载量下 RHDPE/EVA 和 RHDPE/EVA/TP 复合材料的断裂伸长率

合材料具有刚度特性，从而使复合材料更脆。另外，细小的刚性颗粒也提供了额外的增强结构，它通过增加 TP 填料与 RHDPE/EVA 基体界面的总接触表面积来提高弹性模量。

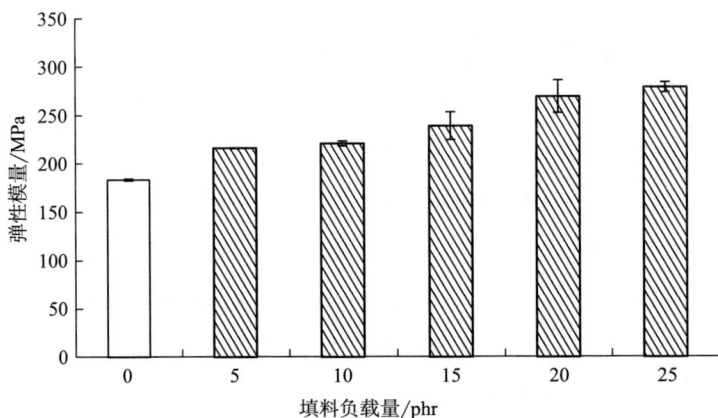

图 12.3　不同填料负载量下 RHDPE/EVA 和 RHDPE/EVA/TP 复合材料的弹性模量

RHDPE/EVA 共混物和 RHDPE/EVA/TP 复合材料在二氯甲烷中浸泡 46h 后的质量溶胀百分率如图 12.4 所示。与 RHDPE/EVA/TP 复合材料相比，RHDPE/EVA 共混物的质量溶胀百分率最高。这可能是由于乙酸乙烯酯在 EVA 中与二氯甲烷的中等极性基团发生反应，从而增加了二氯甲烷进入共混物的量，导致质量溶胀百分率提高。而 TP 填料的加入，使质量溶胀百分率在填料负载量为 5phr 时降至最低,之后随着 TP 填料负载量的增加,质量溶胀百分率有所提高。填料的存在降低了 EVA 极性基团的数量,从而减少了二氯甲烷在复合材料中的扩散。而 TP 填料的亲水性使其与化学物质接触一段时间后会发生化学吸附作用,因此增加填料的负载量会提高 RHDPE/EVA/TP 复合材料的膨胀百分率(Ashori and Sheshmani,2010)。

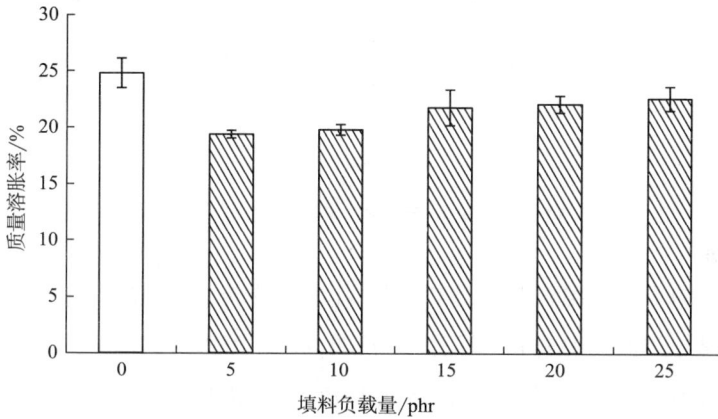

图 12.4　RHDPE/EVA 和不同填料负载量下 RHDPE/EVA/TP 复合材料的质量溶胀百分率

图 12.5 显示了 RHDPE/EVA/TP 复合材料在水中浸泡 8 周后的吸水率,吸水率随 TP 填料负载量的不同而变化。从图中可以看出,随着 TP 填料的加入,RHDPE/EVA 共混物的吸水率增大。这是由于 TP 填料中亲水性木质纤维素的存在,使 TP 填料分子上的游离羟基与被疏水性 RHDPE/EVA 基体所排斥的水分子之间形成氢键(Shih et al.,2014;Adhikary et al.,2008a,b)。从图 12.5 中也可以看出,相比于 TP 负载量为 15phr 的复合材料,填料负载量为 20phr 的复合材料吸水率突然增加。较高的 TP 填料负载量增强了填料与填料之间的相互作用,从而使填料与基体之间的附着力降低,进一步使 RHDPE/EVA/TP 复合材料在浸渍时间内吸水量增加。

图 12.6 为 RHDPE/EVA 共混物和不同 TP 填料负载量下 RHDPE/EVA/TP 复合材料拉伸断口的 SEM 图。图 12.6(a)显示拉伸 RHDPE/EVA 基体中存在带状物,表明 RHDPE/EVA 共混物具有较高的韧性和弹性,因此在施加应力时共混物会被拉伸,这一点可以通过 SEM 图像与共混物的断裂伸长率相关联得到证实。RHDPE/EVA 拉伸断口的光滑表面也证明了该共混物与其他填充复合材料相比具有更高的韧性和弹性。同时如图 12.6(b)~(d)所示,RHDPE/EVA/TP 复合材料的拉伸断口表面出现了一些 TP 填料被从 RHDPE/EVA 基体中拉出而产生的空洞。

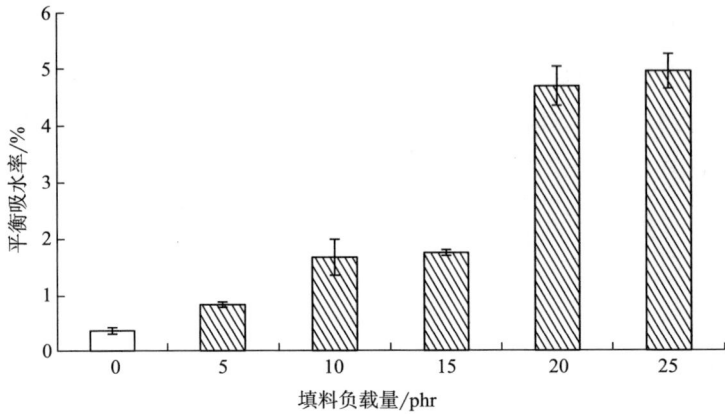

图 12.5　不同填料负载量下 RHDPE/EVA/TP 复合材料的平衡吸水率

这是由于极性的不同使填料与基体界面的附着力较弱,导致填料被从复合材料中拔出。极性填料与非极性基体的相互作用较弱,导致 RHDPE/EVA/TP 复合材料的拉伸强度下降。填充物的负载很高时,不同组分之间的相容性变差,导致脆性断裂,因此基体无法承受应力。但如弹性模量值所示,由于天然填料的刚性特征增加了复合材料的刚度,可导致所有填充复合材料表面都显示出较粗糙的特性和刚性。

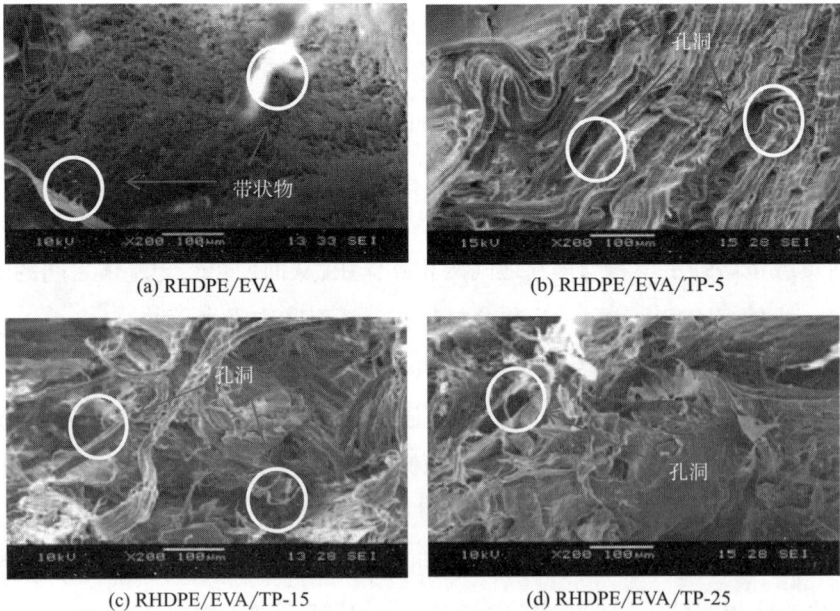

(a) RHDPE/EVA

(b) RHDPE/EVA/TP-5

(c) RHDPE/EVA/TP-15

(d) RHDPE/EVA/TP-25

图 12.6　复合材料拉伸断口表面的 SEM 图

  图 12.7 所示为 RHDPE/EVA 共混物和同 TP 负载量下 RHDPE/EVA/TP 复合材料的 TGA 热重分析图,表 12.3 总结了所有 RHDPE/EVA/TP 复合材料的50%失重温度 $T_{-50\%}$ 和剩余质量。从这两个信息来看,与 RHDPE/EVA 共混物相比,TP 填充的复合材料显示出更高的起始分解温度和剩余质量。RHDPE/EVA 共混物的起始分解温度为390℃ ,最高分解温度为470℃,而 RHDPE/EVA/TP 复合材料的起始分解温度较高,约为450℃ ,最高分解温度超过500℃ 。复合材料的剩余质量随着 TP 填料负载量的增加而增加,相比于 TP 填料负载量较小的复合材料,填料负载量为25phr 的复合材料的残余质量最高,为8.1%,而填料负载量为5phr 和15phr 的复合材料残余质量分别为2.1%和4.3%。由数据可知,RHDPE/EVA/TP 复合材料的热稳定性明显高于 RHDPE/EVA 共混物(El-Shekeil et al. ,2014)。天然填料主要是以纤维素为主要成分的木质素纤维,预估木质纤维素纤维的完全热降解温度在400℃以上。天然填料的主要成分纤维素保持着天然填料的物理性能,并在复合材料的热降解中发挥重要作用(Monteiro et al. ,2012)。除此之外,从50%失重时的特征温度 $T_{-50\%}$ 来看,RHDPE/EVA/TP 复合材料的 $T_{-50\%}$ 值比 RHDPE/EVA 共混物的 $T_{-50\%}$ 值略高,表明其热稳定性有所提高。在高温下,复合材料具有较高的热稳定性,这是由于在整个加热过程中,TP 填料降解产生的气体排放为热塑性基质形成一道屏障。

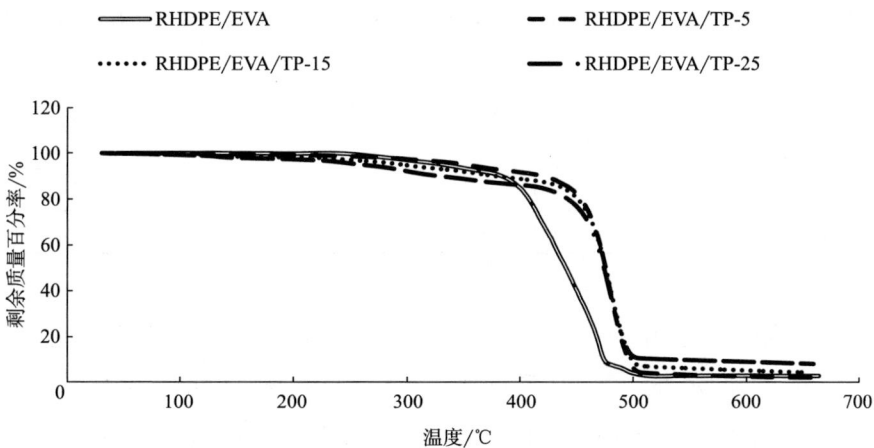

图 12.7 RHDPE/EVA 和 RHDPE/EVA/TP 复合材料的热重分析

表 12.3　RHDPE/EVA 和 RHDPE/EVA/TP 复合材料 50%失重温度($T_{-50\%}$)和剩余质量

共混物组成	$T_{-50\%}$/℃	剩余质量百分率/%
RHDPE/EVA	440.12	2.051
RHDPE/EVA/TP-5	475.57	2.100
RHDPE/EVA/TP-15	475.82	4.299
RHDPE/EVA/TP-25	476.29	8.059

　　RHDPE/EVA 共混物和 RHDPE/EVA/TP 复合材料的 DSC 热分析结果见表 12.4,复合材料的 DSC 热分析图见图 12.8。结果表明,RHDPE/EVA 共混物的熔点(T_m)峰值低于复合材料的熔点峰值。这是由于熔融过程中 TP 填料的存在阻碍了 RHDPE/EVA 链的迁移,从而增加了 RHDPE/EVA/TP 复合材料的 T_m 值。这一结果在以往的研究中已有报道,即填料与热塑性基体的结合使复合材料 T_m 增加(Joseph et al.,2003;Cui et al.,2010)。从表 12.4 可以看出,RHDPE/EVA 共混物的熔融焓(ΔH)为 95.62J/g,随着 TP 填料的加入,熔融焓显著降低。TP 填料含量从 5phr 增加到 25phr,RHDPE/EVA/TP 复合材料的 ΔH 从 86.51J/g 下降到 73.10J/g。这是由于 TP 填料的存在使复合材料在熔化过程中吸收了更多的热能。对于结晶度(X_c),在 RHDPE/EVA 共混物中加入 TP 会降低 X_c 值。TP 填料的负载量从 5phr 增加到 25phr,有抑制晶体的生长和晶体结构形成的趋势。另外,TP 填料负载量较高也会提高填料的成核能力,从而形成了较高的 X_c 值。

表 12.4　RHDPE/EVA 和不同填料负载量 RHDPE/EVA/TP 复合材料的热性能参数

共混物组成	T_m/℃	ΔH/(J/g)	X_c/%
RHDPE/EVA	131.04	95.62	33.28
RHDPE/EVA/TP-5	135.72	86.51	30.11
RHDPE/EVA/TP-15	136.41	78.99	27.49
RHDPE/EVA/TP-25	134.79	73.10	25.44

12.3.2　高密度聚乙烯接枝乙醇酸(HDPE-g-GA)作为相容剂对再生高密度聚乙烯/乙烯—醋酸乙烯酯/芋头粉/高密度聚乙烯接枝乙醇酸(RHDPE/EVA/TP/HDPE-g-GA)复合材料性能的影响

　　图 12.9 为 RHDPE/EVA/TP 和不同 TP 填料负载量下 RHDPE/EVA/TP/HDPE-g-GA 复合材料的拉伸强度。随着填料含量的增加,由于基体与填料之间

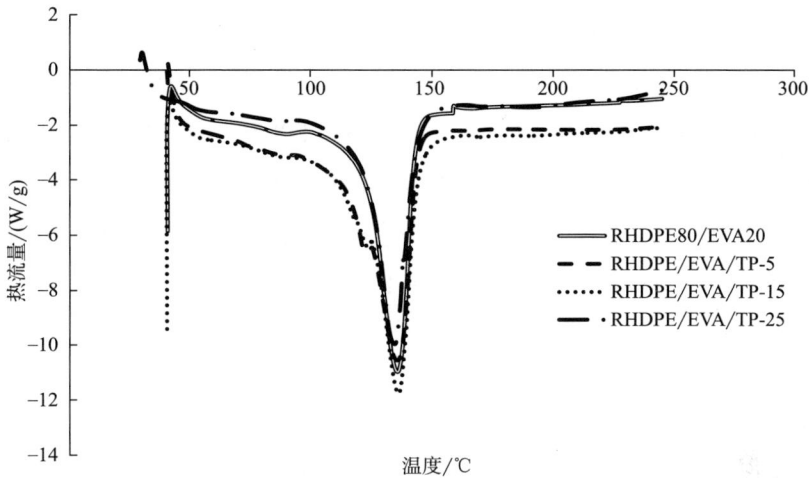

图 12.8　RHDPE/EVA 和不同填料负载量下 RHDPE/EVA/TP 复合材料的 DSC 分析

的界面附着力变差,拉伸强度大幅降低。加入相容剂 HDPE-g-GA 后,复合材料的拉伸强度明显提高。相容剂的加入提高了 RHDPE/EVA 基体与 TP 填料之间的界面黏结,提高了材料拉伸强度。Kim 等(2007)报道,与未增容的复合材料相比,在生物材料粉末填充聚丙烯复合材料中加入马来酸酐接枝聚丙烯(MAPP)提高了其拉伸强度。GA 的羧基与 TP 填料的羟基相互作用,在复合材料中形成氢键,从而去除填料中的一些羟基,降低了亲水性(Ku et al. ,2011)。此外,HDPE-g-GA 的 HDPE 链也从基体扩散到 RHDPE 中,形成连续的 HDPE 分子长链。

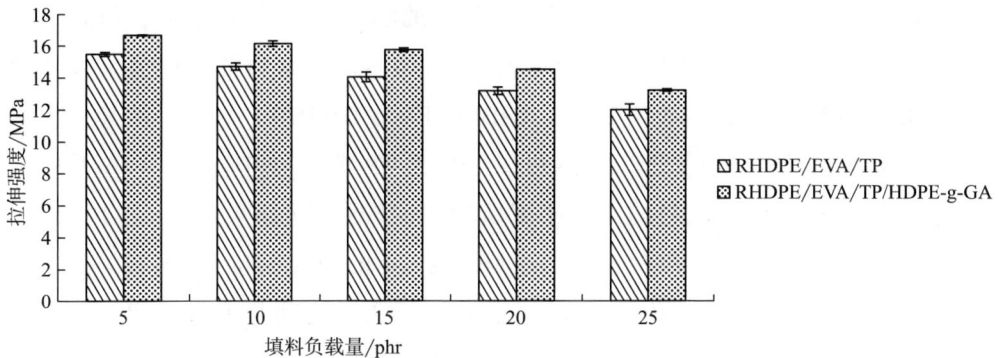

图 12.9　RHDPE/EVA/TP 和不同填料负载量下
RHDPE/EVA/TP/HDPE-g-GA 复合材料的拉伸强度

RHDPE/EVA/TP 和 RHDPE/EVA/TP/HDPE-g-GA 复合材料的断裂伸长率如图12.10所示。在基体中加入 TP 填料后,断裂伸长率降低,随着 TP 填料含量的增加,断裂伸长率大幅度降低。TP 填料的加入降低了基体的柔韧性,从而使 RHDPE/EVA/TP 复合材料的刚性增强。从图中可以看出,在复合材料中加入相容剂 HDPE-g-GA 比不加相容剂对断裂伸长率的影响更大。基质和填料之间由于相容剂的增强作用限制了基质的非晶态部分形成,从而降低了复合材料的弹性和柔韧性,使复合材料变脆,进而降低了断裂伸长率。

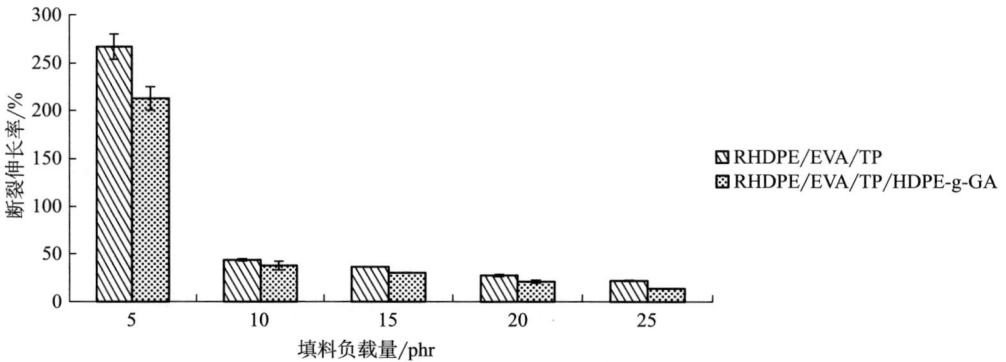

图 12.10　RHDPE/EVA/TP 和不同填料负载量下
RHDPE/EVA/TP/HDPE-g-GA 复合材料的断裂伸长率

图 12.11 为不同填料负载量的未增容和增容 RHDPE/EVA/TP 复合材料的弹性模量。根据图中结果,两种复合材料的弹性模量都随着 TP 填料负载量的增加有所增加。天然填料的刚性特征改善了复合材料的刚度,从而提高了复合材料的弹性模量。结果还证实,与非增容复合材料相比,增容复合材料的弹性模量显著增加,TP 填料含量从 5phr 增加到 25phr,RHDPE/EVA/TP/HDPE-g-GA 的弹性模量从 229.3MPa 增加到 340.75MPa。这可以解释为 TP 填料与 RHDPE/EVA 基体之间强烈的化学作用以及填料的固有刚度所导致的较强界面黏附力。复合材料中 HDPE-g-GA 的团聚改善了应力传递,这是因为 GA 的极性相与 TP 填料的羟基结合后,形成了连接填料和基体的桥梁。同时,由于乙烯之间几乎不可能存在链缠结,HDPE-g-GA 中的 RHDPE 与 EVA 中的 RHDPE 和乙烯基团之间的相互作用主要受范德瓦耳斯力控制(Ku et al.,2011)。Jung 等(2007)报道,在聚丙烯/木粉(PP/WP)复合材料中加入聚丙烯-g-(苯乙烯-马来酸酐共聚物)(PP-St/MAH)

可以提高复合材料的杨氏模量。

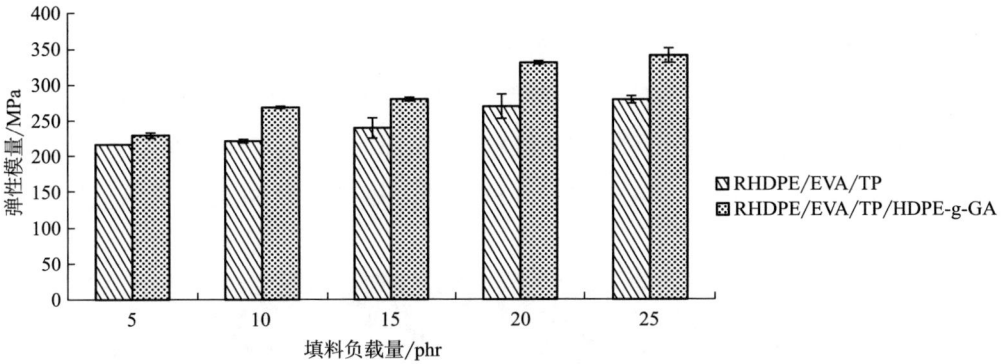

图 12.11　不同填料负载量 RHDPE/EVA/TP 和
RHDPE/EVA/TP/HDPE-g-GA 复合材料的弹性模量

图 12.12 为 RHDPE/EVA/TP 和 RHDPE/EVA/TP/HDPE-g-GA 复合材料在二氯甲烷中浸泡 46h 后的质量溶胀率。结果表明,增容和未增容复合材料的质量溶胀率均随着 TP 填料含量的增加而增大。二氯甲烷被 TP 填料中木质纤维素的细胞壁吸收,TP 填料与 RHDPE/EVA 基质的界面导致复合材料发生膨胀,从而提高了复合材料的质量溶胀率。同时,合成相容剂的加入降低了 RHDPE/EVA/TP/HDPE-g-GA 复合材料质量溶胀率。相容剂的使用改善了填料与基体之间的界面黏附,从而减少了界面区的缝隙和孔洞的数量(Ayrilmis,2013)。因此,当填料很好地嵌入基体中时,化学渗透更困难,从而导致化学吸附进入复合材料的速度变慢。

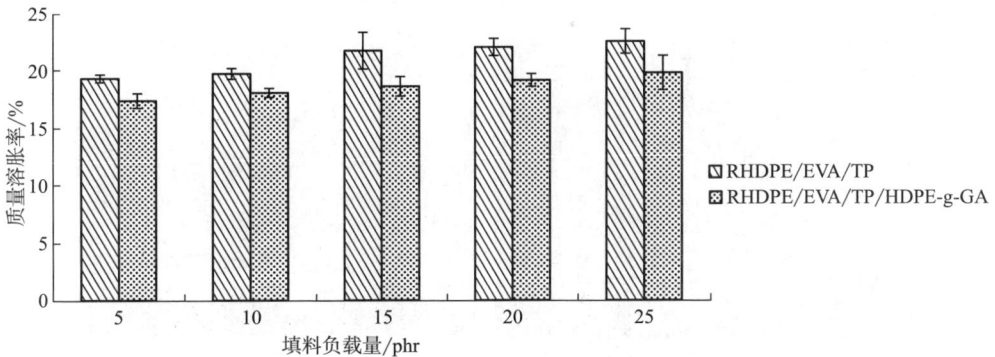

图 12.12　不同填料负载下 RHDPE/EVA/TP 和
RHDPE/EVA/TP/HDPE-g-GA 复合材料的质量溶胀率

RHDPE/EVA/TP 和 RHDPE/EVA/TP/HDPE-g-GA 复合材料的断口 SEM 图如图 12.13 所示。从图 12.13(a)~(c)中可以看出,TP 填料与 RHDPE/EVA 基体的相容性较弱,复合材料的断口处存在孔洞、间隙和拉出的填料。由于 TP 填料在 RHDPE/EVA 基体中的分散性较差,导致界面存在缺陷。HDPE-g-GA 作为相容剂加入复合材料中,进一步增强了 TP 填料与 RHDPE/EVA 基体之间的界面连接,如图 12.13(d)~(f)所示。从图 12.13(f)可以看出,TP 填料很好地嵌入周围基体

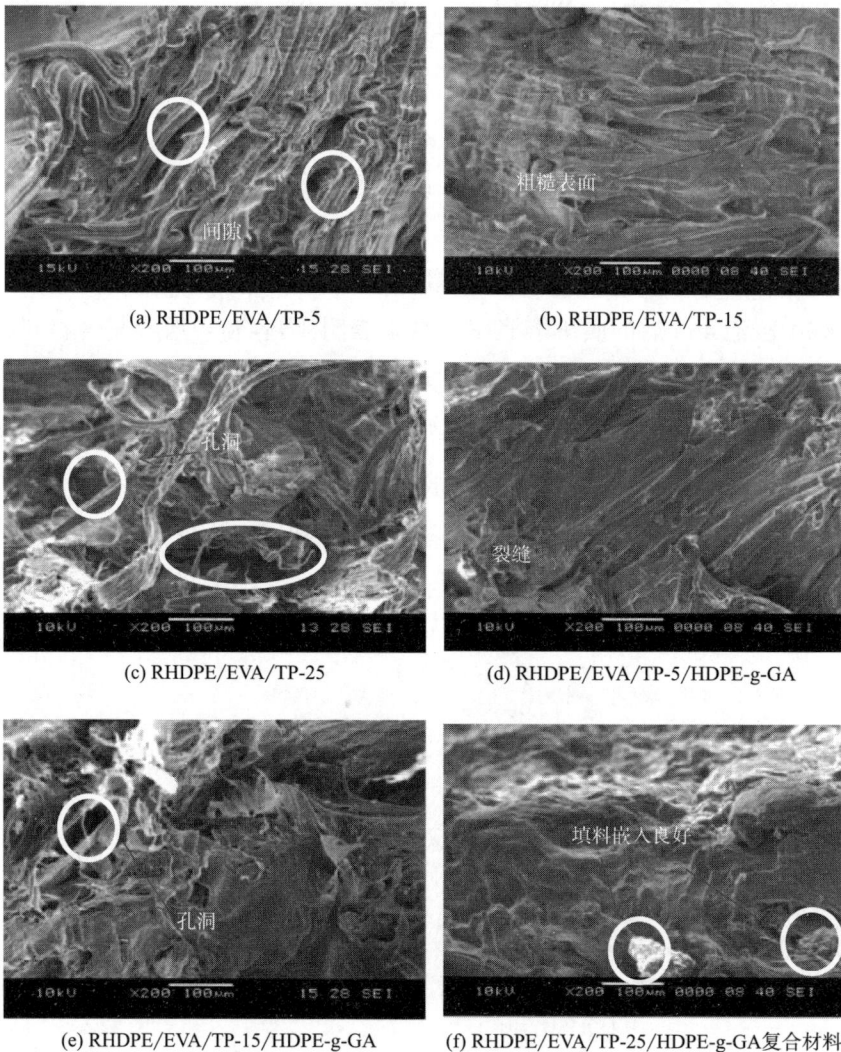

(a) RHDPE/EVA/TP-5

(b) RHDPE/EVA/TP-15

(c) RHDPE/EVA/TP-25

(d) RHDPE/EVA/TP-5/HDPE-g-GA

(e) RHDPE/EVA/TP-15/HDPE-g-GA

(f) RHDPE/EVA/TP-25/HDPE-g-GA复合材料

图 12.13　拉伸断裂表面 SEM 图

中,证实了填料与基体的相容性。图像显示,在具有孔洞和基质撕裂的复合材料的断裂表面有明显的撕裂线,表明 RHDPE/ EVA/ TP/ HDPE-g-GA 脆性较大。综上所述,由于相容剂加入促进了 TP 填料与 RHDPE/EVA 基体之间的氢键结合,提高界面结合力,增强了应力传递,从而提高了复合材料的拉伸强度。

图 12.14 为 RHDPE/EVA/TP 和 RHDPE/EVA/TP/HDPE-g-GA 复合材料的红外光谱。这两个光谱在 2917.72cm^{-1} 和 2917.23cm^{-1} 处有强烈 C—H 伸缩振动峰,为长链烷烃的特征峰。在 2849cm^{-1} 附近的峰是 RHDPE 乙烯基和 EVA 形成的强 C—H 和 CH$_2$ 缔合峰。1741cm^{-1} 和 1739.9cm^{-1} 处的强吸收是羰基 C ═O 伸振动引起的,证明了复合材料中存在 TP 填料。在 1462.8cm^{-1} 和 1462.79cm^{-1} 处观察到的两个峰是 CH$_2$ 的中等强度弯曲振动和 CH$_3$ 变形振动。在 1240.43cm^{-1} 和 1241.87cm^{-1} 处出现的峰为 RHDPE/EVA 基体与 TP 填料连接的 O—C 中等强度振动。从 FTIR 结果可以看出,在烃类基团的强且尖锐的 ═CH 和 ═CH$_2$ 弯曲振动范围内谱带的吸收强度降低,表明在 HDPE-g-GA 作为相容剂时,基体与填料之间形成了键合。两幅图中在 700cm^{-1} 的谱带都是 CH$_2$ 弱的摇摆弯曲振动。RHDPE/EVA/TP/HDPE-g-GA 复合材料基体与填料的黏合机理如图 12.15 所示。

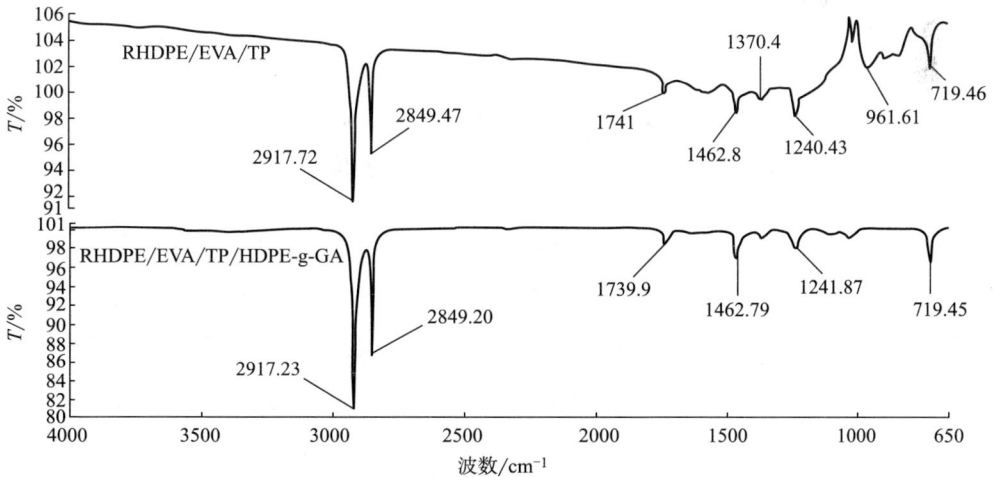

图 12.14　RHDPE/EVA/TP 和 RHDPE/EVA/TP/HDPE-g-GA 复合材料的红外光谱

RHDPE/EVA/TP/HDPE-g-GA 复合材料在氮气中的热失重如图 12.16 所示。表 12.5 综述了 RHDPE/EVA、RHDPE/EVA/TP 和 RHDPE/EVA/TP/HDPE-g-GA

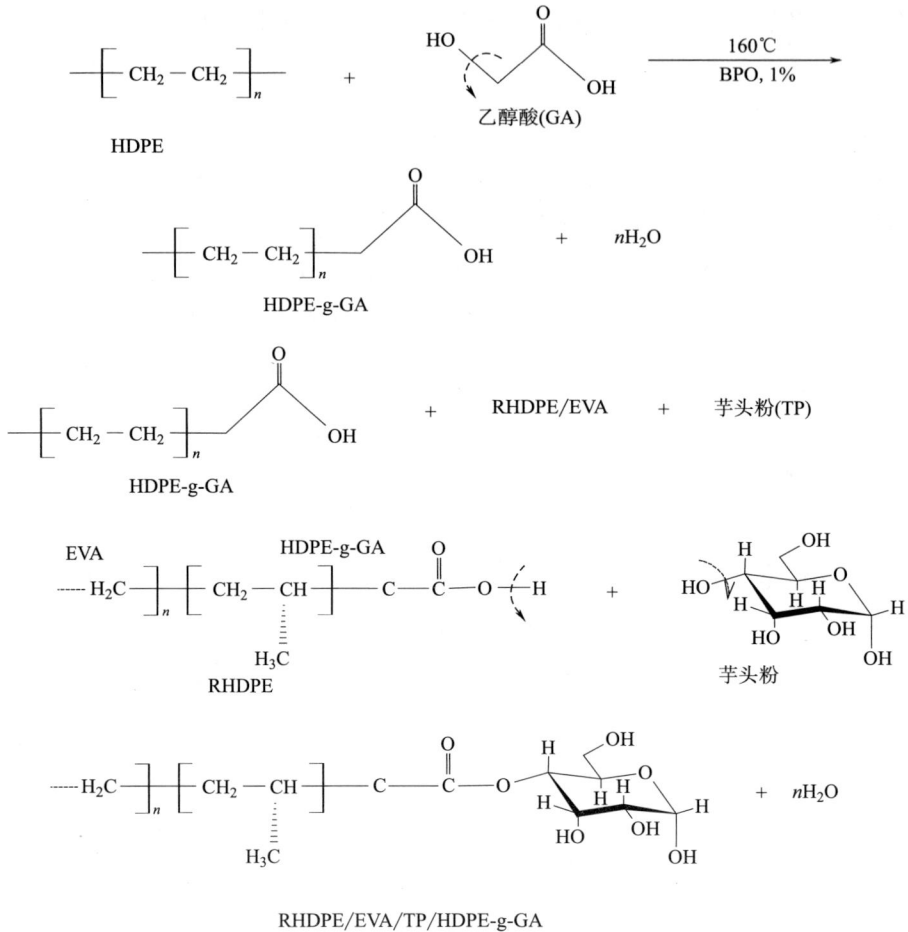

图 12.15　HDPE-g-GA 为相容剂时 RHDPE/EVA 基体与 TP 填料的黏合机理

复合材料 50%失重温度($T_{-50\%}$)和 600℃后剩余质量的研究数据。RHDPE/EVA 和不同浓度填料的 RHDPE/EVA/TP 复合材料的 TGA 结果表明,RHDPE/EVA/TP 复合材料比 RHDPE/EVA 共混物具有更高的热稳定性。随着 TP 填料的加入,复合材料的残余质量增加,这是因为 TP 比 RHDPE/EVA 共混物基体具有更高的热稳定性。

表 12.5　RHDPE/EVA/TP 和 RHDPE/EVA/TP/HDPE-g-GA
复合材料 50%失重温度($T_{-50\%}$)和残留质量

共混物组成	$T_{-50\%}$/℃	剩余质量/%
RHDPE/EVA	440.12	2.051
RHDPE/EVA/TP-5	475.57	2.100

续表

共混物组成	$T_{-50\%}$/℃	剩余质量/%
RHDPE/EVA/TP-15	475.82	4.299
RHDPE/EVA/TP-25	476.29	8.059
RHDPE/EVA/TP-5/HDPE-g-GA	466.94	5.463
RHDPE/EVA/TP-15/HDPE-g-GA	465.57	6.249
RHDPE/EVA/TP-25/HDPE-g-GA	463.56	6.946

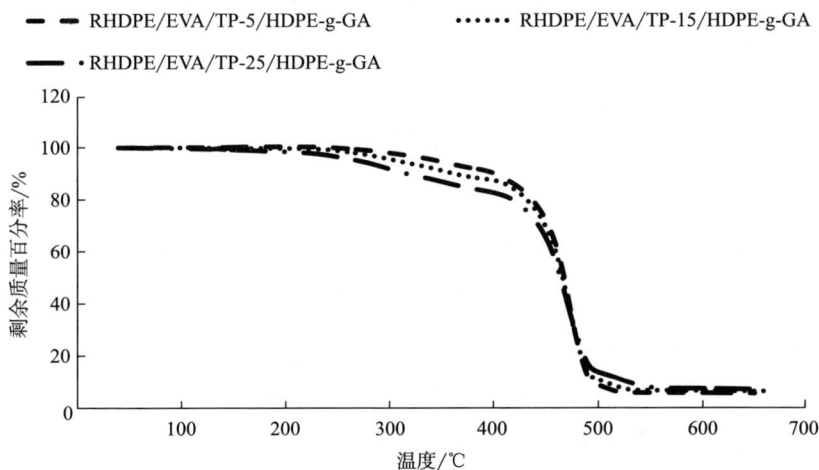

图 12.16　RHDPE/ EVA/ TP 和 RHDPE/ EVA/ TP/ HDPE -g-GA 复合材料热失重分析

TP 填料用量为 5phr 和 10phr 时,RHDPE/EVA/TP/HDPE-g-GA 的残余质量随相容剂的加入而增加,而 TP 填料用量为 25phr 时,残余质量下降,这可能是由于 TP 和 RHDPE/EVA 基体之间界面黏附性得到改善。由于 HDPE-g-GA 相容剂的存在,填料和基体之间的强烈相互作用使 RHDPE/EVA/TP/HDPE-g-GA 复合材料的热稳定性提高。复合材料的减重和残余质量结果证明,与 RHDPE/EVA 相比,复合材料具有较高的热稳定性。

12.4　结论

随着 TP 填料含量的增加,对 RHDPE/EVA/TP 复合材料的拉伸强度、断裂伸长率和吸水性能均有不利影响。但随着 TP 填料含量的增加，RHDPE/EVA/TP 复合材料的弹性模量和质量膨胀率均有所提高。热分析表明，TP 填料的加入提高了复合材料的熔融温度和热稳定性。从结果来看，加入作为相容剂的 HDPE-g-GA 提高了材料的拉伸强度和弹性模量，降低了断裂伸长率和质量膨胀率。通过 SEM 图像发现，与不增容的复合材料相比，增容的复合材料拉伸断口表面更硬、更光滑，具有较少的孔洞和裂纹。同时，相容剂的加入对增容复合材料的热稳定性没有影响。傅里叶红外光谱结果显示，RHDPE/EVA 基体与 TP 填料之间存在键合，提高了复合材料的相容性。本研究的结果证明，所合成的相容剂可以有效地提升热塑性基体和天然填料之间的界面黏附，从而制备出性能优异的复合材料。

参考文献

[1] Abacha N. , Fellahi S. , 2005. Synthesis of polypropylene-graft-maleic anhydride compatibilizer and evaluation of nylon 6/polypropylene blend properties. Polym. Int. 54, 909-916.

[2] Adhikary K. B. , Pang S. , Staiger M. P. , 2008a. Dimensional stability and mechanical behaviour of wood-plastic composites based on recycled and virgin high-density polyethylene (HDPE). Composites: Part B 39, 807-815.

[3] Adhikary K. B. , Pang S. , Staiger M. P. , 2008b. Long-term moisture absorption and thickness swelling behavior of recycled thermoplastics reinforced with *Pinus radiata* sawdust. Chem. Eng. J. 142, 190-198.

[4] Ahmed A. , Khan F. , 2013. Extraction of starch from taro (*Colocasia esculenta*) and evaluating it and further using taro starch as disintegrating agent in tablet formulation with over all evaluation. Inventi Rapid: Novel Excipients 2013 (2), 1-5.

[5] Akhlaghi S. , Sharif A. , Kalaee M. , Elahi A. , Pirzadeh M. , Mazinani S. , et al. 2012. Effect of stabilizer on the mechanical, morphological and thermal properties of compatibilized high density polyethylene/ethylene vinyl acetate copolymer/organoclay nanocomposites. Mater. Design 33, 273-283.

[6] Arrakhiz F. Z. , El Achaby M. , Malha M. , Bensalah M. O. , Fassi-Fehri O. , Bouhfid R. , et al. 2013. Mechanical and thermal properties of natural fibers reinforced poly-

mer composites:doum/low density polyethylene. Mater. Design 43,200−205.

[7] Ashori A. , Sheshmani S. , 2010. Hybrid composites made from recycled materials: Moisture absorption and thickness swelling behavior. Bioresour. Technol. 101, 4717−4720.

[8] Ayrilmis N. ,2013. Combined effects of boron and compatibilizer on dimensional stability and mechanical properties of wood/HDPE composites. Composites:Part B 44,745−749.

[9] Ayrilmis N. , Kaymakci A. , Ozdemir F. , 2013. Physical,mechanical,and thermal properties of polypropylene composites filled with walnut shell flour. J. Ind. Eng. Chem. 19,908−914.

[10] Bindu T. ,Sylas V. P. ,Mahesh M. ,Rakesh P. S. ,Ramasamy E. V. ,2008. Pollutant removal from domestic wastewater with Taro (*Colocasia esculenta*) planted in a subsurface flow system. Ecol. Eng. 33,68−82.

[11] Chen Y. ,Zou H. ,Liang M. ,Cao Y. ,2014. Melting and crystallization behavior of partially miscible high density polyethylene/ethylene vinyl acetate copolymer (HDPE/EVA)blends. Thermochim. Acta 586,1−8.

[12] Cui Y. H. , To J. , Noruziaan B. , Cheung M. J. , Lee S. , 2010. DSC analysis and mechanical properties of wood − plastic composites. J. Reinforced Plastics. Composites 29,278−289.

[13] Dai L. , Qiu C. , Xiong L. , Sun Q. , 2015. Characterisation of corn starch−based films reinforced with taro starch nanoparticles. Food Chem. 174,82−88.

[14] El−Shekeil Y. A. ,Sapuan S. M. ,Jawaid M. , Al−Shuja'a O. M. ,2014. Influence of fiber content on mechanical,morphological and thermal properties of kenaf fibers reinforced poly(vinyl chloride)/thermoplastic polyurethane poly−blend composites. Mater. Design 58,130−135.

[15] Essabir H. , Bensalah M. O. , Rodrigue D. , Bouhfid R. , Qaiss A. , 2016. Structural,mechanical and thermal properties of bio−based hybrid composites from waste coir residues:Fibers and shell particles. Mech. Mater. 93,134−144.

[16] Faker M. ,Razavi Aghjeh M. K. ,Ghaffari M. ,Seyyedi S. A. ,2008. Rheology,morphology and mechanical properties of polyethylene/ethylene vinyl acetate copolymer (PE/EVA)blends. Eur. Polym. J. 44,1834−1842.

[17]He L. ,Li W. ,Chen D. ,Zhou D. ,Lu G. ,Yuan J. ,2015. Effects of amino silicone oil modification on properties of ramie fiber and ramie fiber/polypropylene composites. Mater. Design 77,142–148.

[18]Ho C. H. ,Wang C. H. ,Lin C. I. ,Lee Y. D. ,2008. Synthesis and characterization of TPOPLA copolymer and its behavior as compatibilizer for PLA/TPO blends. Polymer 49,3902–3910.

[19]Howeler R. H. ,Oates C. G. ,O'Brien G. M. ,1996. Cassava,starch,and starch derivatives,Proceedings of the International Symposium,Guangxi,China.

[20]Joseph P. V. ,Joseph K. ,Thomas S. ,Pillai C. K. S. ,Prasad V. S. ,Groeninckx G. ,et al. ,2003. The thermal and crystallization studies of short sisal fibre reinforced polypropylene composites. Compiosites:Part A 34,253–266.

[21]Jung C. H. ,Choi J. H. ,Kang P. H. ,Nho Y. C. ,2007. Synthesis of a polypropylene−based compatibilizer by a radiation grafting and an evaluation of PP/WP composite properties. J. Ind. Eng. Chem. 13,1131–1136.

[22]Kim H. S. ,Lee B. H. ,Choi S. W. ,Kim S. ,Kim H. J. ,2007. The effect of types of maleic anhydride−grafted polypropylene(MAPP) on the interfacial adhesion properties ofbioflour − filled polypropylene composites. Composites: Part A 38, 1473–1482.

[23]Ku H. ,Wang H. ,Pattarachaiyakoop N. ,Trada M. ,2011. A review on the tensile properties of natural fiber reinforced polymer composites. Composites:Part B 42, 856–873.

[24]Lafia−Araga R. A. ,Hassan A. ,Yahya R. ,2011. Thermal and tensile properties of treated and untreated red balau (*Shorea dipterocarpaceae*) filled LDPE composites. J. Sci. Technol. 3,13–27.

[25]Liu H. ,Wu Q. ,Han G. ,Yao F. ,Kojima Y. ,Suzuki S. ,2008. Compatibilizing and toughening bamboo flour−filled HDPE composites:Mechanical properties and morphologies. Composites:Part A 39,1891–1900.

[26]Mirabella F. M. ,Bafna A. ,2002. Determination of the crystallinity of polyethylene/α−olefin copolymers by thermal analysis:Relationship of the heat of fusion of 100% polyethylene crystal and density. J. Polym. Sci. Part B:Polym. Phys. 40,

1637-1643.

[27]Monteiro S. N. ,Calado V. ,Rodriguez R. J. S. ,Margem F. M. ,2012. Thermogravimetric behavior of natural fibers reinforced polymer composites-An overview. Mater. Sci. Eng. A 557,17-28.

[28]Moriana R. , Vilaplana F. , Karlsson S. , Ribes A. ,2014. Correlation of chemical, structural and thermal properties of natural fibres for their sustainable exploitation. Carbohyd. Polym. 112,422-431.

[29]Mu J. ,Yang F. ,Liu Z. ,Li Y. ,2014. Polyethylene-block-poly(ε-caprolactone) diblock copolymers synthesis and compatibility. Polym. Int. 63,2017-2022.

[30]Ndlovu S. S. , Van Reener A. J. , Luyt A. S. ,2013. LDPE-wood composites utilizing degraded LDPE as compatibilizer. Composites:Part A 51,80-88.

[31]Noorunisa Khanam P. , AlMaadeed M. A. ,2014. Improvement of ternary recycled polymer blend reinforced with date palm fibre. Mater. Design 60,532-539.

[32]Shih Y. F. , Chang W. F. , Liu W. C. , Lee C. C. , Kuan C. S. , Yu Y. H. ,2014. Pineapple leaf/recycled disposable chopstick hybrid fiber-reinforced biodegradable composites. J. Taiwan Inst. Chem. Eng. 45,2039-2046.

[33]Simsek S. , El S. N. ,2015. *In vitro* starch digestibility,estimated glycemic index and antioxidant potential of taro (*Colocasia esculenta* L. Schott) corm. Food Chem. 168,257-261.

[34]Stary Z. ,Pemsei T. ,Baldrian J. ,Munstedt H. ,2012. Influence of a compatibilizer on the morphology development in polymer blends under elongation. Polymer 53, 1881-1889.

[35]Tserki V. , Zafeiropoulos N. E. , Simon F. , Panayiotou C. ,2005. A study of the effect of acetylation and propionylation surface treatments of natural fibres. Composites:Part A 36,1110-1118.

[36]Wu Q. ,Chi K. ,Wu Y. ,Lee S. ,2014. Mechanical,thermal expansion and flammability properties of co-extruded wood polymer composites with basalt fiber reinforced shells. Mater. Design 60,334-342.

[37]Zhang Q. ,Yang H. ,Fu Q. ,2004. Kinetics-controlled compatibilization of immiscible polypropylene/ polystyrene blends using nano-SiO_2 particles. Polymer 45,

1913–1922.

［38］Zhao X. , Li R. K. Y. , Bai S. , 2014. Mechanical properties of sisal fiber reinforced high density polyethylene composites：Effect of fiber content, interfacial compatibilization, and manufacturing process. Composites：Part A 65, 169–174.

拓展阅读

Bakar N. , Chee C. Y. , Abdullah L. C. , Ratnam C. T. , Azowa N. , 2014. Effect of methyl methacrylate grafted kenaf on mechanical properties of polyvinyl chloride/ethylene vinyl acetate composites. Composites：Part A 63, 45–50.

Snoeck D. , Smetryns P. , Belie N. D. , 2015. Improved multiple cracking and autogenous healing in cementitious materials by means of chemically – treated natural fibres. Biosystem Eng. I 39, 87–99.

13. 红麻纤维增强聚乙烯醇缩丁醛及其共混复合材料的物理、力学和弹道性能

Suhad D. Salman，*Zulkiflle B. Leman*

博特拉大学，马来西亚沙登

13.1 聚乙烯醇缩丁醛的物理性能

树脂黏结剂的选择非常重要，因为它在提供复合材料的纤维与基体之间的黏结性方面起着重要作用。尽管纤维是主要的荷载载体，但所使用的树脂对这些聚合物基复合材料的性能也至关重要。基体的类型决定所采用的制造技术和制造过程中允许的最高温度。树脂在保护纤维免受环境影响方面起着重要作用，树脂可以分为两种类型：热固性树脂和热塑性树脂。热固性树脂需要催化剂或热量，或两者结合才能实现固化。复合材料中常用的热固性树脂有环氧树脂、乙烯基酯和聚酯。热塑性树脂可以在半流体状态下成形和模压，然后在冷却时变硬。热塑性树脂可以通过再加热转化为初始形态，而热固性树脂料一旦"固化"就不能恢复到初始形态（Fairuz et al.，2014）。本研究中使用的基质是聚乙烯醇缩丁醛（PVB）薄膜层压复合板，它具有优异的韧性和黏合性能。由于 PVB 具有优异的性能和出色的通用性，因此被广泛应用于工业和商业领域。

近年来，基体膜层压法作为一种改进弹道性能的新生产方法得到了迅猛发展，它比基体树脂浸渍法更简单、更经济。PVB 薄膜是最常用的安全玻璃中间层之一，常用于汽车和建筑领域的双层玻璃之间的黏结，具有成本低、制造简单、使用寿命长、力学性能和化学性能好等优点（Torki et al.，2012）。PVB 的物理性能有：抗紫外线、抗氧化、隔音、保温、安全、附着力强、抗冲击。PVB 具有韧性和延展性，多用于需要结合力强、与多种表面有附着力、有韧性和弹性的场合，在保持所需刚度的同时还可以提高弹道性能。表 13.1 为 PVB 薄膜的物理性能。

表 13.1　PVB 薄膜的物理性能

物质	厚度/mm	面密度/(g/m²)	密度/(g/m²)	平均断裂强度/MPa	平均最大应变/%
PVB 薄膜	0.38	410	1.078	≥20	≥200

13.2　红麻纤维增强聚乙烯醇缩丁醛复合材料及其共混复合材料的制备

木质纤维素纤维(源自植物)的重大发展几乎完全依赖于其可用作复合材料的环保性增强材料。尽管合成纤维具有诸多优点(Faruk et al.,2012),但合成纤维对健康的危害和高昂的价格限制了它的应用,因此推动了天然纤维的发展。此外,人们逐渐意识到世界石油供应终将会枯竭,许多研究人员和技术人员开始转向使用天然纤维来减少对石油产品的依赖。由于天然纤维具有重量轻、资源丰富、成本低、力学性能好、热性能好、蕴含能量低及对皮肤和呼吸系统刺激性低等优点,将其作为复合材料的增强材料已得到越来越多人的认可。根据植物种类的不同,天然纤维可分为三种类型:韧皮纤维(亚麻、大麻、黄麻和红麻)、叶子纤维(剑麻、苎麻、菠萝和香蕉)和果实或种子纤维(棉花、木棉和椰壳),人们普遍认为从植物茎中提取的韧皮纤维比从叶片或种子中提取的天然纤维具有更优异的力学性能(Wambua et al.,2003)。

红麻纤维就是天然纤维的一个很好的例子,由于其良好的性能而被用于制造复合材料。红麻纤维与聚合物基复合材料在工业领域的应用发展迅速,可用于生产环保型产品。由于红麻纤维易于获得性和适用于多种制造工艺而在增强聚合物复合材料领域具有广阔的应用前景(Aji et al.,2009)。此外,它具有较高的比强度和刚度,可作为高分子树脂的增强材料,制造实用的结构型复合材料。研究人员对红麻纤维的特性进行了研究,其在各种工业应用领域中都表现出了良好的性能。

红麻纤维是由植物属木槿(Hibiscus)茎的韧皮制成的,木槿属植物是锦葵科(Malvaceae)的一种,生长所需的水较少。红麻可以在4~5个月内自然生长到3~4m,每年收获2~3次。与其他纤维素纤维农作物相比,其种植周期短,对环境条件的适应性强。这种纤维含有44%~57%纤维素,22%~23%半纤维素,15%~19%木质素,2%~5%灰分和6%其他成分。红麻纤维的种植有助于保护环境和提高土壤肥力,因为它们能以非常快的速度吸收土壤中的氮和磷,并积累二氧化碳(Zampaloni et al.,2007)。

因为互锁结构能比纤维基体的附着力更好地提高强度,所以机织物作为复合材料的增强相使复合材料具有更好的尺寸稳定性、柔韧性、可成形性和比强度,被广泛应用于各种消费产品中。使用织造技术可以增加材料的结构强度,因为织物结构可提高强度和能量吸收能力。大量试验研究表明,织造方式对纤维增强复合材料力学性能有影响(Salman et al.,2015,2016)。据报道,与其他织造类型相比,平纹机织物增强的复合材料的力学性能得了到改善。研究发现,织造技术是提高红麻性能的有效方法,可以使材料的强度提升8.2%,刚性提升22.3%(Yong et al.,2015)。此外,平纹机织物增强的复合材料比随机取向纤维增强的复合材料的机械强度提高幅度大。天然纤维增强聚合物复合材料在承受载荷时,纤维是载荷和应力(刚度和强度)的载体。因此,纤维织造方式对提高复合材料的力学性能具有重要的作用。

为阐明红麻纤维在增强 PVB 复合材料中的作用,对两组复合材料进行了测试。表 13.2 为平纹机织红麻的性能。

表 13.2 平纹机织红麻的性能

特性	机织红麻
厚度/mm	2±0.2
重量/(g/m^2)	890
密度/(g/cm^3)	1.2
经密/(根/英寸)	12
纬密/(根/英寸)	12
波长 λ/mm	4.2
织物孔隙度 ε/%	0.274
含水率/%	8.353
吸水率/%	148.86
平均最大断裂强力/MPa	100.64
平均最大应变/%	17.3

混合复合材料是复合材料科学中新兴的研究领域之一,受到各行业的关注。

混合复合材料结合了两种或两种以上组成材料的性能,以达到性能优于单一材料的最终目的。生产混合材料的一种常见方法是通过层压不同类型和不同取向纤维形成层压材料,以增强其强度和刚度性能,满足特定设计需求。在各种层压混合复合材料中,聚合物是最常用的基体材料。近年来,基于天然纤维和合成纤维的混合复合材料引起了越来越多的关注(Jawaid and Abdul Khalil,2011)。这种新型的混合材料具有相同或更好的性能,而且易于获得,价格更低,正在被开发应用于各种工程领域。目前的研究表明,将天然/合成纤维混合作为复合材料的增强材料可提高复合材料的力学性能,也可替代昂贵的、不可再生的合成纤维,其效果显著。与纯聚合物和以合成纤维增强的复合材料相比,增加天然纤维含量以减少合成纤维含量可提高材料的环保性能(Cheung et al.,2009)。此外,使用当地可获得的天然材料也会产生经济效益,使当地经济得到改善,并因成本低,这种复合材料的应用容易普及(Begum and Islam,2013)。

红麻纤维的混合物作为热塑性和热固性聚合物基复合材料的增强材料已在许多行业中得到了广泛的应用。这些新型混合材料正在被开发和应用于结构工程和基础设施中,可以提供与之前材料相同或更好的性能,而且总体上加工和制造成本更低。通过深入的试验研究,将红麻树脂基复合材料的增强材料应用于汽车工业、结构应用、建筑/住宅等许多领域,并有可能取代玻璃纤维,从而实现环保技术的突破性进展。与相同质量的玻璃纤维增强复合材料相比,红麻/塑料复合材料在强度和刚度方面更具有竞争力。这种复合材料具有价格优势,并且在许多情况下是可完全回收的。然而,目前对红麻纤维在增强复合材料方面的研究主要集中在用单取向或无规取向红麻纤维或用压缩毡替代合成纤维增强复合材料方面,还对不同类型的红麻与合成纤维结合形成混合复合材料进行了研究。大量的出版物和评论报道了红麻增强热固性和热塑性基体的应用研究(Nunna et al.,2012),指出红麻增强复合材料是一种新兴的替代合成纤维的增强材料,可广泛应用于各种工业领域。了解天然/合成复合材料在拉伸、弯曲和冲击条件下的行为是很重要的,可以最大限度地发挥材料潜力。

本研究采用两种类型机织物:平纹机织红麻(Kf)和平纹机织芳纶(Ar),如图 13.1(a)~(c)所示。芳纶是应用广泛的高强度织物之一,这种优异的力学特性可以用其分子结构来解释。芳纶的强度约为钢丝的 5 倍。因此,芳纶被广泛用于复合材料、航空航天、装甲系统和船舶领域。

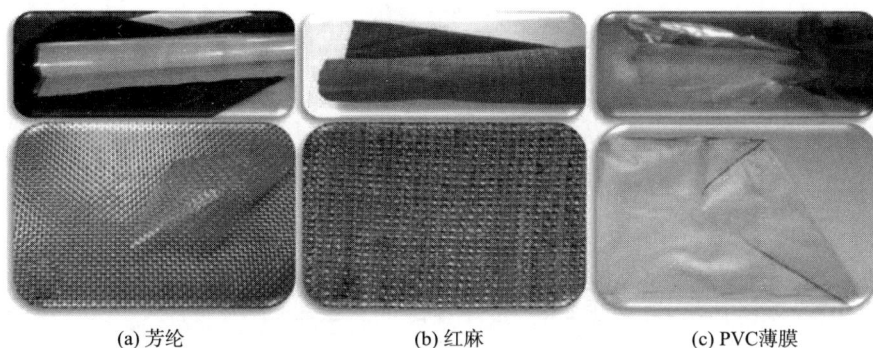

(a) 芳纶   (b) 红麻   (c) PVC薄膜

图 13.1　芳纶和红麻的平纹机织物及 PVB 薄膜的实物照片

　　图 13.2 描述了用于本研究的材料以及用于力学和弹道试验的样品制造过程。使用万能试验机对制备的样品进行力学性能测试,使用火药枪进行了高速冲击试验。随后对研究结果进行了分析,并与前人的研究结果进行比较。

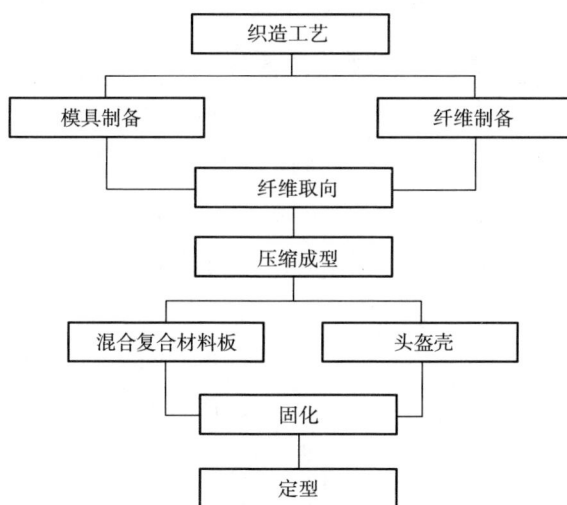

图 13.2　复合材料制造工艺流程图

　　制备的混合复合材料主要进行了两项试验,一是力学试验,二是高速冲击试验。采用压缩成型技术制造了不同红麻含量的 PVB 薄膜和芳纶织物混合层压板。为了制造方形层压板,将 PVB 膜切割成 335mm×335mm 的板材,将 19 层机织红麻织物切割后与 PVB 薄膜排列在一起制成红麻复合材料(Kf)。将 11 层芳纶织物、8

267

层机织红麻织物和 9 层 PVB 薄膜按相同尺寸切割后,11 层芳纶层排列在一起,PVB 薄膜与红麻织物间隔排列,制成一种方形层压复合板(H1)。将 9 层芳纶织物、10 层红麻织物和 11 层 PVB 薄膜裁剪成相同的尺寸,9 层芳纶织物排列在一起,PVB 薄膜与红麻织物间隔排列,制成一种方形层压复合平板(H2)。测量混合层压板的尺寸和质量,计算混合材料的密度和面密度。

13.3 红麻纤维增强聚乙烯醇缩丁醛复合材料及其共混复合材料的物理性能研究

根据阿基米德原理计算了复合材料的实验密度和理论密度。复合材料的实验密度是用实际测量的质量除以每个混合复合材料的测量体积计算得出的,单位为 g/cm^3。

依据 ASTM 标准试验(ASTM,2008a,b),根据复合材料各组分的质量分数和密度,通过式(13.1)计算复合材料的理论密度(ρ)。用数显卡尺精确测量五个样品的尺寸,然后计算样品体积,记录平均值。纤维体积分数是指纤维含量占复合材料整体体积的百分比,它对于确定复合材料的力学性能非常重要。纤维体积分数越高,复合材料的力学性能越好(Endruweit et al. ,2013)。一旦确定了复合材料的密度,混合复合材料的纤维体积分数可用式(13.2)计算。

$$\rho_{理论}(\mathrm{g/cm^3}) = \cfrac{1}{\left(\cfrac{W_A}{\rho_A} + \cfrac{W_K}{\rho_K} + \cfrac{W_P}{\rho_P} \right)} \tag{13.1}$$

$$v_f(\%) = \cfrac{\left(\cfrac{W_A}{\rho_A} + \cfrac{W_K}{\rho_K} \right)}{\left(\cfrac{W_A}{\rho_A} + \cfrac{W_K}{\rho_K} + \cfrac{W_P}{\rho_P} \right)} \times 100 \tag{13.2}$$

式中:W_A、W_K、W_P 分别为芳纶、红麻、PVB 膜的质量分数,ρ_A、ρ_K 和 ρ_P 分别为芳纶、红麻和 PVB 薄膜的密度。

表 13.3 总结了不同分层方式的层压复合材料样品的理论密度和实验密度以及纤维体积分数的计算值。

表13.3 复合材料样品的密度和相应的纤维体积分数计算值

样品描述	样品代码	实验密度/ (g/cm^3)	理论密度/ (g/cm^3)	纤维体积分数/%	
				芳纶	红麻
11层芳纶/8层红麻	H1	1.109	1.16	24.55	36.44
9层芳纶/10层红麻	H2	1.1	1.16	18.75	42.48
19层红麻	Kf	1.089	1.15	0	61.96

　　不同纤维体积分数的红麻/芳纶混合复合材料的密度变化如图13.3所示。由图中可以看出,随着红麻纤维体积分数的增加,复合材料的密度有所降低,这是由于使用了更多的PVB薄膜层造成的,PVB薄膜的密度比红麻纤维和芳纶更低。随着芳纶体积分数的增加,复合材料密度的提高,这是由于芳纶的密度高于红麻纤维所致。复合材料的密度受纤维的体积分数的影响很大,但不受层结构的影响(De-hury,2014)。

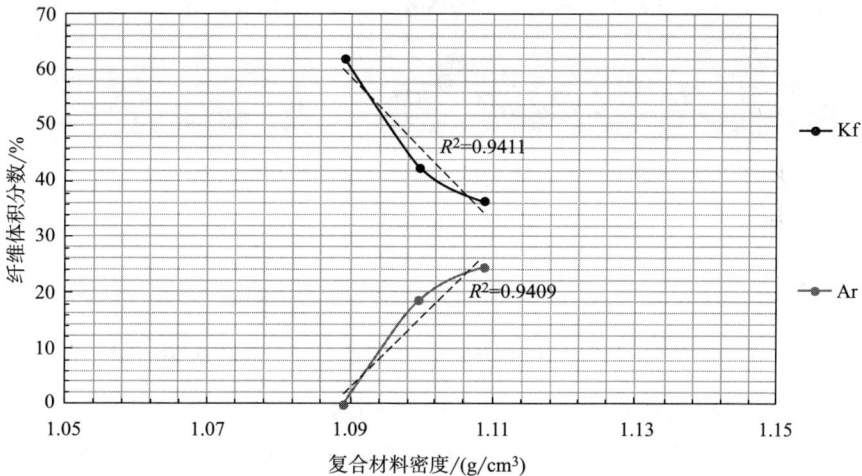

图13.3 复合材料密度随纤维体积分数的变化

　　在选择天然纤维作为高分子复合材料的增强材料时,拉伸性能是必须考虑的重要参数之一。根据ASTM(2008a,b)进行拉伸试验,以确定复合材料的力学性能。拉伸试验在Instron810型液压万能试验机上进行,测力范围250kN,如图13.4所示。使用液压楔式夹钳小心地夹紧试样边缘,以保证试样上的压力均匀分布。固定十字头速度为2mm/min,直到试样断裂,以测量最大拉伸强度、最大拉伸应变、拉伸模量和应力—应变曲线。每一种复合材料的拉伸试样被切割成 250mm×25mm×实际厚度,截面为矩形扁平条,夹持距离为 170mm。

图 13.4　在拉伸试验机上进行的拉伸试验

图 13.5 显示了红麻复合材料及其混合材料被破坏时的拉伸应力—应变曲线。初期在低应变时曲线呈线性,随后斜率发生变化,呈现出非线性,直到混合体被破坏。峰值应力后的非线性可能是由于红麻纤维和芳纶在拉伸荷载过程中的不同破坏机制以及基体的不同破坏时间造成的。总体而言,随着芳纶含量的降低,层压复合材料的拉伸强度和弹性模量都有下降的趋势。从图 13.5 中可以看出,与其他复合材料相比,红麻复合材料的最大拉伸强度和模量值是最高的。

从图 13.5 上观察到,在 H1 和 H2 失效点的拉伸应力突然下降,这说明与红麻复合材料相比,这种混合复合材料的韧性更好。从应力—应变曲线的线性部分计算出来的拉伸模量也有类似的趋势。拉伸模量决定了试样的抗变形能力。红麻与芳纶混合后,应力—应变曲线从突变失效变为较长时间的非线性。这些结果清楚地表明,韧皮纤维红麻与芳纶混合有利于改善伸长率。同样,芳纶与红麻混合也能

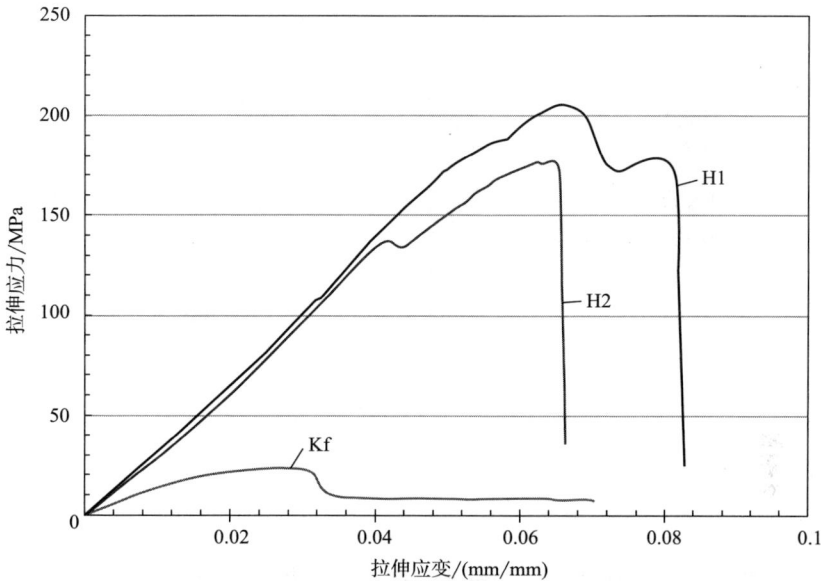

图 13.5　红麻、芳纶混合材料及其复合材料的拉伸应力—应变曲线

提高复合材料的强度。因此,可以把高刚度的芳纶与具有良好韧性和断裂伸长率的红麻纤维结合使用。

红麻复合材料的应力—应变曲线是非线性的,在最大应力后,试验结束时有一小段的线性区域,在最后被破坏前有一小段延长曲线。断裂拉伸应变表明,红麻复合材料断裂应变为 2.8%,红麻/芳纶混合复合材料 H1 和 H2 的应变值随着红麻含量的增加而增加。先前的几项研究得出结论,存在一个最佳天然纤维含量,超过该含量,复合材料的性能就会变差,孔隙率会急剧增加。因此,所有复合材料均出现了非线性的延展性断裂,应力达到最大值后突然断裂。所有测试的复合材料样品在断裂前都出现了边缘分界或长裂纹。

Bagheri 等(2014)也给出了类似的解释,他们指出,混合效应是因为混合材料中纤维的潜在强度未能充分发挥作用。试验结果表明,红麻复合材料的拉伸强度和模量最低,分别为 23.75MPa 和 843.47MPa,如图 13.6 所示。PVB 膜的低拉伸性能影响了红麻复合材料的拉伸性能,这可能是由于空隙的存在而引起的,并且拉伸强度和模量都会随着空隙含量的增加而降低。

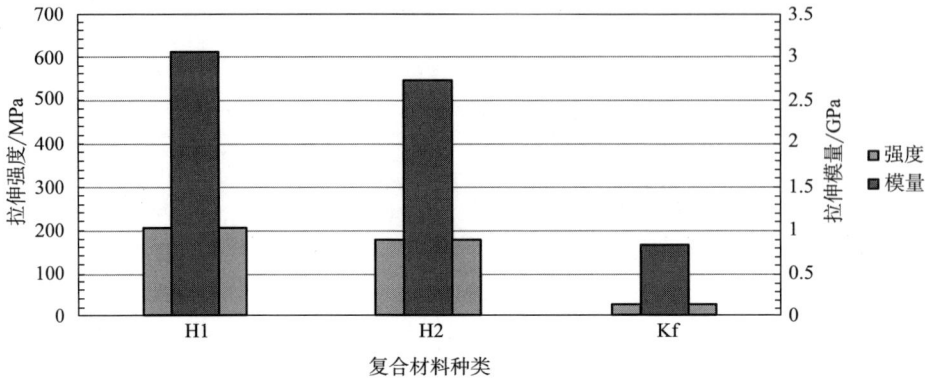

图 13.6　复合材料的拉伸性能

13.4　红麻纤维增强聚乙烯醇缩丁醛复合材料及其共混复合材料的弹道性能研究

合成纤维复合材料在弹道防护中发挥着重要作用，也给强度重量比的提升提供了出色的解决方案，但在非装甲应用中对原材料（碳纤维、芳纶等）要求较高，因此价格昂贵。虽然合成纤维具有优异的强度，有可能取代传统金属，但全世界都希望把天然纤维应用于复合材料中。芳纶主要应用于高压传送带、绳索、电缆、飞机、运动器材和防弹织物（装甲）。尽管芳纶增强聚合物复合材料具有这些优势，但因为其高昂的生产成本、具有石油化学品的性质以及对环境的不利影响，导致其使用受到限制，并有下降的趋势（Tudu，2009）。

弹道复合材料中的基体会限制纤维的横向运动，使复合材料吸收更多的能量。因此，很小的纱线移动就可能产生较高的层间相互摩擦，可作为缓冲区来抵抗冲击，从而提高复合材料弹道防护性能（Lim et al.，2012）。然而，如果纤维—基体黏合力过高，复合材料就会变得更硬而限制纤维的延伸。由于刚性较强的复合材料不能吸收更多的能量，也不能有效地分散能量，因此当应力过度集中，引起基体开裂，材料也被破坏。

尽管人们对天然混合复合材料领域的兴趣日益增长，但对这类混合材料的高速冲击行为的关注却很少。可以根据特定威胁设计所需的响应类型,采用不同的方法分析材料的弹道冲击性能。利用子弹[美国国家司法研究所(NIJ)试验]和碎片(V_{50}试验)进行试验,研究混合方式对复合材料抗弹道冲击性能的影响。试验中考虑的参数有残余速度、弹道极限速度V_{50}、侵彻深度和仪器技术。对于残余速度测试,要求试样必须完全被穿透。表征材料抗弹道冲击极限的一般方法是进行V_{50}弹道试验,即在给定的装甲和威胁下,发生部分穿透(目标未被击溃)或完全穿透(目标被击溃)的可能性相等时的速度。NIJ方法用于确定弹道防护材料级别的最低性能要求,它通常用于不需要穿透阻力的残余强度测试。根据 MIL-STD-662 F进行子弹射击,使子弹穿透试样射击数和子弹没有穿透试样的射击数相同。此类测试已被政府机构和装甲制造商广泛用于验收测试和材料性能评级上。

本研究的弹道试验所有装甲材料都经过美国国家司法研究所等机构的标准化测试。规定使用可以发射两种子弹的火药枪:9mm 口径,8.0g 全金属外壳子弹;22mm 口径碎片模拟弹(直径 7.62mm)。这些测试是在平板上进行的,并将其放置在离测试枪管口前方 5m 处,垂直冲击,如图 13.7 所示。目标被紧紧夹在矩形钢框架之间,且撞击点垂直于子弹的飞行路线。用两台计时仪和多普勒雷达天线与计算机相结合测量弹丸速度,一个计时器放置在目标前方 2m 处,另一个放置在目标后方。根据美国司法部的 NIJ 标准,通过面板的射击弹被视为完全穿透,而其他射击弹则被定义为部分穿透。记录弹丸的撞击速度(V_s)和残余速度(V_r),同时计算弹道极限速度(V_{50})。两种子弹都是根据 NIJ 标准中规定的速度发射的。

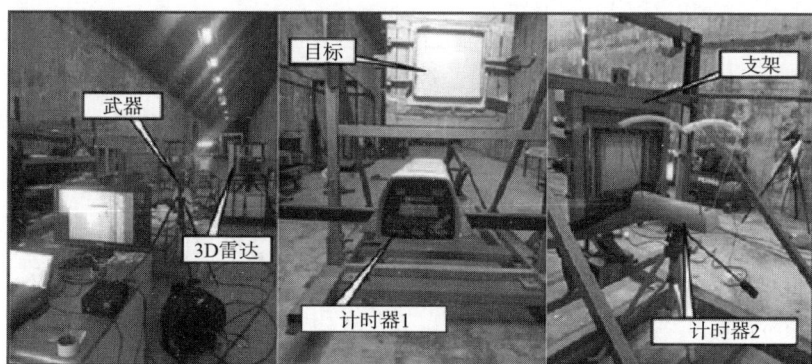

图 13.7　弹道冲击试验的实际设置

按照 NIJ 标准研究了材料的不同混合方式对高速冲击性能的影响。如表 13.4

所示,NIJ 测试结果表明,H1 和 H2 已经达到第 3 级(Ⅱ),能抵抗 358m/s 以上子弹而不被击穿。与红麻复合材料相比,纤维混合有助于改善复合材料的抗冲击性能。

表 13.4　NIJ 水平结果

样品描述	样品代码	NIJ 标准评级	厚度/mm
11 层芳纶/8 层红麻	H1	子弹速度 358±15(m/s) 抗冲击性能等级:3 级	13.1
9 层芳纶/10 层红麻	H2	子弹速度 358±15(m/s) 抗冲击性能等级:3 级	14.3
19 层红麻	Kf	子弹速度 358±15(m/s) 抗冲击性能等级:2 级	17

根据弹丸完全或部分侵彻复合材料所测得的试验数据见表 13.5。弹道极限速度(V_{50})是确定材料弹道性能最常用的评估参数,其准确性随着弹道试验次数的增加而增加(Boccaccini et al. ,2005)。图 13.8 为混合层压复合材料初始速度与残余速度之间的函数关系。初始速度的增加会导致所有混合材料的残余速度的增加。

表 13.5　抗冲击性能结果

样品描述	样品代码	V_{50}/(m/s)	厚度/mm
11 层芳纶/8 层红麻	H5	496.8	13.1
9 层芳纶/10 层红麻	H6	477.5	14.3
19 层红麻	Kf	417.8	17

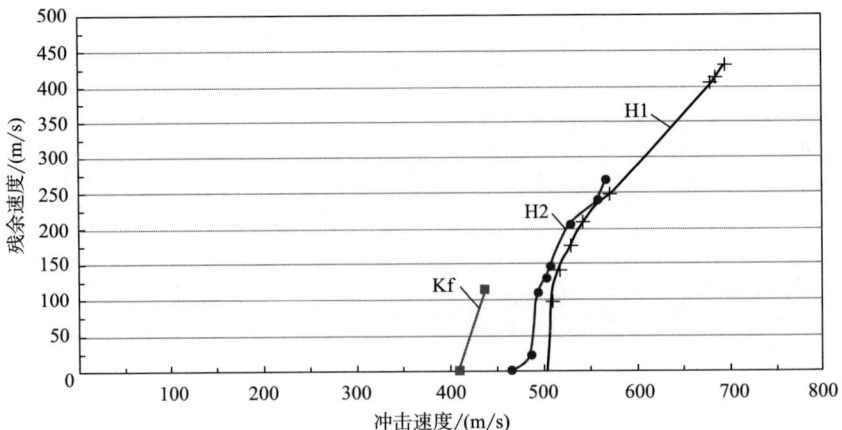

图 13.8　残余速度与冲击速度的函数关系

图 13.9 为红麻/芳纶混合复合材料与红麻/PVB 复合材料在弹道极限速度(V_{50}）下的弹道性能对比。根据 NIJ 的两项弹道测试标准，计算了美国军事规范要求的Ⅱ型、ⅡA 型、Ⅲ型、ⅢA 型和 V_{50}。图 13.10 为红麻及其混合物的弹道极限速度(V_{50}）与体积分数曲线，从图上可知，红麻和芳纶的体积分数对弹道极限速度有显著影响。

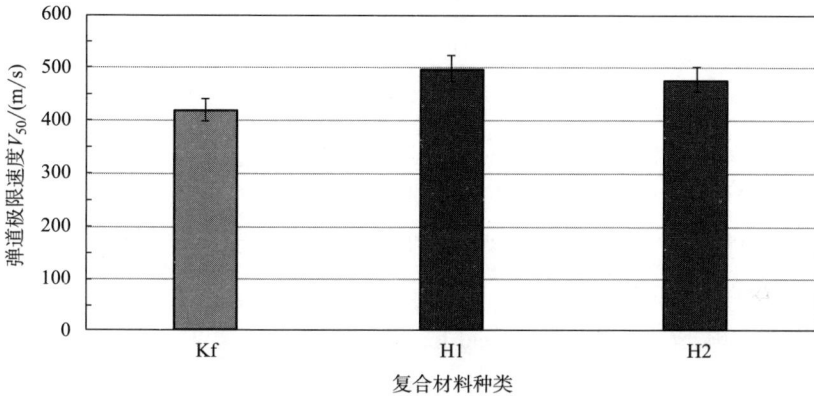

图 13.9　复合材料的弹道极限速度(V_{50})

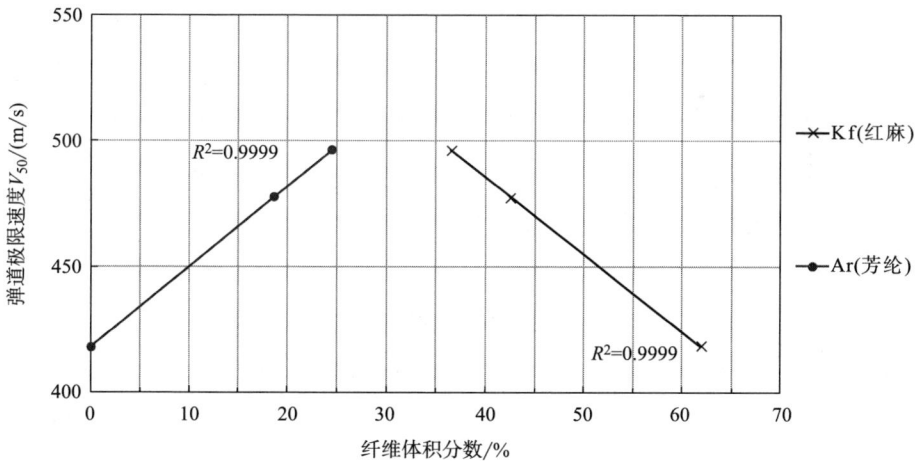

图 13.10　红麻及其混合材料的弹道极限速度(V_{50})随纤维体积分数变化的曲线

13.5　结论

本章旨在探讨纤维不同体积分数对红麻纤维增强 PVB 复合材料的物理、力学和弹道性能的影响。本文研究的影响因素中,芳纶含量和红麻纤维含量均对复合材料的性能产生影响。复合材料的力学性能研究结果表明,平纹红麻纤维织物增强 PVB 复合材料及其混合材料具有良好的强度,是广泛使用的增强材料。在弹道试验中,成功研制出了 11 层芳纶和 8 层红麻纤维增强 PVB 复合材料,它能承受碎片以及 9mm 子弹的冲击,可达到 NIJ 标准 3 级 Ⅱ-A 水平。

参考文献

［1］ASTM, 2008a. Standard Test Methods for Density and Specific Gravity (Relative Density) of Plastics by Displacemen, in ASTM D 792 – 08. ASTM International, West Conshohocken, PA.

［2］ASTM, 2008b. Standard test method for tensile properties of polymer matrix composite materials, in ASTM D 3039/D 3039M – 08. ASTM International, West Conshohocken, PA.

［3］Aji I., et al., 2009. Kenaf fibres as reinforcement for polymeric composites: a review. Int. J. Mech. Mater. Eng. 4 (3), 239–248.

［4］Bagheri Z. S., et al., 2014. Biomechanical fatigue analysis of an advanced new carbon fiber/flax/epoxy plate for bone fracture repair using conventional fatigue tests andthermography. J. Mech. Behav. Biomed. Mater. 35, 27–38.

［5］Begum K., Islam M., 2013. Natural fiber as a substitute to synthetic fiber in polymer composites: a review. Res. J. Eng. Sci. 2 (3), 46–53.

［6］Boccaccini A., et al., 2005. Fracture behaviour of mullite fibre reinforced–mullite matrix composites under quasi – static and ballistic impact loading. Composites Sci. Technol. 65(2), 325–333.

［7］Cheung H. -y, et al., 2009. Natural fibre–reinforced composites for bioengineering and environmental engineering applications. Composites Part B 40 (7), 655–663.

［8］Dehury J., 2014. Processing & Characterization of Jute/Glass Fiber Reinforced Epoxy Based Hybrid Composites. National Institute of Technology, Rourkela, India.

［9］Endruweit A., Gommer F., Long A., 2013. Stochastic analysis of fibre volume fraction and permeability in fibre bundles with random filament arrangement. Composites A 49,109–118.

[10] Fairuz A., et al., 2014. Polymer composite manufacturing using a pultrusion process: a review. Am. J. Appl. Sci. 11 (10), 1798.

[11] Faruk O., et al., 2012. Biocomposites reinforced with natural fibers: 2000 – 2010. Progress Polym. Sci. 37 (11), 1552–1596.

[12] Jawaid M., Abdul Khalil H. P. S., 2011. Cellulosic/synthetic fibre reinforced polymer hybrid composites: a review. Carbohyd. Polym. 86 (1), 1–18.

[13] Kim W., et al., 2012. High strain–rate behavior of natural fiber–reinforced polymer composites. J. Composite Mater. 46 (9), 1051–1065.

[14] Lim J. S., et al., 2012. Effect of the weaving density of aramid fabrics on their resistance to ballistic impacts. Engineering 4 (12A), 944–949.

[15] Nunna S., et al., 2012. A review on mechanical behavior of natural fiber based hybrid composites. J. Reinforced Plastics Composites 31 (11), 759–769.

[16] Salman S. D., et al., 2015. The effects of orientation on the mechanical and morphological properties of woven kenaf – reinforced poly vinyl butyral film. BioResources 11 (1), 1176–1188.

[17] Salman S. D., et al., 2016. The effect of stacking sequence on tensile properties of hybrid composite materials. Malaysian J. Civil Eng. 28 (Special Issue 1), 10–17.

[18] Torki A. M., et al., 2012. The viscoelastic properties of modified thermoplastic impregnated multiaxial aramid fabrics. Polym. Composites 33 (1), 158–168.

[19] Tudu P., 2009. Processing and Characterization of Natural Fiber Reinforced Polymer Composites. National Institute of Technology, Rourkela.

[20] Wambua P., Ivens J., Verpoest I., 2003. Natural fibres: can they replace glass in fibre reinforced plastics. Composites Sci. Technol. 63 (9), 1259–1264.

[21] Yong C. K., et al., 2015. Effect of fiber orientation on mechanical properties ofkenafreinforced polymer composite. BioResources 10 (2), 2597–2608.

[22] Zampaloni M., et al., 2007. Kenaf natural fiber reinforced polypropylene composites: a discussion on manufacturing problems and solutions. Composites A 38 (6), 1569–1580.

14. 工业填料与红麻芯纤维共混物对低密度聚乙烯/热塑性西米淀粉复合材料物理和力学性能的影响

Norshahida Sarifuddin[1]*, Hanafi Ismail*[2]

[1] 马来西亚国际伊斯兰大学(IIUM),马来西亚吉隆坡
[2] 马来西亚理科大学,马来西亚高渊

14.1 引言

聚合物复合材料是一种极具发展前景的材料,在过去的几十年里得到了广泛的发展。天然纤维增强聚合物复合材料是许多科学研究的热门课题之一。近几十年来,人们一直致力于新型复合材料的研究,因为新型材料既可以弥补传统复合材料的缺点,又可以增加其他的优点。在实现复合材料的不同性能时还需要考虑潜在的效益。到目前为止,已经研究出在聚合物基体中使用两种或两种以上增强材料的混合复合材料。

天然纤维作为增强填料具有成本低、密度小、刚度高等优点(Muhammad Safwan et al. ,2013)。然而,天然纤维与聚合物基体的相容性仍存在一定问题(Hetzer and Kee,2008)。最关键的问题是聚合物的疏水性(非极性)和天然纤维的亲水性(极性)。由于这种本质的差异,许多纤维和聚合物基体之间不能相容。已经研究了多种方法来提高界面黏结强度和润湿性,包括对各种天然纤维进行物理和化学表面改性 (Cho et al. ,2009;Le Moigne et al. ,2014)。

近年来,随着技术的进步,复合材料性能与各种填料尺寸、形状和表面性质的相关性成为人们开展研究的主要方向。无机矿物填料因具有其他填料无法达到的新特性引起人们极大的兴趣。鉴于有机填料和无机填料各有优点,可在聚合物中使用单独的填料或发挥协同作用的混合填料。自然界存在各种类型的矿

物资源,可以通过多种加工方法改善矿物特性能提升其附加值,从而扩大应用范围(Suhaida et al.,2011)。一些矿物填料成为聚合物的混合填料。其中膨润土、高岭土纳米管和长石是制备增强聚合物复合材料混合填料的潜在候选填料。

膨润土是一种非金属矿物质,以蒙脱土类矿物为主,含有少量的石英、黑云母和长石。膨润土是层状黏土矿物,它有两个二氧化硅四面体(T)片层与一个氧化铝八面体(O)片层。在层表面带一个负电荷,层间有 Na^+ 和 Ca^{2+} 等阳离子(Ismail and Mathialagan,2012)。高岭土纳米管(HNT)是一种天然存在的以中空管状结构为主的铝硅酸盐,开采自美国、中国、新西兰、法国和比利时等国家的天然矿床中(Chow et al.,2013),是一种超细黏土材料,分子式为 $Al_2Si_5(OH)_4 \cdot nH_2O$,其典型尺寸为长 150nm ~ 2μm,外径 20 ~ 100nm,内径 5 ~ 30nm(Ismail et al.,2008)。长石是一种网状硅酸盐矿石,它以立方体的形状存在,对聚合物有很强的吸附能力,表面的羟基能够与硅酸盐层上的离子进行离子交换(Ansari and Ismail,2009a)。

当混合填料和聚合物基体相容时,复合材料性能可与传统材料相媲美或超过传统材料,通常可以改善材料的刚度和韧性、尺寸稳定性、电性能、热性能以及阻燃性能(Prashantha et al.,2011)。研究表明,这些填料的高长径比使得界面的比表面积增大,从而使性能增强的效果显著(Muhammad Safwan et al.,2013)。多项研究表明,加入蒙脱石(Lei et al.,2007)、高岭土(Kaewtatip and Tanrattan-akul,2012)、云母、碳酸钙(Ghalia et al.,2011)、滑石粉和碳纳米管等填料制备的热塑性复合材料,与原始聚合物基体相比,在力学性能、热性能、物理化学性能和生物可降解性等方面都有明显的改善。通过加入两种不同的填料得到性能优异的新型复合材料,其发展前景广阔(Nakamura et al.,2013)。到目前为止,还没有看到关于无机矿物填料与红麻芯纤维(KCF)在低密度聚乙烯(LDPE)/热塑性西米淀粉(TPSS)共混物中的掺杂研究的报道。因此,本研究中使用多种现有的无机矿物填料,研究不同无机填料(如膨润土、高岭土纳米管和长石)的形状、尺寸和表面性质对 LDPE/TPSS/KCF 复合材料的力学和物理性能的影响很有意义。

14.2 红麻芯粉和工业填料的制备及混合改性低密度聚乙烯/热塑性西米淀粉复合材料的制备

14.2.1 材料

LDPE 的熔融流体指数为 5g/10min。西米淀粉(含 13%水分)的平均粒径为 20μm。化学级甘油试剂作为增塑剂使用。红麻纤维(芯部分)平均长度为 5mm,纤维被研磨成直径为 70~250μm 的颗粒。然后将纤维置于 70℃的真空烘箱中干燥 3h。膨润土的平均粒径和比表面积分别为 23.1μm 和 0.42m²/g(Othman et al.,2006)。超细级高岭土纳米管(HNT)的密度为 2.14g/cm³(Pasbakhsh et al.,2009b)。HNT 的典型尺寸:长 150nm~2μm,外径 20~100nm,内径 5~30nm(Ismail et al.,2008)。长石填料的平均粒径和比表面积分别为 13.6μm 和 0.73m²/g(Ansari et al.,2009b)。

14.2.2 样品制备

粉末状的商用无机矿物填料在使用前于 105℃的真空烘箱中干燥 24h,以去除水分。LDPE/TPSS/KCF 的比例固定为 90/10/10,商用无机矿物填料(膨润土、HNT 和长石)的负载量在 3%~15%。使用 Polydrive Thermo Haake R600 密炼机在 150℃和 50r/min 的速度下将所有组分熔融混合 20min。然后将混合物在 50℃的电加热液压机((Kao Tieh Go Tech 压力机)中压缩成型为 1mm 厚的薄板。

14.2.3 表征

根据 ASTM D638,使用万能试验机(Instron 3366)对制作的样品进行拉伸试验。用 Wallace 模切割机从模压板上切下 1mm 厚的哑铃形试样。采用 5mm/min 的十字头速度,在温度为 25℃±3℃,相对湿度为 60%±5%的条件下进行试验。结果取 5 个试样的拉伸强度和杨氏模量的平均值。

用热重分析仪(Perkin Elmer,Pyris Diamond TG/DTA)进行测试。在室温至 550℃的温度范围内,以 15℃/min 的升温速度,在氮气气氛下对质量为 5~10mg 的复合材料样品进行测试。热降解温度即开始发生重量损失的点。

使用场发射扫描电子显微镜(SEM,型号为 ZEISS Supra 35VP),在 5kV 条件下对复合材料拉伸断裂表面进行观察,获得试样的扫描电子显微照片。样品被溅射涂上一层碳(使用 Polaron SC 515 溅射镀膜机),以避免在测试过程中产生静电。对图像结果进行分析,研究天然纤维在聚合物基体中的分布及其相互作用。

根据 ASTM D570 进行水分吸收测量。首先将新制备的样品在 70℃ 的烘箱中干燥 24h,直至恒重,然后在环境温度下将试样浸入蒸馏水中。浸泡特定时间后,将试样从水中取出,用干净的布轻轻擦干,并立即称量,读数四舍五入保留至 0.001g。吸水率计算式如下所示。

$$吸水率(\%) = \frac{M_1 - M_0}{M_0} \times 100 \tag{14.1}$$

式中:M_0 和 M_1 分别为试样的干燥重量和最终重量。每天重复该程序,直至达到其饱和点为止。

14.3 低密度聚乙烯/热塑性西米淀粉复合材料的加工性能、拉伸性能及溶胀性能

14.3.1 加工性能

当采用密炼机进行聚合物复合材料混炼时,加工特性(混合扭矩)成为一个重要指标。因此,记录并绘制了加工扭矩随时间的变化曲线,以获得 LDPE/TPSS/KCF 复合材料及其共混复合材料(填充商用填料)的熔融加工特性。图 14.1 所示为膨润土、长石和 HNTs 填充 LDPE/TPSS/KCF 复合材料的典型加工扭矩—时间曲线。为了便于比较,填料的负载量固定为 12phr。显然,所有复合材料的加工扭矩—时间曲线都呈现相似的趋势。

固体材料(LDPE)加入混合室,启动转子,扭矩的初始峰值出现在大约 1min 处。在熔化之前,由于 LDPE 颗粒的加入使转子旋转需要更高的剪切力,提升了扭矩。总体来说,峰值高度依赖于加入混合室的 LDPE 剂量。在本研究中,LDPE 的用量固定在 90%(质量分数)。因此,不同的填料在第 1min 内,都不会引起扭矩的显著变化。随着 LDPE 的熔融,在剪切力和温度的作用下 LDPE 的黏度下降,扭矩逐渐减小(Othman et al.,2006)。

3min 后少量的 TPSS 被加入混合室。TPSS 的融入也没有引起明显的扭矩峰值

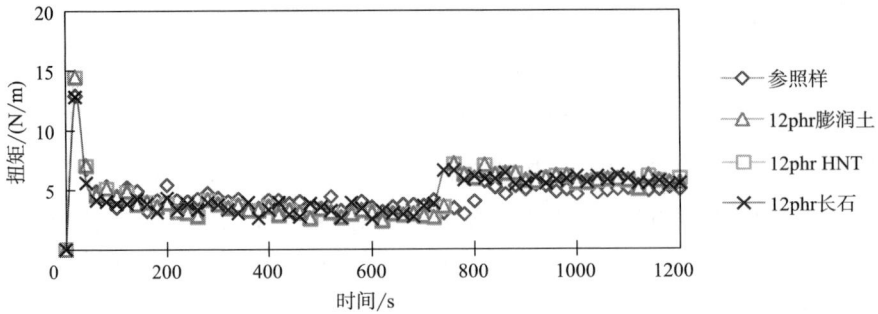

图 14.1 商用填料、红麻芯纤维和 LDPE/TPSS 共混物的扭矩—时间曲线

变化。这很可能是由于 TPSS 中甘油的存在导致共混物发生了塑化,从而使熔体黏度变化不大(Kahar et al. ,2012)。当将 KCF/商用填料加入熔融的 LDPE/TPSS 混合物中,在第 13min 观察到扭矩突然增加。纤维和无机填料的存在增加了熔体黏度,同时也降低了聚合物链的流动性,从而提高了扭矩(Cao et al. ,2011)。出现这种情况的可能解释是纤维与无机填料在混合过程中阻碍了各成分的分散。同样值得注意的是,更大的填料负载表现出更高的扭矩值,这意味着混合物的流动阻力增加。在混合物的分散和均质完成后,扭矩降低并趋于稳定(Ansari and Ismail,2009a)。

此外,稳定的扭矩可以通过混合 18~20min 后扭矩的平均值来测量。图 14.2 显示了添加和不添加不同商业填料的复合材料的稳定扭矩。对照组复合材料的稳定扭矩为 5N/m。掺入无机填料的复合材料比对照组复合材料具有更高的稳定扭矩。稳定扭矩的增加可能是由于细小的填料颗粒形成了一个大的网络,导致堆积更紧密,从而增加了基体甚至整个复合材料体系的黏度。

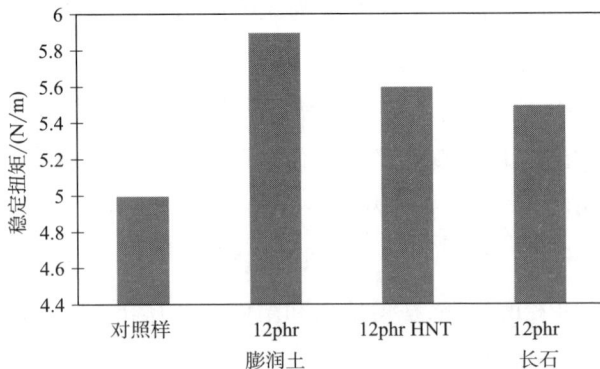

图 14.2 商用填料、红麻芯纤维和 LDPE/ TPSS 共混物的稳定扭矩

填充膨润土的复合材料稳定扭矩最高,约为 5.9N/m。这一观察结果表明,与其他填料相比,膨润土的加入会使基体流动性受到更大的限制。可以进一步解释为:由于这些不规则形状的颗粒造成的流动阻碍增加,使基体的熔体黏度增加。这些现象也可能是由于基体—填料间的强烈相互作用和较大的填料团聚所致,因此需要较高的剪切力而形成较高的稳定扭矩。相反,HNT 的纳米管结构很容易分散在基体中(Pasbakhsh et al.,2009a),所以与膨润土填充的复合材料相比,其稳定扭矩值较低。而长石的立方体结构则给基体带来了不连续性,而较低的黏度可能表明填料颗粒与聚合物基体之间存在滑移,从而导致其稳定扭矩最低。

14.3.2　拉伸性能

图 14.3 和图 14.4 显示了商业填料(膨润土、HNT 和长石)负载对 LDPE/TPSS/KCF 复合材料的拉伸强度和杨氏模量性能的影响。拉伸性能决定了混合填料和聚合物之间的相互作用。

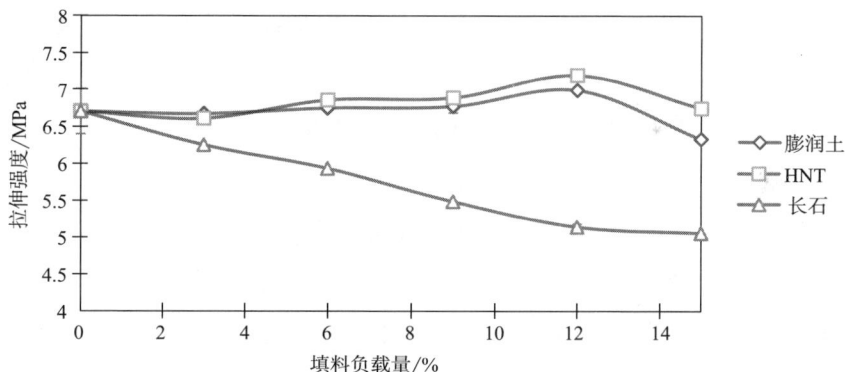

图 14.3　工业填料、红麻芯纤维和 LDPE/TPSS 共混物的拉伸强度

从图 14.3 中可以看出,随着膨润土的增加拉伸强度也逐渐增加,当负载量为 12%时,拉伸强度达到最大值(6.993MPa),随后抗拉强度呈下降趋势。值得注意的是,复合材料的强度性能与填料和基体之间的界面相互作用密切相关。膨润土的比表面积和粒度使其具有很好的分散性,因此可以很容易地渗透到基质和纤维中(Ismail and Mathialagan,2012)。这可以解释为混合填料的不同尺寸、形状和结构所产生的协同效应(Ismail and Mathialagan,2012)。因此,只要有足够的接触面积与聚合物基体反应,聚合物与填料的润湿性和黏附性也会增强,

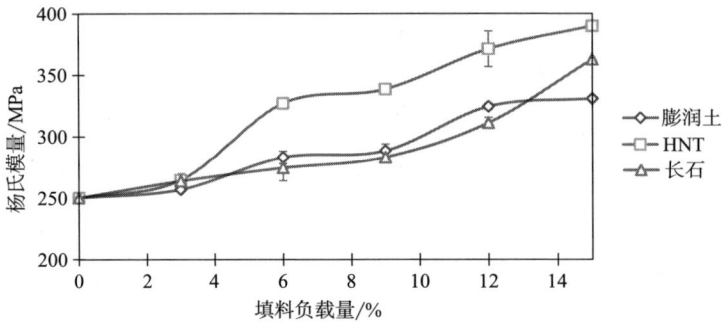

图 14.4　工业填料、红麻芯纤维和 LDPE/TPSS 共混物的杨氏模量

从而实现更好的应力传递（Suhaida et al.，2011）。这一点可以从拉伸断口的形貌得到证明（后面的内容中有介绍）。然而，填料负载量较高时，填料的团聚可能引起强度下降。这些团聚的填料基本上起到了应力集中的作用。因此，施加的应力不能有效地从基体转移到填料上，从而导致复合材料的破坏。Othman 等（2006）也报道了类似的研究结果，即膨润土颗粒在聚丙烯中的团聚破坏了复合材料的力学性能。

　　HNT 填充的复合材料体系有类似的趋势。HNTs 填充的 LDPE/TPSS/KCF 复合材料的拉伸强度随着负载量增加而增加，当负载量为 12% 时达到最大，然后随着 HNT 负载量增加又逐渐降低。在最佳负载量时，HNTs 在基体内的分散最好，具有高效的增强作用。HNTs 的多壁管结构使其具有高比表面积，能够很容易地均匀分散在基体内。HNTs 的管间结构使得一些基体能够渗透到管腔内，而且周围的基体黏附在其表面（Pasbakhsh et al.，2009a）。由于它们的棒状几何结构使它们永远不会缠绕，更容易分散。事实上，与纤维相比，HNT 的颗粒尺寸越小，其与聚合物相互作用时提供的比表面积会越大。HNTs 与基体中的纤维发生反应的能力使得应力载荷能更有效地从基体传递到填料上，从而提高拉伸强度（Ismail and Shaari，2010）。因此可以肯定的是，填料对聚合物复合材料力学性能的增强作用主要取决于其形状、颗粒大小、长径比、表面特征和分散程度（Ansari et al.，2009b）。较小尺寸的颗粒可能会对力学强度产生不利影响，因为它们比大粒度的颗粒更容易团聚（Gwon et al.，2011）。因此，在较高的 HNT 负载情况下，强度下降的原因是 HNTs 在复合材料系统中的集束效应。这将导致 HNTs 在体系内的分散性差，使施加的应力无法从基体转移到填料上。

填充长石的复合材料试样,负载量为 3%～15% 时拉伸强度呈下降的趋势。复合材料中加入立方体形状的长石填料降低了基体传递外加应力的能力。可以假设,相比于其他填料,长石颗粒越小,能提供的与聚合物基体接触的表面积越大。然而,较小的颗粒比较大的颗粒更容易发生团聚(Gwon et al.,2011)。这将导致在复合材料中形成较多的空腔,降低了聚合物基体和填料之间的界面相互作用(Gwon et al.,2011)。

如图 14.4 所示,在复合材料中加入膨润土、HNT 和长石可以提高拉伸模量。这些填料会使基体产生刚性的界面,从而增加复合材料的刚度(Ismail and Shaari,2010)。负载量为 3%～15%(质量分数)的复合材料拉伸模量从 250.1MPa 增加到330.9MPa。与红麻纤维相比,填料的大小和形状会导致复合材料的力学性能不均匀。这是因为当小颗粒填充复合材料时,较小的颗粒可能会占据间隙体积,因此发生形变的表面积比较大的颗粒尺寸更大,导致模量增加(Saleh and Mustafa,2011)。当用膨润土填充复合材料时,膨润土有足够的表面积来补充与聚合物基体的界面相互作用。因此,膨润土可以阻碍周围聚合物基体链的迁移,增加基体刚度(Al-huthali et al.,2013)。

同样,HNT 填充的复合材料在负载量为 3%～15%(质量分数)时,拉伸模量也从 264.6MPa 增加到 389.9MPa。这一结果表明,与其他填料相比,HNTs 使复合材料的模量提高得最多。HNTs 的尺寸和形状是造成其高模量的主要原因。HNTs 的小颗粒占据了空隙体积,因此,可变形的表面积会更大。在软基体中加入刚性填料颗粒会使复合材料变硬,从而提高复合材料的杨氏模量(Ansari et al.,2009b)。混合复合材料拉伸模量的提高与填料和基体之间的强相互作用有关。强烈的相互作用降低了聚合物链的弹性,限制了聚合物链的运动,从而增加了复合材料的刚性和硬度(Ismail et al.,2010)。

长石填充复合材料的杨氏模量也有相同的变化趋势。从图 14.4 中可以看出,长石负载量从 3% 增加到 15%,模量从 263.8MPa 增加到 362.7MPa。如前所述,填料的存在使基体产生了更刚性的界面,从而增加了复合材料的刚度(Ismail et al.,2010)。理论上,当使用像长石这样的小颗粒时,复合材料的模量会更高。然而也存在由填料的形状和大小带来的不利影响。长石中非常小的颗粒导致发生团聚,从而使填料、纤维和基体之间的界面相互作用变差。因此,与其他填料填充的复合材料相比,其模量更低。

研究表明,影响复合材料模量的三个主要因素是填料模量、填料负载量和填料形貌(Ansari et al.,2009b)。事实上,模量的增加还取决于填料与聚合物基体的完美结合以及聚合物和填料的排列方式(Othman et al.,2006)。

14.3.3　溶胀性能

通过测量吸水性可以了解在潮湿环境中混合填料填充的复合材料的耐久性。复合材料的吸水性与复合材料在环境温度下在水中的浸泡时间和水分扩散速度有关。图14.5说明了LDPE/TPSS/KCF复合材料及其共混复合材料(填充商业填料)的吸水率。为了便于比较不同填料对复合材料的影响,所有的复合材料的填料负载量固定为12phr。吸水率随时间变化的典型规律是:在初始阶段吸水速度很快,然后吸水速度逐渐减慢,直到达到平衡。如图14.5所示,所有复合样品的吸收规律几乎相同。

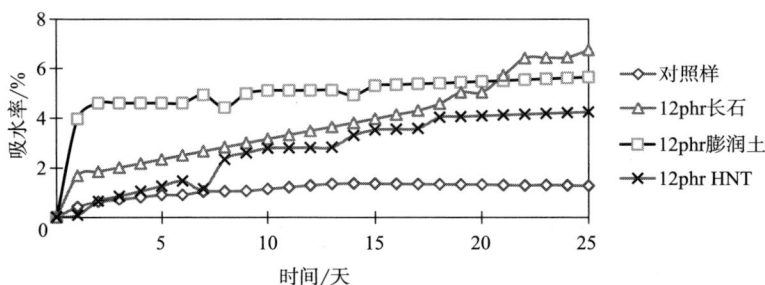

图14.5　商用填料、红麻芯纤维和LDPE/TPSS共混物的吸水率

从理论上讲,由于非极性LDPE的疏水特性,可通过控制复合材料中LDPE的负载量控制复合材料的吸水率,降低水敏感性。可以推断,吸水能力的提高与KCF和TPSS的含量密切相关。同理,淀粉和纤维中存在大量可与水分子相互作用的羟基,这也可以用来解释淀粉和纤维的亲水性。

与未添加膨润土的复合材料相比,添加膨润土的复合材料的吸水率提高了约5倍。随着时间的延长,加入膨润土的复合体系表现出吸水能力的显著提升。在这种情况下,有两个主要因素决定吸水能力。首先是填料表面的亲水性,然后是加工过程中填料与基体之间产生的孔隙。膨润土硅酸盐层中羟基的存在导致在膨润土表面暴露的羟基与水分子之间形成氢键,因此,膨润土表面可以吸收更多的水(Gwon et al.,2011)。事实上,以钠离子为主的膨润土具有较高的膨胀能力(Zoltan et al.,2005)。同时,填料含量越高,在加工过程中产生的孔隙越多,水分很容易渗透,并在纤维和基体之间的界面有更多的水分积累。因此,吸水率显著增加。

填充长石的复合材料样品也观察到了类似的吸水趋势。与对照样品相比,添加了长石的复合材料的吸水率增加了约4倍。但与膨润土填充的复合材料相比,长石填充的复合材料的吸水率略低,这可能是因为膨润土的表面亲水性比长石更强。由于膨润土表面有大量的羟基,膨润土填料的表面亲水性比长石高,因此,膨润土表面可以比长石吸收更多的水分(Gwon et al.,2011)。此外,长石填充复合材料吸水能力增强的另一个可能原因是纤维与基体界面有较高的聚水性。由于填料尺寸和形状导致在填料之间产生孔隙,降低了黏附力,使水分容易渗透和储存。

在 HNT 填充的复合材料中可以看到其吸水率是对照样的3倍。与膨润土和长石填充的复合材料相比,在复合材料中加入 HNT 其吸水率提高较小。出现这种现象的主要原因是复合材料体系中掺入 HNT 后,在复合材料体系中形成了更密集的网,从而阻碍了水分子进入复合材料。这将延缓水分吸收,减少整体的吸水率。HNTs 纳米材料的不透水性使它们不能完全饱和,导致最大吸水率降低。因此可以推断,填料表面的亲水性和填料与基体之间的孔隙率是决定其吸水率的主要因素。

14.4 低密度聚乙烯/热塑性西米淀粉复合材料的热性能和形貌

14.4.1 热重分析

对复合材料进行热重分析(TGA),评估其热稳定性和降解温度。在聚合物复合材料中,填料在聚合物基体中的分散性对改变其热行为起着重要作用(Jose et al.,2012)。LDPE/TPSS/KCF 和混合复合材料的 TG 曲线如图 14.6 所示,初始热降解、最大失重和最高降解温度的数据汇总于表 14.1。

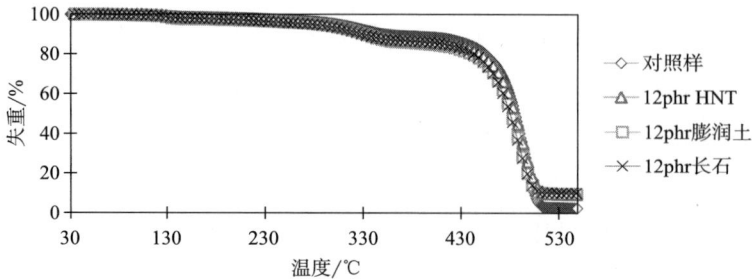

图 14.6　商用填料、红麻芯纤维和 LDPE/TPSS 共混复合材料的 TG 曲线

表 14.1　热分析数据汇总

样品	分解温度 T_d/℃			最大失重/%
	Step 1	Step 2	Step 3	
对照样	134.0	333.0	494.0	97.51
12phr 膨润土	129.1	334.2	489.2	91.04
12phr HNT	129.2	334.2	494.2	90.84
12phr 长石	128.0	289.2	494.2	85.10

　　参照 TG 曲线，对照样有三个失重区域。200℃以下的小失重是由吸附水的挥发引起的。300~370℃的重量损失与淀粉的热分解和甘油以及纤维素物质的挥发有关。在 400℃以上发生的重量损失主要是 LDPE 的热降解（Belhassen et al.，2009）。因为 KCF 具有较高的热稳定性以及与 LDPE 和 TPSS 的相容性，其最大失重率约为 97.5%。这会减少流向复合材料的热流，并阻碍降解过程。

　　膨润土填充的复合材料样品也出现了三个阶段的重量损失，这是由于 TPSS、KCF 和 LDPE 的热降解导致的。然而，根据表 14.1 中总结的数据，在 TG 曲线中最大的分解峰是主要的失重，对比对照样和膨润土填充复合材料可发现，降解温度从 494℃移动到 489℃。复合材料中加入膨润土使最大失重率从 97.51% 降低到 91.04%。理论上，重量损失的减少意味着热稳定性的增强（Wang et al.，2005）。结果表明，膨润土在低温下没有重量损失，这说明热稳定性有所提高。事实上，膨润土中如硅、铝、铁和镁等金属氧化物的存在也是热稳定性改善的原因（Othman et al.，2006）。这种复合材料重量损失的显著减少是由于在燃烧过程中，具有高长径比的硅酸盐层能够向表面迁移，随后形成的炭化阻隔层能够有效地阻碍复合材料在高温下热量和质量的传递（Hemati and Garmabi，2010）。

对于 HNT 填充的复合材料,其最高降解温度提高到 494.2℃,最大重量损失降低到 90.84%,这些都显示了热稳定性的提高。HNTs 本身的热阻促进成炭,这是复合材料热稳定性提高的原因。据报道,纳米黏土的加入可以有效地提高聚合物的高温残炭率(Alamri et al.,2012)。像 HNTs 这样的纳米黏土会提供一个热屏障,阻止热量在聚合物基体内部传递,并在降解过程中形成焦炭,提供一个质量传输屏障,阻碍挥发性产物的逸出,降低重量损失(Jose et al.,2012)。事实上,HNTs 的中空结构允许降解产物在管腔内滞留,从而有效延迟传质,直接提高了热稳定性。硅酸盐填料中存在的金属氧化物也有助于在降解过程中捕获自由基,提高复合材料的热稳定性(Othman et al.,2006)。

从图 14.6 中长石填充复合材料的 TG 曲线可以看出,添加长石的复合材料的热稳定性优于对照样复合材料和其他残留质量较高的复合材料,其最大重量损失为 85.1%。与膨润土填充的复合材料类似,重量损失的显著减少是由于硅酸盐层的存在而导致的,因为硅酸盐层可以迁移到表面形成炭化阻隔层,这在一定程度上阻碍热量和质量的传递(Hemati and Garmabi,2010)。

从残留量来看,与对照样复合材料相比,无机填料的存在略微降低了样品的降解速度。但加入这些填料后,复合材料的最高分解温度保持不变。

14.4.2 形貌特征

复合材料的力学性能在很大程度上取决于填料的形态及其在纤维和基体中的分布。无论填料类型如何,混合复合材料的拉伸断口都清楚地显示出填料的分散性。混合复合材料拉伸断口的 SEM 显微镜照片如图 14.7(a)~(c)所示。

从图 14.7(a)可以看出,膨润土填充复合材料的断口表面出现了不规则的形状和表面粗糙的膨润土颗粒填充在纤维和基体之间的孔隙或空穴中(Ismail and Mathialagan,2012),偶尔发现有微米级团聚体分散不均匀现象,还可以观察到一些孔隙,但是与拉伸性能相关的是粗糙的表面(Ismail et al.,2012;Gwon et al.,2011)。膨润土的不规则形状可提供足够的表面积,使填料能够很好地分散、固定在聚合物链中,并将纤维和基体连接起来,建立起良好的界面相互作用(Suhaida et al.,2011)。

HNT 填充复合材料的 SEM 显微镜照片[图 14.7(b)]证实 HNTs 在聚合物基体和红麻纤维中的分散相当均匀。基本上 HNTs 以短管状、半卷状和球状形式存在(Pasbakhsh et al.,2010)。HNTs 的集束填补了聚合物基体和纤维之间的孔隙。

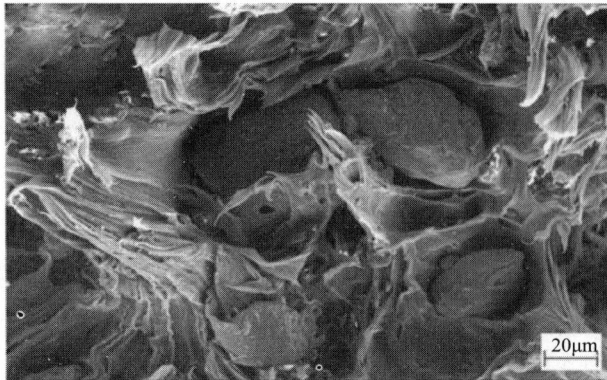

(a) 添加膨润土

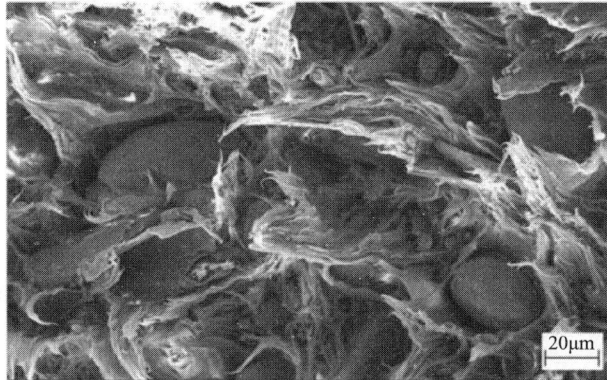

(b) 添加高岭土纳米管

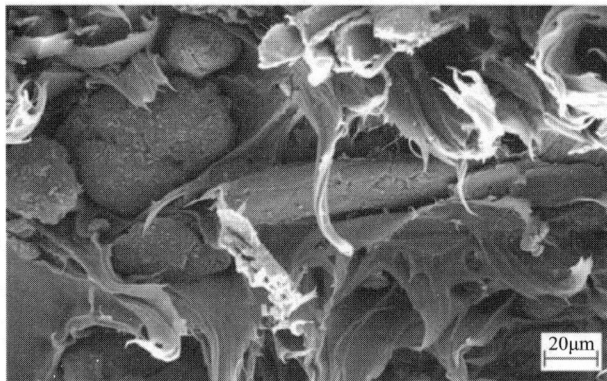

(c) 添加长石

图 14.7　添加膨润土、高岭土纳米管和长石(×500)
后 LDPE/TPSS/KCF 复合材料的 SEM 显微镜照片

上文已经提到过,填料分散性对复合材料力学性能的改善有一定影响。在理想情
况下,由于纳米无机填料有团聚的倾向,很难在热塑性材料中分散良好（Ning et

al. ,2007）。然而,研究发现,HNTs 被包裹在基体中,未见有脱粘的管和空腔
（Prachayawarakorn et al. ,2010c）。由于 HNTs 的直管状结构,使其很容易地均匀分
散在基体中,但也可以看到一些填料脱落的现象（Ismail and Shaari,2010）。这也证
明了应力通过 HNTs 分布在整个复合材料中,因此断裂沿 HNT 和基体界面扩展,避
免了 KCF 附近的应力集中。

图 14.7(c)中长石填充复合材料的形貌表明,长石颗粒嵌入基体之间,但立方
体和大的长石颗粒在基体中的分散性较差,可以清楚地看到团聚现象（Suhaida et
al. ,2011）。此外,由于长石的尺寸、形状和表面性质不能起到增强作用,减少了复
合体系中组分间的界面相互作用,从而导致孔隙被打开,使抗拉强度显著降低。

14.5 结论

混合填料填充复合材料在克服天然纤维填充复合材料的局限性方面表现出了
广阔的发展前景。基体和填料的协同作用对复合材料的整体性能的改善有着重要
作用。天然纤维与商业无机矿物填料即膨润土、HNT 和长石的共混物填充复合材
料的研究已经取得了很好的结果,在力学和热性能方面有良好的发展前景。特别
是纳米颗粒由于比表面积的增加而产生的有效相互作用,使其在复合材料中的表
现非常突出。混合填料增强复合材料的潜在效益主要取决于填料的含量、填料的
分散性及其表面性质。但当加入大量填料时,填料与聚合物之间的界面质量变差、
应力传递效率低、透水性高等问题应引起关注。近年来,关于新型混合复合材料性
能的研究表明,其在可以某些应用中发挥巨大的作用。

参考文献

[1] Alamri H. ,Low I. M. ,Alothman Z. ,2012. Mechanical,thermal and microstructural
    characteristics of cellulose fiber reinforced epoxy/organoclay nanocomposites. Com-
    posites:Part B 43,2672-2771.

[2] Alhuthali A. M. ,Low I. M. ,2013. Influence of halloysite nanotubes on physical and
    mechanical properties of cellulose fibers reinforced vinyl ester composites. J. Rein-

forced Plastics Composites 32 (4),233-247.

[3] Ansari M. N. M. ,Ismail H. ,2009a. Effect of compatibilisers on mechanical properties of feldspar/polypropylene composites. Polym. -Plastic Technol. Eng. 48 (12), 1295-1303.

[4] Ansari M. N. M. , Ismail H. , Zein S. H. S. , 2009b. Effect of multiwalled carbon nanotubes on mechanical properties of feldspar filled propylene composites. J. Reinforced Plastics Composites 28,2473-2485.

[5] Belhassen R. ,Boufi S. ,Vilaseca F. ,Lopez J. P. ,Mendez J. A. ,Franco E. ,et al. , 2009. Biocomposites based on Alfa fibers and starch - based biopolymer. Polym. Adv. Technol. 20 (12),1068-1075.

[6] Cao X. V. , Ismail H. , Rashid A. A. , Takeichi T. , Vo-Huu T. , 2011. Mechanical properties and water absorption of kenaf powder filled recycled high density polyethylene/natural rubber biocomposites using MAPE as a compatibilizer. BioResources 6 (3),3260-3271.

[7] Cho D. ,Lee H. S. ,Han S. O. ,2009. Effect of fiber surface modification on the interfacial and mechanical properties of kenaffiber-reinforced thermoplastic and thermosetting polymer composites. Composite Interfaces 16 (7-9),711-729.

[8] Chow W. S. ,Tham W. L. ,Seow P. C. ,2013. Effects of maleated-PLA compatibilizer on the properties of poly(lactic acid)/halloysite clay composites. J. Thermoplastic Composite Mater. 26 (10),1349-1363.

[9] Ghalia M. A. ,Hassan A. ,Yussuf A. ,2011. Mechanical and thermal properties of calcium carbonate-filled PP/LLDPE composite. J. Appl. Polym. Sci. 121,2413-2421.

[10] Gwon J. G. ,Lee S. Y. ,Chun S. J. ,Doh G. H. ,Kim J. K. ,2011. Physical and mechanical properties of wood - plastic composites hybridized with inorganic fillers. J. Composite Mater. 46 (3),301-309.

[11] Hemati F. , Garmabi H. , 2010. Compatibilised LDPE/LLDPE/nanoclay nanocomposites:I. Structural, mechanical and thermal properties. Canad. J. Chem. Eng. 89 (1),187-196.

[12] Hetzer M. , Kee D. D. , 2008. Wood/polymer/nanoclay composites,environmentally friendly sustainable technology:a review. Chem. Eng. Res. Design 86,1083-1093.

[13] Ismail H. , Mathialagan M. , 2012. Comparative study on the effect of partial replacement of silica or calcium carbonate by bentonite on the properties of EPDM composites. Polym. Testing 31,199−208.

[14] Ismail H. , Shaari S. M. , 2010. Curing characteristics, tensile properties and morphology of palm ash/halloysite nanotubes/ethylene − propylene − diene monomer (EPDM) hybrid composites. Polym. Testing 29,872−878.

[15] Ismail H. , Pasbakhsh P. , Ahmad Fauzi M. N. , Abu Bakar A. , 2008. Morphological, thermal and tensile properties of halloysite nanotubes filled ethylene propylene diene monomer (EPDM) nanocomposites. Polym. Testing 27,841−850.

[16] Jose A. J. , Alagar M. , Aprem A. S. , 2012. Thermal barrier properties of organoclay−filled polysulfone nanocomposites. Int. J. Polym. Mater. 61 (7),544−557.

[17] Kaewtatip K. , Tanrattanakul V. , 2012. Structure and properties of pregelatinized cassava starch/kaolin composites. Mater. Design 37,423−428.

[18] Kahar A. W. M. , Ismail H. , Othman N. , 2012. Effects of polyethylene−grafted maleic anhydride as a compatibilizer on the morphology and tensile properties of thermoplastic tapioca starch/high density polyethylene/natural rubber blends. J. Vinyl Additive Technol. 18 (1),65−70.

[19] Le Moigne N. , Longerey M. , Taulemesse J. M. , Bénézet J. C. , Bergeret A. , 2014. Study of the interface in natural fibres reinforced poly(lactic acid) biocomposites modified by optimized organosilane treatments. Ind. Crops Products 52, 481−494.

[20] Lei Y. , Wu Q. , Clemons C. M. , Yao F. , Xu Y. , 2007. Influence of nanoclay on properties of HDPE/wood composites. J. Appl. Polym. Sci. 106,3958−3966.

[21] Muhammad Safwan M. , Lin O. H. , Akil H. , 2013. Preparation and characterization of palm kernel shell/polypropylene biocomposites and their hybrid composites with nanosilica. BioResources 8 (2),1539−1550.

[22] Nakamura R. , Netravali A. N. , Morgan A. B. , Nyden M. R. , Gilman J. W. , 2013. Effect of halloysite nanotubes on mechanical properties and flammability of soy protein based green composites. Fire Mater. 37,75−90.

[23] Ning N. Y. , Yin Q. J. , Luo F. , Zhang Q. , Du R. , Fu Q. , 2007. Crystallization be-

havior of polypropylene/halloysite composites. Polymer 48,7374−7384.

［24］Othman N. ,Ismail H. ,Mariatti M. ,2006. Effect of compatibilisers on mechanical and thermal properties of bentonite filled polypropylene composites. Polym. Degrad. Stability 91,1761−1774.

［25］Pasbakhsh P. ,Ismail H. ,Ahmad Fauzi M. N. ,Abu Bakar A. ,2009a. Influence of maleic anhydride grafted ethylene propylene diene monomer (MAH−g−EPDM) on the properties of EPDM nanocomposites reinforced by halloysite nanotubes. Polym. Testing 28,548−559.

［26］Pasbakhsh P. , Ismail H. , Fauzi M. N. A. , Bakar A. A. , 2009b. The partial replacement of silica or calcium carbonate by halloysite nanotubes as fillers in ethylene propylene diene monomer composites. J. Appl. Polym. Sci. 113,3910−3919.

［27］Prachayawarakorn J. ,Sangnitidej P. ,Boonpasith P. ,2010c. Properties of thermoplastic rice starch composites reinforced by cotton fiber or low−density polyethylene. Carbohyd. Polym. 81 (2) ,425−433.

［28］Pasbakhsh P. ,Ismail H. ,Ahmad Fauzi M. N. ,Abu Bakar A. ,2010. EPDM/modified halloysite nanocomposites. Appl. Clay Sci. 48,405−413.

［29］Prashantha K. ,Lacrampe M. ,Krawczak P. ,2011. Processing and characterization of halloysite nanotubes filled polypropylene nanocomposites based on a masterbach route：effect of halloysite treatment on structural and mechanical properties. Express Polym. Letters 5 (4) ,295−307.

［30］Saleh N. J. ,Mustafa S. M. ,2011. Study of some mechanical,thermal and physical properties of polymer blend with Iraqi kaolin filler. Eng. Technol. J. 29 (11) , 2114−2132.

［31］Suhaida S. I. ,Ismail H. ,Palaniandy S. ,2011. Study of the effect of different shapes of ultrafine silica as fillers in natural rubber compounds. Polym. Testing 30 (2) ,251−259.

［32］Wang S. ,Yu J. ,Yu J. ,2005. Compatible thermoplastic starch/polyethylene blends by one−step reactive extrusion. Plastics Technol. 285,279−285.

［33］Zoltan A. , Williams R. B. , 2005. Environmental Health Criteria 231：Bentonite, Kaolin and Selected Clay Minerals. World Health Organization；Geneva.

15. 聚氯乙烯/环氧化天然橡胶/红麻粉
复合材料的制备与性能

Rohani A. Majid[1] ,*Hanafi Ismail*[1] ,*Nabil Hayeemasae*[2]

[1] *马来西亚理科大学,马来西亚高渊*
[2] *宋卡王子大学,泰国北大年府*

15.1 引言

PVC/环氧化天然橡胶(ENR)/红麻复合材料的开发最初是通过对 PVC/ENR 共混体系的大量研究开始的。研究人员报道 PVC/ENR 混合物具有良好熔融性、易混合性和均质性,这能提高共混物的物理、力学和热性能(Varughese et al.,1988a,b;Ramesh and De,1991,1993;Ishiaku et al.,1997,1999;Ratnam,2002)。ENR 本身在耐油性、透气性、极性以及玻璃化转变温度方面都有改善(Mousa et al.,1998)。以前的研究将 PVC/ENR 共混物归为混溶体系,其特点是具有单一的玻璃化转变温度(T_g),该温度位于 ENR 和 PVC 玻璃化转变温度之间(Varughese et al.,1988a,b;Ramesh and De,1991,1993)。

对 PVC/ENR 共混物的进一步开发研究表明,对 PVC/ENR 共混物进行辐照交联是提高 PVC/ENR 共混物性能的方法之一。Ratnam 等一直致力于 PVC/ENR 共混物辐照交联性能的研究(Ratnam,2001a,b;Ratnam et al.,2006,2001c,d,e,f;Ratnam et al.,2000;Ratnam and Zaman,1999)。高能辐照是一种利用加速器中高能电子来增强组分特定化学和物理特性的方法。高能电子能非常便捷地引发基团的交联聚合反应(Ratnam,2001b)。

除此之外,在 PVC/ENR 共混物中加入填料也是提高其性能的一种方法。加入天然纤维是提高力学性能的一个理想选择,同时也可以利用世界范围内的可再生资源。正如先前研究人员报道的那样,与合成纤维相比,天然纤维可以使最终复合材料的重量更轻。它还减少了人们对石油来源基体的依赖,减少对环境和人类的伤害,以及许多其他优点(Jiang and Kamden,2004;Junaida et al. ,2010;Taib et al. ,2010;John and Thomas,2008;Kestur et al. ,2009;Zampaloni et al. ,2007)。

15.2 马来酸酐(MA)相容剂对红麻粉填充聚氯乙烯/环氧化天然橡胶性能的影响研究

15.2.1 复合材料制备

在 Haake Rheomix Polydrive R 600/610 设备中,以 140℃ 和 50r/min 的转速进行熔融混合制备 PVC/ENR/KCP 复合材料。首先将 ENR 注入混合室,混合 1min。然后将稳定剂、增塑剂和 PVC 加入混合室,混合平衡 4min。将红麻粉末和相容剂[聚乙烯接枝马来酸酐(PE-g-MA)和聚氯乙烯接枝马来酸酐(PVC-g-MA)]依次加入混合室中,继续搅拌混合,直到获得恒定的扭矩,总混合时间为 8min。将混合物从混合机中取出,并在二辊冷轧机上轧薄。

15.2.2 性能表征

15.2.2.1 拉伸性能

未填加 MA 相容剂的 PVC/ENR/KCP 复合材料以及添加 MA 相容剂的 PE-g-MA 和 PVC-g-MA 复合材料的拉伸强度见图 15.1。未添加 MA 相容剂的 PVC/ENR/KCP 复合材料的拉伸强度随着 KCP 负载量的增加呈下降趋势,其原因是填料与 PVC/ENR 基体的润湿性不好。PVC 和 ENR 是疏水性材料,与 KCP 颗粒相比极性较小,而 KCP 是亲水性材料。由于极性的不同,红麻芯粉的润湿性较差,降低了红麻芯粉与基体之间的界面黏附力,从而增加了应力集中区面积。同样的观察结果在以往使用天然纤维作为增强材料的研究中也有报道(Siriwardena et al. ,2002;Jacob et al. ,2004)。随着 KCP 负载量的增加,KCP 颗粒不能在 PVC/ENR 基体中均匀分散,也不能被基体润湿。因此,抗拉强度的持续下降可能是由于填料颗粒的团聚引起的。

添加 PE-g-MA 提高了 PVC/ENR/KCP 复合材料的拉伸强度,增加了复合材料的界面黏性。顺丁烯二酸酐与 KCP 中的羟基产生酯化反应,提高了界面附着

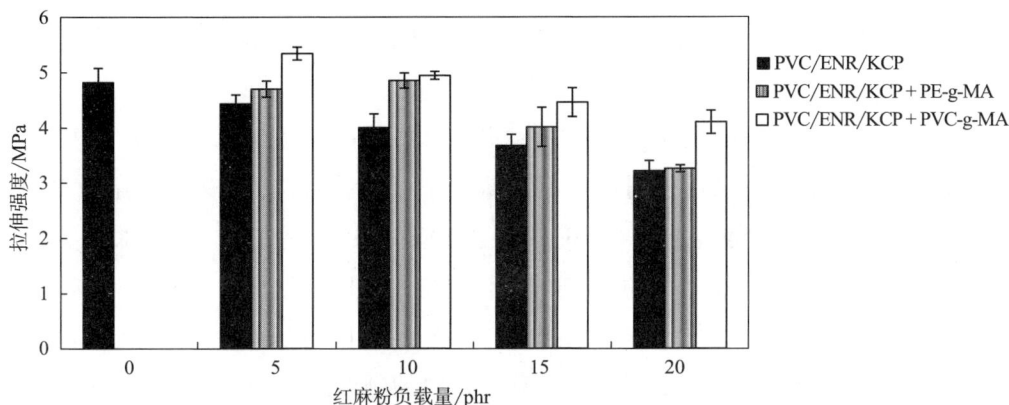

图 15.1　无 MA 相容剂、有 PE-g-MA 和有 PVC-g-MA 的
PVC/ENR/KCP 复合材料的拉伸强度

力。此外,界面附着力的提高还能防止填料与填料之间发生相互作用,这种相互作用会导致团聚发生。早期的研究中也记录了类似的性能改善(Liang et al.,2004;Hemmati et al.,2011)。

与加入了 PE-g-MA 的 PVC/ENR/KCP 复合材料相比,加入了 PVC-g-MA 的PVC/ENR/KCP 复合材料拉伸性能有更好的改善。掺入 PVC-g-MA 的 PVC/ENR/KCP 复合材料在所有 KCP 负载下均显示出较高的拉伸强度,最佳 KCP 负载量为 5phr。

研究表明,PE-g-MA 对 PVC/ENR/KCP 复合材料的影响相当令人瞩目,人们已经对 PVC 和 PE 共混物进行了各种研究(Zarraga et al.,2001,2002)。通过对 PE 和 PVC 共混物的研究,发现 PE-g-MA 中的 PE 与 PVC/ENR 共混物中的 PVC 可能发生相互作用。对 LDPE/PVC 共混物的研究表明,LDPE 和 PVC 只有在最佳的工艺和温度条件下才能很好地混合(Sombatsompop et al.,2004;Minsker 2000)。此外,当加工温度高于 180℃时,随着 PVC 含量的增加,接枝到 LDPE 上的 PVC 量也会增加(Popisil et al.,1999)。此外,Arnold 和 Maund(1999)报道称,如果在界面区加入的 PE 成为单相体系,则 PVC 脱氯化氢的量也会增加。

相比与添加 PE-g-MA 的 PVC/ENR/KCP 复合材料,未添加入 PE-g-MA 的PVC/ENR/KCP 复合材料的抗拉强度较低,这可能正如上述研究报道的,是由于

PVC 和 PE 之间复杂的相互作用所造成(Sombatsompop et al., 2004; Arnold and Maund, 1999)。但由于聚乙烯用量较少,且使用温度适中,降解效果可以忽略不计。

图 15.2 为 KCP 负载量对未添加 MA、添加 PE-g-MA 和 PVC-g-MA 的 PVC/ENR/KCP 复合材料的杨氏模量的影响。从图中可以看出,杨氏模量随着 KCP 负载量的增加呈上升趋势。加入 PE-g-MA 和 PVC-g-MA 的 PVC/ENR/KCP 复合材料的杨氏模量比不添加 MA 相容剂的复合材料的杨氏模量低。复合材料杨氏模量随着 KCP 负载量的增加而提高,是由于在 PVC/ENR 的基体中加入 KCP 后,刚性填料颗粒加入软基体中,从而提高了复合材料的刚度。正如许多研究人员所报道的那样,杨氏模量的提升是通过将填料掺入基体中来实现的。

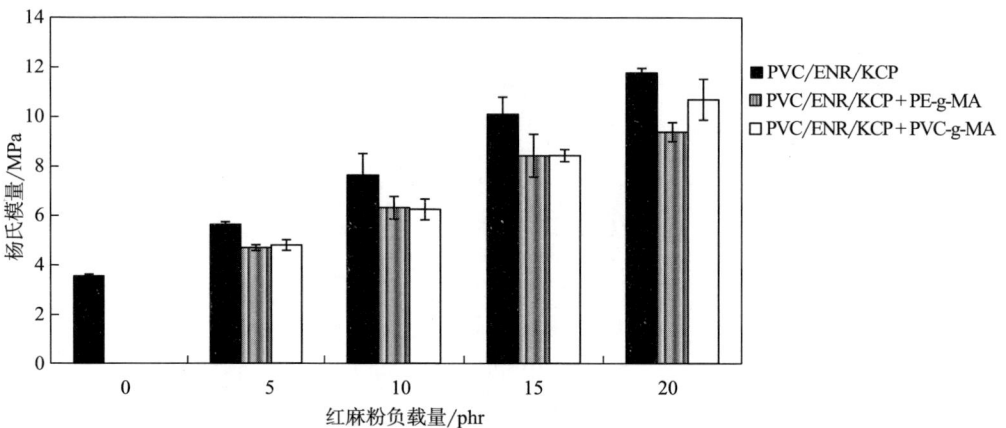

图 15.2 未加入 MA 相容剂、加入 PE-g-MA 和 PVC-g-MA 的 PVC/ENR/KCP
复合材料的杨氏模量及 KCP 含量对杨氏模量的影响

图 15.3 所示为 KCP 负载量对未添加、添加 PE-g-MA 和 PVC-g-MA 的 PVC/ENR/KCP 复合材料的断裂伸长率的影响,从图上可知,随着 KCP 负载量的增加,断裂伸长率急剧降低。PE-g-MA 和 PVC-g-MA 的加入提高了复合材料的断裂伸长率。添加 PVC-g-MA 的 PVC/ENR/KCP 复合材料在各种负载量下的断裂伸长率值都最高。断裂伸长率随 KCP 负载的增加而降低是由于 KCP 负载量增加时刚度增加所致。PE-g-MA 和 PVC-g-MA 的掺入增强了复合材料的界面附着力,改善了基体与填料之间的分散性。

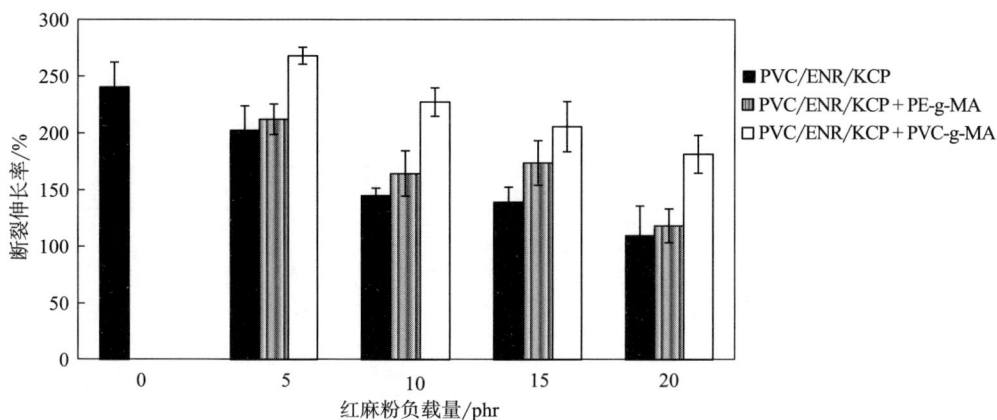

图 15.3 未添加 MA 相容剂、添加 PE-g-MA 和 PVC-g-MA 的 PVC/ENR/KCP
复合材料的断裂伸长率及 KCP 含量对断裂伸长率的影响

15.2.2.2 热氧化老化性能

未添加 MA、添加 PE-g-MA 和 PVC-g-MA 的 PVC/ENR/KCP 复合材料热氧化老化前后的拉伸强度见表 15.1。从表中可以看出,未添加 MA 的 PVC/ENR/KCP 复合材料的拉伸强度在受热 3 天后有所提高,暴露 5 天后拉伸强度出现下降,持续暴露 7 天后拉伸强度呈持续降低的趋势。复合材料在所有 KCP 负载量下都呈现出类似的趋势。在加入 PE-g-MA 和 PVC-g-MA 时,PVC/ENR/KCP 复合材料也出现了同样的趋势。然而,与掺入 MA 的复合材料相比,未掺入 MA 的 PVC/ENR/KCP 复合材料的拉伸强度降低更为明显。添加 PVC-g-MA 的 PVC/ENR/KCP 复合材料在老化 5 天和 7 天时有降低的趋势,但大部分复合材料的拉伸强度仍高于未添加 MA 的样品。

表 15.1 不添加 MA、添加 PE-g-MA 和 PVC-g-MA 的 PVC/ENR/KCP
复合材料热氧化老化前后的拉伸强度

样品名称	红麻负载量/phr	拉伸强度/MPa			
		未老化	老化 3 天	老化 5 天	老化 7 天
无 MA 增容的 PVC/ENR/KCP 复合材料	0	4.82	6.18	3.58	2.71
	5	4.44	4.76	2.87	2.56
	10	4.01	4.36	3.17	2.57
	15	3.68	4.36	3.67	3.30
	20	3.22	4.07	3.54	3.13

续表

样品名称	红麻负载量/phr	拉伸强度/MPa			
		未老化	老化3天	老化5天	老化7天
添加 PE-g-MA 的 PVC/ENR/KCP 复合材料	5	4.71	4.73	5.18	3.83
	10	4.86	4.01	4.49	4.16
	15	4.02	3.81	3.45	3.92
	20	3.26	3.53	3.47	3.08
添加 PVC-g-MA 的 PVC/ENR/KCP 复合材料	5	5.35	6.43	5.83	5.54
	10	4.95	5.34	4.96	4.57
	15	4.47	5.01	5.26	5.19
	20	4.11	4.74	4.49	4.45

老化 3 天后拉伸强度的提高是由于 PVC 和 ENR 的自交联进一步形成了分子间网状结构。PVC 与 ENR 的自交联是由 PVC 的自由基反应引发的,形成更多的烯丙基氯位点,然后与 ENR 的环氧基团相互作用形成醚键,即发生自交联反应。PVC 和 ENR 可以产生多重交联。

如图 15.4~图 15.6 所示的 FTIR 分析结果证明了 KCP 负载量为 5phr 的 PVC/ENR/KCP 复合材料自交联率的增加。1150~1050 cm^{-1} 处的吸收带为 C—O—C 醚键的不对称和对称的伸缩振动。未添加 MA、添加 PE-g-MA 和 PVC-g-MA 的 PVC/ENR/KCP 复合材料在老化 3 天后吸收带强度增加,这证明 PVC 和 ENR 之间自交联的增加是由于持续加热所致。

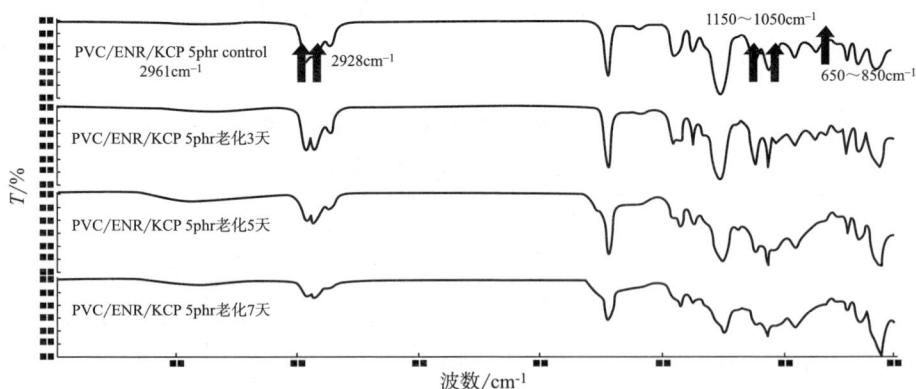

图 15.4　PVC/ENR/KCP 热氧化老化前后的 FTIR 分析

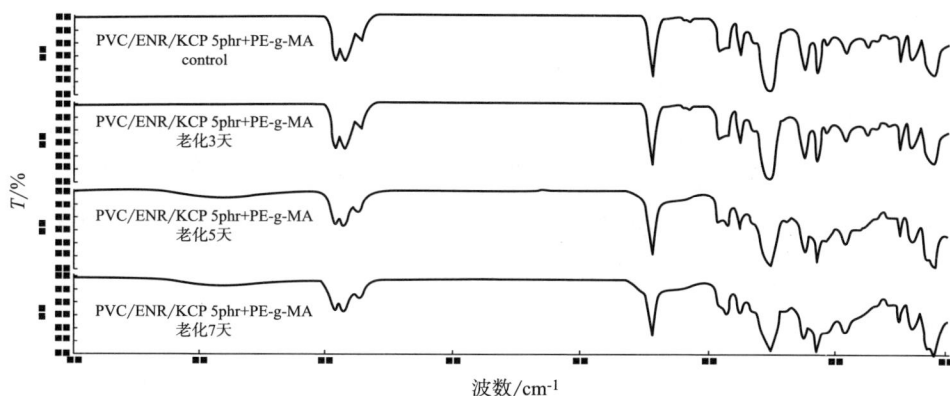

图 15.5　添加 PE-g-MA 的 PVC/ENR/KCP 热氧化老化前后的 FTIR 分析

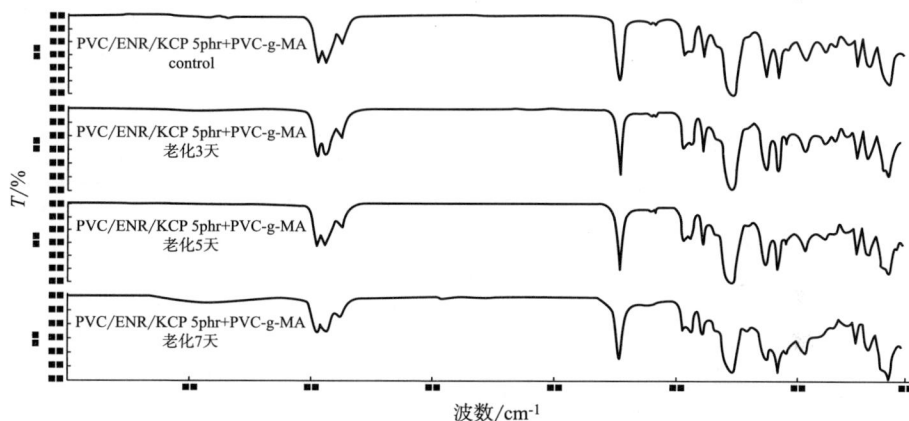

图 15.6　添加 PVC-g-MA 的 PVC/ENR/KCP 热氧化老化前后的 FTIR 分析

老化 5 天和 7 天后,复合材料的拉伸强度下降是由于进一步的交联和链的断裂导致复合材料硬化和脆化。复合材料的分子量在每一次断裂(链断裂)时都减少一半,复合材料的性能明显被减弱。此外,长期受热时,由于 KCP 中挥发性提取物的分解使 KCP 性能变差。

即使假设纤维素成分在 160℃ 以内保持稳定,但降解反应仍可能从 80℃ 以后逐渐发生。通过 FTIR 分析,也可以观察到老化 5 天和 7 天后的降解。650~850cm^{-1} 处的吸收带是 C—Cl 的伸缩振动,而 2961cm^{-1} 和 2928cm^{-1} 处的吸收带是 C—Cl 和 CH$_2$ 的 C—H 伸缩振动。在老化 5 天和 7 天后观察到微弱的吸收带。而且发现 C—O—C 在 1150~1050 cm^{-1} 处吸收带在老化 5 天和 7

天后减弱。

　　未添加 MA、添加 PE-g-MA 和 PVC-g-MA 的 PVC/ENR/KCP 复合材料热氧化老化前后 PVC/ENR/KCP 复合材料的杨氏模见表 15.2。从测试结果来看,随着老化时间和 KCP 负载量的增加,热氧化老化后复合材料的杨氏模量呈上升趋势。这是因为随着加热条件的延长发生交联量增加,复合材料热老化后交联度的增加与聚合物基体中自由基终止率密切相关,因此,材料的交联度较高(Nabil et al., 2013)。

表 15.2　不添加 MA 相容剂、添加 PE-g-MA 和 PVC-g-MA 的 PVC/ENR/KCP
复合材料热氧化老化前后的杨氏模量

样品名称	红麻负载量/ phr	杨氏模量/MPa			
		未老化	老化 3 天	老化 5 天	老化 7 天
无 MA 增容的 PVC/ENR/KCP 复合材料	0	3.53	3.01	16.83	21.27
	5	5.61	3.60	20.53	30.27
	10	7.61	4.81	21.20	29.67
	15	10.06	6.38	23.50	32.80
	20	11.74	8.18	34.30	38.57
添加 PE-g-MA 的 PVC/ENR/ KCP 复合材料	5	4.67	4.14	8.63	61.35
	10	6.29	5.74	10.57	76.54
	15	8.40	6.51	13.57	57.55
	20	9.35	9.46	10.58	17.04
添加 PVC-g-MA 的 PVC/ ENR/KCP 复合材料	5	4.77	5.72	6.37	63.94
	10	6.22	7.47	9.49	120.1
	15	8.41	11.26	10.75	58.24
	20	10.66	13.87	12.07	85.20

　　未添加 MA 相容剂、添加 PE-g-MA 和 PVC-g-MA 的 PVC/ENR/KCP 复合材料热氧化老化前后的断裂伸长率见表 15.3。未添加 MA 相容剂的 PVC/ENR/KCP 复合材料的断裂伸长率随着老化时间的增加急剧下降。复合材料变硬变脆,这是由于酸催化使 ENR 的环被打开,通过醚键形成交联(Ishiaku et al.,1996b)。断裂伸长率的降低主要是由于氧化作用导致复合材料的链断裂。

表 15.3　不添加 MA 相容剂、添加 PE-g-MA 和 PVC-g-MA 的 PVC/ENR/KCP
复合材料热氧化老化前后的断裂伸长率

样品名称	红麻负载量/phr	断裂长度/%			
		未老化	老化 3 天	老化 5 天	老化 7 天
无 MA 增容的 PVC/ENR/KCP 复合材料	0	241	303	74	2
	5	203	205	33	3
	10	145	190	28	25
	15	139	161	29	22
	20	110	116	22	16
添加 PE-g-MA 的 PVC/ENR/KCP 复合材料	5	212	186	167	75
	10	164	141	141	79
	15	174	140	104	76
	20	118	114	92	69
添加 PVC-g-MA 的 PVC/ENR/KCP 复合材料	5	268	229	185	114
	10	227	184	143	64
	15	206	155	166	79
	20	182	122	103	53

15.2.2.3　热稳定性分析

聚合物的热稳定性与它的键能和过热导致的分子破坏有关。聚合物的键能大说明材料的热稳定性好。从图 15.7 和图 15.8 可以看出,PVC/ENR 共混物和含

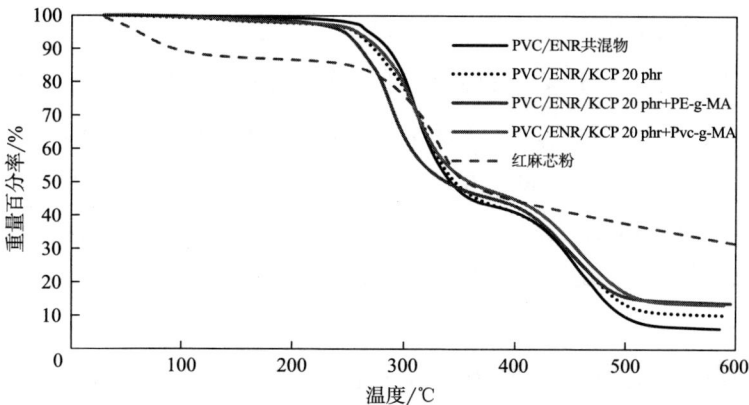

图 15.7　PVC/ENR 共混物与未添加 MA 相容剂、添加 PE-g-MA、PVC-g-MA 和红麻芯粉的
PVC/ENR/KCP 复合材料(KCP 负载量 20phr)的分解温度比较

PVC-g-MA 的 PVC/ENR/KCP 复合材料在 250℃和 370℃时开始分解，与不含 MA 相容剂和含 PE-g-MA 的 PVC/ENR/KCP 复合材料相比，热稳定性更好。第一阶段的分解是由于 PVC 段的降解。PVC 热降解的主要过程是脱氯化氢。PVC 在不添加热稳定剂的情况下，由于长共轭双键或多烯链会在约 100℃的温度下开始发生脱氯化氢，从而引起颜色的变化。对于 PVC/ENR/KCP 复合材料，由于热稳定剂的作用，PVC 的起始分解温度为 250℃。热稳定剂能够清除 PVC 降解过程中产生的 HCl。

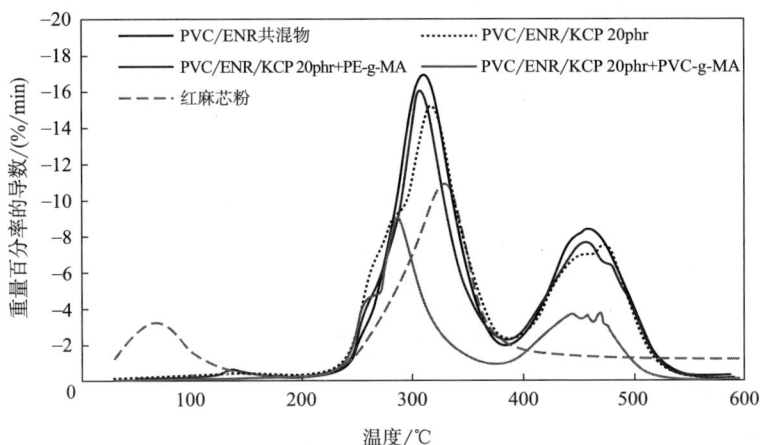

图 15.8   PVC/ENR 共混物与未添加 MA 相容剂、添加 PE-g-MA 和 PVC-g-MA 的
PVC/ENR/KCP 复合材料（KCP 负载 20phr）以及红麻芯粉的 DTG 对比

由于 PVC/ENR 共混物的互溶性使其显示出更好的热稳定性。PVC 和 ENR 组分的自交联降低了使 PVC 链断裂成更短链段的脱氯化氢反应。增强材料 KCP 的加入使 PVC/ENR 共混物的交联链断裂，基体与填充物相容性较差，其分解速度比 PVC/ENR 共混物快。从曲线可以看出，加入 PVC-g-MA 后，KCP 负载量为 20 rph 的 PVC/ENR/KCP 复合材料比其他复合材料具有更好的热稳定性。如同预期的那样，与加 MA 相容剂的复合材料相比，PVC-g-MA 加入提高了复合材料的热稳定性。

然而，添加 PE-g-MA 的 PVC/ENR/KCP 复合材料的起始裂解温度在所有复合材料中最低，这可能是由于 PVC 和 PE 之间存在复杂反应。优化加工条件和 PE 与 PVC 之间的比例对防止降解发生非常重要（Sombatsompop et al.，2004）。为了便于比较,测定了红麻芯粉的分解温度。红麻芯的 TGA 曲线显示,由于水分的去除,红麻粉的第一个分解区域开始于 80℃左右,之后,在 280～350℃左右出现第二个分解区域,对应于半纤维素和纤维素的分解(Mohammad et al. ,2014)。最后一个区域是木质素分解,与其他区域相比分解速度较慢(Sarani et al. ,2014;Van de Velde and Baetens,2001;Wong et al. ,2004;Brebu and Vasile,2010;Hajaligol et al. ,2001)。

15.3 填充红麻粉的聚氯乙烯/环氧化天然橡胶动态硫化性能研究

15.3.1 动态硫化法制备复合材料

PVC/ENR/KCP 复合材料是在 Haake Rheomix Polydrive R 600/610 设备中,140℃和 50r/min 转速条件下熔融混合制备的。以所有成分的总含量为基准,共混物中的邻苯二甲酸二辛酯(DOP)和硬脂酸镉/钡的用量分别为 50phr 和 3phr。首先将 ENR 加入混合室混合 1min。然后将稳定剂、增塑剂和 PVC 加入混合室,搅拌平衡 4min。然后将 KCP 与氧化锌和硬脂酸一起加入混合室中。2min 后加入硫黄、硫化促进剂 MBTS 和 TMTD。总搅拌混合时间为 11min,直到获得恒定的扭矩。

15.3.2 性能表征

15.3.2.1 拉伸性能

动态硫化和未动态硫化的 PVC/ENR/KCP 复合材料的拉伸性能见图 15.9～图 15.11。纯 PVC 样品的拉伸强度为 10.08MPa。从图 15.9 可以看出,未进行动态硫化的 PVC/ENR 共混物的拉伸强度为 4.82MPa。进行动态硫化的 PVC/ENR 共混物的拉伸强度增加到 9.35 MPa,几乎是未进行动态硫化共混物的两倍。KCP 加载量为 5～20phr 的试验结果也表明,动态硫化的加入提高了 PVC/ENR/KCP 复合材料的拉伸强度,而且随着 KCP 加载量的增加拉伸强度降低。这些结果还表明,随着固化剂和其他添加剂的加入,在化合物中形成交联,使基体与基体间相互作用增加。此外,嵌入基体中的 KCP 被 PVC/ENR 基体的交联结构完全覆盖。

图 15.10 为 KCP 负载量对 PVC/ENR/KCP 复合材料杨氏模量的影响。从图中可观察到,杨氏模量随着 KCP 负载量的增加而略有增加。结果表明,随着 KCP

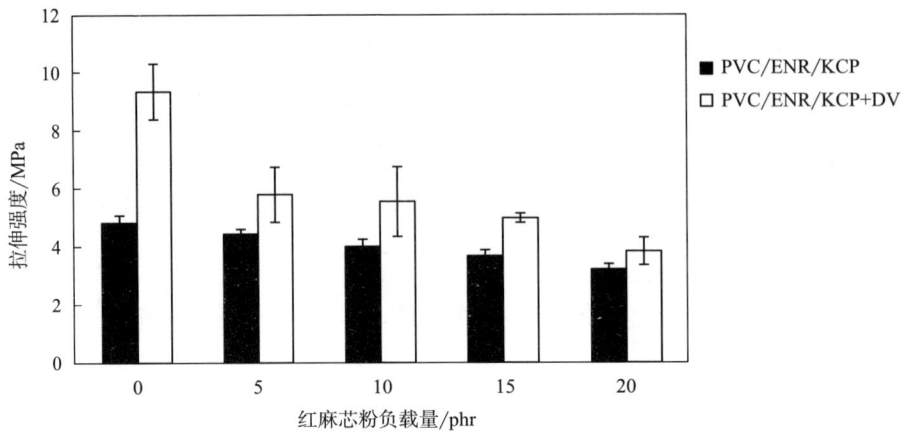

图 15.9　动态硫化前后 PVC/ENR/KCP 复合材料的拉伸强度

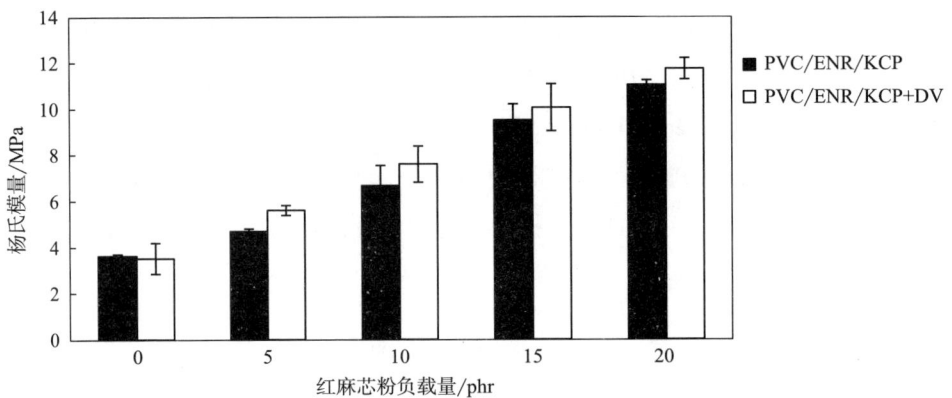

图 15.10　动态硫化前后 PVC/ENR/KCP 复合材料的杨氏模量

的加入,PVC/ENR 共混物的刚度增大。动态硫化的 PVC/ENR 共混物和 PVC/ENR/KCP 复合材料的杨氏模量均高于未进行动态硫化的共混物和复合材料,这是由于动态硫化增强了复合材料内部交联度,提高了复合材料刚度。

　　图 15.11 为动态硫化前后 PVC/ENR 共混物和 PVC/ENR/KCP 复合材料的断裂伸长率。结果表明,随着 KCP 负载量的增加,动态硫化共混物的断裂伸长率急剧降低。断裂伸长率下降的主要原因是 KCP 与 PVC/ENR 基体之间刚性界面相的变形能力降低。未进行动态硫化的 PVC/ENR 共混物随 KCP 的掺入其断裂伸长率略有降低。

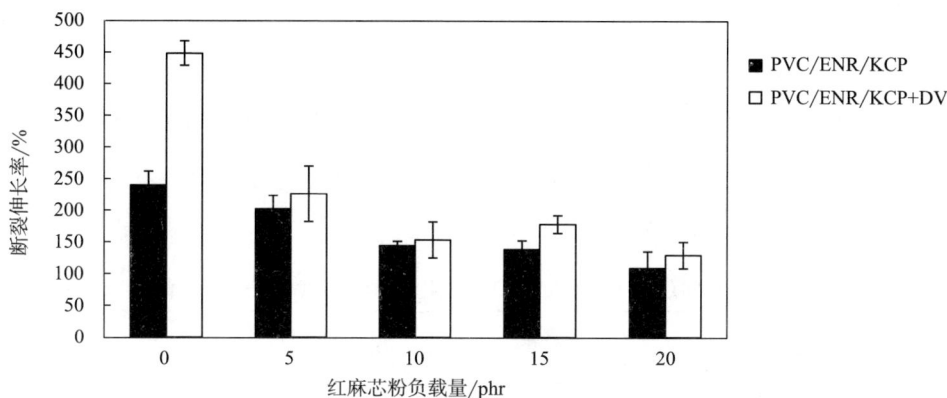

图 15.11 动态硫化前后 PVC/ENR/KCP 复合材料的断裂伸长率

15.3.2.2 热氧化老化性能

动态硫化前后复合材料热氧化老化前后的拉伸强度变化见表 15.4。从表 15.4 可以看出,动态硫化 PVC/ENR/KCP 复合材料的拉伸强度在受热 3 天和 5 天后有所增加,但在进一步受热 7 天后开始降低。同样的趋势在所有负载量下都可以看到。老化 3 天和 5 天后拉伸强度的提高是由于 PVC/ENR 基体通过自交联进一步形成了分子间网状结构。此外,硫交联的形成也会进一步使复合材料变得更硬,更能抵抗外部破坏应力(Ishiaku et al.,1996a;Nabil et al.,2013)。老化 7 天后的拉伸强度损失是由样品的硬化和脆化造成的。

表 15.4 动态硫化前后的 PVC/ENR/KCP 材料热氧化老化前后的拉强度

样品名称	红麻负载量/phr	拉伸强度/MPa			
		未老化	老化 3 天	老化 5 天	老化 7 天
无动态硫化的 PVC/ENR/KCP 复合材料	0	4.82	6.18	3.58	2.71
	5	4.44	4.76	2.87	2.56
	10	4.01	4.36	3.17	2.57
	15	3.68	4.36	3.67	3.30
	20	3.22	4.07	3.54	3.13
有动态硫化的 PVC/ENR/KCP 复合材料	0	9.35	9.58	11.91	7.47
	5	5.80	8.51	9.88	8.52
	10	5.56	7.41	9.02	8.17
	15	4.98	5.70	7.46	6.58
	20	3.85	5.96	7.01	6.16

表 15.5 和表 15.6 为热氧化老化前后动态硫化和未动态硫化的 PVC/ENR/KCP 复合材料杨氏模量和断裂伸长率。对于未进行动态硫化的 PVC/ENR/KCP 复合材料,热氧化老化使其断裂伸长率急剧下降,这与复合材料的杨氏模量提高的结果一致。复合材料的硬化和脆化归因于酸催化使环氧化物开环,并通过醚键形成交联(Ishiaku et al.,1996a)。

表 15.5 动态硫化前后的 PVC/ENR/KCP 复合材料热氧化老化前后的杨氏模量

样品名称	红麻负载量/phr	杨氏模量/MPa			
		未老化	老化 3 天	老化 5 天	老化 7 天
无动态硫化的 PVC/ENR/KCP 复合材料	0	3.53	3.01	16.83	21.27
	5	5.61	3.60	20.53	30.27
	10	7.61	4.81	21.20	29.67
	15	10.06	6.38	23.50	32.80
	20	11.74	8.18	34.30	38.57
有动态硫化的 PVC/ENR/KCP 复合材料	0	3.64	3.75	3.71	4.714
	5	4.71	4.78	7.50	10.30
	10	6.67	7.29	9.58	15.53
	15	9.52	10.25	11.11	19.30
	20	11.04	11.22	14.82	21.43

表 15.6 无动态硫化和有动态硫化 PVC/ENR/KCP 复合材料热氧化老化前后的断裂伸长率

样品名称	红麻负载量/phr	断裂伸长率/%			
		未老化	老化 3 天	老化 5 天	老化 7 天
无动态硫化的 PVC/ENR/KCP 复合材料	0	241	303	74	2
	5	203	205	33	3
	10	145	190	28	25
	15	139	161	29	22
	20	110	116	22	16
有动态硫化的 PVC/ENR/KCP 复合材料	0	448	454	427	315
	5	227	349	219	165
	10	154	222	197	147
	15	178	181	188	146
	20	130	182	174	138

动态硫化处理的 PVC/ENR/KCP 复合材料随氧化老化时间延长断裂伸长率下

降,断裂伸长率的降低可能是由于聚合物的氧化导致链的断裂。大分子链的断裂增加了聚合物中短链的数量,减少分子间纠缠,从而降低了断裂伸长率(Nabil et al. ,2013)。从图 15.12 和图 15.13 中对未老化和老化、有动态硫化和没有动态硫化的 PVC/ENR 共混物的 FTIR 分析中可以看出,没有动态硫化的 PVC/ENR 共混物在老化 5 天和 7 天后,在 1741cm^{-1} 处出现了宽肩峰,这些肩峰是由于在暴露时间内发生的氧化反应造成的。然而,动态硫化的 PVC/ENR 共混物的 FTIR 曲线在老化 5 天和 7 天后没有出现任何明显的肩峰。这一结果与动态硫化的 PVC/ENR/KCP 复合材料的断裂伸长率逐渐下降的结果非常一致。

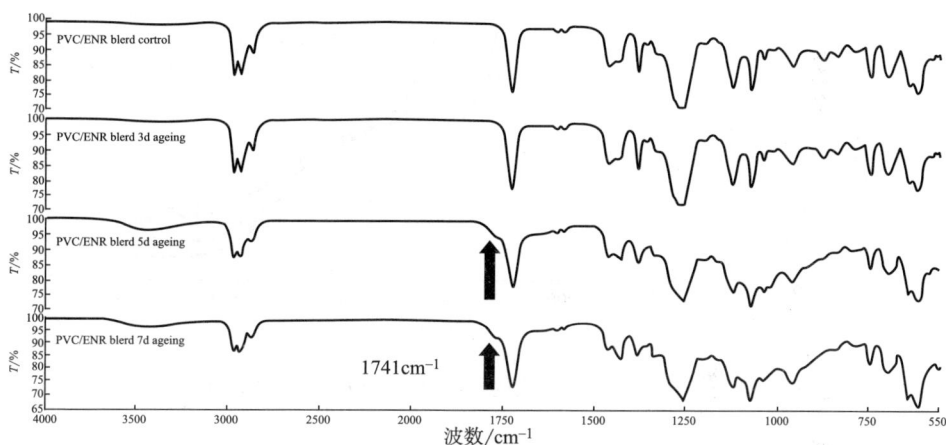

图 15.12　无动态硫化的 PVC/ENR/KCP 热氧化老化前后的 FTIR 分析

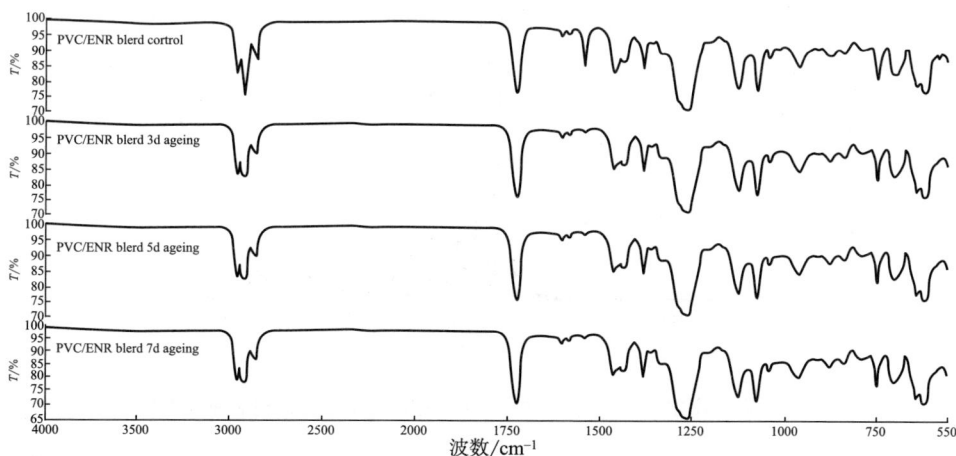

图 15.13　有动态硫化的 PVC/ENR/KCP 热氧化老化前后的 FTIR 分析

15.3.2.3 热稳定性分析

图 15.14 和图 15.15 为动态硫化和未动态硫化的 PVC/ENR/KCP 复合材料的 TGA 和 DTG 曲线。未进行动态硫化的 PVC/ENR 共混物的失重从 260℃开始逐渐增加，到 370℃结束。第二阶段结束温度为 500℃，失重率高达 94%。对于动态硫化的 PVC/ENR 共混合料，从 250℃开始降解，失重急剧增加，在 280℃时降解阶段结束。第二阶段开始于 280℃，结束于 490℃，失重率高达 83%。

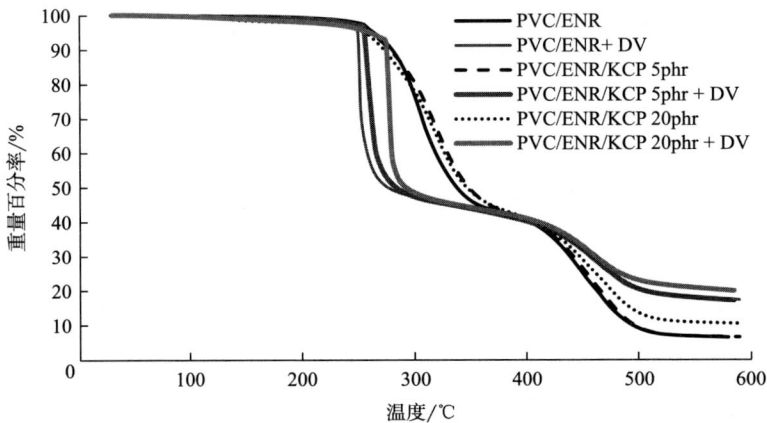

图 15.14 动态硫化与未动态硫化的 PVC/ENR/KCP 复合材料的 TGA 曲线

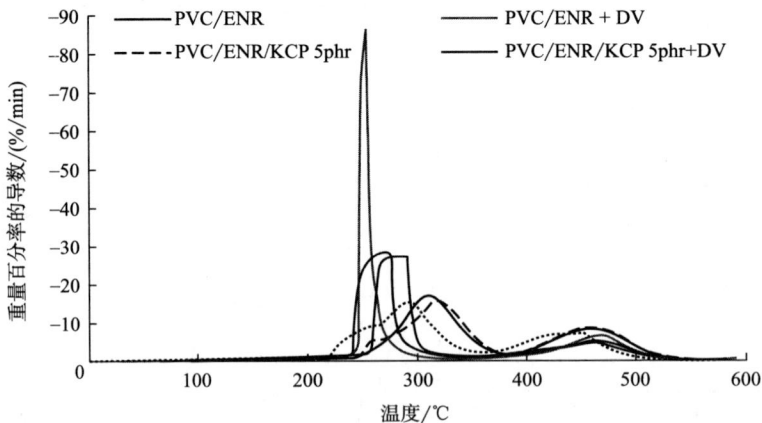

图 15.15 动态硫化与未动态硫化的 PVC/ENR/KCP 复合材料的 DTG 曲线

从图 15.14 中可以看出，与未进行动态硫化的 PVC/ENR 共混物相比，动态硫化的 PVC/ENR 共混料的失重率显著增加。如前文所述,PVC 和 ENR 可以形成醚键或发生自交联反应。在未动态硫化的 PVC/ENR 共混物中自交联的形成可提高共混物的热稳定性,从热分析图中可以观察到失重逐渐增加。PVC 和 ENR 之间形成的醚键可能增加了共混物的热阻,从而减缓了 PVC 的脱氯化氢形成共轭多烯的反应。对于动态硫化的 PVC/ENR 共混物,如前文 FTIR 分析中提到的,自交联反应会被 ENR 的硫交联反应所破坏。因此,PVC 在较低温度下更容易发生热降解。这一结果得到了 ENR 降解导致的第二阶段降解的证明。

15.4 十二烷基硫酸钠填充处理对 PVC/ENR/KCP 复合材料性能的影响

15.4.1 十二烷基硫酸钠处理

将 1.5g 十二烷基硫酸钠(SDS)粉末(50g 红麻芯重量的 3%)溶解在 500mL 乙醇中。将干燥的 KCP 加入 SDS 溶液中,使用机械搅拌器以 200r/min 的速度持续搅拌溶液,在室温下放置过夜。将改性后的 KCP 过滤,在 80℃的烘箱中干燥 24h,以除去乙醇(Chun et al.,2013)。

15.4.2 性能表征

15.4.2.1 拉伸性能

对于拉伸性能而言,SDS 处理前后的 PVC/ENR/KCP 复合材料的拉伸强度如图 15.16 所示。经 SDS 处理和未经 SDS 处理的 PVC/ENR/KCP 复合材料的拉伸强度都随着 KCP 负载量的增加而降低。对红麻芯材进行 SDS 处理后,PVC/ENR/KCP 复合材料的拉伸强度略高于未进行 SDS 处理的复合材料。这一观察结果证明经 SDS 处理后,纤维—基体相互作用得到改善。SDS 中第 12 位的末端可以与 PVC/ENR 基体发生相互作用,而硫酸盐基团也可以与红麻中丰富的羟基发生相互作用。

图 15.17 为 KCP 负载量对 PVC/ENR/KCP 复合材料杨氏模量的影响。可以看出,杨氏模量随着 KCP 负载量的增加而增大,这是因为在软基体中加入了刚性

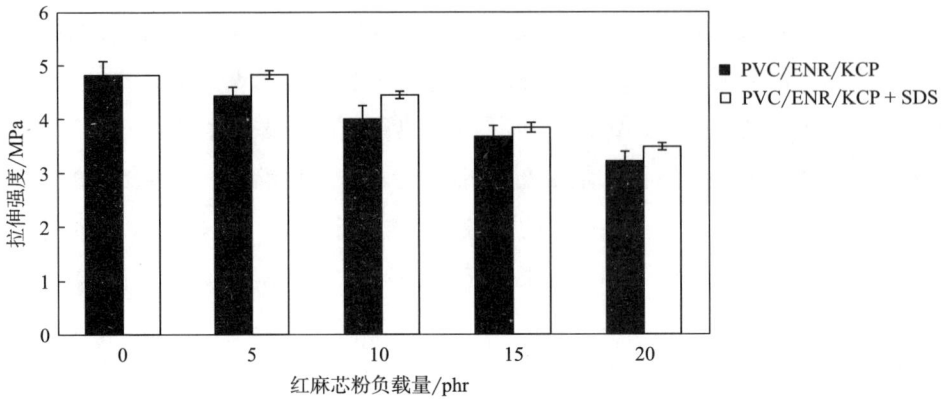

图 15.16　SDS 处理前后 PVC/ENR/KCP 复合材料的拉伸强度

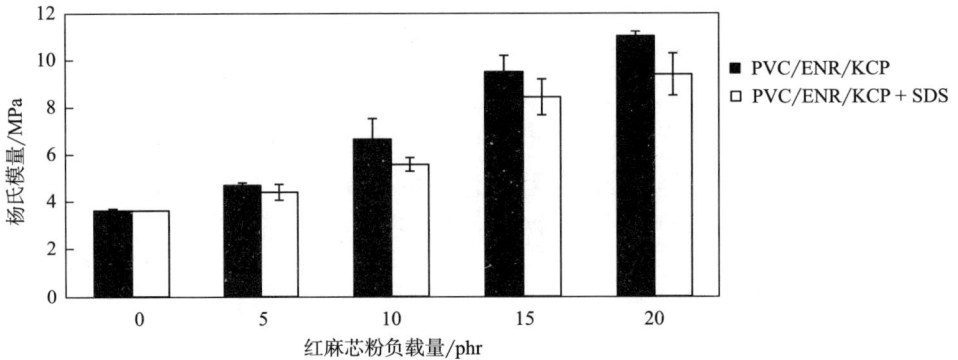

图 15.17　SDS 处理前后 PVC/ENR/KCP 复合材料的杨氏模量

填料颗粒。与未经过 SDS 处理的复合材料相比,经 SDS 处理的 PVC/ENR/KCP 复合材料的杨氏模量略有下降。人们预测,经过 SDS 处理的 PVC/ENR/KCP 的杨氏模量应高于未进行 SDS 处理的复合材料,但实际上处理后的复合材料的杨氏模量并没有得到改善。

图 15.18 为 SDS 处理前后 PVC/ENR/KCP 复合材料的断裂伸长率。断裂伸长率随着 KCP 负载量的增加而降低。这与其他人的研究报告一致(Siriwardena et al.,2002;George et al.,2001;Huda et al.,2008)。断裂伸长率的降低是由于纤维素填料的高刚性,降低了聚合物链的迁移和填料与基体之间界面的变形能力。经 SDS 处理的复合材料断裂伸长率有所提高。使复合材料具有较好的填料分散性和

使填料与基体之间具有良好的黏附性,可以改善基体与填料之间的应力传递。此外,SDS 的化学结构中具有较长的 CH_2 链,这可能是断裂伸长率增加的主要因素。由于 C—C 共价键很强,长 CH_2 链在受到拉伸应力作用时可能会产生轻微的收缩,SDS 的化学作用如图 15.19 所示。但是,在较高的填料负载下,由于填料有团聚的倾向和 SDS 与填料的相互作用能力的降低使应力在基体和填料间的传播受到了阻碍。

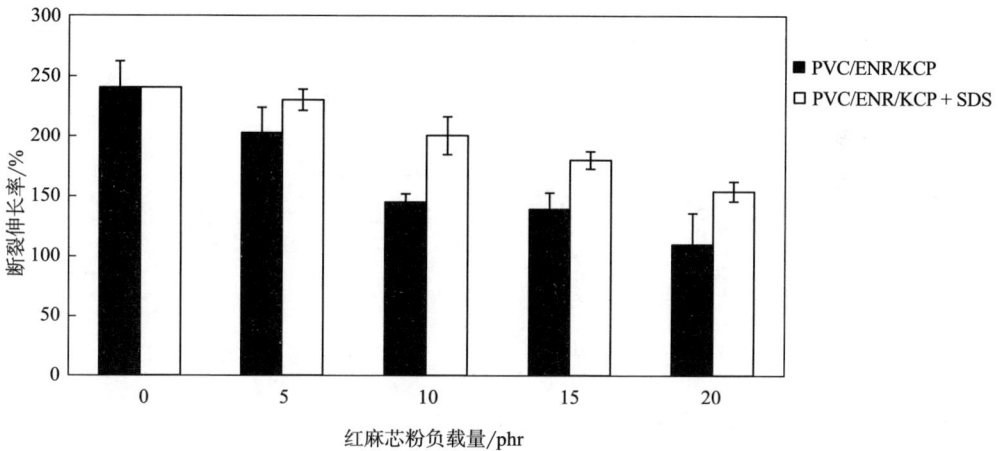

图 15.18　SDS 处理前后 PVC/ENR/KCP 复合材料的断裂伸长率

15.4.2.2　热氧化老化性能

　　热氧化老化对拉伸强度的影响如表 15.7 所示。SDS 处理的 PVC/ENR/KCP 复合材料与未处理的 PVC/ENR/KCP 复合材料表现出不同的趋势。未经处理的 PVC/ENR/KCP 复合材料的拉伸强度在老化过程中先增加后降低,而经 SDS 处理的 PVC/ENR/KCP 复合材料的拉伸强度在老化 3 天时开始下降,之后拉伸强度在老化 5 天和老化 7 天时持续下降。表 15.8 和表 15.9 所示为经 SDS 处理和未经 SDS 处理的 PVC/ENR/KCP 复合材料热氧化老化前后的杨氏模量和断裂伸长率。对于 SDS 处理的 PVC/ENR/KCP 复合材料,热氧化老化导致断裂伸长率严重下降,这与杨氏模量增加的结果一致。断裂伸长率的降低可能是由于复合材料的氧化导致了链断裂。大分子链的断裂增加了复合材料短链的数量,减少了缠结,从而降低了复合材料的断裂伸长率(Nabil et al.,2013)。

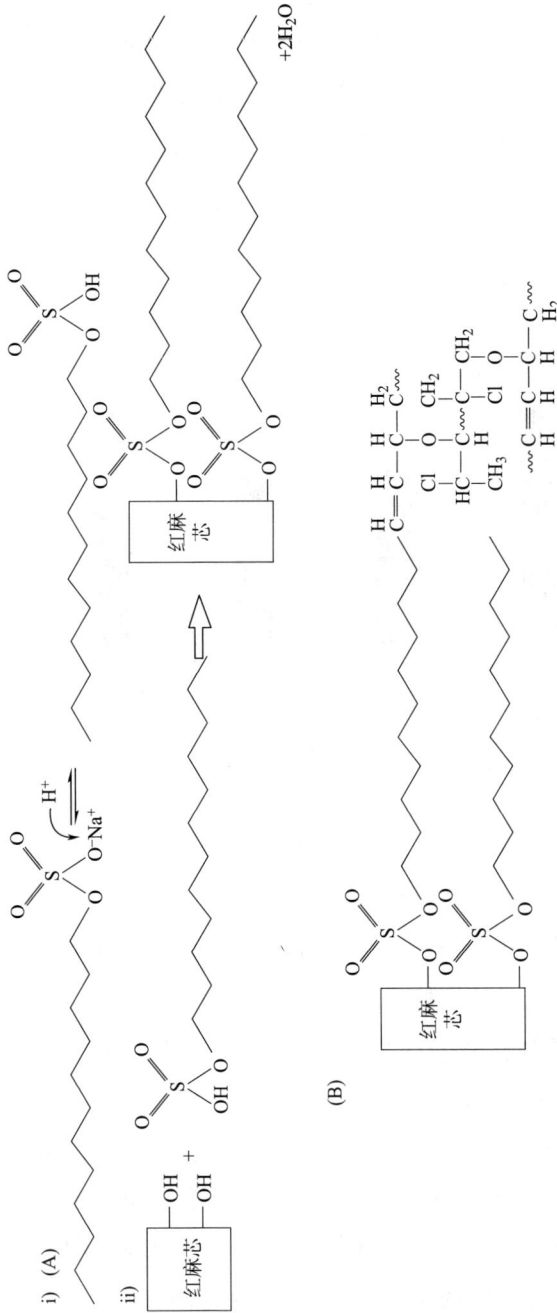

图 15.19 （A）十二烷基硫酸钠(SDS) 与 KCP 的化学作用,（B) SDS 处理的 KCP 与 PVC/ENR 之间的化学相互作用

表 15.7　热氧化老化前后未进行 SDS 处理和经 SDS 处理的

PVC/ENR/KCP 复合材料的拉伸强度

样品名称	红麻负载量/phr	拉伸强度/MPa			
		未老化	老化 3 天	老化 5 天	老化 7 天
未经 SDS 处理的 PVC/ENR/KCP 复合材料	0	4.82	6.18	3.58	2.71
	5	4.44	4.76	2.87	2.56
	10	4.01	4.36	3.17	2.57
	15	3.68	4.36	3.67	3.30
	20	3.22	4.07	3.54	3.13
经 SDS 处理的 PVC/ENR/KCP 复合材料	5	4.83	4.59	4.45	4.33
	10	4.45	4.43	4.40	4.02
	15	3.85	3.81	3.47	3.37
	20	3.49	3.20	3.10	2.58

表 15.8　热氧化老化前后未进行 SDS 处理和经 SDS 处理的

PVC/ENR/KCP 复合材料的杨氏模量

样品名称	红麻负载量/phr	杨氏模量/MPa			
		未老化	老化 3 天	老化 5 天	老化 7 天
未经 SDS 处理的 PVC/ENR/KCP 复合材料	0	3.53	3.01	16.83	21.27
	5	5.61	3.60	20.53	30.27
	10	7.61	4.81	21.20	29.67
	15	10.06	6.38	23.50	32.80
	20	11.74	8.18	34.30	38.57
经 SDS 处理的 PVC/ENR/KCP 复合材料	5	4.41	3.97	4.21	22.25
	10	5.64	6.06	6.21	6.37
	15	8.45	7.31	7.62	7.81
	20	9.41	7.90	8.08	9.54

表 15.9　热氧化老化前后未进行 SDS 处理和经 SDS 处理的

PVC/ENR/KCP 复合材料的断裂伸长率

样品名称	红麻负载量/phr	断裂伸长率/%			
		未老化	老化 3 天	老化 5 天	老化 7 天
未经 SDS 处理的 PVC/ENR/KCP 复合材料	0	241	303	74	2
	5	203	205	33	3
	10	145	190	28	25
	15	139	161	29	22
	20	110	116	22	16

续表

样品名称	红麻负载量/ phr	断裂伸长率/%			
		未老化	老化 3 天	老化 5 天	老化 7 天
经 SDS 处理的 PVC/ENR/KCP 复合材料	5	230	176	172	146
	10	200	165	101	138
	15	180	144	116	105
	20	154	119	115	110

图 15.20 为经 SDS 处理的 PVC/ENR/KCP 复合材料的 FTIR 图。老化 3 天后观察到 1726cm^{-1} 处出现氧化峰和氧化肩峰,表明降解反应早在老化 3 天后就发生了。还观察到暴露 3 天后,650~800cm^{-1} 处的 C—Cl 峰开始消失,证明发生脱氯化氢反应时生成氯化氢和共轭多烯。如前所述,对 PVC 和 PE 共混物的早期研究表明,PVC 与 PE 共混可以提高 PVC 的脱氯化氢速率(Arnold and Maund,1999)。根据 SDS 与 PVC/ENR 共混物的相互作用,CH$_2$ 的长共轭链与 PVC/ENR 共混物发生相互作用,这可能是复合材料脱氯化氢速率增加的原因。Sombatsompop 等人认为(2004)PE 降解产生更多的 PE 自由基。自由基的增加消耗了系统中的稳定剂,导致 PVC 降解(Sombatsompop et al.,2004)。

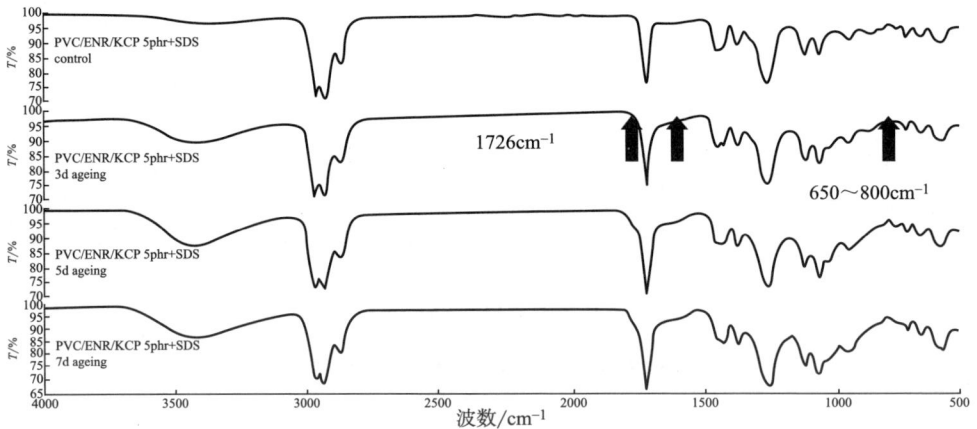

图 15.20 SDS 处理的 PVC/ENR/KCP 复合材料热氧化老化前后的 FTIR 分析

15.4.2.3 热稳定性分析

经 SDS 处理和未经 SDS 处理的 PVC/ENR/KCP 复合材料的 TGA 结果如图 15.21 和图 15.22 所示。图 15.21 显示了 KCP 负载量为 5phr 和 20phr 时复合材料在经 SDS 处理和未经 SDS 处理时的对比。在 150~200℃时的第一次轻微失重是由于存在吸收水。所有样品的 PVC/ENR/KCP 复合材料降解的第一步是在 270~370℃。第二阶段的降解在 360~480℃。第一阶段的分解是 PVC 段的降解,对应于 DTG 曲线中的主峰,第二阶段的分解是由于 ENR 段的降解造成的。

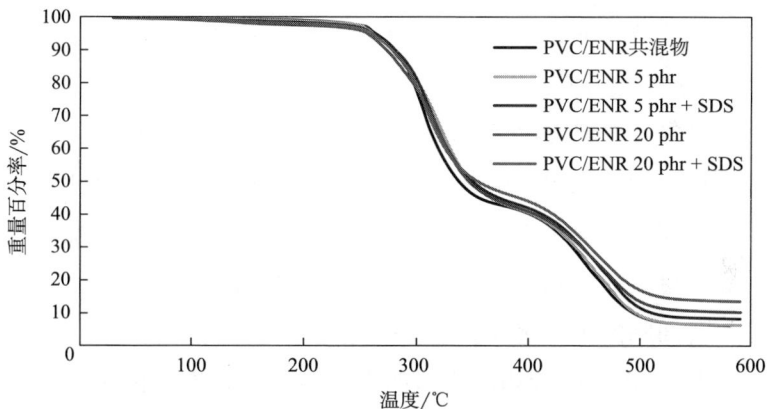

图 15.21 经 SDS 处理和未经 SDS 处理的 KCP 负载量为 5phr 和 20phr 的
PVC/ENR/KCP 复合材料的分解温度比较

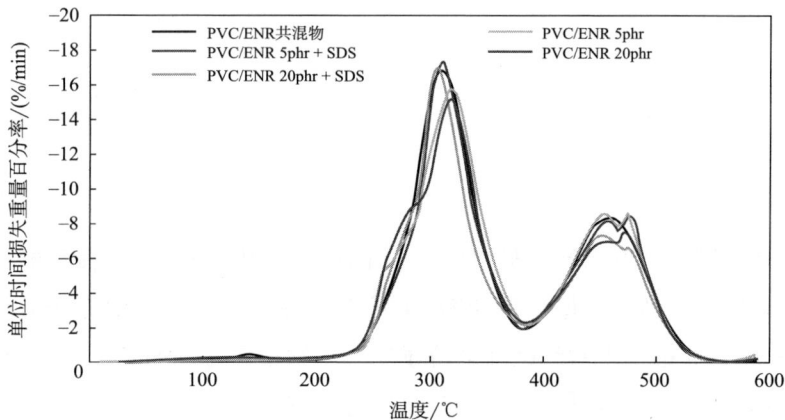

图 15.22 经 SDS 处理和未经 SDS 处理的 KCP 负载量为 5phr 和 20phr 的
PVC/ENR/KCP 复合材料的 DTG 曲线比较

在 KCP 负载量为 5phr 和 20phr 时,经 SDS 处理的 PVC/ENR/KCP 复合材料在分解过程结束时的失重率比未处理的复合材料更低。实验结果表明,经 SDS 处理的复合材料黏附性和相容性得到改善,热稳定性有所提高。

15.5 制备含天然填料的高分子复合材料时所面临的挑战

对于含有天然填料的高分子复合材料来说,最需要克服的三个重要挑战是相容性问题、红麻粉末加工工艺优化和复合材料加工工艺优化。高分子复合材料中的相容性是提高复合材料力学性能等特性的主要因素。疏水性基体组分和亲水性填料组分在不进行任何改性或添加任何相容剂和偶联剂时是不能相容的。疏水组分和亲水组分之间的间隙会增加应力集中区,最终将导致破裂的发生。而最佳的相容剂将使复合材料的性能提高到最佳值,由于每一种化学品都有不同的特性,因此优化相容剂是面临的主要挑战。

此外,红麻通常需要进行切割或研磨以获得最佳粒度。优化红麻粉粒径加工工艺可以减少材料的浪费。如果加工时间较长,材料浪费较大,势必会增加整个复合材料制备的成本。除此之外,优化复合材料的加工参数也可以提高复合材料的性能。如果在非最佳参数条件下生产,复合材料各组分可能在早期就会发生劣化和退化。

15.6 应用潜力

合成纤维增强聚合物复合材料的应用范围很广,但遗憾的是,合成纤维存在成本较高、密度比聚合物大、回收性能差、不可降解性和生产过程中存在潜在的健康危害等缺点,这促进了天然纤维在高分子复合材料中应用的研究。此外,天然纤维增强聚合物复合材料对环境更加友好,且部分可降解。使用天然纤维的优点是:天然纤维是一种可再生的自然资源、具有令人满意的比强度和高模量、重量轻、成本低、满足工业的经济要求、可生物降解。

虽然天然纤维在某些工程应用上无法与合成纤维竞争,但在许多应用领域天然纤维还是可以与之媲美的,这一点已被许多关于改性天然纤维在高分子复合材料中应用的工作和研究所证明(George et al.,2001;Ibrahim et al.,2009;Goda et al.,2006;Kaushik et al.,2013;Abu Bakar and Baharulrazi,2008;El-Shekeil et al.,2011;El-Shekeil,2012)。

红麻纤维是一种可再生的、可在大多数气候下种植的一年生天然纤维。视天气状况而定,红麻人工林的高度可在3个月达到3m以上。红麻纤维是一种双子叶植物,具有韧皮部的外皮层、内芯部分和微小的中央髓层。红麻的韧皮部是高分子复合材料的主要增强材料。另一个可以作为填充物的部分是红麻芯。红麻芯的化学成分与木材非常相似。与红麻韧皮部相比,对红麻芯作为填充物的分析较少。因为与红麻韧皮部相比,红麻芯的价值要低得多,应最大限度地发挥红麻芯的应用潜力。

15.7 结论

PVC/ENR/KCP复合材料在添加相容剂、动态硫化和填料处理后显示出了有趣的结果。添加马来酸酐相容剂后的效果最为显著,拉伸强度和断裂伸长率均有所提高,但杨氏模量有所降低,表明界面附着力较好。马来酸酐相容剂除了可以连接疏水性基体和亲水性填料外,还可以作为复合材料的韧性改性剂。拉伸性能、热性能和热氧化老化性能的提高是相容剂作用的有效证明。动态硫化复合材料的拉伸性能也得到了改善,在暴露3天、5天和7天后,观察到了拉伸性能的降低,证明其抗热氧化老化性能较好。遗憾的是,TGA结果显示,与未进行动态硫化的PVC/ENR共混物相比,动态硫化的PVC/ENR共混物在PVC分解过程中失重显著增加。经SDS化学处理后,PVC/ENR/KCP复合材料的拉伸强度略有提高,断裂伸长率显著提高,人们认为SDS可能起到了韧性改性剂的作用,这也解释了杨氏模量降低的原因。在热氧化老化方面,经KCP负载和SDS处理的复合材料与未处理复合材料具有相同的观察结果,其拉伸性能在老化3天后就出现了下降趋势。

参考文献

[1]Abu Bakar A.,Baharulrazi N.,2008. Mechanical properties of benzoylated oil palm empty fruit bunch short fiber reinforced poly(vinyl chloride) composites. Polym. -

Plastics Technol. Eng. 47(10),1072-1079.

[2] Arnold J. C. , Maund B. , 1999. The properties of recycle bottle compounds, I. Mechanical Performances. Polym. Eng. Sci. 39(7),1234-1242.

[3] Brebu M. , Vasile C. , 2010. Thermal degradation of lignin - a review. Cellulose. Chem. Technol. 44(9),353-363.

[4] Chun K. S. ,Salmah H. ,Fatin N. A. ,2013. Characterization and properties of recycled polypropylene/coconut shell powder composites: effect of sodium dodecyl sulfate modification. Polym. -Plastics Technol. Eng. 52(3),287-294.

[5] El-Shekeil Y. A. ,2012. Influence of chemical treatment on the tensile properties of kenaf fiber reinforced thermoplastic polyurethane composite. Express Polym. Lett. 6(12),1032-1040.

[6] El-Shekeil Y. A. , Sapuan S. M. , Abdan K. , Zainudin E. S. , 2011 International Conference on Advanced Materials Engineering Ipcsit Vol. 15. Iacsit Press, Singapore. pp. 20-24.

[7] George J. ,Sreekala M. S. ,Thomas S. ,2001. A review on interface modification and characterization of natural fibre reinforced plastic composites. Polym. Eng. Sci. 41(9),1471-1485.

[8] Goda K. ,Sreekala M. ,Gomes S. ,Kaji A. T. ,Ohgi J. ,2006. Improvement of plant based natural fibers for toughening green composites- effect of load application during mercerization of ramie fibers. Composites A 37(12),2213-2220.

[9] Hajaligol M. ,Waymack B. ,Kellogg D. ,2001. Low temperature formation of aromatic hydrocarbon from pyrolysis of cellulosic materials. Fuel 80(12),1799-1807.

[10] Hemmati M. ,Narimani A. ,Shariatpanahi H. ,Fereidoon A. ,Ghorbanzadeh A. M. , 2011. Study on morphology,rheology and mechanical properties of thermoplastic elastomer polyolefin(TPO)/carbon nanotube nanocomposites with reference to the effect of polypropylene - grafted - maleic anhydride (PP - g - MA) as a compatibilizer. Int. J. Polym. Mater. 60(6),384-397.

[11] Huda M. S. ,Drzal L. T. ,Mohanty A. K. ,Misra M. ,2008. Effect of fibre surface-treatments on the properties of laminated biocomposites from poly (lactic acid) (PLA)and kenaf fibres. Composites Sci. and Technol. 68(2),424-432.

[12] Ibrahim N. A. ,Kamarul A. H. ,Khalina A. ,2009. Effect of fiber treatment on mechanical properties of kenaf fiber-ecoflex composites. J. Reinforced Plastics Composites 29(14),2192-2198.

[13] Ishiaku U. S. ,Mohd I. A. ,Ismail H. ,Nasir M. ,1996a. The effect of di-2-ethylhexyl phthalate on the thermo-oxidative ageing of poly(vinyl chloride)/epoxidized natural rubber blends. Polym. Int. 41(3),327-336.

[14] Ishiaku U. S. ,Poh B. T. ,Mohd I. A. ,Ng D. ,1996b. Mechanical and thermo-oxidative properties of blends of poly(vinyl chloride) with epoxidized natural rubber and acrylonitrile butadiene rubber in the presence of an antioxidant and a base. Polym. Int. l 39(1),67-76.

[15] Ishiaku U. S. ,Shaharum A. ,Ismail H. ,Ishak Z. A. M. ,1997. The effect of an epoxidized plasticizer on the thermo-oxidative ageing of poly(vinyl chloride)/epoxidized natural rubber thermoplastic elastomers. Polym. Int. 45(1),83-91.

[16] Ishiaku U. S. ,Ismail H. ,Ishak Z. A. M. ,1999. The effect of mixing time on the rheological,mechanical,and morphological properties of poly(vinyl chloride)-epoxidized natural rubber blends. J. Appl. Polym. Sci. 73,75-83.

[17] Jacob M. ,Thomas S. ,Varughese K. T. ,2004. Mechanical properties of sisal/oil palm hybrid fiber reinforced natural rubber composites. Composites Sci. Technol. 64 (7-8),955-965.

[18] Jiang H. ,Kamdem D. P. ,2004. Effects of copper amine treatment on mechanical properties of PVC/wood-flour composites. J. Vinyl Additive Technol. 10(2), 70-78.

[19] John M. ,Thomas S. ,2008. Biofibres and biocomposites. Carbohyd. Polym. 71(3), 343-364.

[20] Juhaida M. F. ,Paridah M. T. ,Mohd B. M. ,Hilmi E. Z. ,Sarani D. H. ,Jalaluddin B. ,et al. ,2010. Liquefaction of kenaf(hibiscus cannabinus l.)core for wood laminating adhesive. Bioresour. Technol. 101(4),1355-1360.

[21] Kaushik K. Vijay,Kumar A. ,Kalia S. ,2013. Effect of mercerization and benzoyl peroxide treatment on morphology,thermal stability and crystallinity of sisal fibers. Int. J. Textile Sci. 1(6),101-105.

[22] Kestur G. , Satyanarayana G. , Arizaga G. C. , Fernando W. , 2009. Biodegradable composites based on lignocellulosic fibers—an overview. Progress Polym. Sci. 34 (9) ,982–1021.

[23] Liang G. , Junting X. , Suping B. , Weibing X. , 2004. Polyethylene/maleic an-hydride grafted polyethylene/organic–montmorillonite nanocomposites. I. Prepara-tion, microstructure, and mechanical properties. J. Appl. Polym. Sci. 91 (6), 3974–3980.

[24] Luo F. N. Y. , Ning L. , Chen R. , Su J. , Cao Q. Z. , Qiang F. , 2009. Effects of compatibilizers on the mechanical properties of low density polyethylene/lignin blends. Chinese J. Polym. Sci. 27(6) ,833–842.

[25] Minsker K. S. , 2000. Unusual behavior of poly (vinyl chloride) in PVC – PE blends. Polym. Sci. Series A 42(2) ,372–376.

[26] Mohammad K. , Hossain M. R. , Karim M. R. , Chowdhury M. A. , Imam M. , Hosur S. , et al. , 2014. Comparative mechanical and thermal study of chemically treated and untreated single sugarcane fiber bundle. Ind. Crops Products 58 ,78–90.

[27] Mousa A. , Ishiaku U. S. , Ishak Z. A. M. , 1998. Oil–resistance studies of dynami-cally vulcanized poly(vinyl chloride)/epoxidized natural rubber thermoplastic elas-tomer. J. Appl. Polym. Sci. 69(7) ,1357–1366.

[28] Nabil H. , Ismail H. , Azura A. R. , 2013. Comparison of thermo–oxidative ageing and thermal analysis of carbon black–filled NR/virgin EPDM and NR/recycled EPDM blends. Polym. Testing 32(4) ,631–639.

[29] Pospisil J. , Horak Z. , Krulis Z. , Nespurek S. , Kuroda S. , 1999. Polym. Degrad. Stab 66 ,405–414.

[30] Ramesh P. , De S. K. , 1991. Self–cross–linkable plastic–rubber blend system based on poly (vinyl chloride) and epoxidized natural rubber. J. Mater. Sci. 26 (11) ,2846–2850.

[31] Ramesh P. , De S. K. , 1993. Evidence of thermally induced chemical reactions in miscible blends of poly(vinyl chloride) and epoxidized natural rubber. Polymer 34 (23) ,4893–4897.

[32] Ratnam C. T. , 2001a. Radiation crosslinking of poly (vinyl chloride)/epoxidized

natural rubber blend: effect of lead stabilization of the poly (vinyl chloride) phase. Polym. Int. 50(10) ,1132-1137.

[33] Ratnam C. T. ,2001b. Irradiation crosslinking of PVC/ENR blend: a comparative study with the respective homopolymers. Macromol. Mater. Eng. 286(7) ,429-433.

[34] Ratnam C. T. ,2002. Enhancement of PVC/ENR blend properties by electron beam irradiation: effect of stabilizer content and mixing time. Polym. Testing 21 (1) , 93-100.

[35] Ratnam C. T. , Zaman K. , 1999. Modification of PVC/ENR blends by electron beam irradiation. Die Angewandte Makromolekulare Chemie 269 ,42-48.

[36] Ratnam C. T. , Nasir M. , Baharin A. , Zaman K. , 2000. Electron beam irradiation of epoxidized natural rubber:ftir studies. Polym. Int. 49(12) ,1693-1701.

[37] Ratnam C. T. , Nasir M. , Baharin A. , Zaman K. , 2001c. effect of electron-beam irradiation on poly(vinyl chloride)/epoxidized natural rubber blend: dynamic mechanical analysis. Polym. Int. 50(5) ,503-508.

[38] Ratnam C. T. , Nasir M. , Baharin A. , Zaman K. , 2001d. Electron-beam irradiation of poly(vinyl chloride)/epoxidized natural rubber blends in presence of trimethyl-olpropane.

[39] Ratnam C. T. , Nasir M. , Baharin A. , Zaman K. , 2001e. Evidence of irradiation-induced crosslinking in miscible blends of poly (vinyl chloride)/epoxidized natural rubber in presence of trimethylolpropane triacrylate. J. Appl. Polym. Sci. 81 (8) , 1914-1925.

[40] Ratnam C. T. , Nasir M. , Baharin A. , 2001f. Irradiation crosslinking of unplasti-cized polyvinyl chloride in the presence of additives. Polym. Testing 20 (5) , 485-490.

[41] Ratnam C. T. , Kamaruddin S. , Sivachalam Y. , Talib M. , Yahya N. , 2006. Radiation crosslinking of rubber phase in poly (vinyl chloride)/epoxidized natural rubber blend: effect on mechanical properties. Polym. Testing 25(4) ,475-480.

[42] Sarani Z. , Rasidi R. , Umar A. A. , Chin-Hua C. , Saiful B. B. , 2014. Characterization of residue from EFB andkenaf core fibres in the liquefaction process. Sains Ma-

laysiana 43(3),429-435.

[43]Siriwardena S. ,Ismail H. ,Ishiaku U. S. ,Perera M. C. S. ,2002. Mechanical properties and morphological studies of white rice husk ash filled ethylene propylene diene monomer/polypropylene blends. J. Appl. Polym. Sci. 85(2),438-453.

[44]Sombatsompop N. ,Sungsanit K. ,Thongpin C. ,2004. Structural changes of PVC in PVC/LDPE melt-blends：effects of LDPE content and number of extrusions. Polym. Eng. Sci. 44(3),487-495.

[45]Taib R. M. ,Suganti R. ,Ishak Z. A. M. ,Mitsugu T. ,2010. Properties of kenaf fiber/polylactic acid biocomposites plasticized with polyethylene glycol. Polym. Composites 31(7),1213-1222.

[46]Van de Velde K. ,Baetens E. ,2001. Thermal and mechanical properties of flax fibres as potential composite reinforcement. Macromole. Mater. Eng. 286 (6), 342-349.

[47]Varughese K. T. ,Nando G. B. ,De P. P. ,De S. K. ,1988a. Miscible blends from rigid poly (vinyl chloride) and epoxidized natural rubber part 1. Phase morphology. J. Mater. Sci. 23(11),3894-3902.

[48]Varughese K. T. ,Nando G. B. ,De P. P. ,De S. K. ,1988b. Miscible blends from rigid poly(vinyl chloride)and epoxidized natural rubber part 2. Studies on mechanical properties and SEM fractograph. J. Mater. Sci. 23(11),3903-3909.

[49] Wong S. , Shanks R. , Hodzic A. , 2004. Interfacial improvements in poly (3-hydroxybutyrate) - flax fibre composites with hydrogen bonding additives. Composites Sci. Technol. 64(9),1321-1330.

[50]Zampaloni M. ,Pourboghrat F. ,Yankovich S. A. ,Rodgers B. N. ,Moore J. ,Drzal L. T. ,et al. ,2007. Kenaf natural fiber reinforced polypropylene composites：a discussion on manufacturing problems and solutions. Composites Part A. 38 (6), 1569-1580.

[51]Zárraga A. ,Muñoz M. E. ,Peña J. J. ,Santamaría A. ,2001. Rheological effects of the incorporation of chlorinated polyethylene compatibilizers in a HDPE/PVC blend. Polym. Eng. Sci. 41(11),1893-1902.

[52]Zarraga A. ,Muñoz M. E. ,Peña J. J. ,Santamaría A. ,2002. The role of a dechlori-

nated PVC as compatibiliser for PVC/polyethylene blends. Polym. Bulletin 48, 283-290.

拓展阅读

[1]Gomes A. ,Takanori M. ,Koichi G. ,Junji O. ,2007. Development and effect of alkali treatment on tensile properties of curaua fiber green composites. Composites A 38 (8),1811-1820.

[2] Hammiche D. , Amar B. , Hocine D. , Beztout, Meriama K. , Salem M. , 2012. Synthesis of a new compatibilisant agent PVC-g-MA and its use in the PVC/alfa composites. J. Appl. Polym. Sci. 124(5),4352-4361.

16. 基于聚乙烯醇和热带水果废料的生物可降解聚合物薄膜复合材料的性能与表征

Zhong X. Ooi[1], *Hanafi Ismail*[2], *Yi P. Teoh*[3]

¹ 拉曼大学,马来西亚霹雳州

² 马来西亚理科大学,马来西亚高渊

³ 马来西亚玻璃市大学,马来西亚阿劳

16.1 引言

由于塑料很容易被模压成复杂的形状,而且具有成本低、坚固、产量大、易于携带和储存等特点,因此自 25 年前塑料就被大量使用,大多数工业设计师愿意选择塑料做成符合人体工程学和美学的产品(Roach,2003)。虽然塑料工业有许多明显的优点,但它也严重加剧了环境的恶化。根据 Baker(2010)的统计,全球每年生产和消费的塑料袋数量为 5000 亿~1 万亿个,塑料袋被迅速丢弃而最终成为垃圾。废弃的塑料袋不仅造成垃圾填埋问题,还容易破坏海洋环境。由于以石油为原料的塑料袋是不可降解的,因此丢弃在海中的塑料袋经常被海洋动物误认为是食物,因而造成海洋动物的死亡。因此,这种不可降解的聚合物成为环境问题和破坏生态系统的重要源头。

目前,为了解决垃圾填埋问题,开发环境友好型可降解塑料或生物可降解塑料越来越受到人们的关注。Sedlarik 等(2007)认为,开发生物可降解塑料可分为三大途径:(Ⅰ)使用淀粉等多糖天然来源的生物聚合物或天然聚合物;(Ⅱ)合成生物降解聚合物,如具有可水解主链的石油基聚合物,如聚乙烯醇(PVOH);(Ⅲ)经过化学或物理改性(与促进降解添加剂混合)而具有生物降解性的合成聚合物。

在众多生物降解聚合物中,PVOH 是最有发展前途的聚合物,因为它具有使用水性聚合物加工技术的潜力(Siddaramaiah,Raj and Somashekars,2004),因此 PVOH 可以通过传统的溶液浇铸法形成不同厚度的生物降解薄膜。在 Sin 等(2010)的前期研究中,PVOH 很容易被微生物和酶攻击而被消耗。由于 PVOH 具有优异的耐化学性、良好的力学性能和物理性能而受到越来越多研究人员的关注,其应用范围广泛,不仅限于医药和生物医学领域,还包括浸渍涂料、黏合剂和溶液浇铸薄膜(Ramaraj,2007;Sedlarik et al. , 2007)。

然而,PVOH 是一种乙烯基聚合物,其骨架是由碳—碳连接构成,与其他可生物降解的塑料如聚乳酸和聚己内酯相比(Ishigaki et al.,1999),PVOH 的可生物降解性较低,并且 PVOH 的价格相对昂贵,制造成本不经济(Ramaraj,2006)。为了提高生物降解性和降低成本,将两种聚合物混合(聚合物共混)是开发新型共混产品的有效途径(Utracki,1990)。通常利用 PVOH 的强极性和水溶性特点与天然聚合物进行共混。例如,PVOH/淀粉共混物是最受欢迎的生物降解塑料之一(Tang et al.,2008)。已有关于 PVOH/淀粉混合物薄膜性质和表征的报道(Tudorachi et al. ,2000;Jayasekara et al. ,2004;Park et al. ,2005;Shi et al. ,2009;Yun and Yoon, 2009)。

淀粉等天然聚合物的加入有望降低可生物降解塑料的成本。然而,农产品使用量的扩大将导致对农业资源需求的增加,这必然也会增加农产品生产成本。因此,可行的策略是利用农产品的废弃部分。从经济和环境意义上讲,废弃物利用是一种非常理想且有效的方法。由于马来西亚所处的地理位置,其农业在马来西亚经济中占有非常重要地位。马来西亚盛产各种热带水果,如榴梿、山竹、菠萝蜜、红毛丹、香蕉和番石榴等,农业、工业副产品如果肉、果皮、种子等约占水果加工原料的 50%(Orozco et al. , 2014)。例如按鲜重计算,红毛丹皮占 47.5%(Tindall,1994),香蕉皮占 40%(Lee et al.,2010),而不可食用的菠萝蜜部分占 70%(Hasan et al. ,2008)。这些加工过程产生的垃圾会被丢弃到环境中,造成了废弃物污染问题。Jones(1973)也报道了水果去皮会产生大量的废弃物,这些废弃物在水果加工的总污染中占很高的比例。因此,这项研究旨在将无用的农业废弃物转化为主要由植物细胞壁中纤维素组成的膳食纤维,使其具有商业价值。

16. 2 基于聚乙烯醇和热带水果废料的可生物降解聚合物薄膜复合材料的制备和表征

毫无疑问,共混、复合或增强的主要原因是为了达到所需的性能以及调整性价比的平衡,必须选择合适的工艺才能生产出具有特定用途的最终产品。在过去的几年里,人们对加工过程中的副产物果皮废料关注很少。而如今在科技领域,废弃物利用引起了人们极大关注。毋庸置疑,热带水果废弃物的利用有多种可能性,但在利用热带水果废弃物之前应先进行问题评估,例如,储存热带水果废弃物并不是一个明智的决定,通常产生的废弃物必须立即用于其他用途。Gontard 等(1993)也报道了蛋白质、脂类和多糖可以作为成膜剂使用,热带水果的残渣因含有多糖成分,被认为可以与聚合物混合形成新的可生物降解薄膜。

在制备可生物降解的 PVOH/热带水果废料粉(TFWF)薄膜之前,必须将热带水果废料转化成粉末状。选用的热带水果废料(红毛丹废料、香蕉废料和菠萝蜜废料)在流动的自来水中冲洗以去除污垢,并达到卫生处理的目的。再用 1g/L 焦亚硫酸钠溶液浸泡热带水果废料 30min,以防止褐变,然后用蒸馏水清洗。将清洗干净的热带水果废料用切片机切成 5mm 厚,放入 60℃ 的热风干燥器中干燥 24h,以去除水分。最后将干燥的热带水果废料混合,进一步研磨成更细的粉末状颗粒。用扫描电子显微镜(SEM)对颗粒状 TFWF 进行表征,图像如图 16.1 所示。

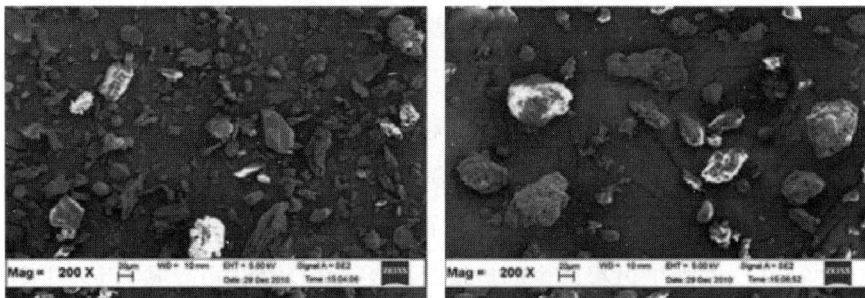

(a) 红毛丹废料粉

(b) 香蕉废料粉

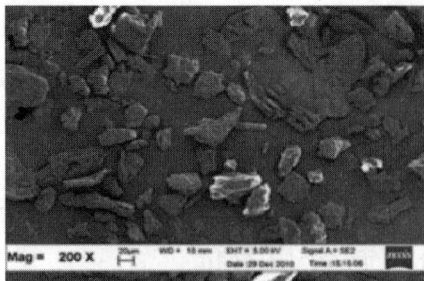

(c) 菠萝蜜废料粉

图 16.1　TFWF 扫描电镜照片(放大 200 倍)

使用粒度分析仪(型号:Malvern Instrument)测定红毛丹废料、香蕉废料和菠萝蜜废料的粒度,结果显示,这些水果废料的粒度在 30.12~63.55μm,而红毛丹废料粉(RWF)、香蕉废料粉(BWF)和菠萝蜜废料粉(JWF)的密度分别为 1.576g/cm³、1.500g/cm³ 和 1.612g/cm³。根据 AOAC International(1997)标准方法分析了红毛丹废粉、香蕉废粉和菠萝蜜废粉中的组成成分,见表 16.1。

表 16.1　选定的热带水果废弃物的成分(%)(Zhong et al.,2011;Ooi et al.,2011)

成分	红毛丹废料	香蕉废料	菠萝蜜废料
水分	5.78±0.14	8.71±0.06	8.94±0.12
蛋白质	5.97±0.04	6.77±0.06	5.96±0.06
脂肪	0.42±0.01	0.94±0.04	0.58±0.01
灰分	3.33±0.36	2.46±0.17	6.14±0.32
碳水化合物	70.33±0.16	81.12±0.02	78.38±0.10
粗纤维	14.17±0.22	2.93±0.09	14.06±0.12

为了制备 PVOH/TFWF 薄膜,将计算量的 PVOH/TFWF 溶解在 200mL 去离子水中,制备 PVOH/TFWF 的水溶液(5%,质量体积分数)。将 PVOH、TFWF 和 1.5g 增塑剂在 1000r/min 下不断搅拌,并于 95℃ 下回流 30min,制成均匀溶液。Yin 等(2005)曾报道 1.5%(以淀粉和 PVOH 总干重量为基准,%)的交联剂是提高薄膜拉伸强度的最佳用量。因此,加入 0.15g 交联剂,在 1000r/min 下继续搅拌 40min。再加入 0.6g 吐温-80,并持续搅拌 10min。混匀后,用吸气器除去制备过程中形成的气泡,然后取 50mL 的样品涂布到每个玻璃板上(275mm×130mm×2mm),将玻璃板放平,在环境温度下干燥 24h,最后在 95℃ 的烘箱中干燥 30min 进行热固化。图 16.2 显示了 PVOH/TFWF 浇铸膜的制造流程。薄膜的平均厚度在 0.08~0.14mm。

形貌是影响共混聚合物性能的决定性因素,在共混物中,次要相分散在主要的连续基体相中(Jose et al.,2004)。如图 16.3(a)所示,未填充 TFWF 的 PVOH 薄膜清晰且完全透明。然而,随着 TFWF 含量的增加,PVOH/TFWF 薄膜趋于不透明。通过图 16.3~图 16.5 光学显微镜照片可以观察到,随着 TFWF 含量的增加,PVOH/TFWF 薄膜中的结构发生了变化。TFWF 在 PVOH 基体中分散较差,导致 PVOH/TWF 薄膜(图 16.3~图 16.5)的表面比未填充 TFWF 的 PVOH 薄膜显得更粗糙和脆性。另外,共混膜的颜色会因 TFWF 本身自然颜色不同而不同。Jayasekara 等(2004)报道淀粉填充 PVOH 有类似的结果,共混薄膜是不透明的。

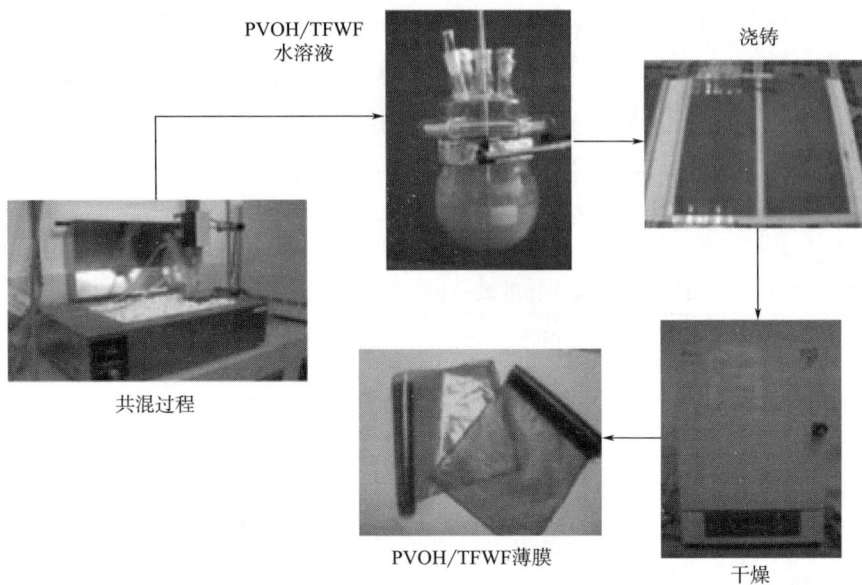

图 16.2　基于 PVOH 和 TFWF 粉的可生物降解聚合物膜的制备工艺

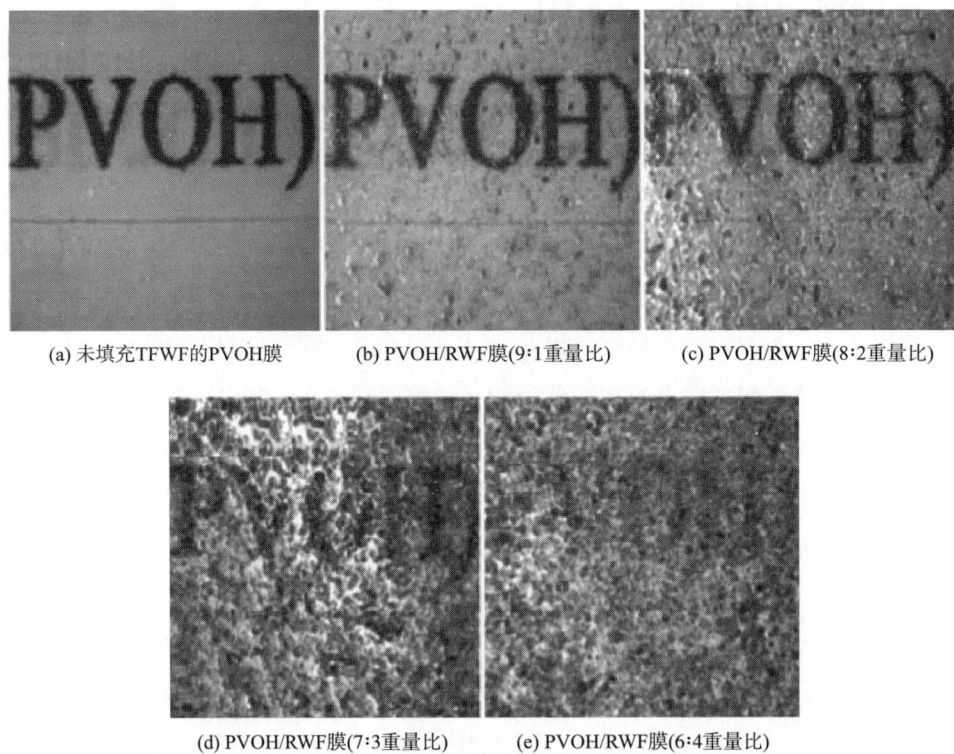

(a) 未填充TFWF的PVOH膜　　　(b) PVOH/RWF膜(9∶1重量比)　　　(c) PVOH/RWF膜(8∶2重量比)

(d) PVOH/RWF膜(7∶3重量比)　　　(e) PVOH/RWF膜(6∶4重量比)

图 16.3　PVOH/RWF 膜的光学显微镜照片(×10)

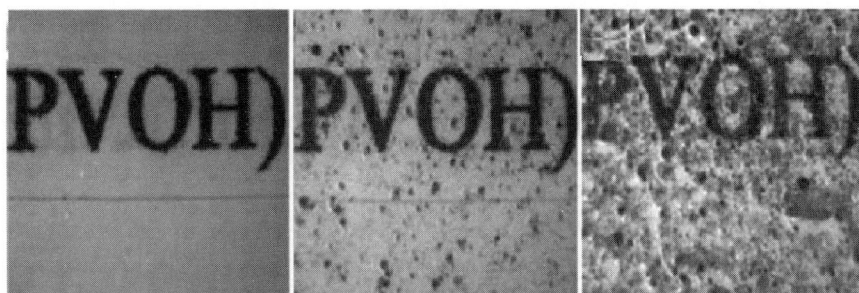

(a) 未填充TFWF的PVOH膜　　(b) PVOH/BWF膜(9:1重量比)　　(c) PVOH/BWF膜(8:2重量比)

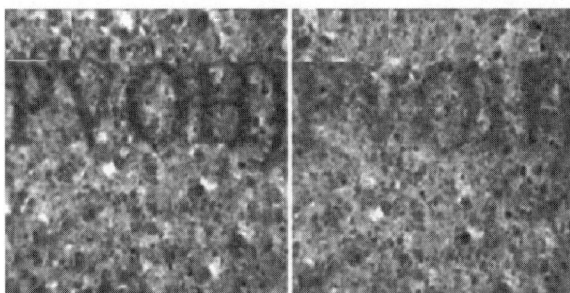

(d) PVOH/BWF膜(7:3重量比)　　(e) PVOH/BWF膜(6:4重量比)

图 16.4　PVOH/BWF 膜的光学显微镜照片(×10)

(a) 未填充TFWF的PVOH膜　　(b) PVOH/JWF膜(9:1重量比)　　(c) PVOH/JWF膜(8:2重量比)

(d) PVOH/JWF膜(7:3重量比)　　(e) PVOH/JWF膜(6:4重量比)

图 16.5　PVOH/JWF 膜的光学显微镜照片(×10)

331

研究了未填充 TFWF 的 PVOH 膜、RWF、BWF 和 RWF 的红外光谱,并与 PVOH/RWF(6∶4 重量比)膜、PVOH/BWF(6∶4 重量比)膜和 PVOH/JWF(6∶4 重量比)膜进行了比较,如图 16.6 所示。图 16.6 中的光谱(A)显示了 C—H 伸缩振动(在 2908cm⁻¹ 和 1324cm⁻¹)和 C—H 弯曲振动(在 829cm⁻¹),未填充 TFWF 的 PVOH 薄膜在 3245cm⁻¹ 处的强而宽的吸收峰证明薄膜中存在大量的水羟基,这与 El-Sawy 等(2010)的报道相符;在 1142 和 1084cm⁻¹ 处出现了 C—O—C 不对称的弯曲振动峰,这与 Yin 等(2005)的报道相符。

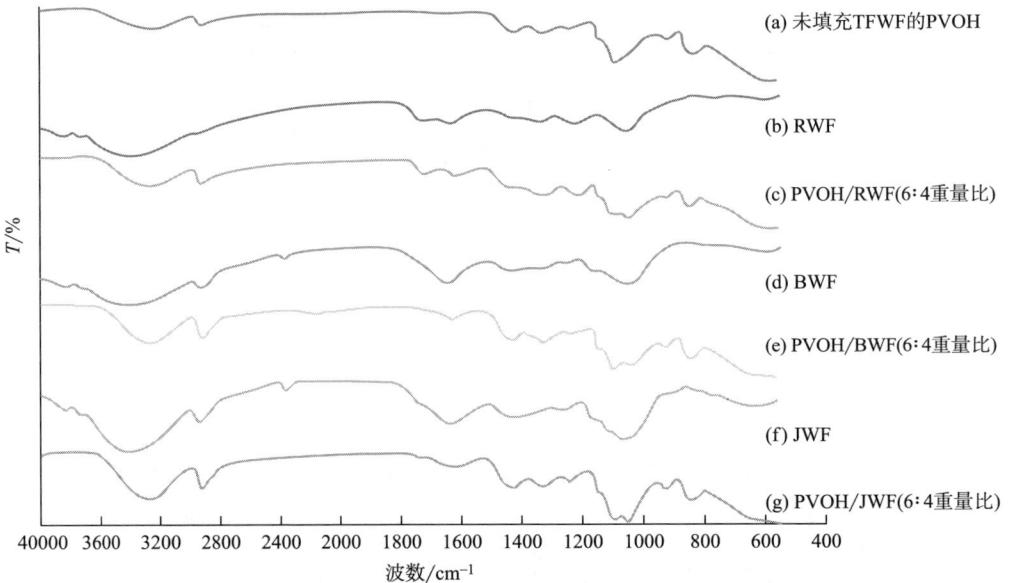

图 16.6　PVOH、各种 TFWF 及 PVOH/TFWF 的共混膜的 FTIR 谱图

RWF[图 16.6(b)]、BWF[图 16.6(d)]和 JWF[图 16.6(f)]的主要特征峰与之前研究报道的淀粉特征峰基本一致(Jayasekara et al.,2004;Yin et al.,2005;Chen et al.,2008)。羟基的宽伸缩振动峰出现在 3250~3450cm⁻¹,而 C—H 的弱伸缩振动峰出现在 2930cm⁻¹ 左右。C—O 键与羟基和 C—O—C 基团结合出现的振动尖峰在 1630cm⁻¹、1100cm⁻¹ 和 1050 cm⁻¹ 左右。值得注意的是,Jayasekara 等(2004)报道,在 2362cm⁻¹ 处出现的峰可能是大气中的二氧化碳。

与未填充 TFWF 的 PVOH 薄膜、RWF、BWF 和 JWF 的 FTIR 光谱相比,PVOH/

RWF 薄膜、PVOH/BWF 薄膜和 PVOH/JWF 薄膜的吸收峰有明显的变化。如图 16.6(a)中未填充 TFWF 的 PVOH 薄膜的羟基的伸缩振动峰出现在 3245cm⁻¹ 处,图 16.6(f)中 JWF 的羟基伸缩振动峰出现在 3394cm⁻¹ 处。而 PVOH/JWF 薄膜在 3370cm⁻¹ 处出现吸收峰,表明在溶液混合和浇铸过程中 PVOH 和 JWF 之间存在不同羟基的弱相互作用。换句话说,PVOH/JWF 薄膜的 FTIR 光谱与单一聚合物成分相比似乎有部分重叠,PVOH/RWF 薄膜和 PVOH/BWF 薄膜也有类似的现象。根据 Chen 等(2008)的研究,如果共混物薄膜特征峰的形状和位置与 PVOH 的特征峰相似,则 PVOH 分子之间的相互作用占主导地位,强于 PVOH - TFWF 和 TFWF-TFWF 分子间的相互作用力。

16.3　以聚乙烯醇和热带水果废料为原料的可生物降解聚合物薄膜复合材料的拉伸性能、吸水性能和透湿性

将 3 种热带水果废料(即红毛丹皮、香蕉皮和菠萝蜜)与 PVOH 共混制备生物降解薄膜,并对不同负载水平进行了比较,研究它们对拉伸性能、吸水性能和透湿性(WVTR)的影响。

图 16.7~图 16.9 说明了红毛丹皮废粉(RWF)、香蕉皮废粉(BWF)和菠萝蜜皮废粉(JWF)填充的 PVOH 共混物的拉伸性能与 TFWF 含量的关系。可以清楚地看到,随着 RWF、BWF 和 JWF 含量的增加,PVOH/RWF 薄膜、PVOH/BWF 薄膜和PVOH/JWF 薄膜的拉伸强度(图 16.7)和断裂伸长率(图 16.8)均呈下降趋势。作为淀粉填料的 TFWF 也表现出相同的趋势,这可能反映出 TFWF 和 PVOH 之间有弱的分子间氢键。共混物中 PVOH 和 TFWF 的拉伸性能变化取决于共混物的形貌。众所周知,TFWF 颗粒的聚集和分散性差是导致拉伸强度和断裂伸长率降低的因素之一。这一结果表明,虽然 PVOH 本身具有良好的力学性能,但因为基的PVOH 与 TFWF 相容性较差,TFWF(RWF、BWF 和 JWF)不能提高共混物的拉伸性能(Chen et al. ,2008)。这是一个普遍现象,许多研究者(Parra et al. ,2004;Ramaraj,2007;Chen et al. ,2008)都报道 PVOH/淀粉复合薄膜的拉伸强度和断裂伸长率低于纯 PVOH 薄膜,并且随着淀粉含量的增加而降低,而 Elizondo 等(2009)在苋菜粉与 PVOH 的混合物中也观察到了类似结果。

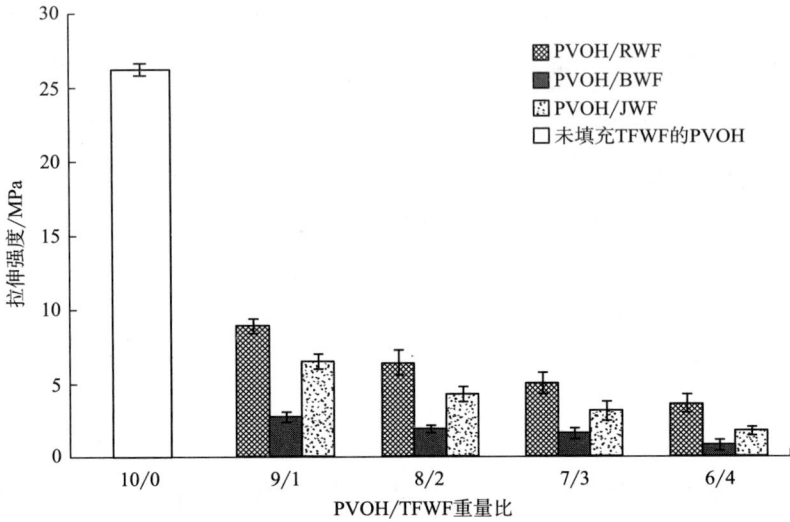

图 16.7　不同共混比下 PVOH/TFWF 薄膜的拉伸强度

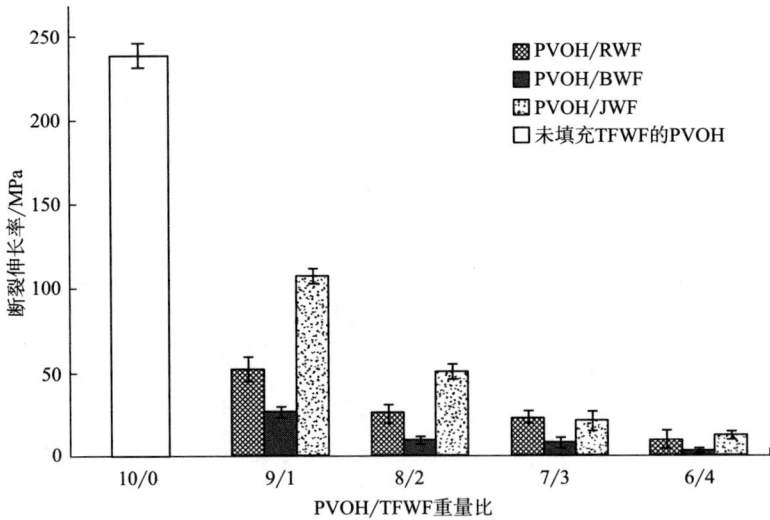

图 16.8　不同共混比下 PVOH/TFWF 膜的断裂伸长率

添加 10%(%,质量分数)的 JWF、RWF 和 BWF 后,断裂伸长率分别由未填充 TFWF 的 PVOH 膜的 238%下降到 109%、52%和 27%。断裂伸长率的急剧下降与 TFWF 的增强作用有关(Morreal et al. ,2008),也与 Rahman 等(2006)报道的 PVOH

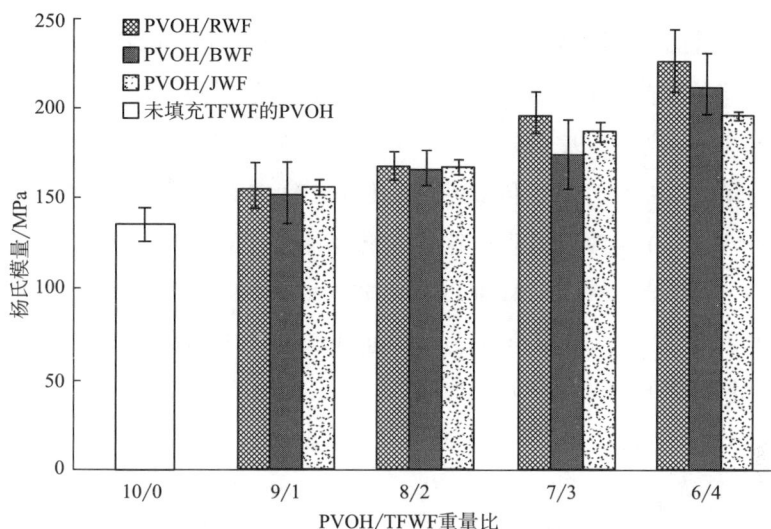

图 16.9　不同共混比下 PVOH/TFWF 共混膜的杨氏模量

基体中 TFWF 的有效横截面积低有关。

　　但在相同重量比下,PVOH/RWF 薄膜的拉伸强度高于相应的 PVOH/JWF 薄膜和 PVOH/BWF 薄膜,说明 RWF 与 PVOH 的相容性和相互作用优于 BWF 和 JWF。这主要是由于热带水果废料的成分不同,其中 RWF 中能作为增强填料的纤维含量约为 14.17%,比 BWF 纤维含量(4.00%)和 JWF 纤维含量(8.46%)高。同时,PVOH/JWF 薄膜的断裂伸长率最高,其次是 PVOH/RWF 和 PVOH/BWF。这主要是由于 JWF 的含水率(7.48%)比 RWF(5.78%)和 BWF(4.71%)大。根据以往的研究(Gontard et al.,1993;Tudorachi et al.,2000;Cheng et al.,2006),当共混物薄膜受到应力时,水分可以起到润滑剂以及增塑剂的作用,改善聚合物链之间的流动性。

　　图 16.9 给出了 RWF、BWF 和 JWF 负载后的 PVOH/TFWF 薄膜杨氏模量。实验结果表明,杨氏模量随着 TFWF 载荷的增加而增加。这一趋势是由于 TFWF 的增强作用所致。在相同的混合比下,PVOH/RWF 薄膜的杨氏模量高于 PVOH/BWF 和 PVOH/JWF 薄膜。而且,RWF 的刚性也明显高于 BWF 和 JWF。

　　对大多数薄膜的应用来说,需要降低共混物薄膜的水敏感性(Chen et al.,2008)。然而,由于 PVOH 的亲水性和 TFWF 的水敏感性,加入 RWF、BWF 和 JWF

的共混物薄膜吸水性明显增加,如图16.10所示。共混物薄膜的吸水性随TFWF含量的增加而增加,说明PVOH/TFWF膜的阻水性能较差。FTIR结果证明,PVOH和TFWF分子中含有大量羟基,使共混物薄膜具有较高的吸水能力(超过130%)。这一结果与Chen等(1997)报道的结果一致,PVOH/TFWF薄膜的吸水行为与PVOH/淀粉薄膜相似。在相同的重量比下,PVOH/BWF薄膜的吸水率高于PVOH/RWF和PVOH/JWF薄膜。这种差异是由于PVOH与BWF的相容性比与RWF和JWF差,因此,PVOH/BWF的自由体积最大,吸水趋势增加。根据Elizondo等(2009)的研究,由于两种聚合物之间的强烈相互作用和共混物的均质性使聚合物薄膜吸水能力降低。

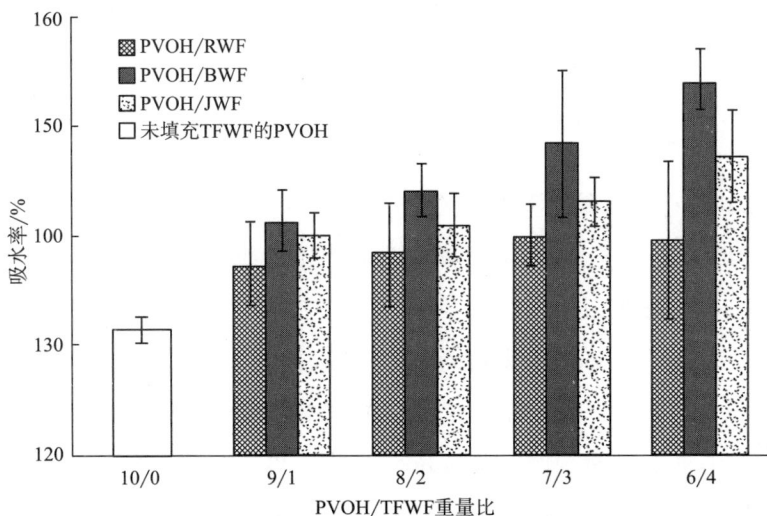

图16.10　不同类型热带水果废粉对PVOH共混膜吸水性能的影响

吸水能力是一项重要的性能指标,特别是对于可生物降解材料而言。正如早期研究报道所述,微生物需要在潮湿的环境才能生存(Zabel and Morrell,1992),在潮湿的环境才能释放分解生物聚合物的水解酶(Khachatourians and Qazi,2008)。因此,吸收了水分能使材料表面能被诸如真菌和细菌之类的微生物降解。

Tang等(2008)用水蒸气透过率(WVTR)衡量水分渗透和通过材料的能力。计算未填充TFWF的PVOH薄膜和PVOH/TFWF薄膜的WVTR随RWF、BWF和JWF含量的变化见图16.11。TFWF对WVTR的显著影响在4.94~11.67g(mm·h·m²)。随着RWF、BWF和JWF的增加,共混膜的WVTR增大。这主要是由于TFWF具有高吸水性。根据 Gontard 和 Guilbert(1994)的报道,WVTR 取决于薄膜基质对水的敏感性。因此,PVOH 的亲水性和 TFWF 的水敏感性导致水分子被吸收,使 PVOH/RWF 膜、PVOH/BWF 膜和 PVOH/JWF 膜的 WVTR 增加。吸收的水分可以作为增塑剂使 TFWF 和 PVOH 大分子具有更大的流动性(Tudorachi et al. ,2000),因此,这将增加分子链间距,促进水分子通过薄膜。简而言之,TFWF(RWF,BWF 和 JWF)的存在和含量对吸水率和 WVTR 都有正向贡献。在相同重量比下,PVOH/RWF 膜的 WVTR 低于 PVOH/BWF 膜和 PVOH/JWF 膜。这种差异也可能是由于 PVOH 和 RWF 之间的相容性较好,导致链间距的增加,从而使通过薄膜扩散的水分子减少。

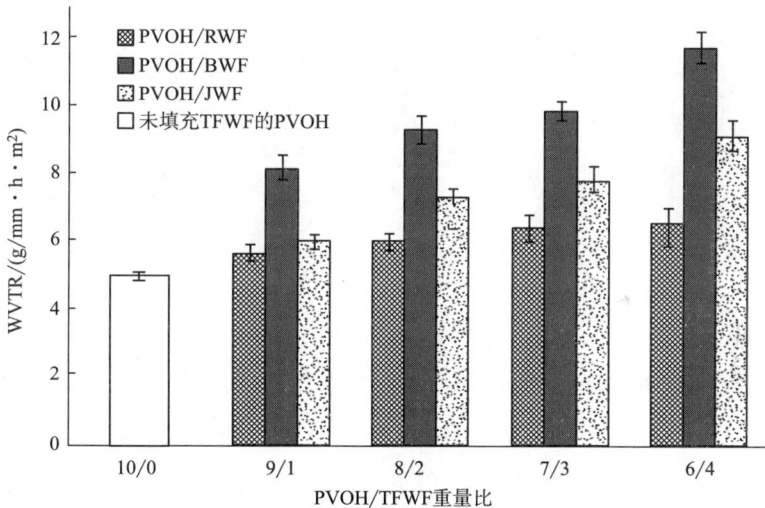

图 16. 11　不同类型热带水果废粉对 PVOH 共混物水蒸气透过率(WVTR)的影响

16. 4　基于聚乙烯醇和热带水果废料的可生物降解聚合物复合材料薄膜的自然老化和形貌特征

PVOH/TFWF 薄膜在自然老化 1 个月和 3 个月后的失重情况如图 16.12 所示。从结果可以看出,未填充 TFWF 的 PVOH 膜在 1 个月后的重量损失约为 24%,在暴露 3 个月后的重量损失略有增加(26%)。未填充 TFWF 的 PVOH 薄膜重量减少可能是由于紫外线照射下的光氧化以及雨水和露水引起的水解。回顾一下,PVOH中含有羟基,由于下雨的影响,羟基往往会吸收水分,从而导致水解发生解聚。根据 Bastioli(2005)的研究,长聚合物链通过水解发生解聚,转化为较小的低聚物片段。在 PVOH 共混物中加入 RWF、BWF 和 JWF 等 TFWF 后,PVOH/TFWF 薄膜在自然老化作用下的失重进一步增加,特别是随着 TFWF 含量的增加失重增加。

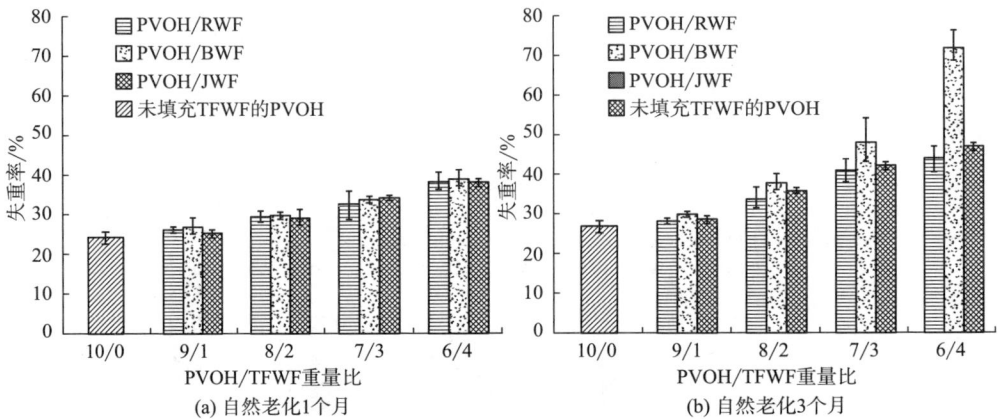

图 16.12 不同 RWF、BWF、JWF 含量下 PVOH/TFWF 膜的失重情况

从 TFWF 的 FTIR 光谱结果(图 16.6)可以看出,与 PVOH 类似,TFWF 中也含有大量易于吸水的羟基。自然老化测试是在炎热和潮湿的热带气候下进行的,因此,所有未填充 TFWF 的 PVOH 薄膜和 PVOH/TFWF 薄膜会被雨淋湿,试样中的水分会在阳光强烈照射下释放出来而干燥。Yew 等(2009)报道,自然老化可能导致试样性能退化,如暴露在空气中的聚乳酸(PLA)/大米淀粉复合材料和 PVOH/TF-WF 膜的表面开裂和分子链断裂。人们也注意到,由于热效应,所有老化的 PVOH/TFWF 薄膜都失去了其原始的结构形状,有卷曲趋势,未填充 TFWF 的 PVOH 薄膜也是如此(图 16.13)。重量比为 6:4 的 PVOH/BWF 膜在自然老化后易于破损就是由于环境影响造成的,例如降雨和风作为外力破坏 PVOH/BWF 薄膜,尤其是在 BWF 含量较高时。正是由于 PVOH/BWF 薄膜易于破损,才使得它的重量损失高于 PVOH/RWF 薄膜和 PVOH/JWF 薄膜。

图 16.14~图 16.17 为未填充 TFWF 的 PVOH、PVOH/RWF、PVOH /BWF 和 PVOH/JWF 薄膜在自然老化 3 个月后的 SEM 照片。从图 16.14 可以看出,未填充 TFWF 的 PVOH 膜在自然老化试验之前表面光滑,但在 3 个月后表面变得粗糙且

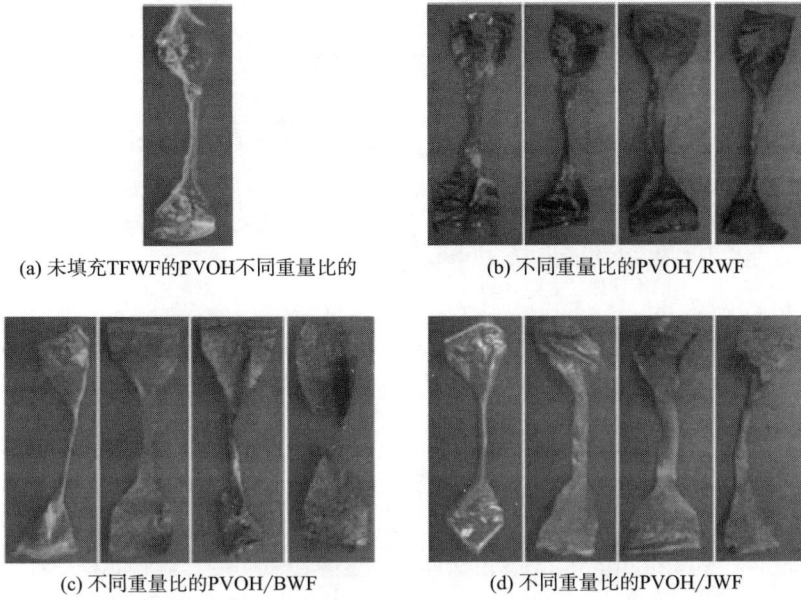

(a) 未填充TFWF的PVOH不同重量比的

(b) 不同重量比的PVOH/RWF

(c) 不同重量比的PVOH/BWF

(d) 不同重量比的PVOH/JWF

图 16.13　各类薄膜自然老化后的 SEM 照片

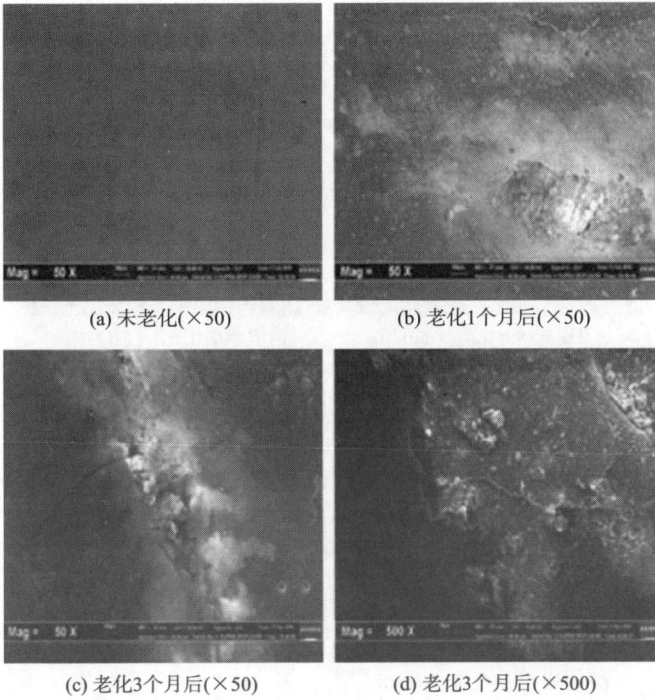

(a) 未老化(×50)

(b) 老化1个月后(×50)

(c) 老化3个月后(×50)

(d) 老化3个月后(×500)

图 16.14　未填充 TFWF 的 PVOH 的 SEM 照片

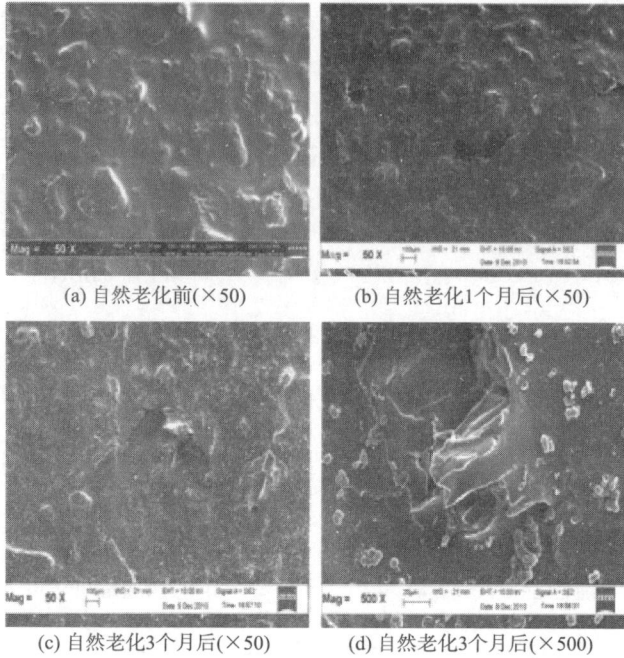

(a) 自然老化前(×50)　　　　(b) 自然老化1个月后(×50)

(c) 自然老化3个月后(×50)　　　　(d) 自然老化3个月后(×500)

图 16.15　PVOH/RWF 重量比为 6∶4 时的 SEM 照片

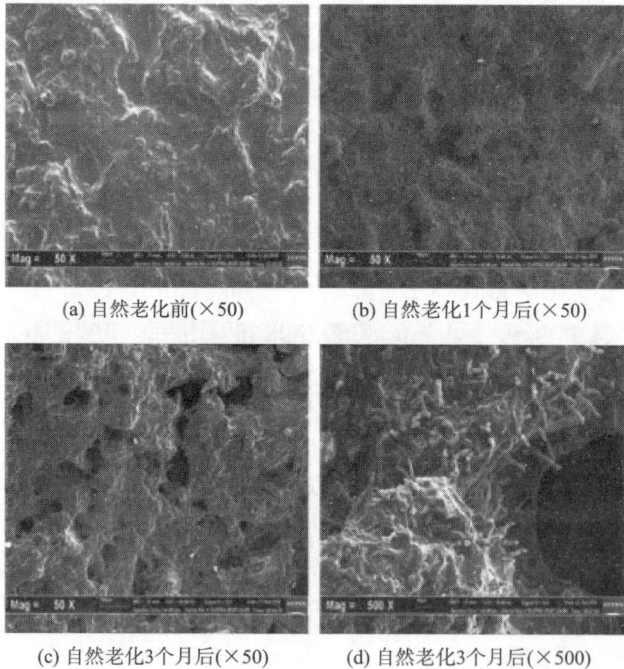

(a) 自然老化前(×50)　　　　(b) 自然老化1个月后(×50)

(c) 自然老化3个月后(×50)　　　　(d) 自然老化3个月后(×500)

图 16.16　PVOH/BWF 重量比为 6∶4 时的 SEM 照片

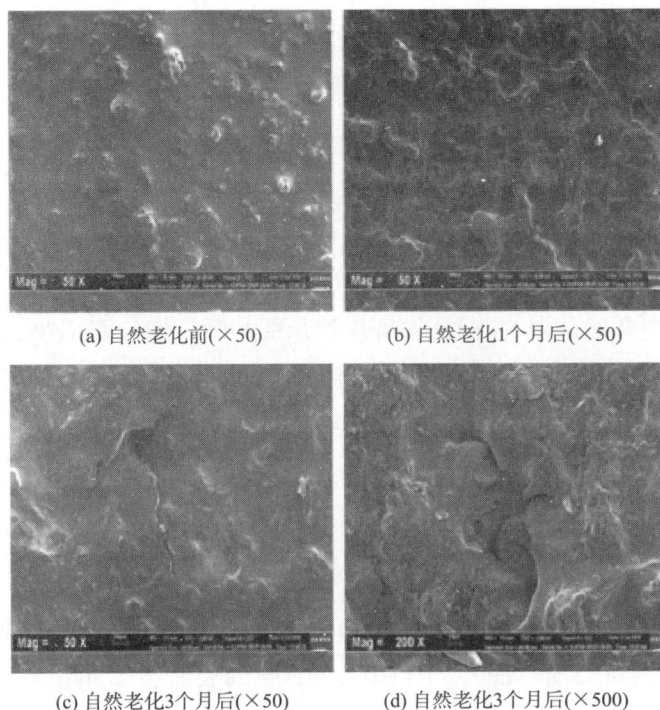

(a) 自然老化前(×50)　　(b) 自然老化1个月后(×50)

(c) 自然老化3个月后(×50)　　(d) 自然老化3个月后(×500)

图 16.17　PVOH/JWF 重量比为 6：4 时的 SEM 照片

裂纹严重。加入 RWF、BWF 和 JWF 后,所有 PVOH/TFWF 共混物的表面老化更加严重。如图 16.15 所示,PVOH/TFWF 共混物老化后,其表面分布有大量孔隙和裂纹。Danjaji 等(2001)也报道了线型低密度聚乙烯(LLDPE)/西米淀粉共混物的表面在自然老化后出现裂纹。而且,在放大 500 倍的显微镜照片中可以观察到微生物的生长,与 PVOH/RWF 膜和 PVOH/JWF 膜相比,在 PVOH/BWF 膜上观察的尤其明显。微生物的生长和进攻导致塑料薄膜的降解,进而使 PVOH/TFWF 薄膜破碎。通过重量损失评价和 SEM 照片观察可以发现,重量比为 6：4 的 PVOH/BWF 膜的暴露表面降解速度高于未填充 TFWF 的 PVOH、PVOH/RWF 和 PVOH/JWF 膜。

16.5　结论

由于人口增加、高速发展和工业化进程的影响,塑料的使用量在不断增加。因此,塑料废物的数量对社会和环境造成负面影响。相信通过开发可生物降解的塑料薄膜可以解决石油基塑料所带来的问题。然而,开发可生物降解聚合物薄膜的主要挑战是材料成本和加工方法的选择,以及如何使消费者相信可生物降解薄膜能够满足包装产品的基本要求。将 TFWF 和 PVOH 共混制备的可生物降解聚合物薄膜具有多样性。

将红毛丹皮废粉(RWF)、香蕉皮废粉(BWF)和菠萝蜜皮废粉(JWF)与 PVOH 混合制成了三个系列共混物薄膜,发现拉伸强度和断裂伸长率变小,但拉伸模量和吸水率随 TFWF 含量的增加而增加。与相应的 PVOH/JWF 膜和 PVOH/BWF 膜相比,PVOH/RWF 膜的拉伸强度和杨氏模量最高,但吸水率和 WVTR 最低。PVOH/JWF 膜的断裂伸长率最高,其次是 PVOH/RWF 和 PVOH/BWF。自然老化和土壤掩埋测试表明,所有老化的 PVOH/TFWF 薄膜均会因热效应而失去其原有形状结构,并趋于卷曲,未填充 TFWF 的 PVOH 膜也一样,随着实验时间的延长,其质量明显下降,且损伤程度更严重。与相应的 PVOH/RWF 膜和 PVOH/JWF 膜相比,PVOH/BWF 膜的重量损失最大。PVOH/BWF 膜的表面裂纹和孔隙的严重程度明显高于 PVOH/RWF 膜和 PVOH/JWF 膜。无论在价格上还是性能上,这些薄膜都能与不可降解的高分子包装材料相竞争。

参考文献

[1] AOAC International, 1997. Official methods of analysis, sixteenth ed. AOAC, Washington DC.

[2] Baker A. R., 2010. Fees on plastic bags: Altering consumer behavior by taxing environmentally damaging choices [Online], Available: http://works.bepress.com/alice-baker/1 (Accessed 17 June 2016).

[3] Bastioli C., 2005. Handbook of Biodegradable Polymers. iSmithers Rapra Publishing, United Kingdom.

[4] Chen L., Imam S. H., Gordon S. H., Greene R. V., 1997. Starch-polyvinyl alcohol crosslinked film-Performance and biodegradation. J. Environ. Polym. Degrad. 5(2), 111-117.

[5] Chen Y., Cao X., Chang P. R., Huneault M. A., 2008. Comparative study on the

films of(polyvinyl alcohol)/pea starch nanocrystals and poly(vinyl alcohol)/native pea starch. Carbohyd. Polym. 73,8-17.

[6] Cheng L. H., Abd Karim A., Seow C. C., 2006. Effects of water - glycerol and water- sorbitol interactions on the physical properties of konjac glucomannan films. J. Food Sci. 71(2), E62-E67.

[7] Danjaji I. D., Nawang R., Ishiaku U. S., Ismail H., Mohd Ishak Z. A., 2001. Sago starchfilled linear low-density polyethylene(LLDPE)films: their mechanical properties and water absorption. J. Appl. Polym. Sci. 79,29-37.

[8] El-Sawy N. M., El-Arnaouty M. B., Abdel Ghaffar A. M., 2010. γ - Irradiation effect on the non-cross-linked and cross-linked polyvinyl alcohol films. Polym. - Plastic Technol. Eng. 49,169-177.

[9] Elizondo N. J., Sobral P. J. A., Menegalli F. C., 2009. Development of films based on blends of Amaranthus cruentus flour and poly (vinyl alcohol). Carbohyd. Polym. 75(4),592-598.

[10] Gontard N., Guilbert S., 1994. Biopackaging: technology and properties of edible and/or biodegradable material of agricultural origin. In: Mathlouthi, M. (Ed.), Food Packaging and Preservation. Blackie Academic and Professional, London (page number: 159-181).

[11] Gontard N., Guilbert S., Cuq J. -L., 1993. Water and glycerol as plasticizers affect mechanical and water vapor barrier properties of an edible wheat gluten film. J. Food Sci. 58(1),206-211.

[12] Hasan M. K., Ahmed M. M., Miah M. G., 2008. Agro -economic performance of jackfruitpineapple agroforestry system in Madhupur tract. J. Agric. Rural Dev. 6 (1),147-156.

[13] Ishigaki T., Kawagoshi Y., Ike M., Fujita M., 1999. Biodegradation of a polyvinyl alcohol - starch blend plastic film. World J. Microbiol. Biotechnol. 15 (3), 321-327.

[14] Jayasekara R., Harding I., Bowater I., Christie G. B. Y., Lonergan G. T., 2004. Preparation, surface modification and characterization of solution cast starch PVA blended films. Polym. Testing 23(1),17-27.

[15] Jones H. R. , 1973. Waste Disposal Control in the Fruit and Vegetable Industry. Noyes Data Corporation, New Jersey, pp. 64−83.

[16] Jose S. , Aprem A. S. , Francis B. , Chandy M. C. , Werner P. , Alstaedt V. , Thomas S. , 2004. Phase morphology, crystallization behavior and mechanical properties of isotactic polypropylene/high density polyethylene blends. Eur. Polym J 40 (9), 2105−2115.

[17] Khachatourians G. G. , Qazi S. S. , 2008. Entomopathogenic fungi: biochemistry and molecular biology. In: Brakhage, A. A. , Zipfel, P. F. (Eds.), The Mycota, Human and Animal Relationship, volume IV. Springer−Verlag Berlin Heidelberg, New York(page number:33−61).

[18] Lee E. H. , Yeom H. J. , Ha M. S. , Bae B. H. , 2010. Development of banana peel jelly and its antioxidant and textural properties. Food Sci. Biotechnol. 19 (2), 449−455.

[19] Morreale M. , Scaffaro R. , Maio A. , Mantia F. P. L. , 2008. Effect of adding wood flour to the physical properties of a biodegradable polymer. Composites A 39, 503−513.

[20] Ooi Z. X. , Ismail H. , Abu Bakar A. , Abdul Aziz N. A. , 2011. The effect of jackfruit waste flour on the properties of polyvinyl alcohol film. J. Vinyl & Additive Technol. 17(3), 198−208.

[21] Orozco R. S. , Hernández P. B. , Morales G. R. , Núñez F. U. , Villafuerte J. O. , Lugo V. L. , et al. , 2014. Characterization of lignocellulosic fruit waste as an alternative feedstock for bioethanol production. BioResources 9(2), 1873−1885.

[22] Park H. R. , Chough S. H. , Yun Y. H. , Yoon S. D. , 2005. Properties of starch/ PVA blend films containing citric acid as additive. J. Polym. Environ. 13, 375−382.

[23] Parra D. F. , Tadini C. C. , Donce P. , Lugao A. B. , 2004. Mechanical properties and water vapor transmission in some blends of cassava starch edible films. Carbohyd. Polym. 58(4), 475−481.

[24] Rahman W. A. W. A. , Ali R. R. , Zakaria N. , July 24−25, 2006 Studies on biodegradability, morphology and mechanical properties of low density polyethylene/sago

based blends, 1st international conference on natural resources engineering & technology, Putrajaya, Malaysia.

[25] Ramaraj B. , 2006. Modified poly(vinyl alcohol) and coconut shell powder composite films: physico-mechanical, thermal properties, and swelling studies. Polym. -Plastic Technol. Eng. 45, 1227-1231.

[26] Ramaraj B. , 2007. Crosslinked poly(vinyl alcohol) and starch composite films: study of their physicomechanical, thermal, and swelling properties. J. Appl. Polym. Sci. 103, 1127-1132.

[27] Roach J. , 2003. Are Plastic Grocery Bags Sacking the Environment? In National Geographic News, [Online], Available: http://news.nationalgeographic.com/news/2003/09/0902-030902-plasticbags.html(Accessed 17 June 2016).

[28] Sedlarik V. , Saha N. , Kuritka I. , Saha P. , 2007. Environmental friendly biocomposites based on waste of the dairy industry and poly(vinyl alcohol). J. Appl. Polym. Sci. 106, 1869-1879.

[29] Shi R. , Zhu A. , Chen D. , Jiang X. , Xu X. , Zhang L. , et al. , 2009. In vitro degradation of starch/PVA films and biocompatibility evaluation. J. Appl. Polym. Sci. 115, 346-357.

[30] Siddaramaiah Raj B. , Somashekars R. , 2004. Structure-property relation in polyvinyl alcohol/starch composites. J. Appl. Polym. Sci. 91, 630-635.

[31] Sin L. T. , Rahman W. A. W. A. , Rahmat A. R. , Khan M. I. , 2010. Detection of synergistic interactions of polyvinyl alcohol-cassava starch blends through DSC. Carbohyd. Polym. 79, 224-226.

[32] Sudhamani S. R. , Prasad M. S. , Sankar K. U. , 2003. DSC and FTIR studies on gellan and polyvinyl alcohol (PVA) blend films. Food Hydrocolloids 17 (3), 245-250.

[33] Tang S. , Zou P. , Xiong H. , Tang H. , 2008. Effect of nano-SiO_2 on the performance of starch/polyvinyl alcohol blend films. Carbohyd. Polym. 72(3), 521-526.

[34] Tindall H. D. , 1994. Rambutan Cultivation. Food and Agricultural Organization of the United Nations. Available: http://books.google.com.my/books? id5Ag-1FzsObxMC&printsec5frontcover # v5onepage&q&f5false (Retrieved 04 January

2011）.

［35］Tudorachi N. ，Cascaval C. N. ，Rusu M. ，Pruteanu M. ，2000. Testing of polyvinyl alcohol and starch mixtures as biodegradable polymeric materials. Polym. Testing 19（7），785-799.

［36］Utracki L. A. ，1990. Polymer Alloys and Blends：Thermodynamics and rheology. Hanser Publishers，Munich.

［37］Yew G. H. ，Chow W. S. ，Mohd Ishak Z. A. ，2009. Natural weathering of polylactic acid：effects of rice starch and epoxidized natural rubber. J. Elastomers Plastics 41（4），369-382.

［38］Yin Y. ，Li J. ，Liu Y. ，Li Z. ，2005. Starch crosslinked with poly（vinyl alcohol）by boric acid. J. Appl. Polym. Sci. 96（4），1394-1397.

［39］Yun Y. H. ，Yoon S. D. ，2009. Effect of amylase contents of starches on physical properties and biodegradability of starch/PVA-blended films. Polym. Bull. 64（6），553-568.

［40］Zabel R. A. ，Morrell J. J. ，1992. Wood Microbiology：Decay and Its Prevention. Academic Press，San Diego.

［41］Zhong O. X. ，Ismail H. ，Abdul Aziz N. A. ，Abu Bakar A. ，2011. Preparation and properties of biodegradable polymer film based on polyvinyl alcohol and tropical fruit waste flour. Polym. -Plastic Technol. Eng. 50（7），705-711.

17. 硅烷和乙酸酐改性聚丙烯/再生丁腈橡胶/稻壳粉复合材料的加工和力学性能比较

Ragunathan Santiagoo[1], *Hanafi Ismail*[2], *Neng Suharty*[3]

[1] 马来西亚玻璃市大学, 马来西亚阿劳

[2] 马来西亚理科大学, 马来西亚高渊

[3] 梅罗三——大学, 印度尼西亚苏拉卡尔塔

17.1 引言

近年来, 木质纤维素作为增强材料或填充材料加入高分子复合材料中受到越来越多的关注。填料的加入对热塑性塑料的经济性有很大影响, 同时还能普遍改善某些性能。木质纤维素材料具有许多优点, 包括密度低、对加工设备要求低、加工过程中磨损少、含量丰富等, 当然还有可生物降解性 (Nabi and Jog, 1999; Bledzki and Ghassan, 1999; Joseph et al., 1999; Albuquerque et al., 2000)。

木质纤维素材料与矿物填料相比的主要优势在于其环境友好性。一般来说, 聚合物废弃物会被置于大型填埋场处理, 这将造成严重的环境问题。人们对利用天然纤维作为各种聚合物的增强材料进行了大量研究, 如西米、剑麻、油棕榈空果束、稻壳灰、黄麻纤维、橡胶木粉、黄麻、大麻、剑麻、棉秆、红麻、甘蔗、香蕉纤维和其他纤维素纤维 (Nabi and Jog, 1999; Satyanarayana et al., 2009)。因此, 在复合材料的生产中使用木质素纤维不足为奇, 并在各制造领域发挥着重要作用 (Mohanty et al., 2000; Tajvidi et al., 2006; Sgriccia et al., 2008; Satyanarayana et al., 2009)。

将天然木质纤维素材料掺入聚合物的过程中遇到的主要问题是两种成分之间缺乏良好的界面黏附力, 从而导致材料性能较差 (Frisoni et al., 2001)。木质纤维素材料表面的极性羟基很难与非极性基体形成良好结合的界面, 因为氢键往往会

阻止填料表面的润湿。在合成聚合物时加入木质纤维素材料,由于填料之间形成氢键的影响使分散不充分,常会出现团聚现象。这种不相容性导致复合材料力学性能差和吸水率高。

因此,为了开发具有良好性能的复合材料,必须改善基体与木质纤维素材料的界面。在使用木质纤维素材料作为填料的体系中,有多种促进界面黏附的方法,如酯化法(Rowell et al. ,1997;Rana et al. ,1997;Hill et al. ,1998;Sreekala et al. ,2001;Khalil et al. ,2001;Sun and Sun,2002)、硅烷处理((Ismail and Mega,2001;Ismail et al. ,2010)、接枝共聚(Bledzki et al. ,1996)、使用增容剂(Razavi et al. ,2006)、等离子体处理(Ismail et al. ,2011)和其他化学处理(Ismail et al. ,2001)。这些方法通常会使用含有能与木质纤维素材料的羟基反应的官能团的试剂,同时与基质保持良好的相容性。界面增容作用改善了两种组分之间的应力传递,提高复合材料的力学性能和物理性能。乙酰化和硅烷化处理的酯化反应是研究最多的化学改性方法(Ismail and Mega,2001;Sun et al. ,2004;Pothan and Thomas,2003;Sreekala and Thomas,2003;Ismail et al. ,2010)。然而,到目前为止,还没有关于使用醋酸酐(AC)进行稻壳粉(RHP)乙酰化和使用 γ-氨基丙基三甲氧基硅烷(γ-APS)进行硅烷处理制备的 RHP 填充聚丙烯(PP)/再生丁腈橡胶(NBRr)复合材料的力学性能比较的报道。

本研究的目的是评价和比较在聚合物废料(如 NBRr 和 PP)中使用 AC 和 γ-APS 处理的 RHP 填充 PP/NBRr 制备的复合材料的力学性能。比较了两种复合材料的加工稳定扭矩、力学性能、傅里叶变换红外(FTIR)图谱和形态性能。

17.2 实验

17.2.1 材料

表 17.1 列出了用于制备 RHP 填充 PP/NBRr 复合材料所需的原料。将 RHP 以 2850r /min 的速度在台式粉碎机中研磨,在 300 ~ 500μm 的粒度下筛分,于 110℃真空干燥 24h,制备均质组分的 RHP。

表 17.1　材料规格及说明

物料	说明	来源
聚丙烯(PP)	MFI：230℃下 14g/10min，密度：0.9g/cm³	Titan Pro Polymers（M）Sdn. Bhd. Johor，Malaysia
再生丁腈橡胶(NBRr)	含量：丙烯腈 33% 密度：1.015g/cm³	Juara One Resources Sdn. Bhd. Penang，Malaysia
稻壳粉(RHP)	纤维素 35%、半纤维素 25%、木质素 20%、灰分 17%、粒径：300～500μm，密度：1.4702g/cm³	Thye Heng Chan Enterprise Sdn. Bhd.
处理剂	乙酸酐(AC)，γ-氨基丙基三甲氧基硅烷(γ-APS)	Alfa Aesar（M）Sdn Bhd

17.2.2　乙酸(AC)处理

将 RHP 纤维在冰醋酸中浸泡 30min。排出酸性溶液，将纤维浸入 50% 的乙酸(AC)溶液中，搅拌 1h，料液比为 1∶25。同时加入几滴浓硫酸作为催化剂。最后将 RHP 用蒸馏水洗涤几次，并在 80℃的真空烘箱中干燥 24h。

17.2.3　硅烷化处理(γ-APS)

RHP 的 γ-APS 处理反应在水和乙醇的混合液(体积比 40/60)中进行。首先将 3g 的 γ-APS 加入 1000mL 水/乙醇混合物中，并静置 1h。通过加入乙酸使溶液的 pH 保持在 4。然后，向溶液中加入 10g RHP，并持续搅拌 1.5h。将处理后的 RHP 过滤，空气干燥，然后在 80℃的真空烘箱中干燥 24h。

17.2.4　加工和样品制备

将 RHP 以不同的负载量(0、10phr、15phr、20phr 和 30phr)与 PP 和 NBRr 混合。在混合前，RHP 在 110 ℃的真空干燥箱中干燥 24h。PP 和 NBRr 恒定为 70hpr 和 30phr。表 17.2 是 PP/NBRr/RHP 复合材料的配方。

表 17.2　PP/NBRr/RHP 复合材料配方

材料	PP/NBRr/RHP 复合材料/phr								
	S1	S2	S3	S4	S5	S9	S7	S8	S9
PP	70	70	70	70	70	70	70	70	70
NBRr	30	30	30	30	30	30	30	30	30
RHP	—	5	10	15	30	—	—	—	—
AC 改性 RHP	—	—	—	—	—	5	10	15	30
γ-APS 改性 RHP						5	10	15	30

使用 Haake Rheomix Polydrive R 600/610 混合机在 180℃、转子速度为 50r/min 的条件下进行熔融混合制备复合材料。将 RHP 浸泡在 AC 和 γ-APS 中,使 RHP 在混合过程中可以通过加热原位接枝 PP 和 NBRr 的酸酐/碳链。而对照样品是首先将 PP 直接加入混合器并熔化搅拌 4min,在第 4min 加入 NBRr,在第 6min 加入 RHP,让混合物再混合 3min 以获得稳定扭矩。所有样品的总混合时间为 9min。回收的 NBRr 粉末在 80℃ 真空下干燥 24h,然后在密炼机中进行熔融混合。复合样品在 Go-Tech 压缩成型机中压缩成型。为了制作测试样品,将复合材料在 180℃ 下预热 7min,在 1000psi 下压缩 2min,然后冷却 2min,制成 1mm 厚度的薄板。根据 ASTM D638 标准,用 Wallace 模压切割机将成型的样品切割成哑铃形状。

17.2.5　拉伸试验

根据 ASTM D638 标准,使用 Instron 3366 试验机在 (25±3)℃,十字头速度为 5mm/min 条件下测量拉伸性能。每个样品的拉伸强度、拉伸模量和断裂伸长率 (EB) 由 5 个试样的平均值及其相应的 SDs 表示。

17.2.6　傅里叶红外光谱分析

使用 Perkin Elmer2000 傅里叶变换红外仪对复合材料进行红外光谱分析。扫描范围预定为 400~4000cm^{-1}。用 FTIR 对所有样品(包括对照样、γ-APS 和 AC 处理的 RHP 填料)分别进行了表征,确定 RHP 填料与 PP/NBRr 基体之间的化学反应。

17.2.7　断口形貌研究

使用场发射扫描电子显微镜(Zeiss Supra 36VP-24-58)观察断裂拉伸试样的

破坏模式。在不同放大倍数下拍摄扫描电镜照片。在扫描电镜观察前,将试样断裂端安装在铝质托架上,并溅射一层薄薄的金,以避免观察试样时带电。

17.3 结果与讨论

17.3.1 扭矩变化

在图 17.1 中比较了未处理的 RHP 与 γ-APS 处理的 RHP 和 AC 处理的 RHP 填充 PP/NBRr 复合材料在 RHP 为 15phr 的扭矩—时间曲线。

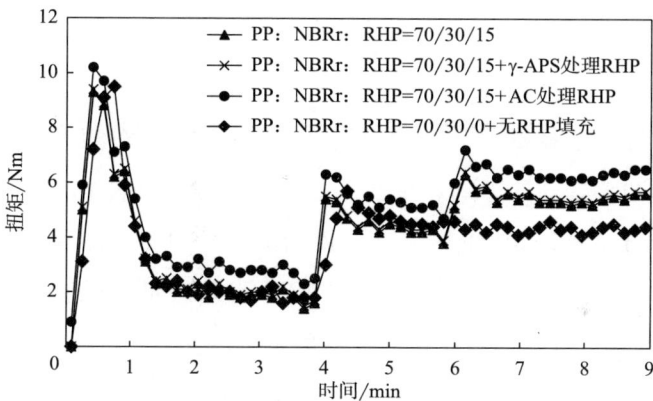

图 17.1 AC 和 γ-APS 处理对 RHP 填充 PP/NBRr 复合材料扭矩—时间曲线的影响

由于 γ-APS 的润滑作用,γ-APS 处理的 RHP 填充 PP/NBRr 复合材料的峰值低于 AC 处理的 RHP 填充 PP/NBRr 复合材料的峰值。但混合 6min 后,所有的曲线都变得完全均匀并趋于稳定。γ-APS 处理的 RHP 和 AC 处理的 RHP 填充的 PP/NBRr 复合材料的稳定扭矩都随着填料含量的增加而增加,而且 AC 处理的 RHP 填充的 PP/NBRr 复合材料比 γ-APS 具有更高的扭矩(图 17.1)。结果说明,增容剂和偶联剂的官能团与 RHP 或 PP/NBRr 基体发生相互作用,使 AC 和 γ-APS 均能为复合材料提供较高黏度。同时,经 AC 处理的 RHP 具有较高的稳定扭矩可能是由于 RHP 与 PP/NBRr 基体之间有较好的相互作用,从而增加了复合材料的总黏度(图 17.2)。

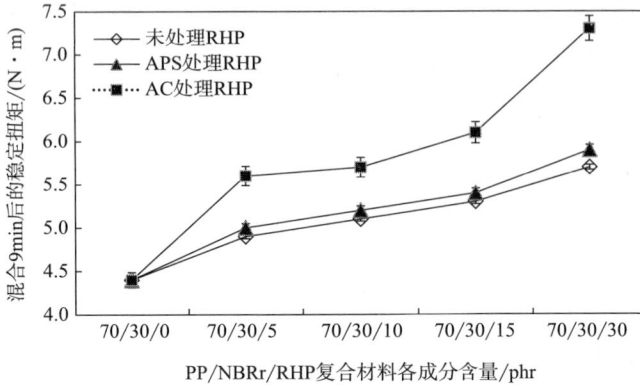

图 17.2　AC 和 γ-APS 对 RHP 填充 PP/NBRr 复合材料稳定扭矩的影响

17.3.2　拉伸性能

图 17.3~图 17.5 显示了 RHP 填充 PP/NBRr 复合材料的拉伸性能，它受填料含量、AC 和 γ-APS 处理的影响。拉伸性能可以转化为填充物对复合材料的增强程度（Bledzki and Gassan，1999；Joseph et al.，1999）。对照试样（PP/NBRr/RHP）的拉伸强度如图 17.3 所示。可以看出，随着 RHP 填料含量的增加，拉伸强度不断降低。拉伸强度的降低可能是由于填料在基体中分散性差，界面缺陷增加，或填料与基体之间的剥离（Nabi and Jog，1999；Satyanarayana et al.，2009；Tajvidi et al.，2006；Sgriccia et al.，2008；Mohanty et al.，2000）和填料吸收水分所致。

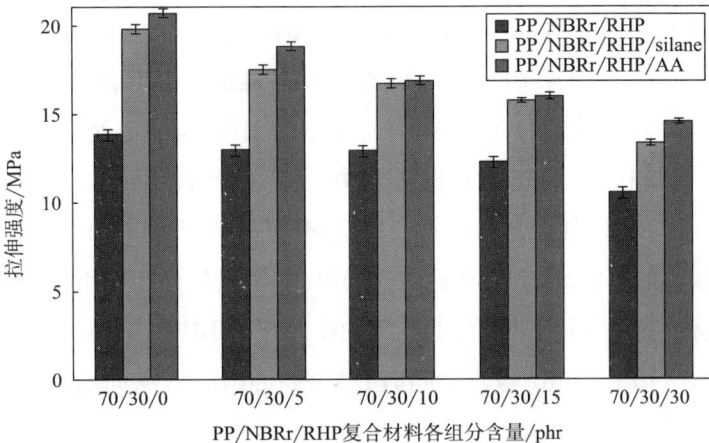

图 17.3　AC、γ-APS 处理和 RPH 填料负载量对 PP/NBRr/RPH 复合材料拉伸强度的影响

由于 RHP 本身高度亲水,相互之间形成强的氢键使它们能够黏结在一起,从而阻止填料的分散,导致与界面结合较弱,从而产生应力传递差、空隙小、所得复合材料易剥离等问题;并且在储存、加工和测试过程中吸收水分(Mohanty et al. ,2000)。

为降低填料表面的亲水性,对填料表面进行 AC 和 γ-APS 处理。在填料 RHP 含量相同条件下,处理后的 PP/NBRr/RHP 复合材料的拉伸强度都有所提高,而且强度均高于对照样,AC 处理后的复合材料拉伸强度提高了 42%~50%,γ-APS 处理提高了 25%~35%。这是由于 AC 的酸酐基团与填料中的羟基通过化学键相互作用,形成共价键和酯键,从而改善了纤维与基体的结合。

填料表面与处理剂官能团反应的一般机理如图 17.4 所示。由于填料与基体的结合力得到改善,PP 长链与 NBRr 的相容性增强。酸酐基团的存在降低了填料的表面张力,提高了填料与 PP/NBRr 基体的润湿性。此外,大量的酸酐基团可以很好地扩散到基体聚合物中,这表明填料更容易与聚合物基体缠结。如果没有酸酐,唯一的黏附机制是相互扩散。酸酐加强了 RHP 与 PP/NBRr 基体之间的界面相互作用,进而改善了 PP/NBRr 基体与填料之间的应力传递,从而提高了拉伸强度。

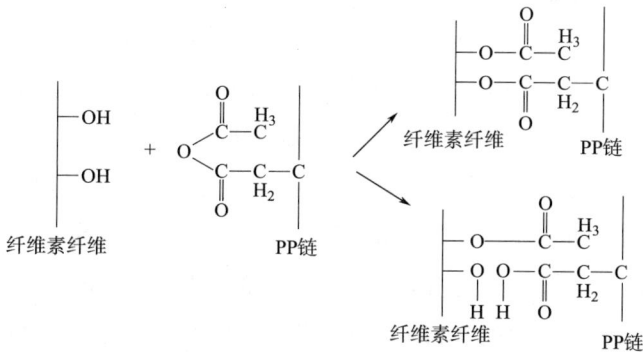

图 17.4　纤维表面与处理剂(AC)官能团反应的一般机理

与未处理的 PP/NBRr/RHP 复合材料相比,γ-APS 的应用确实使所有填料负载的复合材料拉伸强度有所提高,但随着 RHP 填料负载量的增加,拉伸强度有所下降(图 17.3)。结果表明,使用 γ-APS 作为偶联剂,可以通过对聚合物填料界面的改性有效地提高亲水性填料在疏水性基体体系的分散性、黏附性和相容性(Ismail et al. ,2001)。图 17.5 说明了三个步骤的反应机制。首先是偶联剂中的烷氧基团发生水解过程。水解中的水可能来自填料的表面湿气(在硅烷处理的情况下)。其次是基团与填料表面的羟基发生反应形成氢键。最后,在脱水缩合反应中,填料表面和相邻官能团之间形成 Si—O 交联。

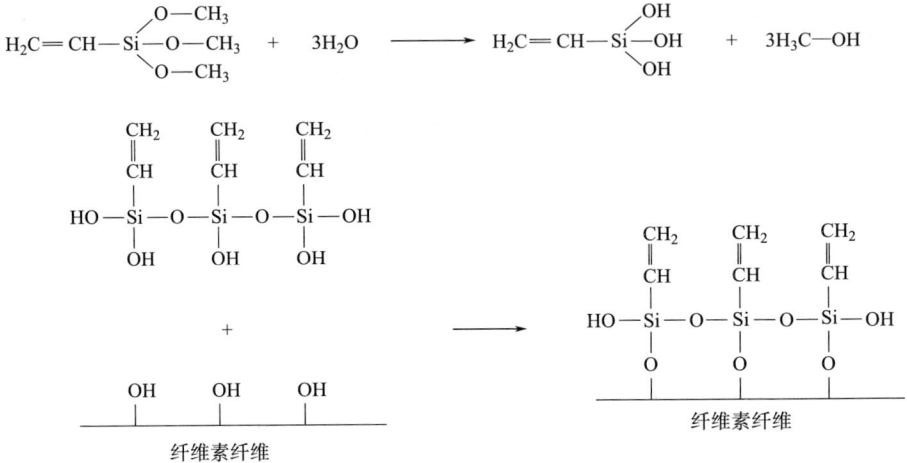

图 17.5　硅烷偶联剂对纤维表面黏结的一般机理

　　未处理的复合材料和 AC/γ-APS 处理的 RHP 填充 PP/NBRr 复合材料的断裂伸长率如图 17.6 所示。当填料负载量为 5phr 时,未处理复合材料的断裂伸长率最大,但随着填料负载量的增加,断裂伸长率逐渐减小。即使在填料负载量很低的情况下,γ-APS 和 AC 的存在也会使断裂伸长率进一步降低。在这两种情况下,一旦复合材料变得更硬、更刚,断裂伸长率一定会降低。黏结剂的存在可以提高黏附性,限制聚合物链段的流动性,最终导致断裂伸长率的降低(Sun et al. ,2004)。许多研究者也报告了类似的行为(Bledzki et al. ,1996;Ismail and Mega,2001;Razavi et al. ,2006;Ismail et al. ,2010,2011)。他们发现,在填料负载量较低时,复合材料断裂伸长率的减小可能是由于填料的断裂伸长率较低,这限制了聚合物分子之间的流动。与 γ-APS 处理的复合材料和未处理的复合材料相比,以 AC 处理过的复合材料的断裂伸长率更低。处理过的复合材料的断裂伸长率较低,与其刚度较高以及由于复合材料的刚性而导致的杨氏模量的显著增加有关。加入 AC 后刚度的增加使复合材料变得更脆(图 17.6)。

　　对于未处理的复合材料和 AC/γ-APS 处理的 RHP 填充 PP/NBRr 复合材料,杨氏模量随着填料负载量增加而提高(图 17.7),杨氏模量代表复合材料的刚度。

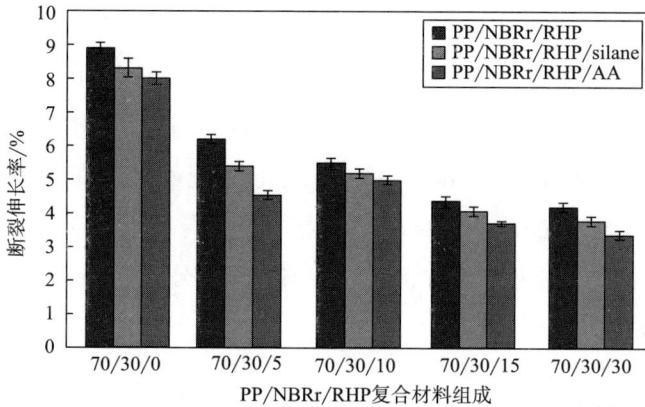

图 17.6　AC、γ-APS 处理和填料负载量对 RHP 填充 PP/NBRr 复合材料断裂伸长率的影响

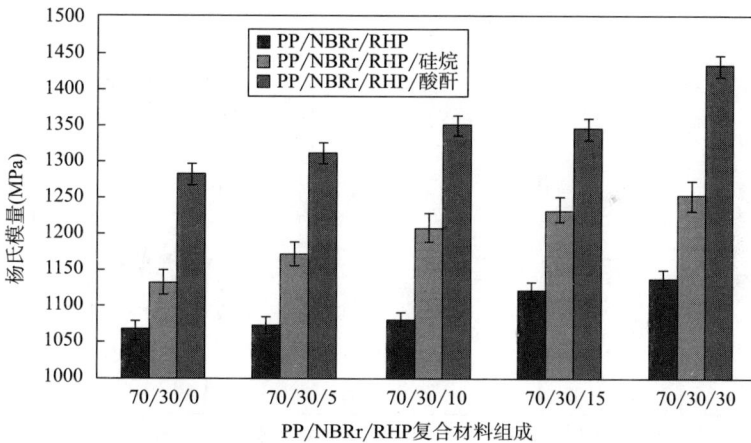

图 17.7　AC、γ-APS 和填料负载量对 RHP 填充 PP/NBRr 复合材料杨氏模量的影响

模量的增加很容易理解,因为随着填料负载量的增加,纤维状的填料能承受更多的拉伸载荷。填料比聚合物基体硬得多,因此,填料增加了复合材料的刚度。就总体趋势而言,与未添加 AC 的复合材料相比,添加 AC 后所有填料负载量下的复合材料料模量提升了 20%~33%。首先,这种改善可能与纤维和基体之间通过化学作用产生更好的黏附性有关。根据 Zhang 等(2005)的研究,酸酐加入量即使在低水平(1%~2%),也会增加填料对 PP 的成核能力,改变填料周围 PP 的晶体形态。因此,表面结晶优于整体结晶,并在填料周围形成横向结晶。由此可以看出,与非晶

区相比,结晶区具有更高的模量,导致复合材料模量增加。

从 FTIR 分析结果可以证实,拉伸强度的改善是由于 AC 和 γ-APS 与 PP/NBRr 基体表面的硅烷化改性,在纤维素表面形成了不可逆的化学键。图 17.8 为 AC 和 γ-APS 处理前后 RHP 填充 PP/NBRr 复合材料的 FTIR 光谱。所有光谱在 $3200 \sim 3500 cm^{-1}$、$1740 cm^{-1}$ 和 $1635 cm^{-1}$ 附近都出现不同谱带的特征峰,分别为 OH、C═O 和 C═C 基团的伸缩振动。稻壳主要由纤维素、半纤维素、木质素和一些果胶组成。纤维素主链的 C—OH(仲醇和伯醇)分别对应波数为 $1056 cm^{-1}$ 和 $1030 cm^{-1}$ 的特征峰。

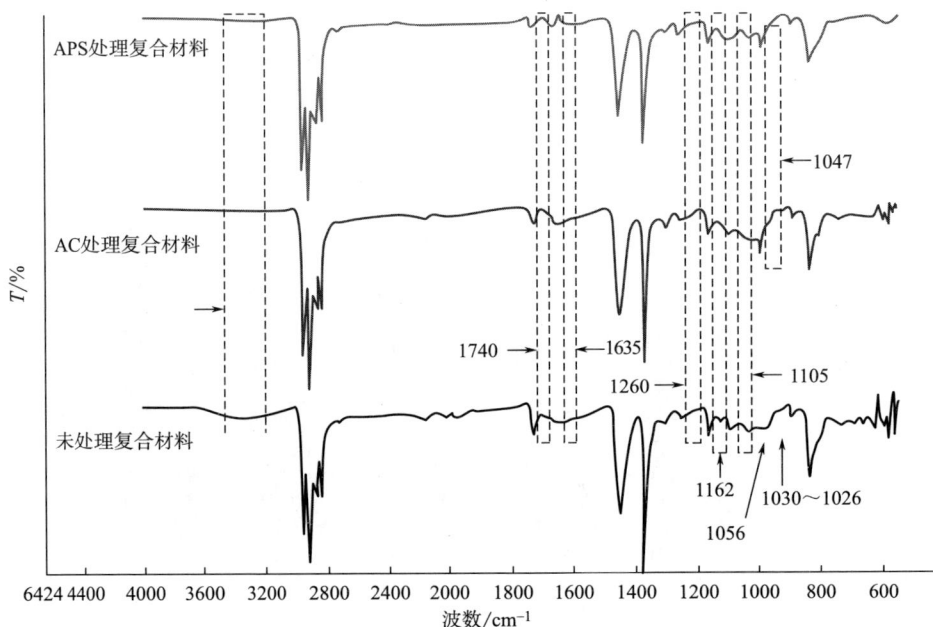

图 17.8 添加或不添加 AC 和 γ-APS 处理前后的 RHP 填充 PP/NBRr 复合材料的 FTIR 谱图

对于 AC 处理的 RHP,在 $1260 cm^{-1}$ 处出现特征峰,说明有酯基形成,在 $1740 cm^{-1}$ 处观察到与酯基对应的羰基(C═O)的振动,这与 AC 处理 RHP 时的酯化有关。Bessadok 等(2009)在 AC 化学改性芦苇草纤维上也观察到类似的现象。对于 γ-APS 处理的 RHP,在 $1162 cm^{-1}$ 和 $1105 cm^{-1}$ 附近的宽强谱带分别为 Si—O—纤维素和 Si—O—Si 的伸缩振动。在未处理的复合材料的光谱中存在 $1047 cm^{-1}$ 附近的特征峰为 Si—OH 特征峰。在表面改性后此峰消失,被 $1020 cm^{-1}$

附近的宽峰取代,这是 Si—O—Si 基团的特征峰(Abdelmouleh et al.,2007)。

17.4　形貌特征

样品进行拉伸试验后,采用扫描电子显微镜对复合材料断口进行测试。图 17.9~图 17.11 分别为未经处理的 RHP、AC 处理的 RHP 和 γ-APS 处理的 RHP 填充 PP/NBRr 复合材料的断裂表面。观察结果表明,所有样品的填料和基体之间的附着力都很差,尤其是在填料含量较高时。在图 17.10(b)和(c)以及 17.11(b)和(c)中也可以观察到同样的现象,由于填料含量较高,填料与基体的结合力较弱。在断裂过程中填料与基体分离,这表明复合材料的强度下降。如果将相同填料含量下的 AC 处理 RHP 与 γ-APS 处理 RHP 的显微镜照片进行对比,可以看出 AC 处理的复合材料有更好的韧性,填料脱离点较少,说明填料与基体之间的黏结性比 γ-APS 处理的复合材料好。对于增容复合材料,还可以观察到贯穿填料的裂纹。

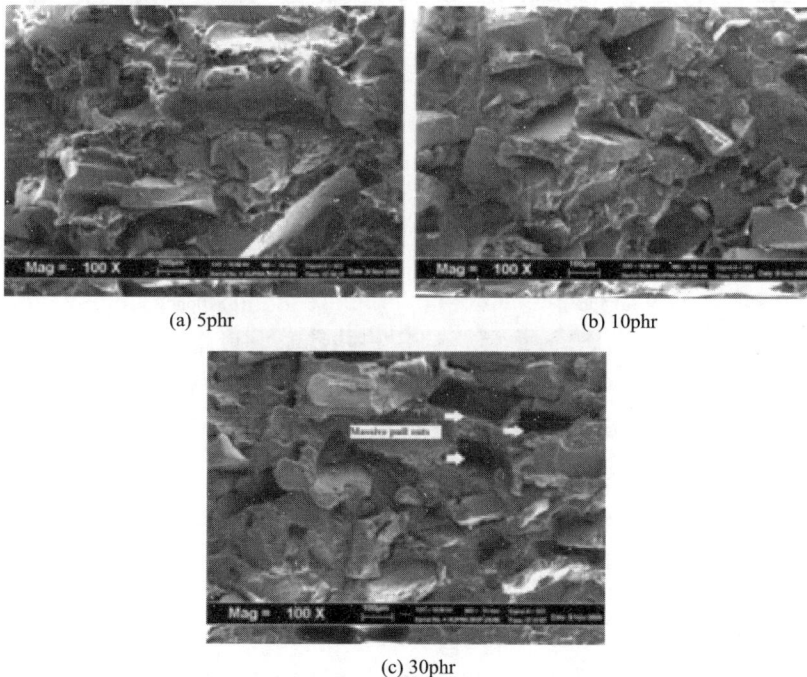

(a) 5phr　　　　　　　　　(b) 10phr

(c) 30phr

图 17.9　不同填充量的未处理 RHP 填充 PP/NBRr 复合材料的拉伸断口显微镜照片(×100)

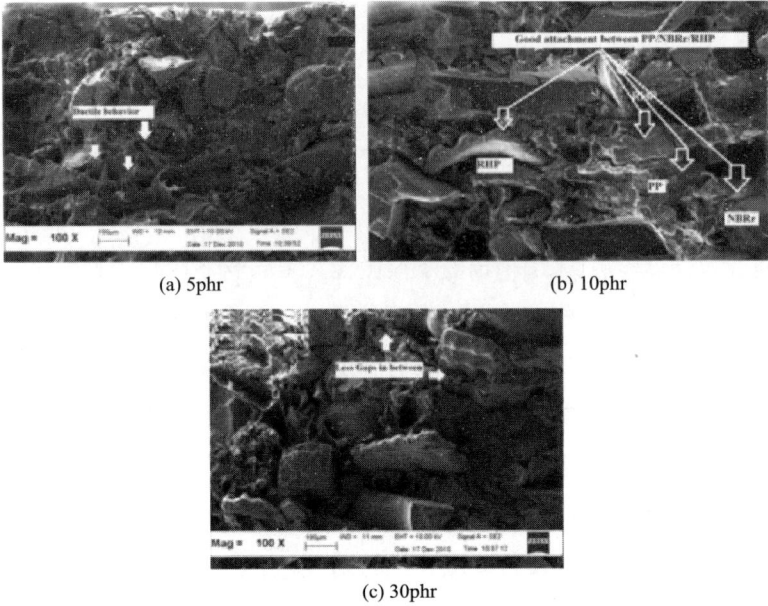

(a) 5phr

(b) 10phr

(c) 30phr

图 17.10　不同填充量的 AC 处理的 RHP 填充 PP/NBRr
复合材料的拉伸断口显微镜照片(×100)

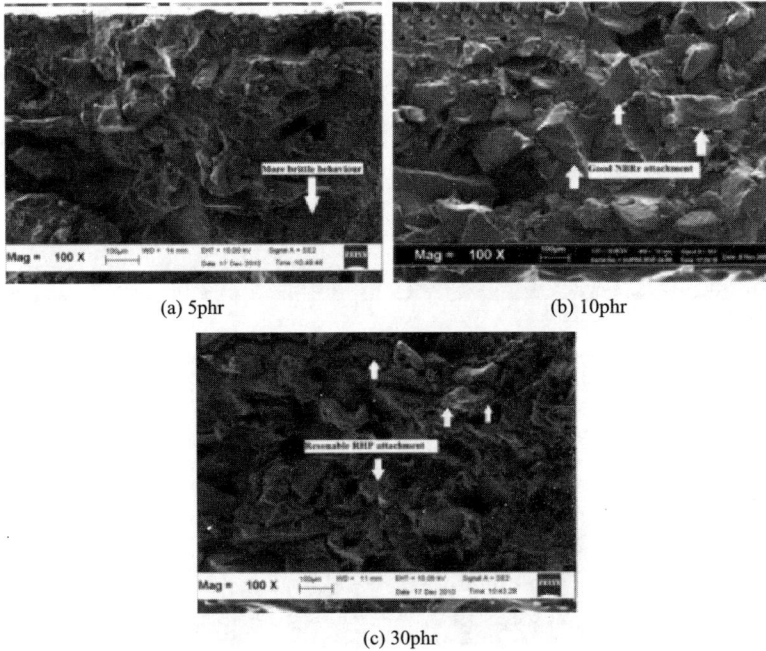

(a) 5phr

(b) 10phr

(c) 30phr

图 17.11　不同填充量的 γ-APS 处理的 RHP 填充 PP/NBRr
复合材料的拉伸断口显微镜照片(×100)

17.5　结论

根据本研究的结果可以得出以下结论：

（1）所有复合材料的加工扭矩和拉伸模量随着 RHP 填料含量的增加而增加，这与 RHP 填料的脆性有关。

（2）与对照组（未处理的 RHP）复合材料相比，经 AC 和 γ-APS 处理的 RHP 填料填充的复合材料都表现出更大的加工稳定扭矩、拉伸强度、拉伸模量和断裂伸长率，这是因为 RHP 填料与 PP/NBRr 基体之间的界面结合力增强所致。

（3）AC 处理比硅烷（γ-APS）处理表现出更好的力学性能。这可能是由于 RHP 填料增强了 PP/NBRr 基体之间的附着力。

参考文献

[1] Abdelmouleh M. , Boufi S. , Belgacem M. N. , Dufresne A. , 2007. Short natural-fibre reinforced polyethylene and natural rubber composites: effect ofsilane coupling agents and fibres loading. Composites Sci. Technol. 67, 1627–1639.

[2] Albuquerque A. C. , Joseph K. , Carvalho L. H. , Almeida J. R. M. , 2000. Effect of wettability and ageing conditions on the physical and mechanical properties of uniaxially oriented jute-roving reinforced polyester composites. Composites Sci. Technol. 60, 833–844.

[3] Bessadok A. , Roudesli S. , Marais S. , Follain N. , Lebrun L. , 2009. Alfa fibres for unsaturated polyester composites reinforcement: effects of chemical treatments on mechanical and permeation properties. Composites A 40, 184–195.

[4] Bledzki A. K. , Gassan J. , 1999. Composites reinforced with cellulose based fibres. Progress Polym. Sci. 24, 221–274.

[5] Bledzki A. K. , Reihmane S. , Gassan J. , 1996. Properties and modification methods for vegetable fibers for natural fiber composites. J. Appl. Polym. Sci. 59, 1329–1336.

[6] Frisoni G. , Baiardo M. , Scandola M. , Lednicka D. , Cnockaert M. C. , Mergaert J. ,

et al. ,2001. Natural cellulose fibers: heterogeneous acetylation kinetics and biodegradation behavior. Biomacromolecules 2(2) ,476-482.

[7] Hill C. A. S. , Khalil H. P. S. A. , Hale M. D. , 1998. A study of the potential of acetylation to improve theproperties of plant fibres. Ind. Crops Products 8,53-63.

[8] Ismail H. ,Mega L. ,2001. The effects of a compatibilizer and a silane coupling agent on themechanical properties of white rice husk ash filled polypropylene/natural rubber blend. J. Polym. Plastic Technol. Eng. 40,463-478.

[9] Ismail H. ,Mega L. ,Abdul Khalil H. P. S. ,2001. Effect of a silane coupling agent on the properties of white rice ash - polypropylene/natural rubber composites. Polym. Int. 50,606-611.

[10] Ismail H. , Ragunathan S. , Hussin K. , 2010. The effects of recycled acrylonitrile butadiene rubbercontent and maleic anhydride modified polypropylene(PPMAH) on the mixing, tensile properties, swelling percentage and morphology of polypropylene/recycledacrylonitrile butadiene rubber/rice husk powder (PP/NBRr/RHP) composites. J. Polym. Plastic Technol. Eng. 49,1323-1328.

[11] Ismail H. ,Ragunathan S. ,Hussin K. ,2011. Tensile properties, swelling, and water absorption behavior of rice-husk-powder-filled polypropylene/(recycled acrylonitrile-butadiene rubber) composites. J. Vinyl Additive Technol. 17(3) ,190-197.

[12] Joseph P. V. ,Joseph K. ,Thomas S. ,1999. Effect of processing variables on the mechanical properties of sisal - fiber - reinforced polypropylene composites. Composites Sci. Technol. 59,1625-1640.

[13] Khalil K. A. ,Ismail H. ,Ahmad M. N. ,Arrifin A. ,Hassan K. ,2001. The effect of various anhydridemodifications on mechanical properties and water absorption of oil palm empty fruit bunchesreinforced polyester composites. Polym. Int. 50,395-402.

[14] Mohanty A. K. ,Khan M. A. ,Hinrichsen G. ,2000. Surface modification of jute and its influence on performance of biodegradable jute - fabric/Biopol composites. Composites Sci. Technol. 60,1115-1124.

[15] Nabi S. D. , Jog J. P. , 1999. Natural fiber polymer composites: a review. Adv. Polym. Technol. 18(4) ,351-363.

[16] Pothan L. A. ,Thomas S. ,2003. Polarity parameters and dynamic mechanical be-

haviour of chemicallymodified banana fiber reinforced polyester composites. Composites Sci. Technol. 63,1231-1240.

[17]Rana A. K. ,Basak R. K. ,Mitra B. C. ,Lawther M. ,Banerjee A. N. ,1997. Studies of acetylation ofjute using simplified procedure and its characterization. J. Appl. Polym. Sci. 64,1517-1523.

[18]Razavi N. M. ,Jafarzadeh D. F. ,Oromiehie A. ,Langroudi A. E. ,2006. Mechanical properties and water absorption behaviour of chopped rice husk filled polypropylene composites. IranianPolym. J. 15,757-766.

[19]Rowell R. M. , Young R. A. , Rowell J. K. , 1997. Paper and Composites From Agrobased Resources. CRC Press,Boca Raton,FL.

[20]Satyanarayana K. G. ,Arizaga G. G. C. ,Wypych F. ,2009. Biodegradable composites based on lignocellulosic fibers:an overview. Progress Polym. Sci. 34,982-1021.

[21]Sgriccia N. ,Hawley M. C. ,Misra M. ,2008. Characterization of natural fiber surfaces and natural fiber composites. Composites A 39,1632-1637.

[22]Sreekala M. S. ,Thomas S. ,2003. Effect of fibre surface modification on water-sorption characteristicsof oil palm fibres. Composites Sci. Technol. 63,861-869.

[23]Sreekala M. S. ,Kumaran M. G. ,Joseph R. ,Thomas S. ,2001. Stress relaxation behaviors of compositesbased on short oil palm fibres and phenol formaldehyde resins. Composites Sci. Technol. 61,1175-1188.

[24]Sun R. ,Sun X. F. ,2002. Structural and thermal characterization of acetylated rice, wheat,rye,andbarley straws and poplar wood fiber. Ind. Crops Prod. 16,225-235.

[25]Sun X. F. , Sun R. C. , Sun J. X. , 2004. Acetylation of sugarcane bagasse using NBS as a catalyst undermild reaction conditions for the production of oil sorption-active materials. Bioresour. Technol. 95,343-350.

[26]Tajvidi M. ,Falk R. H. ,Hermanson J. C. ,2006. Effect of natural fibers on thermal and mechanical properties of natural fiber polypropylene composites studied by dynamic mechanical analysis. J. Appl. Polym. Sci. 101,4341-4349.

[27]Zhang Y. ,Huang Y. ,Mai K. ,2005. Crystallization and dynamic mechanical properties of polypropylene/polystyrene blends modified with maleic anhydride and styrene. J. Appl. Polym. Sci. 96,2038-2045.

18. 天然纤维增强乙烯基聚合物复合材料的电学应用

Faris M. AL-Oqla[1] *, S. M. Sapuan*[2] *, Osama Fares*[3]

[1] *哈希姆大学,约旦扎尔卡*

[2] *博特拉大学,马来西亚沙登*

[3] *艾斯拉大学,约旦阿曼*

18.1 引言

随着环境问题意识的日益增强以及近期对可持续发展问题的重视,极大促进了新型绿色产品的开发(AL-Oqla and Sapuan,2014b,2017;Aridi et al.,2016)。设计师们一直在努力开发可以成功应用于各个领域的新材料。为了改善环境问题和达到客户满意的程度,许多传统材料正在被新型生态友好材料和功能性材料所取代(AL-Oqla,2017;AL-Oqla and Sapuan,2014;Almagableh et al.,2017;Agoudjil et al.,2011;Blume and Walther,2013)。因此,目前的研究方向是如何更好地利用现有资源和废弃物,将其转化为环保型功能性产品,如天然纤维增强聚合物基复合材料(Dweiri and AL-Oqla,2006;Sapuan et al.,2016;Shekeil et al.,2014)。

事实上,天然纤维是聚合物增强材料的一种很好的替代品,可以提高复合材料的力学性能和物理特性,天然纤维复合材料的环境友好特性以及较低的成本使其可广泛应用于现代应用领域(AL-Oqla and Hayajneh,2007;AL-Oqla and Omari,2017;AL-Oqla et al.,2015a,b,c,d,e,f;Sapuan et al.,2013)。因为具有良好的环境属性,能满足设计要求,所以废弃物基复合材料正在被开发成为合成复合材料最具有竞争性的替代品,被应用在许多领域(AL-Oqla and Salit,2013;AL-Oqla et al.,2015a,b,c,d,e,f;John and Thomas,2008)。考虑到健康和环境问题,各种应用领域越来越需要使用无毒组件来代替有毒组件,例如,替代在刹车片中使用的石棉、铜和锑纤维以及类似有害物质(AL-Oqla et al.,2015a,b,c,d,e,f;2016a,b)。此外,天然聚合物基复合材料不但在性能、成本、加工、质量和环境问题等方面具有一些优势,而且能更好地利用自然资源(AL-Oqla and Salit,2017a,b,c,d,e,f,g,2014a,b,c;AL-Oqla and Sapuan,2015,2017)。使用天然生物复合材料将促进科技进步,减少人们污染环境资源的依赖(AL-Oqla and Salit,2017a,b,c,d,e,f,g,2015a,b,c,d,e,f;Leceta et al.,2014;Majeed et al.,2013)。

聚合物基绿色材料的开发促进了资源优化,为解决与成本、环境、质量和农业残留物有关的特定问题提供了替代方法(AL-Oqla and Salit,2017a,b,c,d,e,f,g,2014a c,2016a b;Wells,2013)。此外,天然聚合物基复合材料在几何形状、特征、形态和性能等方面与合成聚合物基复合材料有明显的区别(AL-Oqla and Sapuan,2014a,b,c;Vilaplana et al.,2010)。

通过现代技术可以使聚合物满足设计功能要求,特别是那些应用于高科技领域,可进行定向反应的聚合物,例如活性聚合物,如含有乙烯基的单体聚合生产的乙烯基聚合物,包括聚乙烯基酯、聚乙烯基醚、聚乙烯基缩醛、聚 N-乙烯基内酰胺和聚 N-乙烯基胺,它们通常对电场和/或磁场、pH 值和光刺激有响应。因此,将此类聚合物的特性与天然纤维相结合,可以极大促进和开发出各种符合现代科技应用要求的材料。活性聚合物的一个令人瞩目的应用是在仿生学中发现的,仿生学是将自然理念和概念运用于工程实施中的一种解决当代问题的绿色技术。目前,仿生技术的应用领域包括人工视觉、人工智能和人工肌肉等。例如,在机器人领域开发具有任务处理能力的自主行走机器人是非常必要的。然而,这种发展受到复杂的驱动、动力和控制的限制,而在自然系统中这些是非常简单的。活性聚合物具有与生物肌肉相似的特征(如弹性、大驱动力和耐损伤性),促进了生物仿生学的发展。此外,聚合物的物理加工能力也使得开发无齿轮或轴承的新型机械装置及其作用机制成为可能,从而降低了此类系统的复杂性。

聚乙烯基甲醚(PVME)是一种常用的易溶于水热敏性聚合物,可完全溶于水。PVME 的相变温度是 38℃,在低于相变温度时,它会随着温度的升高而析出,并具有从亲水性到疏水性变化的能力。当凝胶与聚合物一起使用时,可从亲水性转变到疏水性,引起体积的变化。高能辐射常用于制备交联聚合物水凝胶。随着温度的升高,水从凝胶中排出,导致体积收缩。这种由温度引起的相变及体积变化使得热响应型软驱动器发生驱动。热响应型聚合物凝胶在人工肌肉开发方面表现出极大的潜力,冷热水都可以用于驱动。据报道,当温度从 20℃提高到 40℃时,可获得约 100kPa 的力(Ichijo et al. , 1995)。

此外,聚偏二氟乙烯—三氟乙烯[P(VDF-TrFE)]是最重要的铁电聚合物之一。铁电材料一般类似于铁磁体,在电场作用下能使材料中的极化畴对齐。这种类型的材料即使去除电场其永久极化通常仍然存在,可通过热能传递,达到固化温度后使极化消失。在聚合物 VDF-TrFE 中,由于氟原子的高电负性,在聚合物主链分子产生局部偶极子,如果这些偶极子在电场中定向排列,就会造成极化畴。即使移去电场,这种排列仍然保持,并且可以利用这种重新排列引起的可逆构象变化进行驱动。P(VDF-TrFE)的杨氏模量为 1~10GPa,可以获得较高的机械能密度。另据报道,当施加强电场(B200 MV/m)时,可获得约 2%的静电应变。在这种铁电材料发生极化方向改变或相转移时,由于存在能量势垒,因此会出现滞后现象(Zhang et al. ,1998)。

此外,活性聚合物极具吸引力的特性为其在新领域的应用打开了大门。在活性聚合物与天然聚合物基复合材料的协同作用下,聚合物的特性与天然纤维的特性有效结合,利用复合材料两种成分的协调作用开发出了许多新的应用方向,如能量收集材料、抗菌包装、植入式传感器和药物应用等(AL-Oqla and Omar,2012,2015;AL-Oqla et al. ,2017a,b;Widyan and AL-Oqla,2011,2014)。人们发现了一类新的电活性材料,称为压电材料或铁电材料。因此,各种新型压电聚合物被开发出来,如奇数尼龙、偏二氟乙烯和三氟乙烯的共聚物、复合聚合物和聚合物 VDF-TrFE 等,为传感器和驱动器技术提供了可选择的材料替代品,这两种技术都需要使用集成有许多所需特性的材料,例如轻质电活性材料。

此外,与其他乙烯基聚合物(例如聚丙烯、聚苯乙烯和聚乙烯)相比,聚乙烯醇被认为是最容易生物降解的聚合物。聚乙烯醇可以通过酶从假单胞菌中分离出来。聚乙烯醇通常可作为单一碳源被生物体降解,反应机理如图 18.1 所示。

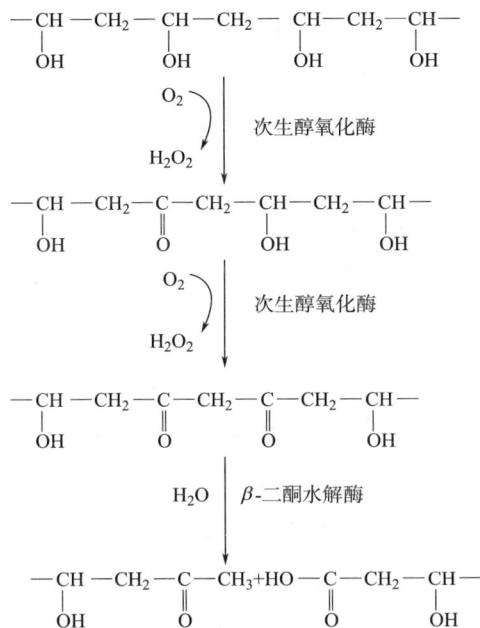

图 18.1　聚乙烯醇酶水解机理

18.2　乙烯基聚合物复合材料在电气和电子中的应用

由于乙烯基聚合物复合材料具有许多优点,因此已成为制备特定性能材料的理想选择(Stepashkina et al.,2014)。这些优点包括:良好的物理性能和力学特性、可用性和易加工性、可控电阻(通过特殊掺杂)、隔热、重量轻、适应复杂设计的灵活性、耐久性、能源效率和可循环利用。下面介绍乙烯基聚合物复合材料的主要应用领域。

18.2.1　储能元件

在现代工业中,可持续和生态的能源储存及转换方法越来越重要。这主要是由于化石燃料对未来世界经济和生态环境产生了严重的影响(Alves et al.,2010)。一个可行的清洁能源存储系统的解决方案是使用具有高能量存储能力的电容器

(Chung,2012)。电容器基本上是由两个被绝缘介质隔开的导体构成的。一旦外部电动势被施加到电容器上,一个衰减的浪涌电流就会产生,在一个导体上产生的净正电荷数量等于在另一个导体上产生的负电荷数量。这样,两个导体之间就形成了一个电场。当去除外部电动势时,两个导体将保持带电状态,并在形成的电场中储存电能。在电场存在的情况下,两个导体之间绝缘介质储存电能的能力被称为材料的介电常数。

虽然电容器具有较高的功率密度,但与电池和其他燃料电池相比,它们通常具有较低的能量密度(Winter and Brodd,2005)。为了提高电容器的能量密度,必须使用高介电常数的绝缘介质(Chung,2012)。合适的绝缘介质还必须具有一定的特性,如可恢复的高击穿电压、低自动加热和低能量损耗。工业使用的电容器主要有两类:陶瓷电容器和金属化聚合物薄膜电容器。双轴取向聚丙烯(BOPP)薄膜是金属化聚合物薄膜的一个例子,使用 BOPP 的电容器有很高的功率密度和出色的储能能力,这种电容器已经应用于商业和军事领域(Chung,2012)。

一种具有优越特性的绝缘介质是含有 4.2%(摩尔分数)极性 OH 基团的高分子量丙烯—6 羟基己烯共聚物(PP-OH)。Chung(2012)的研究结果表明,这类材料的介电常数约为 4.6。测量结果显示,在 20~100℃ 的宽温度范围内介电常数的偏差可以忽略不计。在 100Hz~1MHz 的范围内也观察到介电常数与频率无关。据报道,击穿电压强度在 600MV/m 以上。PP-OH 的另一个非常有吸引力的特点是它的线性可逆电荷存储方式具有高释放能量密度($>7J/cm^3$)。即使在施加电压为 5600 MV/m 的电场,PP-OH 的能量损失也几乎保持不变(Chung,2012)。

18.2.2 电力电缆绝缘体

优异的电力电缆绝缘体材料应具备许多重要特性,如高电阻率、高熔化温度、高击穿电压和高柔性。Kurahashi 等(2006)研究了间同立构聚丙烯(s-PP)与全同立构聚丙烯(i-PP)的基本性质。一组长期性能试验结果表明,s-PP 具有优异的热性能和电性能,是电力电缆绝缘行业的理想选择。

由于乙烯树脂能的可靠性和安全性高,因而成为通信、家用电线和插座中低压线绝缘和护套的最佳选择。这主要是由于乙烯树脂的绝缘电阻超过 $10^{16}\Omega$,具有耐高温、耐化学腐蚀和耐潮湿环境的特性。而且乙烯树脂具有便利的加工、改造和再利用性。所有这些特性都使生产低成本乙烯树脂成为可能。55%以上的电线绝缘市场使用柔性乙烯树脂为绝缘材料,使用硬质乙烯树脂制造各种电插座盒。

图 18.2 是电力电缆设计的示例图,图中显示的是乙烯—丙烯共聚物(EPR)绝缘和固化单体(CSM)覆盖的 2kV 电力电缆。图 18.3 为 225kV 电力电缆屏蔽层的横截面。

图 18.2　以 EPR 为绝缘材料,CSM 为外护套的 2kV 电力电缆

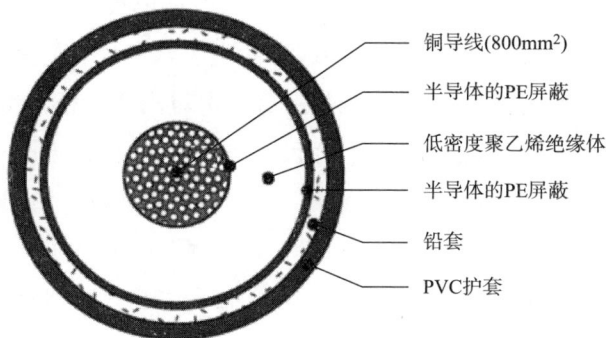

铜导线(800mm²)
半导体的PE屏蔽
低密度聚乙烯绝缘体
半导体的PE屏蔽
铅套
PVC护套

图 18.3　225kV 电力电缆截面

特种工程聚合物高绝缘电阻性的另一个重要应用是给敏感电子设备进行封装,以提供抵抗恶劣环境条件的可靠保护。通常将由硅树脂、环氧树脂、硅酮聚酯和聚氨酯组成的液体混合物小心翼翼地注入电子设备中,同时要避免损害电子系统的功能。

18.2.3　机器人技术

机器人工程师面临的一个主要挑战是开发模仿自然的传感器和驱动器。活性聚合物在这一领域有着广泛的应用前景。活性聚合物材料是一种能通过改变形状或大小来响应外加电场、磁场或光的智能材料。这些材料的响应可以直接将电能转化为机械能。根据响应类型的不同,活性高聚物可分为电、磁、热、化学和光等多种刺激响应类型。它们还可以根据其反应进行程度分类,即永久性反应或可逆反应。电活性聚合物(EAPs)是指对电刺激即称为库仑力的电场或离子扩散有反应的一类活性聚合物。电致伸缩、静电、压电和铁电是 EAPs 对电场或库仑力有响应的一组实例。这些材料具有较快的响应时间(毫秒级)。将电场施加到这些材料上就会迫使材料产生变化,这使其在机器人应用中非常有吸引力(Kim and Tadokoro,2007)。较低的电场就可以对离子 EAPs 产生刺激。离子 EAPs 的实例有离子聚合物凝胶、离子聚合物—金属复合材料、导电聚合物(CP)和碳纳米管(CNT)(Kim and Tadokoro,2007)。

与其他形状记忆合金如电活性陶瓷(EAC)相比,电活性聚合物具有变形更大、密度更低和弹性更强的优点,可在非常短的时间达到 3 个数量级形变(Kim and Tadokoro,2007)。

在某种意义上,铁电聚合物是一种类似于铁磁体的电子 EAPs,一旦将电场施加到材料上,材料中的极化区域将会形成,从而产生永久极化。除了前面提到的聚合物复合材料的许多优点外,这类聚合物还有一个对机器人技术特别重要的优点,即能够适应非常复杂的形状和特殊的表面。最常用的一种铁电聚合物是聚偏氟乙烯—三氟乙烯[P(VDF-TrFE)]。P(VDF-TrFE)与施加的电场相互作用,根据施加电场的方向而膨胀或收缩。

另一类非常重要的电子 EAPs 是介电弹性体,也称为静电束缚聚合物驱动器。这种驱动器的工作原理是麦克斯韦应力,麦克斯韦应力指出:当在平行平板电容器上施加电场时,电荷之间的库仑力产生应力,使电极相互靠近。图 18.4 说明了这个原理。市售介电弹性体的例子有道康宁 HS3 硅、Nusil CF 19-2186 硅和 3 M VHB 4910 丙烯酸。

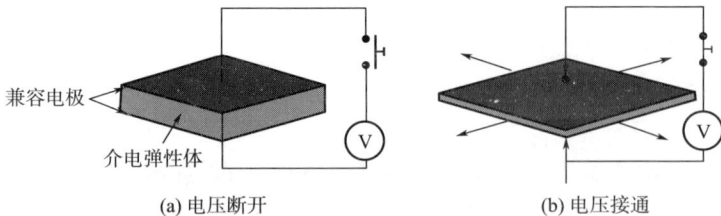

(a) 电压断开   (b) 电压接通

兼容电极
介电弹性体

图 18.4　介电弹性体工作的基本原理

对于机器人工程来说,不同类型具有不同特性的 EAP 是非常重要的,例如电致伸缩接枝弹性体、电致伸缩纸、电黏弹性弹性体和液晶弹性体等 EPA 材料(Kim and Tadokoro,2007)。

18.2.4 聚合物发光二极管

　　光敏聚合物自问世以来受到了高度关注,特别是在将电能与光能相互转化的领域。聚合物发光二极管(PLED)就是将电能转化为光能。PLED 除了具有聚合物的成本低、适应任何形状的灵活性和耐高温等优点外,还具有亮度平稳、响应时间短和发光角度大等优点,图 18.5 为市售 PLED 的例子。这些优点使得 PLED 适用于需要大阵列显示器的场合(Hameed et al.,2010)。PLED 会由于电子空穴重组而产生辐射。阴极使电子进入聚合物的最低能级未成对分子轨道(LUMO),而阳极则使空穴进入 CP 的最高能级成对分子轨道(HOMO),形成 PLED 的阳极、阴极和发射层,材料的选择会影响二极管的可靠性和效率。PLED 可以是单层或多层器件。PLED 的例子有由共轭聚合物构成的 PLED,包括聚乙炔、聚吡咯(PPy)、聚噻吩、聚苯胺(PANI)和聚对苯二乙烯(Belgacem and Gandini,2011)。PLED 使用活性聚合物的另一个例子是聚对苯乙烯(PPV)。图 18.6 是使用玻璃作为基板的多层PLED(Hameed et al.,2010),该基板被预先涂了一层氧化铟锡(ITO)薄膜,然后在基板上放置一个有许多孔的 TPD 层,接着放置另一层 Alq3。Alq3 是一种由 8-羟基喹啉铝合成的高电致发光化合物。

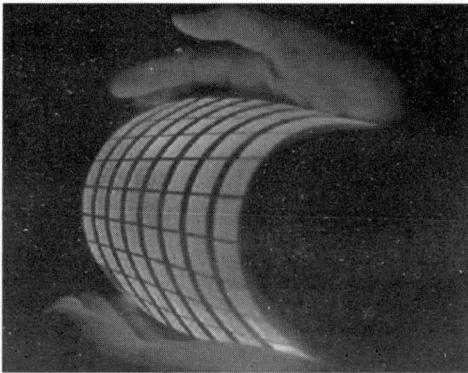

图 18.5　商用 PLED 例子

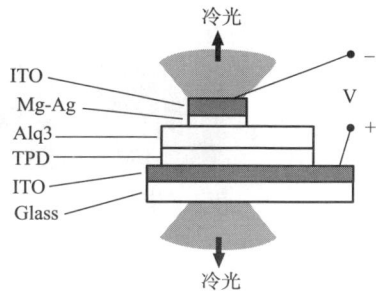

图 18.6　多层 PLED 结构

(Hameed et al.,2010)

18.2.5　太阳能电池

太阳能电池,通常称为光伏电池,是将太阳光等光子流转化为电流的装置。与无机太阳能电池类似,聚合物太阳能电池由负责吸收光子的有机半导体形成的活性层组成。这些有机半导体在最高已占轨道(HOMO)和最低未占轨道(LUMO)之间应具有一定的带能(E_g),高于从环境中获得的热能。在半导体材料中进行掺杂形成低掺杂 p 型层,作为高掺杂 n 型层的基底。n 型材料是指具有高浓度自由电子的材料;p 型材料是指具有高浓度空穴的材料(空穴即没有电子)。一旦半导体受到的光子能量高于半导体能隙的能量,处于价带的电子就会吸收光子的能量而跃迁到导带,从而形成电子空穴对。相反电荷之间的库仑力将迫使形成的电子空穴对结合在一起形成一种准粒子,称为激发性电子。要在聚合物太阳能电池内形成电流,必须克服库仑力释放电子和空穴,并在电池的阳极和阴极将其收集。通过另一层具有较低 LUMO 能级的有机半导体使电子在两层之间迁移。具有较高 LUMO 能级的材料称为电子供体,通常是共轭聚合物。低 LUMO 能级的半导体,即电子受体,通常是基于 C60 富勒烯的小分子。在聚合物太阳能电池的两端获得的最大输出电动势是由半导体能隙决定的。图 18.7 显示了聚合物基异质结型太阳能电池的三种不同供体—受体的拓扑结构。图 18.8 是使用复杂形状表面的柔性太阳能电池的图片。

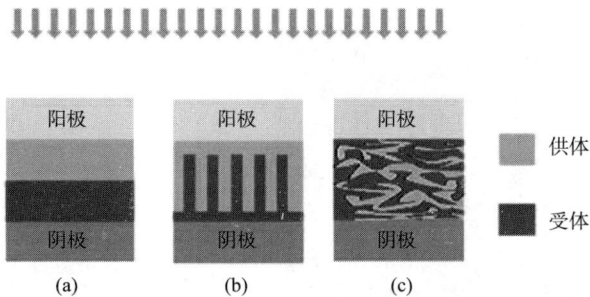

图 18.7　三种不同供体—受体的拓扑结构

18.2.6　肖特基二极管

肖特基二极管是一种仅由多数载流子形成电流的二极管。这种类型的二极管

图 18.8　柔性太阳能电池的例子

通常用于高频率场合。图 18.9 是聚合物基肖特基二极管的一个例子。这种二极管由两个金属层组成,金层形成二极管的阳极,铝层形成二极管的阴极。金属层之间是半导体聚合物,如放置聚乙炔形成一个金属–半导体结。聚合物基底肖特基二极管应用广泛,包括开关模式电源、太阳能电池保护电路和防止晶体管饱和等(Sun and Dalton,2008)。

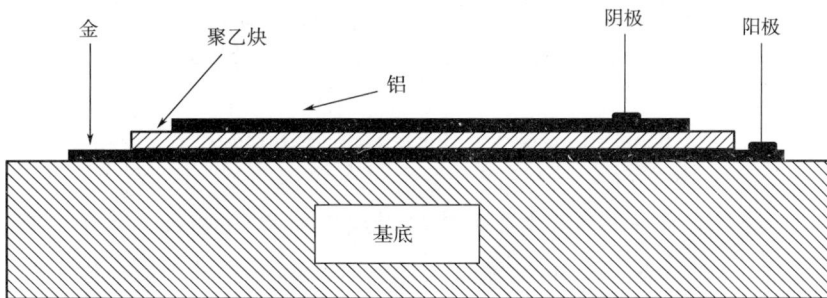

图 18.9　形成肖特基二极管的基底材料(Burroughes et al. ,1998)

18.2.7　生物医学应用

本征型导电聚合物(ICPs)在生物医学工程领域有着广泛的应用。ICPs 的开关特性使其在生物传感技术中具有重要应用价值。生物医学传感器是一种特殊类型的传感器,要满足与宿主环境的高兼容性,重量轻,可靠性高,预期寿命长,而且具有亲和性等严格要求,为生物环境和电子系统之间提供必要的连接。ICPs 的另一个非常有吸引力的特点是易于集成到组织工程或神经再生的植入物中,可用于开发生物分子和生物力学层面的传感。

ICP 基生物传感器中最重要的一类是流量控制型,可用于实现控制药物释放器件。这些器件的基本工作原理是:在聚合物基体上施加一个特定的电动势将引发聚合物基体释放出具有生物意义的化合物,这种器件已有研究报道(Huang et al.,1998;Massoumi and Entezami,2002)。例如,研究人员将抗癌剂 5-氟尿嘧啶(5-FU)作为一种掺杂材料添加到 PPy 薄膜电极中,然后通过对 Ag/AgCl 施加 0-0.6V 的电压实现抗癌药物的快速可控释放。该器件依靠聚苯胺和聚苯胺与聚(2-羟乙基甲基丙烯酸酯)的水凝胶 ICPs 的驱动能力,基于 ICP 的微瓣膜在可逆模式下的作用能力使其比单向传输性装置的金属瓣膜更有优势。图 18.10 显示了基于 ICP 的微型瓣膜括约肌结构图。

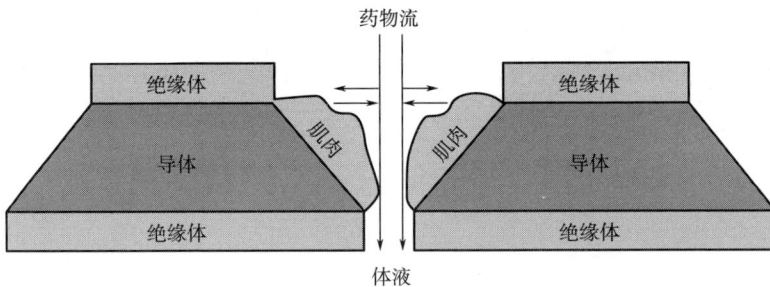

图 18.10　基于 ICP 的微型瓣膜的括约肌结构图

ICPs 广泛应用另一个非常重要的领域是组织工程(TE)。文献中已报道聚乳酸、聚乙二醇、聚己内酯及其共聚物是可用于 TE 的非电活性聚合物(Williams et al.,2005)。ICPs,如 PPy 也被用于通过外部电刺激形成精确控制的组织(Hodgson et al.,1994)。

在神经细胞再生领域,一种非常有用且被广泛接受的医药生物材料是将 ICPs 加入水凝胶中制备的。实验证明,PPy 水凝胶支架在 1kHz 激发频率下的电阻抗约为 7KΩ,远小于 PPy 薄膜的阻抗(在相同激发频率下约为 100kΩ)。

18.2.8 生物力学传感

ICPs 的另一个应用领域是生物力学传感和无线技术的融合领域。这项技术使制造嵌入式智能可穿戴纺织品的电子系统成为可能。例如,智能纺织品可以在生物医疗监测系统中监控心电图或呼吸频率,甚至可以作为可穿戴纺织品的感应仪。

图 18.11 是智能纺织品康复手套的示意图。该手套用于手部严重损伤和手术治疗后的物理康复治疗,手套可以提供持续的被动运动。这种应用为改善人工肌肉纤维的性能提供帮助。例如,约 30cm 长具有5% 的应变能力的纤维需要承受巨大的载荷(约 5MPa)。为了满足这样的要求需要使用螺旋线圈组,因为它们可为聚合物驱

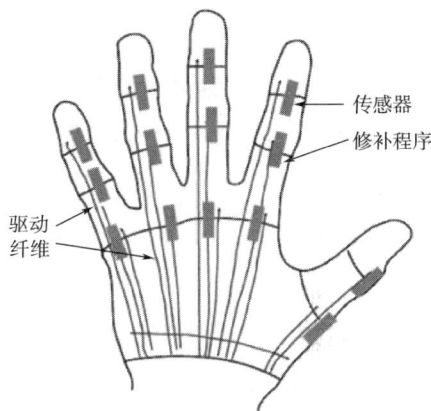

传感器
修补程序
驱动纤维

图 18.11　康复手套示意图

动器提供有效的电荷注入途径。此外,离子液体电解质的使用也为生物力学监测和康复以及开发新的训练活动提供了潜在的应用可能性(Hodgson et al.,1994)。

将有电阻性 CPs 涂布在预先设计好的纺织品上可应用于许多领域,如电磁界面屏蔽、加热和冷却增强以及生物力学反馈装置。当纺织品基材发生变形时,被涂布的纱线元件被压缩或分离就会引起电阻的变化(减少或增加)。这种电阻的变化可以被监测和校准来测量人体运动。然而,目前的挑战是需要开发对空气和湿度稳定的聚合物涂层。

聚吡咯涂层的尼龙—氨纶可拉伸织物可为人体电疗应用提供一种独特的外部连接方法(Oh et al.,2003;Kim et al.,2004)。使用服装作为人体的直接感应元件或激活元件的好处是,在现实中这种元件可以通过缝制适合人体形态的纺织品来实现。聚吡咯涂层的尼龙-氨纶可拉伸织物样品在高达 60% 的应变下也显示出较好的导电性。与人体接触产生 40% 应变时,智能服装仍可以提供可接受的保形性、柔韧性和导电性。此外,对人体的典型电疗直流电流通常在 0.1~10mA 和 4.5~45V,为神经肌肉提供刺激,而在医疗应用中通常采用 2~10 mA 的感应电流(Kim et al.,2004)。

18.2.9 液晶显示器

液晶聚合物(LCPs)广泛地应用于与光电子相关的领域。当对 LCP 施加电场时,由于形成 LCP 的分子重新定向排列而产生惊人的光学效应。这种电光效应使这些液晶聚合物成为电气、电子和光电子等应用领域的宝贵财富。一般来说,LCPs 具有高抗冲击性、低且易于调节的热膨胀系数(CTEs)、低离子含量、优异的尺寸稳定性、高阻燃性能、优异的耐化学品和溶剂腐蚀性能以及易于加工等特点。LCP 作为液晶显示器使用的另一个非常有吸引力的特点是当其回到固态时能够保持其初始结构(Chanda 和 Roy,2008)。图 18.12 为液晶显示器的基本结构示意图。液晶显示器是由两块涂有 ITO 的玻璃板包围着液晶层形成的透明电极。这种液晶显示器因其相对较低的功耗而闻名,因此,其在无线系统中应用广泛。

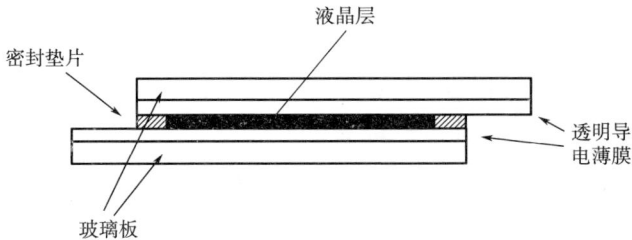

图 18.12　液晶显示器的基本结构

18.2.10 其他应用

LCPs 另一个引人注目的应用是表面贴装技术,主要应用于电子印刷电路板(PCBs)领域。使用表面贴装技术将电子元件直接贴在 PCB 表面,而不是使用传统的通过孔铅封元件来连接电路的电子元件。这种方法可直接降低电子元件之间的距离,从而使电路板的密度更高,板的整体物理尺寸更小。使用这种安装方式可以将元件安装在 PCB 的两侧。

由于电气和电子系统的总体趋势是在保持系统性能和元件最大密度的同时,尽可能地减小物理尺寸,因此需要特殊的解决方案。LCPs 就是一种可能应用于电气开关的解决方案,例如,在军用无线电的旋转开关中使用 LCP 取代邻苯二甲酸二烯丙酯(DAP)热固性材料。LCPs 的高耐热性和阻燃性使其适用于开关接线时的硬焊工艺。再加上非常好的电气性能,使得 LCPs 非常适于这类应用。

聚合物复合材料作为塑料光纤(POFs)在光学技术中发挥着重要作用。无定形含氟聚合物、聚甲基丙烯酸甲酯(PMMA)、聚碳酸酯和聚苯乙烯是 POFs 中最常用的聚合物。这些纤维的直径通常是由它的应用决定的,直径的范围可以从几毫米到几十微米。图18.13 展示了聚合物光纤的基本结构。这种 POF 由包覆含氟聚合物的高度纯 PMMA 组成。这种 POFs 的护套是 PE/PVC/额定增压护套(Chanda and Roy,2008)。除了操作和加工简单外,POFs 还具有高分子材料的优良特性,即非常低的热膨胀系数(CTE)、高阻燃性、低熔体黏度和高熔体强度,以及可接受的绝缘性能。虽然玻璃光纤在高比特率远距离传输市场上占主导地位,但 POFs 在低比特率的短距离传输应用中非常有吸引力,特别是在汽车工业、工业控制和高能粒子检测等领域。渐变折射率塑料光纤(GI-POF)具有高传输带宽,适合于高清电视系统进行低成本实时通信(Chanda and Roy,2008)。

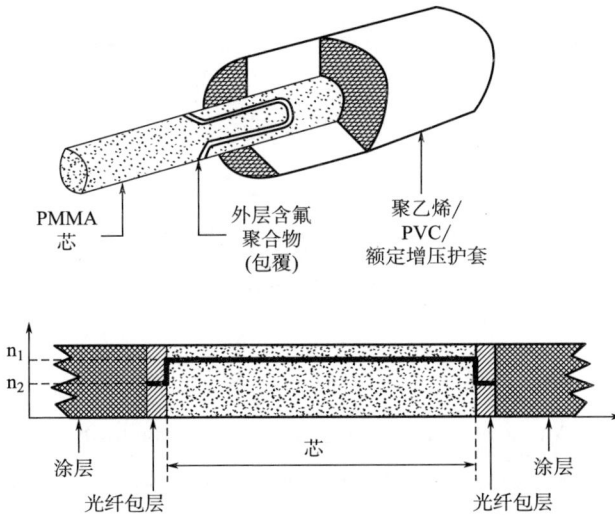

图 18.13　典型的聚合物光纤包芯结构

除了上述应用外,有机聚合物还可以应用于其他许多领域中,包括:

(1)医疗用途,包括口罩、静脉注射液包装袋和容器、吸入面罩、血袋、导管、护目镜、保温毯、帽子、透析袋、手套、医用密封剂、护耳器和瓣膜;

(2)建筑行业,包括屋顶、围栏、壁板、窗框、水槽、下水口、配水管道、消防喷淋管道、墙壁、地板的覆盖物、下水道、电线管、灌溉系统、垃圾填埋场衬垫、栏杆、甲板、电线绝缘；

（3）汽车行业，包括汽车车身模具、汽车内饰、地垫、引擎盖下的电线和电缆、仪表板和扶手、防磨涂层、雨刷系统。

18. 3　结论

聚合物基复合材料以及生物基复合材料在环境保护方面的良好性能使天然纤维成为增强聚合物性能的良好选择，可提高聚合物的特性。因此，使得它们能够以较低的成本应用于更广泛的高科技领域。本文讨论了聚合物基复合材料在现代应用领域中的应用，并展示了其在开发满足设计功能要求的新兴高科技领域中的多种用途。聚合物基复合材料的这些应用包括生物仿生、能量收集、机器人技术、绿色技术、储能元件、介电弹性体、太阳能电池和生物传感器。然而，为了实现材料的内在特征和产品的功能要求之间的协同作用，正确选择复合材料的成分至关重要。

参考文献

[1] AL-Oqla F. M. , 2017. Investigating the mechanical performance deterioration of Mediterranean cellulosic cypress and pine/polyethylene composites. Cellulose 24, 2523-2530.

[2] AL-Oqla F. M. , Omari M. A. , 2017. Sustainable biocomposites：challenges, potential and barriers for development. In：Jawaid, M. , Sapuan, S. M. , Alothman, O. Y. (Eds.), Green Biocomposites：Manufacturing and Properties. Springer International Publishing(Verlag) ,Cham,Switzerland, pp. 13-29. , ed.

[3] AL-Oqla F. M. , Hayajneh M. T. , 2007. A design decision-making support model for selecting suitable product color to increase probability. In：Presented at the Design Challenge Conference：Managing Creativity, Innovation, and Entrepreneurship, Amman, Jordan.

[4] AL-Oqla F. M. , Salit M. S. , 2017a. Materials Selection for Natural Fiber Composites, vol. 1. Woodhead Publishing, Elsevier, Cambridge, USA.

［5］AL－Oqla F. M. ,Salit M. S. ,2017b. Materials selection,Materials Selection for Natural Fiber Composites, vol. 1. Woodhead Publishing, Elsevier, Cambridge, USA, pp. 49－71.

［6］AL－Oqla F. M. ,Salit M. S. ,2017c. Material selection for composites,Materials Selection for Natural Fiber Composites,vol. 1. Woodhead Publishing,Elsevier,Cambridge,USA,pp. 73－105.

［7］AL－Oqla F. M. ,Salit M. S. ,2017d. Material selection of natural fiber composites, Materials Selection for Natural Fiber Composites, vol. 1. Woodhead Publishing, Elsevier,Cambridge,USA,pp. 107－168.

［8］AL－Oqla F. M. ,Salit M. S. ,2017e. Material selection of natural fiber composites using the analytical hierarchy process,Materials Selection for Natural Fiber Composites,vol. 1. Woodhead Publishing,Elsevier,Cambridge,USA,pp. 169－234.

［9］AL－Oqla F. M. ,Salit M. S. ,2017f. Material selection of natural fiber composites using other methods, Materials Selection for Natural Fiber Composites, vol. 1. Woodhead Publishing,Elsevier,Cambridge,USA,pp. 235－272.

［10］AL－Oqla M. ,Salit M. S. ,2017g. Natural fiber composites,Materials Selection for Natural Fiber Composites, vol. 1. Woodhead Publishing, Cambridge, USA, pp. 23－48.

［11］AL－Oqla F. M. ,Sapuan S. ,2015. Polymer selection approach for commonly and uncommonly used natural fibers under uncertainty environments. JOM 67, 2450－2463.

［12］AL－Oqla F. M. ,Sapuan S. ,2017. Investigating the inherent characteristic/performance deterioration interactions of natural fibers in bio－composites for better utilization of resources. J. Polym. Environ. 1－7.

［13］AL－Oqla F. M. ,Sapuan S. M. ,2014a. Natural fiber reinforced polymer composites in industrial applications：feasibility of date palm fibers for sustainable automotive industry. J. Cleaner Prod. 66,347－354.

［14］AL－Oqla F. M. ,Sapuan S. M. ,2014b. Enhancement selecting proper natural fiber composites for industrial applications. In Postgraduate Symposium on Composites Science and Technology 2014 & 4th Postgraduate Seminar on NaturalFibre Composites 2014,28/01/2014,Putrajaya,Selangor,Malaysia.

[15]AL-Oqla F. M. ,Sapuan S. M. ,2014c. Date palm fibers and natural composites. In Postgraduate Symposium on Composites Science and Technology 2014 & 4th Postgraduate Seminar on Natural Fibre Composites 2014, 28/01/2014, Putrajaya, Selangor,Malaysia.

[16]AL-Oqla F. M. ,Sapuan M. S. ,Ishak M. R. ,Aziz N. A. ,2014a. Combined multi-criteria evaluation stage technique as an agro waste evaluation indicator for polymeric composites:date palm fibers as a case study. BioResources 9,4608-4621.

[17]AL-Oqla F. M. , Alothman O. Y. , Jawaid M. , Sapuan S. , Es-Saheb M. , 2014b. Processing and properties of date palm fibers and its composites. Biomass and Bioenergy. Springer,Cham,Switzerland,pp. 1-25.

[18]AL-Oqla F. M. ,Sapuan S. ,Ishak M. R. ,Nuraini A. A. ,2014c. A novel evaluation tool for enhancing the selection of natural fibers for polymeric composites based on fiber moisture content criterion. BioResources 10,299-312.

[19]AL-Oqla F. M. ,Sapuan M. S. ,Ishak M. R. ,Nuraini A. A. ,2015a. Selecting natural fibers for bio-based materials with conflicting criteria. Am. J. Appl. Sci. 12,64-71.

[20]AL-Oqla F. M. ,Sapuan M. S. ,Ishak M. R. ,Nuraini A. A. ,2015b. Decision making model for optimal reinforcement condition of natural fiber composites. Fibers Polym. 16,153-163.

[21]AL-Oqla F. M. ,Sapuan S. ,Ishak M. ,Nuraini A. ,2015c. A model for evaluating and determining the most appropriate polymer matrix type for natural fiber composites. Int. J. Polym. Anal. Charact. 20,191-205.

[22]AL-Oqla F. M. ,Sapuan S. ,Ishak M. ,Nuraini A. ,2015d. Predicting the potential of agro waste fibers for sustainable automotive industry using a decision making model. Comput. Electron. Agric. 113,116-127.

[23]AL-Oqla F. M. ,Sapuan S. M. ,Ishak M. R. ,Nuraini A. A. ,2015e. Selecting natural fibers for industrial applications. Postgraduate Symposium on Biocomposite Technology. Serdang,Malaysia.

[24]AL-Oqla F. M. ,Sapuan S. ,Anwer T. ,Jawaid M. ,Hoque M. ,2015f. Natural fiber

reinforced conductive polymer composites as functional materials: a review. Synth. Met. 206,42-54.

[25] AL-Oqla F. M. ,Sapuan S. ,Jawaid M. ,2016a. Integrated mechanical-economic-environmental quality of performance for natural fibers for polymeric-based composite materials. J. Nat. Fibers 13,651-659.

[26] AL-Oqla F. M. ,Sapuan S. ,Ishak M. R. ,Nuraini A. ,2016b. A decision-making model for selecting the most appropriate naturalfiber-Polypropylene-based composites for automotive applications. J. Compos. Mater. 50,543-556.

[27] AL-Oqla F. M. , Almagableh A. , Omari M. A. ,2017a. Design and fabrication of green biocomposites. Green Biocomposites. Springer, Cham, Switzerland, pp. 45-67.

[28] AL-Oqla F. M. ,Omar A. A. ,Fares O. ,2017b. Evaluating sustainable energy harvesting systems for human implantable sensors. Int. J. Electron.

[29] Agoudjil B. , Benchabane A. , Boudenne A. , Ibos L. , Fois M. ,2011. Renewable materials to reduce building heat loss: characterization of date palm wood. Energy Buildings 43,491-497.

[30] Al-Oqla F. M. , Omar A. A. , 2012. A decision-making model for selecting the GSM mobile phone antenna in the design phase to increase over all performance. Progress Electromagnetics Res. C 25,249-269.

[31] Al-Oqla F. M. ,Omar A. A. ,2015. An expert-based model for selecting the most suitable substrate material type for antenna circuits. Int. J. Electron. 102,1044-1055.

[32] Al-Widyan M. I. , Al-Oqla F. M. ,2011. Utilization of supplementary energy sources for cooling in hot arid regions via decision-making model. Int. J. Eng. Res. Applicat. 1,1610-1622.

[33] Al-Widyan M. I. ,Al-Oqla F. M. ,2014. Selecting the most appropriate corrective actions for energy saving in existing buildings A/C in hot arid regions. Build. Simul. 7,537-545.

[34] Almagableh A. ,Al-Oqla F. M. ,Omari M. A. ,2017. Predicting the effect of nanostructural parameters on the elastic properties of carbon nanotube-polymeric based composites. Int. J. Performab. Eng. 13,73.

[35] Alves C. , Ferrão, P. , Silva A. , Reis L. , Freitas M. , Rodrigues, L. , et al. , 2010. Ecodesign of automotive components making use of natural jute fiber composites. J. Cleaner Prod. 18,313-327.

[36] Aridi N. , Sapuan S. , Zainudin E. , AL-Oqla F. M. , 2016. Investigating morphological and performance deterioration of injection-molded rice husk-polypropylene composites due to various liquid uptakes. Int. J. Polym. Anal. Charact. vol. 21,675-685.

[37] Belgacem M. N. , Gandini A. , 2011. Monomers, Polymers and Composites From Renewable Resources. Elsevier, Amsterdam.

[38] Burroughes J. H. , Jones C. A. , Friend R. H. , 1988. New semiconductor device physics in polymer diodes and transistors. Nature 335,137-141.

[39] Blume T. , Walther M. , 2013. The end-of-life vehicle ordinance in the German automotive industry - corporate sense making illustrated. J. Cleaner Prod. 56, 29-38.

[40] Chanda M. , Roy S. K. , 2008. Industrial Polymers, Specialty Polymers, and Their Applications, vol. 74. CRC press, Boca Raton, FL.

[41] Chung T. M. , 2012. Functionalization of polypropylene with high dielectric properties: applications in electric energy storage. Green Sustain. Chem. 2,29.

[42] Dweiri F. , Al - Oqla F. M. , 2006. Material selection using analytical hierarchy process. Int. J. Computer Appl. Technol. 26,182-189.

[43] El-Shekeil Y. , Sapuan S. , Jawaid M. , Al-Shuja'a O. M. , 2014. Influence of fiber content on mechanical, morphological and thermal properties of kenaf fibers reinforced poly (vinyl chloride)/thermoplastic polyurethane poly - blend composites. Mat. Des 58,130-135.

[44] Hameed S. , Predeep P. , Baiju M. , 2010. Polymer light emitting diodes-a review on materials and techniques. Rev. Adv. Mater. Sci. 26,30-42.

[45] Hodgson A. , Gilmore K. , Small C. , Wallace G. , Mackenzie I. , Aoki T. , et al. , 1994. Reactive supramolecular assemblies of mucopolysaccharide, polypyrrole and protein as controllable biocomposites for a new generation of ' intelligent biomaterials. Supramol. Sci. 1,77-83.

[46] Huang H. , Liu C. , Liu B. , Cheng G. , Dong S. , 1998. Probe beam deflection study on electrochemically controlled release of 5 − fluorouracil. Electrochim. Acta 43 , 999−1004.

[47] Ichijo H. , Hirasa O. , Kishi R. , Oowada M. , Sahara K. , Kokufuta E. , et al. , 1995. Thermoresponsive gels. Radiat. Phys. Chem. 46 , 185−190.

[48] John M. J. , Thomas S. , 2008. Biofibres and biocomposites. Carbohydr. Polym. 71 , 343−364.

[49] Kim K. J. , Tadokoro S. , 2007. Electroactive polymers for robotic applications. Artificial Muscles Sensors .

[50] Kim S. H. , Oh K. W. , Bahk J. H. , 2004. Electrochemically synthesized polypyrrole and Cuplated nylon/spandex for electrotherapeutic pad electrode. J. Appl. Polym. Sci. 91 , 4064−4071.

[51] Kurahashi K. , Matsuda Y. , Miyashita Y. , Demura T. , Ueda A. , Yoshino K. , 2006. The application of novel polypropylene to the insulation of electric power cable(3). Electr. Eng. Jpn. 155 , 1−8.

[52] Leceta I. , Etxabide A. , Cabezudo S. , de la Caba K. , Guerrero P. , 2014. Bio − based films prepared with by − products and wastes: environmental assessment. J. Cleaner Prod. 64 , 218−227.

[53] Majeed K. , Jawaid M. , Hassan A. , Bakar A. A. , Khalil H. A. , Salema A. A. , et al. , 2013. Potential materials for food packaging from nanoclay/natural fibres filled hybrid composites. Mat. Des. 46 , 391−410.

[54] Massoumi B. , Entezami A. , 2002. Electrochemically controlled binding and release of dexamethasone from conducting polymer bilayer films. J. Bioact. Compatible Polym. 17 , 51−62.

[55] Oh K. W. , Park H. J. , Kim S. H. , 2003. Stretchable conductive fabric for electrotherapy. J. Appl. Polym. Sci. 88 , 1225−1229.

[56] Sapuan S. M. , Pua F. −l, El−Shekeil Y. , AL−Oqla F. M. , 2013. Mechanical properties of soil buriedkenaf fibre reinforced thermoplastic polyurethane composites. Mat. Des. 50 , 467−470.

[57] Sapuan S. M. , Haniffah W. , AL−Oqla F. M. , 2016. Effects of reinforcing elements

on the performance of laser transmission welding process in polymer composites: a systematic review. Int. J. Performab. Eng. 12,553.

[58] Stepashkina A., Tsobkallo E., Alyoshin A., 2014. Electrical conductivity modeling and research of polypropylene composites filled with carbon black. J. Phys. Conf. Series. p. 012032.

[59] Sun S. S., Dalton L. R., 2008. Introduction to Organic Electronic and Optoelectronic Materials and Devices. CRC Press, Boca Raton, FL.

[60] Vilaplana F., Strömberg E., Karlsson S., 2010. Environmental and resource aspects of sustainable biocomposites. Polym. Degradation Stab. 95,2147-2161.

[61] Wells P., 2013. Sustainable business models and the automotive industry: a commentary. IIMB Manage. Rev. 25,228-239.

[62] Williams J. M., Adewunmi A., Schek R. M., Flanagan C. L., Krebsbach P. H., Feinberg S. E., et al., 2005. Bone tissue engineering using polycaprolactone scaffolds fabricated via selective laser sintering. Biomaterials 26,4817-4827.

[63] Winter M., Brodd R. J., 2005. What are batteries, fuel cells, and supercapacitors? (Chem. Rev. 2003, 104, 4245—4269. Published on the Web 09/28/2004.). Chem. Rev. 105,1021-1021.

[64] Zhang Q., Bharti V., Zhao X., 1998. Giant electrostriction and relaxor ferroelectric behavior in electron-irradiated poly(vinylidene fluoride-trifluoroethylene) copolymer. Science 280,2101-2104.

拓展阅读

Zini E., Scandola M., 2011. Green composites: an overview. Polym. Composites 32,1905-1915.